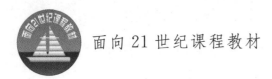

面向 21 世纪课程教材

环 境 评 价 教 程

（修订版）

张 从 孟凡乔 主编

U0319301

中国环境出版集团 · 北京

图书在版编目（CIP）数据

环境评价教程/张从，孟凡乔主编. —修订版. —北京：中国环境出版集团，2023.8

面向 21 世纪课程教材

ISBN 978-7-5111-5589-4

Ⅰ. ①环⋯　Ⅱ. ①张⋯ ②孟⋯　Ⅲ. ①环境生态评价－教材　Ⅳ. ①X826

中国国家版本馆 CIP 数据核字（2023）第 157899 号

出 版 人	武德凯	
责任编辑	杨吉林　曲　婷	
封面设计	彭　杉	

出版发行　中国环境出版集团
　　　　　（100062　北京市东城区广渠门内大街 16 号）
　　　　　网　　址：http://www.cesp.com.cn
　　　　　电子邮箱：bjgl@cesp.com.cn
　　　　　联系电话：010-67112765（编辑管理部）
　　　　　发行热线：010-67125803，010-67113405（传真）

印　　刷	北京市联华印刷厂
经　　销	各地新华书店
版　　次	2023 年 8 月第 1 版
印　　次	2023 年 8 月第 1 次印刷
开　　本	787×960　1/16
印　　张	27.75
字　　数	554 千字
定　　价	70.00 元

《环境评价教程（修订版）》
编写组

主　　编　张　从　孟凡乔

编写人员　（按姓氏笔画排序）

于书霞　华中农业大学　副教授

朱鲁生　山东农业大学　教授

任丽军　山东大学　教授

刘　蕊　中国农业大学　副教授

吴　琼　交通运输部科学研究院　高级工程师

何　娜　沈阳农业大学　讲师

宋瑞平　中国农业大学　副教授

张　从　中国农业大学　教授

张宝莉　中国农业大学　副教授

周莉娜　西北农林科技大学　副教授

郑连臣　北京中环丰清环保科技有限公司　高级工程师

孟凡乔　中国农业大学　教授

栗　杰　沈阳农业大学　讲师

唐傲寒　中国农业大学　副教授

修订版前言

1973 年，在周恩来总理的指导下，中国召开了第一次全国环境保护会议，制定了第一部环境保护的综合性法规——《关于保护和改善环境的若干规定（试行草案）》，揭开了我国环境保护工作的序幕。改革开放以来，中国在经济和社会快速发展的同时，花费了巨大代价进行大气、水、土壤、噪声和固体废物治理，总体环境质量逐步好转。党的十八大以来，党中央把生态文明建设提高到新的高度，"绿水青山就是金山银山"的理念日益深入人心。中国经济和社会发展开始转型和向高质量发展进行调整，经过艰苦努力，打赢了污染防治攻坚战，主要生态和环境保护目标任务如期完成，资源能源利用效率显著提升，环境质量持续改善，农村人居环境整治成效明显，生产生活方式向绿色转型，生态文明建设全面发力和不断深入，由全面建成小康社会迈入全面建设社会主义现代化国家的新征程。

1979 年以来，环境影响评价（简称环评）作为环境管理的八项制度之一，为中国的环保工作发挥了极其重要的作用。40 多年来，中国构建了由审批机构、技术评估机构、评价机构、实施机构以及监督方等共同组成的组织运行体系，形成并完善了较完整的环评法律、法规和技术导则、评价标准等技术方法体系，覆盖了包括所有环境要素、生态影响、环境风险评价和规划环评在内的各学科和全行业，对于我国生态环境保护工作做出了巨大贡献。

2001—2002 年，为满足高等院校对环评课程教学工作的需要，中国环境科学出版社支持部分高等院校的骨干教师编写了《环境评价教程》一书，作为教育部面向 21 世纪课程教材出版。该书出版后，受到广大高校教师和学生的好评，连续印刷了 8 次，总印数 40 000 册。参加编写的人员有：张从（主编）、崔理华（副主编）、陈玉成、邓仕槐、朱鲁生、李琳、王玉军。

近年来，随着经济和社会发展进程的深入，社会公众、政府、建设单位以及环评机构和人员，都对环评制度提出了新的要求，环评改革势在必行。自 2010 年起，国家环境保护主管部门启动了环评机构体制改革，促使环评技术服务与行政主管部门脱钩，向专业化、规范化方向发展。简化环评审批流程，减少环评中重复性工作，降低环评工作成本和企业压力，进一步明确环评工作中各方的工作职责，减少权力寻租空间，提高环评的针对性和合理性。建立后续跟踪管理制度，落实企业污染责任追究，改变过去我国环评工作中"重审批、轻跟踪"的现象。明确各环节之间的联动机制，使环境影响评价制度在执行过程中更加规范。加大对违反制度的建设单位和环评机构的处罚，不断净化环评市场；严肃查处不按环评要求落实环保措施的企业，确保环评效果得到发挥；加大信息公开和环保宣教力度，发挥公众监督作用。为反映我国环评工作中最新的学科理论、技术方法、法律法规和管理要求，适应高等院校环境科学与工程学科教学工作的需求，根据中国环境出版集团建议，2020年末，原教材主编张从教授与中国农业大学孟凡乔教授协商对原教材进行修订。

此次修订工作在保留原教材基本体例和内容的基础上，主要是将战略和规划环评单独列为一章，对第一章、第八章和第九章内容合并删减，避免重复，增加国际组织如世界银行和亚洲开发银行对环评工作要求的内容。此外，对案例进行了更新替换，增加了环评相关软件的介绍。

参加本次修订编写的工作人员有：第一章环境评价概述（孟凡乔、张从）、第二章环境评价信息的获取（周莉娜、朱鲁生）、第三章大气环境影响评价（郑连臣、唐傲寒）、第四章水环境影响评价（张宝莉、宋瑞平）、第五章土壤环境影响评价（栗杰、何娜）、第六章声环境影响评价（吴琼、张从）、第七章生态影响评价（于书霞、张从）、第八章战略和规划环境影响评价（任丽军）、第九章环境风险评价（何娜、刘蕊、孟凡乔）、第十章环境影响报告书的编写与实例（宋瑞平、刘蕊）。各章书稿完成后，由张从和孟凡乔对全书进行了统稿工作。

环评始终随着经济和社会以及科学技术的发展而提升进步。由于编写者理论水平和实践经验有限，书中错误、遗漏之处在所难免，恳请读者不吝批评指正。

主　编

2023 年 3 月于北京

目 录

第一章　环境评价概述

第一节　环境、环境质量与环境影响

一、环境、环境要素与环境系统

（一）环境的概念与定义

"环境"，是 20 世纪中叶以来使用最多的名词和术语之一，它的含义和内容都非常丰富。从哲学的角度来看，环境是一个相对的概念，是一个相对于主体的客体，明确环境的主体是正确掌握环境概念的前提。在不同的学科中，环境的定义有所不同，其差异也源于对主体的界定。在社会学中，环境被认为是以人为主体的外部世界；而在生态学中，环境则被认为是以生物为主体的外部世界。

综合近年来的许多著作和辞书的定义，本书把环境定义为"以人类社会为主体的外部世界的总体，是影响人类生存和发展的各种自然因素和社会因素的总和"。环境包括自然界和社会中各种物质性的要素，又包括由这些要素所构成的系统及其所呈现出来的状态。

目前，还有一些为适应某方面工作需要而给"环境"下的定义，它们大多出现在世界各国颁布的环境保护法规中。《中华人民共和国环境保护法》中规定："本法所称环境，是指影响人类生存和发展的各种天然的和经过人工改造的自然因素的总体，包括大气、水、海洋、土地、矿藏、森林、草原、野生生物、自然遗迹、人文遗迹、自然保护区、风景名胜区、城市和乡村等。"这是一种把环境中应当保护的要素或对象界定为环境的工作定义，其目的是从实际工作的需要出发，对环境一词的法律适用对象或适用范围做出规定，以利于法律的准确实施。

（二）环境的分类

环境是一个非常庞大和复杂的体系，目前还没有形成统一的分类方法。一般按照环境的范围和环境要素或环境的功能进行分类。

按照环境的范围，可把环境分为特定的空间环境（如航空、航天的密封舱环境等）、车间环境（劳动环境）、生活区环境（居室环境、院落环境、小区环境等）、城市环境、区域环境（流域环境、山区环境等）、农村环境（林区环境、牧区环境等）、全球环境、宇宙环境等。

按环境要素进行分类则比较复杂，可首先按照环境要素的属性分为自然环境和社会环境两大类。在自然环境中，按其主要的组成要素，可再分为大气环境、水环境（如河流环境、湖泊环境、地下水环境）、土壤环境、生物环境（如森林环境、草原环境）等。社会环境是人类社会在长期发展中，为了不断提高人类的物质和文化生活水平而创造出来的，是对自然环境的改造，常依人类对环境的利用或环境的功能再进行下一级分类，例如聚落环境（村落环境、城镇环境）、生产环境（工厂环境、矿山环境、农场环境等）、交通环境（公路环境、机场环境、港口环境）、文化环境（如学校及文化教育区、文物古迹保护区、风景游览区、自然保护区）等。

此外，在医学和生态学中，还可以把环境分为内部环境和外部环境，内部环境是指人体或生物体内的系统和功能的总体，外部环境则是人体或生物体以外的事物的总和。

（三）环境要素

构成环境整体的各个独立的、性质不同而服从总体演化规律的基本物质组分称为环境要素。环境要素分为自然环境要素和社会环境要素，目前研究较多的是自然环境要素，故环境要素通常就是指自然环境要素。环境要素主要包括水、大气、土壤、岩石、生物和阳光等，由它们组成环境的结构单元，环境的结构单元又组成环境的整体或环境系统。如水组成水体，全部水体总称为水圈；由大气组成大气层，全部大气层总称为大气圈；由土壤组成农田、草地和林地等，由岩石构成岩体，全部土壤和岩石组成土壤岩石圈；由生物体组成生物群落，全部生物总称为生物圈。阳光是地球的能量来源，提供辐射能为其他要素所吸收。

（四）环境系统

地球表面各种环境要素及其相互关系的总和称为环境系统。环境系统概念的提出，是把人类环境作为一个统一的整体看待，避免人为地把环境分割成互不相关的支离破碎的各个部分。环境系统的内在本质在于各种环境要素之间的相互关系和相互作用。揭示这种本质，对研究和解决当前许多环境问题有重大意义。环境系统与生态系统的区别是：前者着眼于环境整体，着眼于人与环境的关系以及各个环境要素之间的关系；而后者侧重生物彼此之间及生物与环境之间的相互关系。环境系统从地球形成后就存在，而生态系统是在生物出现后才存在的。

环境系统的范围可以是全球性的，也可以是局部性的。例如，一个城市或一个海岛都可以是一个单独的环境系统。全球环境系统是由许多亚系统交织而成的，如大气海洋系统、地下水岩石系统、土壤生物系统等。环境系统的局部与整体有着不可分割的关系，局部环境变化，会影响全球环境。例如，热带森林过量采伐，森林面积缩小，将会影响全球气候。环境系统与环境要素是联系在一起的，当各个环境要素之间处于一种协调和适配关系时，环境系统就处于稳定的状态；反之，环境系统就处于不稳定的状态。

二、环境质量

（一）环境质量的概念与定义

环境质量是环境科学中一个重要的概念。目前，对于环境质量一词存在着许多解释和定义，流行最广泛的有：环境的优劣程度，对人群的生存和繁衍以及社会发展的适宜程度等。但是有的学者认为这种定义不科学、不准确，是把主体对客体的直觉和评论定义为客体的质量，而忽视了环境质量的客观性。1994年叶文虎等提出："环境质量是环境系统客观存在的一种本质属性，是能够用定性和定量的方法加以描述的环境系统所处的状态"。由此看来，环境质量这个概念，既有客观性也有主观性，人们认识客观世界是有一个由浅入深、由表及里的过程的。环境质量是客观存在的，但由人们来描述即带有了主观因素。问题是怎样使主观认识和客观存在更加接近和趋于一致，这就需要使用科学的方法和手段，使人们的认识不断地发展，即由必然王国进入自由王国。

（二）环境质量的价值

所谓价值，就是人类对某种客体在物质生活和精神生活方面的需要。几千年来，人们一直认为环境是天赐的，可以无穷无尽地、无代价地使用；近几十年来，人们才逐渐认识到环境是有价值的，同样，环境质量对于人类也是有价值的。环境质量的价值主要表现在以下几个方面：

（1）人类健康生存的需要。

这是人类生存的第一需要，比如要有和煦的阳光、清新的空气、洁净的水、肥沃的土壤、必要的动植物作为食品等。显然，环境状态能否满足这一需要，满足的程度如何，是环境质量在这方面的体现。

（2）人类生活条件改善和提高的需要。

这是人类生存的进一步需要，除了满足上述需要外，还要求有宽敞舒适的住宅，设备齐全的医院，快速方便的交通，使子女受到良好教育的学校以及景色优美的绿地和公园、游览地等。同样，环境状态能否满足或在多大程度上满足这一需要，是环境质量价值在又一个方面的体现。

（3）人类生产发展的需要。

生产发展是人类为了更好地生存而进行的社会性活动，它也需要一定的环境质量提供保证。例如，农业生产发展需要环境提供肥沃的土壤和符合要求的灌溉用水，发展工业生产需要环境提供适宜的原料和充足的能源、水源，发展旅游业需要环境提供引人入胜的景色等。这也是环境质量价值的另一体现。

（4）维持自然生态系统良性循环的需要。

自然生态系统的良性循环是人类生存和发展的必要条件与后盾，没有这一条件和后盾，人类社会生态系统就无法形成。因此，环境状态能否满足这一需要是环境质量价值的第四方面的体现。

综上所述，可以将环境质量的价值至少概括为"健康价值""经济价值""文化价值"和"生态价值"四种价值。

需要指出的是，环境质量价值的取向在不同的地方、不同的历史时期是不相同的，在贫穷落后的国家，人群对环境最迫切的要求必然是为解决温饱问题提供物质生产的条件；而在一个发达富足的国家，人群对环境质量的要求就是更加清洁、更加舒适和优美的生活条件与旅游景色了。另外，人类的社会行为也影响着环境质量，人类的文明程度越高，环境建设得越好，环境质量的价值也就得到提高。反之，人类的文明程度越低，环境被破坏得越严重，环境质量的价值就急剧地降低。人类社会和环境之间协调发展的水平和程度是人类文明进步的一个重要标志。

三、环境影响

环境影响是指人类的各种活动对环境的作用和导致的环境变化以及由此引起的对人类社会和经济的效应。环境影响有以下分类方法：

（1）按影响的来源分：可分为直接影响、间接影响和累积影响。

直接影响与人类活动在时间上同时，空间上同地，而间接影响在时间上推迟，在空间上较远，但是在可合理预见的范围内。直接影响一般比较容易分析和测定，而间接影响就不太容易，间接影响的空间和时间范围的确定、影响结果的量化，是环境影响评价中比较困难的工作。直接影响也称为原发性影响，间接影响也称为继发性影响。累积影响是指一项活动的过去、现在及可以预见的将来的影响具有累积性质，或多项活动对同一地区可能叠加的影响。当某一活动在时间上过于频繁或在空间上过于密集，以致对环境的影响来不及消除时，就会产生累积影响。

（2）按影响效果分：可分为有利影响和不利影响。

有利影响是指对环境质量、生态平衡、人群健康、社会经济发展等有积极的促进作用的影响；反之，不利影响则是对以上因素有消极阻碍或破坏作用的影响。需要注意的是，有利影响和不利影响是相对的，对于不同的个人、团体、组织，由于价值观念、利益需要等的不同，对同一环境影响的评价可能不尽相同。因此对环境影响有利还是不利的确定，要综合考虑多方面的因素。

（3）按影响的性质划分：可分为可恢复影响和不可恢复影响。

可恢复影响是指人类活动造成的环境某特性改变或某价值丧失后可能恢复到原来的状态；而有些活动由于过分剧烈，改变了环境原有的状态或使环境价值完全丧失，以致达到不可再恢复到原来的状态和功能的程度，这种影响就是不可恢复的影响。

此外，环境影响还可分为短期影响与长期影响，区域影响与全球影响，建设（施工）阶段影响与运行（运营）阶段影响等。

第二节　环境评价

环境评价实际上就是对环境质量的评价。这里所说的质量评价，包括对环境现状质量评价以及对未来的环境质量进行预测，因此本书的环境评价包括环境质量评价和环境影响评价。

一、环境评价的意义

环境评价是环境科学的一个分支，也是环境保护中一项重要的工作。环境评价就是对环境质量按照一定的标准和方法给予定性和定量的说明与描述。

环境评价的对象是环境质量及其价值。通过环境评价，不仅可以判断环境质量的优劣，也可以进一步认识环境质量价值的高低，确定环境质量与人类生存发展需要之间的关系，为保护和改善环境，使环境质量符合人群生活与生产的要求，有利于自然生态系统的良性循环而采取行动。环境评价是一个理论与实践相结合的适用性强的学科，它是人们认识环境的本质和进一步保护与改善环境质量的手段与工具，它为环境管理、环境工程、制定环境标准、环境污染综合防治、生态环境建设和环境规划提供科学依据，为国家制定环境保护政策提供信息。它还是环境保护的一项基础工作，是贯彻我国预防为主、防治结合、综合治理的环境管理原则的具体体现。在环境评价工作中，要开展大量的各种学科的专项研究与综合研究，以揭示环境的本质，并找出环境质量与人类生存与发展的关系，从而也大大丰富了环境科学的内容，促进了环境科学的发展。

二、环境评价的分类

环境是一个复杂的系统，环境评价的分类方法很多，基本上可以按照以下方法分类。

（一）按照环境要素分类

根据评价的环境要素，主要是自然环境要素，可分为大气环境质量评价、水环境质量评价（地表水环境质量评价、地下水环境质量评价）、声学环境质量评价、土壤环境质量评价、生物环境质量评价、生态环境质量评价，以上都可称为单要素评价；如果对两个或两个以上的要素同时进行评价，称为多要素评价或联合评价；如果在单要素评价的基础上对所有的要素同时进行评价，则称为环境质量综合评价。近年来，对社会环境要素的评价开展日益增加，包括人口的、经济的、文化的以及美学方面的评价等。

（二）按照评价参数分类

在评价工作中，按照参数的选择，可分为卫生学评价、生态学评价、污染物（化学污染物、生物学污染物）评价、物理学（声学、光学、电磁学、热力学等）评价、地质学评价、经济学评价、美学评价等。

（三）按照评价区域分类

根据评价区域的不同，可将环境质量评价分为城市环境质量评价、农村环境质量评价、流域环境质量评价、风景旅游区环境质量评价、自然保护区环境质量评价、海洋环境质量评价、工矿区环境质量评价、交通环境质量评价（公路、铁路等）等。也可按照行政区划进行评价，在每个评价区域内，对各个环境要素都要进行评价，当然，评价的重点有所不同。评价的区域大小可能很悬殊，小到一个居民小区，大到一个国家甚至全球。

（四）按照评价时间分类

根据评价的时间不同，可分为三类：依据一个地区历年积累的环境资料对于该区域过去一段时间的环境质量进行评价，称为回顾性评价；根据近期的环境资料对某一区域现在的环境质量进行评价，称为现状评价；根据一个地区的经济发展规划或一个项目的建设规模，对某一区域未来的环境质量进行预测和评价，或对某一个建设项目对所在区域可能产生的环境影响进行评价，称为预断评价或环境影响评价。目前，环境影响评价开展得最多，是环境评价的重点。

三、环境影响评价

关于环境影响评价（environmental impact assessment），《中国大百科全书环境科学卷》的定义是："环境影响评价是指在一项工程动工兴建之前对它的选址、设计以及在建设施工过程中可能对环境造成的影响进行预测和估计，又称环境影响分析。"《世界银行运行手册第四号附件A》的定义是：环境影响评价是对建设项目、区域开发计划及国家政策实施后，可能对环境造成的影响进行预测和估计，环境影响评价的目的是确保拟开发项目在环境方面是合理的、适当的，并且确保任何环境损害在建设项目前期得到重视，同时在项目设计中予以落实。

尽管以上定义在表述上有所不同，但基本含义是相同的。根据《中华人民共和国环境影响评价法》，环境影响评价是指对规划和建设项目实施后可能造成的环境影响进行分析、预测和评估，提出预防或者减轻不良环境影响的对策和措施，进行跟踪监测的方法与制度。

（一）环境影响评价的类型

从环境影响评价的对象来看，可以将其分为三个类型。第一类是建设项目的环境影响评价，包括新建、扩建和改建的项目，凡是对环境可能产生影响的都应进行环境影响评价；第二类是区域开发活动的环境影响评价，包括老工业区、老城区的改造，高新技术开发区，农业、林业、牧业、海岸带等开发区等，有些开发区实际上是多个建设项目的综合；第三类是对国家的政策、法规、计划、规划等的实施可能给环境带来的影响进行预测和评价，称为战略环境影响评价（strategic environmental assessment）。

从环境要素来区分，可分为水环境影响评价、大气环境影响评价、土壤环境影响评价、噪声环境影响评价、生态环境影响评价、社会环境影响评价等，但多数环境影响评价涉及各种环境要素，需要将单要素的评价结果进行综合，即称为环境影响综合评价。

此外，还有一种环境影响后评估，是在开发建设活动实施后，对环境的实际影响程度进行系统调查和评估，检查对减少环境不利影响措施的落实程度和实施效果，验证项目建设前进行的环境影响评价结论的正确可靠性，判断提出的环境保护措施的有效性，对一些在评价时未认识到的影响进行分析研究，并采取补救措施，达到消除不利影响的作用。环境影响后评估有助于对环境影响评价的结果进行分析比较，从而提升环境影响评价的技术和方法。

（二）环境影响评价制度的发展

从工业革命以来，人类经济和社会发展进入快速发展的阶段。特别是第二次世界大战以来，自然科学发展和各类工程技术的大规模应用，一方面促进了农业、工业和第三产业的发展，另一方面，也引发了许多环境污染和公害事件。环境科学应运而生，环境质量概念得以提出，环境影响评价工作逐步开展。

1. 国外发展概况

环境影响评价的概念是 1964 年在加拿大召开的国际环境质量评价会议上首次提出的。美国的环境质量评价开展较早，在水质评价方面，R. P. Iorton 于 1965 年提出了质量指数（QI），之后 R. M. Brown 提出了水质质量指数（WQI），N. L. Nemerow 在其《河流污染的科学分析》中对纽约州某些地面水的情况采用新的指数进行了计算。在大气环境评价方面，1966 年 Green 提出了大气污染综合指数，此后陆续提出了白勃考大气污染指数（1970）、橡树岭大气指数（1971）、污染物标准指数等，并用大气污染指数进行了环境预测。

美国是世界上第一个把环境影响评价制度在国家法律中确定下来的国家，1969 年制定的《国家环境政策法》中规定，大型工程兴建前必须编制环境影响报告书，各州也相继建立了各种形式的有关制度。继美国之后，日本、苏联、德国、法国等发达国家和很多发展中国家也建立了环境评价制度。到 20 世纪 90 年代，世界上绝大多数国家制定并实施了环境评价制度。

国际组织和机构对于环境评价制度的实施也发挥了重要作用。目前，包括世界银行、国际金融公司以及亚洲开发银行等在内的国际组织，都制定和实施了完备的环境评价制度。1999 年，世界银行制定了一系列包括运行手册在内的规范性文件，对世界银行的各类投资和贷款项目进行指导和规范，确保各类业务和活动的环境安全和可持续发展，并于 2013 年进行了重大修订。这些规范在总结世界各国环境评价经验和做法的基础上，在环境分类、相关环境标准、环境管理计划（environmental management plan）以及环评流程和信息公开等方面进行了详细规定。世界银行的这套规范，成为联合国系统以及绝大多数国际组织进行环评工作的基础文件。国际金融公司制定和颁布了《环境、健康与安全指南》（简称 EHS 指南），在企业和设施级别的业务流程中，要求考虑 EHS 因素，并且采用有组织、层次化的方式进行，包括在设施发展或项目周期的早期，及早识别 EHS 方面的项目危害和相关的风险，安排拥有评估和管理 EHS 影响及风险所需要的经验、资格和培训经历的 EHS 专业人员参与相关工作，区分风险管理策略的优先次序，优先考虑根除危害起因的策略，采取工程和管理措施以减小或最大限度降低污染和持续监测设施的绩效。

亚洲开发银行作为一个区域性的发展和政策性银行，在其业务活动中始终把环境保护作为其三大安全保障政策（safeguard）的重要内容（其他两个方面为非自愿移民和原住民政策）。亚洲开发银行的环保政策，从最初的只是关注技术评估和缓解措施的水平，目前已逐渐发展到强调发展和实施综合性的环境管理计划。综合管理计划的关键部分是减缓措施、监测程序、成本估算、预算以及实施机构。此外，环境评价过程强调与公众协商、充分披露信息和制定替代方案，这也是当前国内外环境评价工作的主要方向，即将环境评价从过去的被动性防治污染，调整为主动性的、从立项开始的全项目周期管理，确保项目的污染预防与社会发展、人类健康、生态保护和经济建设充分融合。

2. 我国环境影响评价的发展概况

从时间顺序上来看，我国环境影响评价大致上经过了初步尝试阶段（1973—1989）、规范和完善阶段（1990—2015）以及改革和优化（2016 年至今）三个阶段。

中华人民共和国成立后，我国经济和社会发展百废待兴，各行业都处在新型建设阶段，从一穷二白到初步完成社会主义基础设施建设，环境污染基本上没有得到人们的重视。20 世纪 70 年代以后，国际上开始关注经济和社会发展中对于环境的污染，1973 年 8 月，在北京召开的第一次环境保护会议，揭开了我国环境保护工作的序幕，环境评价工作也逐步发展起来。在初期仅限于城市或小范围区域的现状评价，如北京西郊环境质量评价、官厅水库环境质量评价等，之后南京市、西安市和沈阳市等区域环境质量评价与综合防治研究都取得了不少有益的经验。

　　1978 年，在国务院环境保护领导小组的《环境保护工作汇报要点》中，首次提出了环境影响评价的意见，北京师范大学等单位首先在江西永平铜矿开展了我国第一个建设项目的环境影响评价工作。1979 年 9 月，全国人大常委会通过的《中华人民共和国环境保护法（试行）》规定，一切企业、事业单位的选址、设计、建设和生产，都必须充分注意防止对环境的污染和破坏。在进行新建、改建和扩建工程时，必须提出环境影响报告书，经环境保护部门和其他有关部门审查批准后才能进行设计和建设。至此，我国的环境影响评价制度正式确立。此后，我国在《建设项目环境保护管理办法》中，对建设项目环境影响评价的范围、程序、审批和环境影响报告书（表）编制格式做出了明确规定。《建设项目环境影响评价资格证书管理办法（试行）》开始了对环境影响评价单位的资质管理，评价技术和方法也不断得到探索与完善。

　　20 世纪 90 年代后，环境评价制度进一步得到规范与完善。1990 年 6 月颁布的《建设项目环境保护管理程序》明确了建设项目环境影响评价的管理程序和审批资格。此后，国家环境保护部门陆续发布了指导环境影响评价工作的一系列技术导则、评价方法与标准及编制规范，使得我国环境影响报告书的编制有章可循。1998 年，国务院颁布了《建设项目环境保护管理条例》，进一步提升了我国环境影响评价制度的法律地位；1999 年 4 月颁布的《建设项目环境保护分类管理名录（试行）》则首次根据行业将建设项目进行分类管理，提升了环境评价工作的规范性和科学性。2002 年全国人大常委会通过了《中华人民共和国环境影响评价法》，我国的环境影响评价制度进入了全面规范和完善的阶段，如建立环境影响评价基础数据库、建立环境影响评价工程师职业资格制度、修订和完善环境评价的技术导则与方法标准等。对规划项目进行环境影响评价，则将我国经济和社会发展的两大方面，即工程建设与政府的计划和规划等，都纳入环境评价的范畴，确保了环境保护工作无死角。环境评价制度的实施，对于该阶段经济高速发展中的污染防控做出了重要贡献，对于保护环境和人民健康发挥了决定性作用。

　　2016 年以来，我国经济总量已经达到较高水平，环境保护和经济发展到了并行的时代。随着"放管服"改革和高质量发展理念的实施，绿色发展和改善生态环境质量成为我国社会发展的总体目标。相应地，我国取消了对环境影响评价单位的资质管理，将环境影响登记表由审批制调整为备案制，将建设项目环境保护设施竣工验收由环境部门验收改为建设单位自主验收，简化了环境影响评价程序，强化和细化了事中事后管理、审批要求、处罚力度、信息公开和公众参与等环节，将环境评价的质量管理逐步后移，发挥和强化建设单位的能动性和责任意识。可以预见，我国经济建设与生态环境保护将进一步融合发展，相互支撑、共同完善。

第三节　环境影响评价的程序

一、环境影响评价的管理程序

（一）环境影响的分类筛选

目前，我国和国际上对于建设项目的环境影响分类，大致上都分为三类。由于环境影响的复杂性和各个行业的差异性和特殊性，对于环境影响的分类技术性很强，其分类筛选依据应考虑如下因素：

（1）建设项目的工程特点，包括工程性质、工程规模、能源及资源的使用量及类型等，预计项目对环境影响的程度。

（2）项目所在地区的环境特征，包括自然环境特点、环境质量现状、环境敏感程度及社会经济状况等，以及当地对环境的特殊要求。

（3）国家或地方政府所颁布的有关法规和标准（环境质量标准和污染物排放标准）。

目前，国家生态环境部门制定了建设项目的分类管理名录，对各类项目的环境影响进行分类筛选。不同影响程度的建设项目，需要编制的环境影响评价文件不同。目前，我国生态环境部门规定的环境影响评价文件主要包括环境影响评价报告书、环境影响报告表或环境影响登记表。

（1）第一类项目，对环境可能造成重大的不利影响，这些影响可能是敏感的、不可逆的、综合的或以往尚未有过的。这类项目需要做全面的环境影响评价，需要编写环境影响报告书。

（2）第二类项目，可能对环境产生有限的不利影响，这些影响是较小的，或减缓影响的补救措施容易寻找和实施。这类项目需要编写环境影响报告表，对其中个别环境要素或污染因子需进一步分析的，可附单项环境影响专题报告。

（3）第三类项目，对环境不产生不利影响或影响极小的项目，不需要开展环境影响评价，只需要填报环境影响登记表。

（二）环境影响评价的质量管理

环境影响评价工作一旦确定，承担单位要根据工作的基本程序开展工作，同时要制订监测分析、参数测定、野外实验、室内模拟、模式验证、数据处理、仪器校验等一系列质量保证计划。为了获得满意的环境影响报告书，必须按照环境影响评价的管理程序和工作程序进行有组织、有计划的活动，成立质量保证小组，把好各个阶段、各个环节的质量关，将质量保证工作贯穿于评价工作的全过程。在评价工作中，应向各个方面的有经验的专家咨询，最后请具有权威的专家审评报告。

（三）环境影响评价文件的审批

环境影响评价文件由建设单位报主管部门预审，主管部门提出预审意见后转报负责审批的生态环境主管部门审批。各级主管部门和生态环境部门在审批时，应从是否符合国家产业政策、是否符合城市环境功能区划和城市总体发展规划、是否符合清洁生产的要求、是否做到污染物达标排放、是否满足国家和地方规定的污染物总量控制指标、是否能维持地区环境质量、是否符合有关法律和行政规章规定的程序等几个方面进行。环境影响报告书的审查以技术审查为基础，审查方式是专家评审会还是其他形式可由生态环境主管部门根据具体情况而定。

二、环境影响评价的工作程序

环境影响评价大体分为三个阶段。第一阶段为准备阶段，主要工作为研究有关文件，进行初步的工程分析和环境现状调查，筛选重点评价项目，确定各单项环境影响评价的工作等级，编制评价工作大纲。第二阶段为正式阶段，主要工作为进一步的工程分析和环境现状调查，并进行环境影响预测，评价项目对环境的影响。第三阶段为报告书的编制阶段，主要工作为汇总、分析第二阶段工作所得到的各种资料、数据，得出评价结论，完成环境影响报告书的编制。环境影响评价的工作程序见图 1-1。

（一）环境影响评价大纲的编写

环境影响评价大纲是环境影响评价报告书的总体设计和行动指导。评价大纲应在开展评价工作之前编制，它是具体指导环境影响评价的技术文件，也是检查报告书内容和质量的主要依据。大纲应在充分研究有关文件、进行初步工程分析和环境现状调查的基础上形成（表 1-1）。

由于我国环境影响评价已开展几十年，评价机构和专业人员对这项工作都已比较熟悉，评价大纲的编写已不再作为评价工作的硬性规定程序，可以越过这一程序而直接进行环境影响报告书的编制。

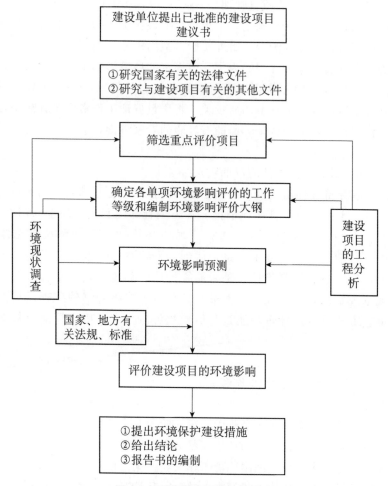

图 1-1　环境影响评价工作程序

表 1-1　环境影响评价大纲的主要内容

①总则：包括评价任务的由来，编制依据，环境保护的目标和对象，采用的评价标准，评价项目及其工作等级和重点等	⑥环境影响预测与评价建设项目对环境的影响，包括预测方法、内容、范围、时段及有关参数的估算方法，拟采用的评价方法
②评价项目的概况	⑦评价工作成果清单，成果形式
③拟建项目所在地区环境概况	⑧评价工作的组织，计划安排
④建设项目工程分析的内容和方法	⑨评价经费概算
⑤环境现状调查，根据已确定的各评价项目的工作等级、环境特点和影响预测的需要，尽量详细地说明调查参数、调查范围及调查方法、时间、地点、次数等	

（二）区域环境质量现状调查与评价

区域环境质量现状调查的内容，应该包括：①地理位置；②地质、地貌和土壤情况，水系分布和水文情况，气候与气象；③矿藏、森林、草原、水产和野生动物、农产品、动物产品等；④大气、水体、土壤等要素的环境质量现状；⑤环境功能情况，特别关注环境敏感区及重要的社会文化设施；⑥社会经济情况；⑦人群健康及地方病情况；⑧其他环境污染和生态破坏情况的资料等。

环境现状的调查方法，主要有搜集资料法、现场调查法和遥感法。表 1-2 对三种方法进行了比较，通常这三种方法应有机结合，互相补充。

表 1-2　环境现状调查的三种方法比较

方法	搜集资料法	现场调查法	遥感法
特点	应用范围广，收效大，较节省人力、物力、时间	直接获取第一手材料，可弥补搜集资料法的不足	从整体上了解环境特点，对不易直接开展调查的地区更为有效
局限性	只能得到第二手材料，往往不够全面，还需补充	工作量大，耗时费力，受到季节、仪器设备条件的限制	不宜用于微观环境状况的调查，受技术条件的制约

环境质量现状评价的方法，根据本书相应章节内容进行。

（三）环境影响报告书的编写

根据本书第十章第一节内容进行。

第四节　环境影响评价的方法

所谓环境影响评价方法，是指在环境影响评价的实际工作中，按照评价工作的规律，为解决某些环境问题而创造和发展的一类方法。环境影响评价的方法不是简单地搬用其他专业的方法，而是针对环境影响评价的特点，综合性地发展起来的反映人类活动与环境状况的方法。环境影响评价的方法有以下一些共同的特点：

（1）具有综合性。从孤立地处理单个的环境参数发展到综合处理各参数之间的联系，能反映出人类活动对环境影响的整体轮廓和整体关系。

（2）具有可比性。能将不同的环境影响换算为具有同一量纲或无量纲的结果表示形式。

（3）具有可辨别性。能将某一活动造成的环境影响与其他原因造成的环境影响区别开来。

（4）具有动态性。能利用动态的观点来预测人类活动对环境造成的影响。

（5）具有客观性。能利用环境监测、环境调查等手段保证影响评价的客观性。

一、环境影响识别的方法

对环境影响进行识别的目的就是确定人类活动影响的环境因素及受影响的时间、空间范围及影响的种类与程度。进行环境影响识别是开展环境影响评价工作的基础，从事这一工作需要具有全面的知识和丰富的经验。目前常用的具体方法有核查表法和矩阵法。

（一）核查表法

这种方法是在识别影响时，把必须考虑的环境参数和影响一一列出，经修正后可反映人类活动的性质。核查表法可分为四类：①简单型核查表，仅是一个参数表，不能说明如何度量和解释环境参数的判据；②描述型核查表，包含环境参数的识别，并有说明环境参数如何度量的准则；③分级型核查表，是利用分级技术评价人类活动对环境的影响，附有对环境参数主观分级的判据；④分级—加权型核查表，包括对表中环境参数的叙述和对每个参数的数值等级和重要程度的说明。前两种方法能识别潜在的环境影响，但不能评估这些影响的相对强度；后两种方法是在前两种方法基础上发展的，除了有识别功能外，还能评估这些影响的相对强度。下面重点介绍简单型核查表和分级—加权型核查表的使用。

1. 简单型核查表

用一个实际例子对该方法加以说明，表1-3是某一公路工程对环境影响的识别，从表中可以看出，公路建设项目中可能受影响的环境因子与可能产生影响的性质，它可以给评价工作者一个定性的影响识别的分析，但对决策者来说，仅此还不足以做出决策。

表1-3　公路工程建设项目环境影响的简单型核查表

可能受影响的环境因子	可能产生影响的性质									
	不利影响						有利影响			
	ST	LT	R	IR	L	W	ST	LT	SI	N
水生生态系统		×		×	×					
渔业		×		×	×					
森林		×		×	×					
陆生野生生物		×		×		×				
稀有及濒危生物		×		×		×				
陆地水文		×		×		×				
地表水质量	×									
地下水		*		*	*	*	*	*	*	*
土壤										
空气质量					×					

续表

可能受影响的环境因子	可能产生影响的性质									
	不利影响						有利影响			
	ST	LT	R	IR	L	W	ST	LT	SI	N
航行	×				×					
陆上运输								×	×	
农业								×	×	
社会经济								×		×
美学	×				×					

注：ST 表示短期影响；LT 表示长期影响；R 表示可逆的影响；IR 表示不可逆影响；L 表示局部的影响；W 表示大范围的影响；SI 表示显著的影响；N 表示正常的影响；×表示不可忽略的影响；＊表示可忽略的影响。

2. 分级—加权型核查表

这种方法是由美国 Battelle 哥伦布实验室为水资源项目而建立的。它对核查表中所列可能受影响的环境因子进行描述，并指出每个环境因子与其他因子的相对比例及重要性。这种方法的关键是要计算一项工程对环境产生的净影响，即计算在有工程项目和没有工程项目两种情况下的环境质量之差 EI，若 EI<0 说明工程对环境有不利影响，若 EI>0 说明工程对环境有有利的影响，若 EI＝0 说明工程对环境产生的各种影响可以忽略。表 1-4 给出了水资源项目环境影响的分级—加权型核查表。

表 1-4　水资源项目环境影响的分级—加权型核查表

环境影响类别		无工程项目情况下的环境质量	有工程项目情况下的环境质量	环境的净影响
生态影响	陆地生态	883	693	−190
	水生生态	484.3	721.6	237.3
	小计	1 367.3	1 414.6	47.3
物理—化学影响	土地	518.5	368.3	−150.2
	地表水	535.9	341.9	−194.0
	地下水	530.8	270.6	−260.2
	大气	405.6	355.3	−50.3
	小计	1 990.8	1 336.1	−654.7
社会经济影响	健康	247.6	779	531.4
	经济	806.0	1 586.2	780.2
	小计	1 053.6	2 365.2	1 311.6
美学影响	美学	660.5	618.2	−42.3
合计		5 072.2	5 734.1	661.9

评价结果显示，该工程的净环境影响有正值 661.9，这主要是由于对人体健康和经济效益有很大好处。

（二）矩阵法

矩阵法是核查表的延伸，该方法是把人类活动和受影响的环境特征和标志组成一个矩阵，在它们之间建立起直接的因果关系，定量或半定量地说明人类活动对环境的影响。

1. Leopold 矩阵法

这种方法是 Leopold 等设计的一种用于资源开发过程的环境影响评价矩阵，后来被用作许多矩阵法的基础，比如迭代矩阵法、关联矩阵法、最优通道矩阵法及交叉影响矩阵法等。表 1-5 是某纸浆厂工程的 Leopold 矩阵，具体做法是在矩阵的每个空格都填上以下内容：①如果一种活动对某一环境因素的影响可能发生，则在活动与该因素对应的空格上画一对角线；②在对角线的上方写上 1～10 之间的一个数值表示这一影响的幅度（1 最小，10 最大）；③在对角线的下方写上 1～10 之间的一个数值表示这一影响的重要性（1 最小，10 最大）。

上述幅度定义为影响程度的范围，重要性则是影响显著程度的加权，前者以事实为依据，后者则以判断为基础。把所有有关空格都填好就可以编制一个简化的矩阵表，此表中只包括有相互影响的工程活动和环境因素。Leopold 的简化矩阵可用来进行煤矿、电厂、供水系统和传输线路、公路、铁路等项目的环境影响评价。

表 1-5　纸浆厂工程的 Leopold 矩阵表

环境因素 ＼ 工程活动	工厂建设	红麻种植	杀虫剂及化肥的使用	原料运输	抽水	固体废物	废水排放	废气排放	职工雇用
地表水质量			6/7			4/4	2/8		5/5
地表水水文					1/7				
空气质量	3/6			2/6				4/5	
渔业			2/5				2/7		
水生生态			2/6				2/5		
陆生野生生物栖居地	3/4								

续表

环境因素 ＼ 工程活动	工厂建设	红麻种植	杀虫剂及化肥的使用	原料运输	抽水	固体废物	废水排放	废气排放	职工雇用
陆生野生生物	2/5								
土地利用形式	5/6								
公路、铁路				6/5					
供水			3/6				2/7		
农业		7/7							
住房									7/6
健康						3/5	2/8	2/6	
社会经济状况		10/8							8/8

2. 交叉影响矩阵法

该方法对于一组将来可能产生的影响用两种数据表示。第一种数据估计每一种影响在将来某个特定的时间间隔内要发生的概率，第二种数据估计任何一种可能发生的影响会对其他影响作用的概率。通过适当的分析，并应用主观概率估计法，把这些概率的估计值直接填到交叉影响矩阵的每一个方格中。主要步骤如下：①估计各个影响事件之间的相互作用（交叉影响）的范围、方式、强度和时间延迟程度；②选定任一影响，利用模拟技术，确定其是否发生；③根据在第一步骤中估计的相互作用调整其他事件的概率；④从其余事件中选择另一事件，和第二步骤一样决定它是否发生；⑤继续这个过程，直到全部影响被决定为止。

按照以上步骤，计算了一个实例（表1-6和表1-7），该矩阵反映了一个发展中国家在发展科学技术时应考虑的环境影响和社会影响。

表1-6 每一种影响将发生的概率

影响	T	P	A	S	H	Cp	Tp	E
概率	0.1	0.005	0.005	0.001	0.001	0.001	0.000 1	0.001 5

表 1-7　交叉影响矩阵表

	T	P	A	S	H	Cp	Tp	E
T	0.75	0	0	−1	0	0	0	0
P	0.5	0	0	0	0	0.9	0	0
A	0	0.5	0	0	−0.8	0	0	0
S	0	0.5	1	0	0	0	0	−0.5
H	0	0	0	0.8	0.1	0	0	0
Cp	0	0	0	1	0	0	0.2	0
Tp	0	0.6	0	0	0	0	0	0
E	0	0	0	0	0	0.1	0.15	0

二、环境影响预测的方法

环境影响预测是在经过影响识别确定可能是重大的环境影响之后，预测各种活动对环境产生影响导致环境质量或环境价值的变化量、空间变化范围、时间变化阶段等。环境影响预测的方法按环境要素可分为：大气环境影响预测、水环境影响预测、土壤环境影响预测、噪声环境影响预测、社会经济环境影响预测等；按预测的手段可分为物理—化学影响预测法、生物的影响预测法、美学的影响预测法等。具体的预测技术主要有以下几种：

（一）专业人员定性预测

这种方法主要凭专业人员根据自己的经验，对各种环境要素和污染参数的变化规律及发展趋势做出定性的预测，对某些环境影响，这可能是唯一的方法。但由于缺乏定量的分析，可能预测结果不够准确，一般容易对环境影响估计过高。

（二）利用单位产品排污量（排污系数）进行预测

如果对环境的影响程度与污染物的数量有关，那么，只要确定生产单位产品所排出的污染物的数量或产生的影响量，就可以根据产品的数量确定总的影响量。具体的做法是：①确定生产单位产品所排出的污染物量或产生的影响量；②计算造成影响的总污染物量或总的影响量。

总污染物量或总的影响量＝单位产品排污量或影响量×产品数量

单位产品排污量的例子有：空气污染的单位产品排污量、水污染的单位产品排污量、固体废物的排污量及其占地面积……

（三）利用模型进行预测

这是在环境影响评价中用得最多的一种预测方法。预测模型可分为数学模型和物理模型。数学模型包括经验模型、统计模型和理论模型等。物理模型则包括实验室水族槽、土柱和微宇宙模型、水力学模型、风洞模拟实验模型、生态系统研究模型等。

按照环境要素划分可有下列类型：

（1）大气环境。预测大气环境污染物浓度的模式有高架点源模式、地面点源和面源及线源模式、城市区域模式、统计模式、箱式模式、大气反应模式等。

（2）水环境（地面水）模式。包括水量和水质两类模式，对于河流、湖泊和水库，在水质方面要考虑保存性污染物、非保存性污染物、营养物和富营养化、细菌和热污染，海湾要考虑潮汐影响，海洋要考虑石油溢流和钻探影响，排放口则要考虑污染物的羽状扩散。

（3）地下水环境。可采用地下水动力学模式和污染物转移模式（溶质运移模式）等。

（4）土壤环境。根据土壤中污染物的输入量、输出量，污染物残留量采用土壤污染物积累模式、农药残留污染模式等。

（5）生物环境。对陆生生物和水生生物的影响预测可采用经验指数法和能流图法，此外还有水生和陆生环境中化学物质吸收模式。

（6）噪声环境。可采取点源模式、线源模式、列线图表法等。列线图表法多用于预测飞机场附近的噪声污染。

（7）社会经济环境。社会经济环境的主要预测模式有人口增长模式、经济变化模式、生活质量指数等。

（四）用类比法预测

在环境影响评价中有时由于时间和其他条件不具备，可以采用类比法进行预测，即寻找与拟建项目性质、规模、条件等近似的已建项目进行调查，根据已建项目对环境的影响推断、预测拟建项目对环境的影响。使用类比法时一定要注意两者在各方面的近似性，并应根据拟建项目的特点进行调整。

第五节　环境评价的法律法规

环境评价在我国已经形成一种制度，在经济建设和环境保护实践中实行，具有严格的法律依据。我国目前建立了由法律、国务院行政法规、政府部门规章、地方性法规和规章、环境保护标准和环境保护国际条约组成的环境保护法律法规体系，这些都是环境评价工作的法律依据。

一、环境保护法律法规体系

（一）法律

1. 宪法中关于环境保护的规定

1982 年通过的《中华人民共和国宪法》在 2018 年修正案第二十六条规定："国家保护和改善生活环境和生态环境，防治污染和其他公害。"

2. 环境保护法律

该层次的法律法规主要包括环境保护综合法、环境影响评价法、环境保护单行法和环境保护相关法等。

（1）环境保护综合法

1989 年 12 月 26 日颁布实施及后续修订的《中华人民共和国环境保护法》是我国环境保护的综合法。2014 年 4 月 24 日，修订后的《中华人民共和国环境保护法》历经四审，在第十二届全国人大常委会第八次会议上获得通过，自 2015 年 1 月 1 日起施行，这是一部堪称"史上最严"的环保法。该法共七章，即"总则""监督管理""保护和改善环境""防治污染和其他公害""信息公开和公众参与""法律责任"和"附则"等，其中明确规定了环境影响评价制度的相关要求和对违反环境影响评价制度应承担的法律责任。

（2）环境影响评价法

2002 年 10 月 28 日通过及后续修订的《中华人民共和国环境影响评价法》规定了建设项目和规划环境影响评价相关的法律要求，是我国环境保护立法的重大进展，将环境评价从建设项目扩展到规划即战略层次，从决策的源头防止环境污染和生态破坏，对环境评价有直接的指导作用。

（3）环境保护单行法

环境保护单行法主要是对重要环境要素进行污染防治的相关法律规定。目前主要包括《中华人民共和国水污染防治法》《中华人民共和国大气污染防治法》《中华人民共和国固体废物污染环境防治法》《中华人民共和国噪声污染防治法》《中华人民共和国放射性污染防治法》。生态保护方面的法律有《中华人民共和国海洋环境保护法》《中华人民共和国野生动物保护法》《中华人民共和国防沙治沙法》以及《中华人民共和国长江保护法》《中华人民共和国黄河保护法》《中华人民共和国黑土地保护法》《中华人民共和国青藏高原生态保护法》等 4 部特殊区域法律。

（4）环境保护相关法

环境保护相关法是指一些自然资源保护和其他部门制定和实施的，与环境评价相关的其他法律，包括《中华人民共和国森林法》《中华人民共和国草原法》

《中华人民共和国水法》《中华人民共和国渔业法》《中华人民共和国矿产资源法》《中华人民共和国清洁生产促进法》《中华人民共和国节约能源法》《中华人民共和国土地管理法》《中华人民共和国文物保护法》等，都涉及环境保护的有关要求，也是进行环境评价必须遵从的法律依据。

（二）环境保护行政法规

环境保护行政法规是国务院指定或经国务院批准有关主管部门公布的环境保护规范性文件，例如《中华人民共和国大气污染防治法实施细则》《中华人民共和国水污染防治法实施细则》《建设项目环境保护管理条例》《基本农田保护条例》《危险化学品安全管理条例》等。

（三）政府部门规章

政府部门规章是指国务院环境保护行政主管部门单独发布或与国务院有关部门联合发布的环境保护规范性文件，以及政府其他有关行政主管部门共同制定的环境保护规范性文件，是以环境保护法律和行政法规为依据制定的具体规定，或者是针对某些尚未有相应法律和法规的领域做出的相应规定。例如环境保护部2015年9月28日发布的《建设项目环境影响评价资质管理办法》等。

（四）环境保护地方性法规和地方政府规章

环境保护地方性法规和地方政府规章是依照宪法和法律享有立法权的地方、权力机关（包括省、自治区、直辖市、省会城市、国务院批准的较大的市和计划单列市的人民代表大会及其常务委员会、人民政府）制定的环境保护规范性文件。这些规范性文件是根据本地区的实际情况和特殊环境问题，为实施环境保护法律法规而制定的，具有较强的可操作性。

（五）环境标准

环境标准是我国环境保护法律法规体系的一个组成部分，也是环境评价的技术依据。

（六）环境保护国际条约

环境保护国际公约是指我国缔结和参加的环境保护国际公约、条约和议定书。国际条约与我国环境法律有不同规定时，优先适用于国际条约的规定，但我国声明保留的条款除外。

二、环境保护法律法规体系中各层次间的关系

宪法是国家的基本大法和制定其他法律的母法，也是环境保护法律法规体系建立的依据和基础，任何其他法律、法规都不得违反宪法。环境保护的综合法、单行法和相关法，其中对环境保护的要求，在法律上效力是相同的；如果法律规定有不一致的地方，应遵从后法高于先法的原则（即以后制定的法律为准）。

国务院行政法规的法律地位仅次于法律，部门行政规章、地方法规和地方政府规章均不得违背法律和行政法规的规定。地方法规和地方政府规章只在制定法规和规章的辖区内有效。

第六节　环境评价的导则和标准

一、环境影响评价技术导则

环境影响评价是技术性、专业性很强的工作，基本上涵盖了社会和经济生活的各个行业，涉及包括物理、化学、生物学、生态学、气象学、农学等在内的绝大多数学科门类。为了规范环境影响评价技术，使得环境影响评价文件的编制更加规范化，我国的环境保护部门自 1993 年起，组织力量编写了环境影响评价的一系列技术导则，这些导则是我国环境影响评价制度的技术保证，对于保证我国环境影响评价的质量起到了重要作用。

目前，我国的环境影响评价技术导则主要包括：①总纲类，即建设项目环境影响评价技术导则和规划环境影响评价技术导则；②主要环境要素的技术导则，包括地表水、地下水、土壤、生态影响、声、电磁辐射等；③主要行业的技术导则，包括卫星地球上行站、广播电视、铀矿、城市轨道交通、尾矿库、钢铁建设、输变电工程、煤炭采选、制药、农药、煤炭工业矿区、陆地石油天然气开发、水利水电工程、石油化工建设、民用机场建设等；④风险评价类，包括建设项目环境风险评价、尾矿库环境风险评估；⑤区域类，如开发区区域的环境影响评价技术导则。

从纵向分析，总纲类导则是对环境评价的总体规定，环境要素的技术和行业导则则是对主要要素和行业进行具体明确技术规定，风险评价导则对于建设项目中的环境风险评价的方法和技术进行规定，区域导则主要适用于开发区等。从横向分析，环境要素涵盖了地表水、地下水、土壤、生态影响、声、电磁辐射等，主要行业的技术导则则是在环评总纲的基础性规定之上，对于每个行业的污染物类型、污染物排放、污染物环境影响的规律、环境影响计算方法等进行更为详细和具体的规定，是环境影响评价工作的主要技术依据。

以上环境影响评价技术导则，主要从术语和定义、影响识别、工作等级、技术要求、现状调查与评价、影响预测、影响评价、环境保护措施与对策等八个方面，对评价的技术、方法、原则要求、范围和评价程度等进行规范性规定。需要说明的是，这些规范性要求适用于一般情况下的环境影响评价工作。很多情况下，各个项目的自然条件和工程内容差异很大，需要结合实际情况采取不同的技术方法，甚至根据学科发展采用一些更新的技术和方法。

二、环境标准体系简介

环境标准是为了保护生态环境与人群健康，改善环境质量，有效地控制污染源排放，以获得最佳的经济和环境效益，由政府所制定的强制性的环境保护技术法规，它是环境保护立法的一部分，也是进行环境评价工作的法律依据。国家环境保护总局 1999 年 4 月 1 日发布的《环境标准管理办法》，标志着我国的环境标准制度基本形成。

环境标准体系是所有环境标准的总体或集合。按照标准的内容，环境标准体系包括以下几部分：环境质量标准、污染物排放标准、环境基础标准、环境监测方法标准、环境标准样品标准。

（一）环境质量标准

环境质量标准是为了保护人群健康、社会物质财富和维持生态平衡，对一定空间和时间范围内的环境中的有害物质或因素的容许浓度所做的规定。它是环境政策的目标，是制定污染物排放标准的依据，是评价环境质量的标尺和准绳。

环境质量标准包括大气环境质量标准、水环境质量标准、土壤环境质量标准、环境噪声标准等。

我国已颁布的环境质量标准有环境空气质量标准、地面水环境质量标准、地下水环境质量标准、海水水质标准、城市区域环境噪声标准、土壤环境质量标准、渔业水质标准、农田灌溉水质标准、景观娱乐用水水质标准等。

（二）污染物排放标准

污染物排放标准是国家（或地方、部门）为实现环境质量标准，结合技术经济条件和环境特点，对污染源排入环境的污染物浓度和数量所做的限量的规定。污染物排放标准是实现环境质量标准的手段，其作用在于直接控制污染源，限制其排放的污染物，从而达到防止环境污染的目的。制定污染物排放标准是一项相当复杂的工作，它涉及生产工艺、污染控制技术、经济条件、污染物在环境中的迁移变化规律等。

污染物排放标准包括大气污染物排放标准、污水排放标准、恶臭污染物排放标准等。

（三）环境基础标准

环境基础标准是在环境保护工作范围内，对有指导意义的符号、指南、名词术语、代号、标记方法、标准编排方法、导则等所做的规定。它为各种标准提供了统一的语言，是制定其他环境保护标准的基础。例如《环境保护标准的编制出版技术指南》（HJ 565—2010）等。

（四）环境监测方法标准

环境监测方法标准是在环境保护工作范围内，对抽样、分析、实验操作规程、误差分析、模拟公式等方法制定的标准。例如《水质　采样技术指导》《水质　分析方法标准》《环境空气　总悬浮颗粒物的测定　重量法》《城市环境噪声测量方法》等，都属于这一类。

（五）环境标准样品标准

环境标准样品标准是为满足环境监测分析工作需要而制定的有关环境标准样品技术的标准，目前已覆盖230余种标准样品，主要包括气体、水、土壤、生物和工业固体废弃物等环境标准样品以及各种环境监测分析用标准溶液。国家环境标准样品标准与国家环境监测分析方法标准一样，是国家环境标准体系的重要组成部分，作为全国环境监测分析的测量标准、量值传递的载体，是有效开展环境监测量值溯源的重要工具。

按颁布标准的机构分类，可分为国家环境保护标准、地方环境保护标准和环境保护行业标准三级。基础标准和方法标准没有地方标准，只有国家标准。国家生态环境主管部门制定国家环境标准，省级人民政府对国家环境质量标准中未做规定的项目，可以指定地方环境质量标准，对国家污染物排放标准中未做规定的项目，可以规定适用于地方的污染物排放标准。对于国家污染物排放标准中已做规定的项目，可以制定严于国家标准的地方污染物排放标准。环境保护行业标准是由国家行业主管部门制定的，在没有国家环境标准时适用于环境保护行业工作范围的统计技术要求。

三、环境质量标准

环境质量标准是进行环境质量评价时使用最多的标准，有必要对该类标准做进一步的说明。

（一）环境质量标准的制定原则和依据

1. 环境质量标准的制定，应考虑以下原则：

（1）保障人群的身体健康，使人群不因环境质量的变化而受到损害；

（2）保障自然生态系统不受破坏；

（3）与当前的社会经济水平相适应；

（4）因地制宜，切实可行。

2. 制定的依据：

（1）以环境质量基准值为依据。环境质量基准是环境中的污染物在一定的条件下，作用于特定对象，不产生不良或有害影响的最大剂量或浓度，因此这个最大剂量或浓度应当是环境质量标准最低一级的值。环境质量标准必须受环境质量基准值的制约，必须以长期、慢性、低浓度的基准资料为依据。

（2）以环境、经济、社会效益的协调统一作为制定标准的依据。要求既要保证人群和生态系统不受破坏，又要避免标准过高过严而脱离现实，造成经济、技术力量的浪费，达到经济技术合理。因此，在制定标准时，要进行详细的经济损益分析。

（3）以国家环境保护法作为法律依据。环境质量标准是国家环境保护法律的一个重要组成部分，必须以国家环境保护法中的有关准则为法律依据。

（二）环境质量标准的分级和分类

由于我国幅员辽阔，不同地区有着不同的自然条件和不同的经济社会发展水平；即使在同一地区，不同的地段、河段也有不同的功能，因而对环境质量也就有不同的要求。在环境质量标准中，根据区域或河流的社会功能，将标准值分为若干个级别。例如，环境空气质量标准值分为三级，一级标准为对一类区的要求，即对国家规定的自然保护区、风景旅游区、名胜古迹和疗养地的要求；二级标准为对二类区的要求，即对城市规划中确定的居民区，商业、交通和居民混合区，文化区以及农村等的要求；三级标准为对三类区的要求，即对大气污染比较重的城镇、工业区以及城市交通枢纽、干线等的要求。

又如，我国将地表水环境质量标准分为五类：

一类标准适用于源头水和国家自然保护区；

二类标准适用于集中使用生活饮用水水源地的一级保护区、珍贵鱼类保护区及鱼虾产卵场；

三类标准适用于集中使用生活饮用水水源地的二级保护区、一般鱼类保护区和游泳区；

四类标准适用于一般工业用水区及人体非直接接触的娱乐用水区；

五类标准适用于农业用水区及一般景观要求水域。

四、我国的环境保护标准简介

从 20 世纪 70 年代以来，我国非常重视环境保护标准的建设，已经逐步形成了比较完整的环境保护标准体系，包括国家标准、地方标准两个级别和环境质量标准、污染物排放标准、环境保护基础标准和环境保护方法标准四个类别。这些标准按照环境要素可分为以下四个方面：

（一）大气环境保护标准

在大气环境保护标准中，我国已经发布实施的有 40 多个。

我国已经发布实施的大气环境质量标准有：2012 年颁布的《环境空气质量标准》，代替 1996 年发布实施的《环境空气质量标准》和 1988 年发布实施的《保护农作物的大气污染物最高允许浓度》。

我国的大气污染物排放标准有 1996 年发布实施的《大气污染物综合排放标准》，替代了 1973 年的《工业"三废"排放试行标准》及 10 多个行业排放标准的废气部分；1993 年发布实施的《恶臭污染物排放标准》，还有 10 多个行业的大气污染物排放标准。

我国还发布实施了一系列大气污染物测试方法标准，如《锅炉烟尘测试方法》《汽车排气污染物测试方法》等 20 多种。1991 年发布实施的《制定地方大气污染物排放标准的技术方法》替代了 1983 年发布实施的同名标准，这是一种基础标准。

（二）水环境保护标准

我国已经发布实施有关水环境保护标准 100 多个。其中比较重要的有：

水环境质量标准包括 2002 年发布实施的《地表水环境质量标准》、1997 年发布实施的《海水水质标准》、1993 年发布的《地下水质量标准》、2021 年发布实施的《农田灌溉水质标准》、1989 年发布的《渔业水质标准》、1991 年发布实施的《景观娱乐用水水质标准》、2006 年发布实施的《生活饮用水标准》。

水污染物排放标准有 1996 年发布实施的《污水综合排放标准》，替代了 1988 年发布实施的同名标准，同时替代了 17 个行业的水污染物排放标准；此外还有 12 个行业发布实施了本行业的水污染物排放标准，一些新的行业标准还在制定中。

水环境保护方法标准有《水质　采样技术指导》《水质　样品的保存和管理技术规定》《水质　化学需氧量的测定　重铬酸钾法》等 100 多个。

水环境基础标准有《制定地方水污染物排放标准的技术原则与方法》等 3 个。

（三）噪声环境标准

我国发布实施的噪声环境标准有 2008 年发布的《声环境质量标准》（GB 3096—2008）；2008 年发布实施的《工业企业厂界环境噪声排放标准》（GB 12348—2008）；2008 年发布实施的《社会生活环境噪声排放标准》（GB 22337—2008）；2011 年发布实施的《建筑施工场界噪声排放标准》（GB 12523—2011）。

（四）土壤环境质量标准

由于土壤环境具有特殊性，我国的土壤环境标准制定工作开展较晚，1995 年发布、1996 年实施了《土壤环境质量标准》（GB 15618—1995），其后发布实施了 10 多个土壤污染物测定的方法标准。土壤环境质量标准适用于农田、蔬菜地、茶园、果园、牧场、林地、自然保护区等地的土壤，该标准根据土壤应用功能和保护目标，把全国土壤分为三类，相应地把土壤环境质量划分为三级。污染物包括镉、汞、砷、铜、铅、铬、锌、镍和六六六、滴滴涕。在标准中，按照不同的 pH 规定了各种污染物的标准值。为了加强建设用地土壤环境监管，管控污染地块对人体健康的风险，2018 年生态环境部颁布实施了《土壤环境质量　建设用地土壤污染风险管控标准（试行）》。

从以上对各种环境标准的介绍中可以看出，环境标准不是一成不变的，经过一段时间的使用后，要对标准进行修订，新标准发布实施后，旧标准自行失效，停止使用。

习　题

1. 什么是环境、环境要素和环境系统？
2. 什么是环境质量，环境质量的价值表现在哪些方面？
3. 什么是环境影响，环境影响可分为哪些种类？
4. 环境评价有哪些主要类型？
5. 环境影响识别常用哪些方法？
6. 简述我国环境影响评价的主要方法。
7. 简述我国环境影响评价的工作程序。
8. 我国的环境保护法律体系包括哪些层次？各个层次之间的关系如何？
9. 什么是环境标准？我国的环境标准包括哪些内容？
10. 国家环境标准和地方环境标准的关系是什么？

参考文献

［1］何德文. 环境影响评价［M］. 北京：科学出版社，2018.

［2］李爱贞，周兆驹，等. 环境影响评价实用技术指南（第二版）［M］. 北京：机械工业出版社，2011.

［3］环境保护部. 建设项目环境影响评价技术导则　总纲：HJ 2.1—2016［S］.

［4］王亚男. 中国环评制度的发展历程及展望［J］. 中国环境管理，2015，DOI：10.16868/j. cnki. 1674—6252. 2015. 02. 003.

［5］World Bank. OP 4.01-Environmental Assessment，2013.

［6］International Finance Corporation. Environment，Health and Safety (EHS) General Guidelines，2007.

［7］Asian Development Bank. Safeguard Policy Statement，2009.

第二章　环境评价信息的获取

评价信息是环境评价的基础，没有信息就无法进行评价。环境评价信息是指赋予评价指标以一定的数值，以便进行模型运算。指标量化的方式有资料收集、环境质量监测、环境质量预测、专家咨询、地理信息系统及模拟试验等。资料收集主要用于污染源调查、环境背景值调查、环境现状调查，进而确定环境评价指标体系；环境质量监测是在资料不足的情况下进行的现场布点采样分析，对现实环境质量指标进行赋值；环境质量预测是通过数学手段对未来的环境状况进行估计，进而对未来环境质量指标进行赋值；对于某些定性类指标，可以靠专家咨询去量化或者靠地理信息系统等预测趋势；在环境影响评价中，环境模拟试验可以用来确定既不能调查，又不能监测的某些指标，如风洞试验模拟大气环境影响等。本章重点介绍污染源调查、环境特征调查、环境质量监测、环境资料的获取和环境模拟试验等。

第一节　污染源调查

一、污染源调查的意义

污染源是指能够产生环境污染物的场所、设备和装置。污染物的来源、特性、结构形态等不同，污染源分类系统也不一样。按产生污染物的来源可分为自然污染源和人为污染源；按对环境要素的影响分为大气污染源、水体污染源、土壤污染源、生物污染源和其他污染源；按污染途径分为直接污染源、转化污染源；按污染源存在形态分为点源、线源、面源。

要了解环境污染的历史和现状，预测环境污染的发展趋势，污染源调查是一项必不可少的工作，它是环境评价工作的基础。通过调查，掌握污染源的类型、数量及其分布，掌握各类污染源排放的污染物的种类、数量及其随时间变化状况。通过评价，确定一个区域内的主要污染物和主要污染源，然后提出切合实际的污染控制和治理方案。

二、污染源调查的原则与方法

（一）污染源调查原则

1. 明确目的性

污染源调查和评价的目的、要求不同，采用的方法和步骤也就不同。例如，进行区域性环境质量评价和项目环境影响评价需要做的污染源调查的要求是不同的。区域质量评价需要对区域所有的污染源进行调查，而项目环境影响评价只对本项目有关的污染源进行调查。

2. 把握系统性

要把污染源、环境、生态和人体健康作为一个系统考虑，在调查时不仅要注意污染物的排放量，还要重视污染物的物理、化学特性，进入环境的途径、迁移转化规律以及对人体健康的影响等因素。

3. 重视联系性

即重视污染源所处的位置及周围的环境状况。

4. 保持同一性

必须采用同一基础、同一标准、同一尺度，以便把各种污染源所排放的污染物进行比较。

（二）污染源调查方法

1. 区域污染源调查

区域污染源调查分为普查和详查两个阶段，所用方法是社会调查，包括印发各种调查表，召开各种类型座谈会收集意见和数据，到现场调查、访问、采样和测试。

（1）普查。

普查就是概略性的调查。首先从有关部门查清区域内的工矿、交通运输等企事业的名单，采用发放调查表的方法对每个单位的规模、性质、排污情况进行概略的调查；对于农业污染源和生活污染源也可到主管部门收集农业、渔业、畜牧业的基础资料、人口统计资料、供排水和生活垃圾排放等方面资料，通过分析和推算，得出该区域内污染物排放的基本情况。在普查基础上，选择重点调查对象进行详查。

（2）详查。

重点污染源是指污染物排放种类多（特别是含危险污染物）、排放量大、影响范围广、危害程度大的污染源。一般来说，重点污染源排放的主要污染物占调查区域内总排放量的 60% 以上。在详查工作中，调查人员要深入现场实地调查和开展监测，并通过计算取得完善的数据。

经过详查和普查资料的综合，总结出区域污染源调查的情况。

2. 具体项目的污染源调查

具体项目的调查方法类似上述的"详查"，应该在调查基础上进行项目剖析，其内容包括：

（1）排放方式、排放规律。

对废气要调查其排放高度，对废水要了解其有无排污管道，是否做到清污分流等；要了解废渣是直接排入河道还是堆放待处理，以及堆放的方式等。此外，还要了解其排放规律（连续还是间歇，均匀还是不均匀，夜间排放还是白天排放等）。

（2）污染物的物理、化学及生物特性。

在重点调查中，要搞清重点污染源所排放的污染物的特性，并根据其对环境影响和排放量的大小，提出需要进行评价的主要污染物。

（3）对主要污染物进行追踪分析。

对代表重点污染源特征的主要污染物进行追踪分析，以弄清其在生产工艺中的流失原因及重点发生源。

（4）污染物流失原因的分析。

从生产管理、能耗、水耗、原材料消耗定额来分析，根据工艺条件计算理论消耗量，调查国内、国际同类型的先进工厂的消耗量，与该重点污染源的实际消耗量进行比较，找出差距，分析原因，另外还要进行设备分析、生产工艺分析等，查找污染物流失的原因，并计算各类原因影响的比重。

三、污染源调查内容

污染源排放的污染物质的种类、数量，排放方式、途径及污染源的类型和位置，直接关系到其影响对象、范围和程度。污染源调查就是要了解、掌握上述情况及其他有关问题。

（一）工业污染源调查

1. 企业概况

企业名称、厂址、主管机关名称、企业性质、企业规模、厂区占地面积、职工构成、固定资产、投产年代、产品、产量、产值、利润、生产水平、企业环境保护机构名称、辅助设施、配套工程、运输和储存方式等。

2. 工艺调查

工艺原理、工艺流程、工艺水平、设备水平、环保设施。

3. 能源、水源、原辅材料情况

能源构成、产地、成分、单耗、总耗；水源类型、供水方式、供水量、循环

水量、循环利用率、水平衡；原辅材料种类、产地、成分及含量、消耗定额、总消耗量。

4. 生产布局调查

企业总体布局、原料和燃料堆放场、车间、办公室、厂区、居民区、堆渣区、污染源位置、绿化带等。

5. 管理调查

管理体制、编制、生产制度、管理水平及经济指标；环境保护管理机构编制、环境管理水平。

6. 污染物治理调查

工艺改革、综合利用、管理措施、治理方法、治理工艺、投资、效果、运行费用、副产品的成本及销路、存在的问题、改进措施、今后治理规划或设想。

7. 污染物排放情况调查

污染物种类、数量、成分、性质；排放方式、规律、途径，排放浓度、排放量；排放口位置、类型、数量、控制方法；排放去向、历史情况、事故排放情况。

8. 污染危害调查

人体健康危害调查、动植物危害调查、污染物危害造成的经济损失调查、危害生态系统情况调查。

9. 发展规划调查

生产发展方向、规模、指标、"三同时"措施，预期效果及存在的问题。

（二）农业污染源调查

农业常常是环境污染的主要受害者，同时，由于施用农药、化肥，当使用不合理时也产生环境污染；此外，农业废弃物等也可能造成环境污染。

1. 农药使用情况的调查

农药品种、使用剂量、方式、时间，施用总量、年限，有效成分含量，稳定性等。

2. 化肥施用情况的调查

施用化肥的品种、数量、方式、时间，每亩平均施用量。

3. 农业废弃物调查

农作物秸秆，牲畜粪便，农用机油渣的种类、数量、排放方式等情况。

4. 农业机械使用情况调查

汽车、拖拉机台数及耗油量，行驶范围和路线，其他机械的使用情况等。

（三）生活污染源调查

生活污染源主要指住宅、学校、医院、商业及其他公共设施。它排放的主要污染物有污水、粪便、垃圾、污泥、烟尘及废气等。

1. 城市居民人口调查

总人数、总户数、流动人口、人口构成、人口分布、密度、居住环境。

2. 城市居民用水和排水调查

用水类型，人均用水量，办公楼、旅馆、商店、医院及其他单位的用水量。下水道设置情况，机关、学校、商店、医院有无化粪池及小型污水处理设施。

3. 民用燃料调查

燃料构成、燃料来源、成分、供应方式、燃料消耗量及人均燃料消耗量。

4. 城市垃圾及处理方法调查

垃圾种类、成分、构成、数量及人均垃圾量，垃圾场的分布、运输方式、处置方式，处理站自然环境、处理效果，投资、运行费用，管理人员、管理水平。

（四）交通污染源调查

汽车、飞机、船舶等也是造成环境污染的一类污染源。其造成环境污染原因有三：一是交通工具在运行中发生的噪声；二是运载有毒、有害物质的泄漏，或清扫车体、船体时的扬尘或污水；三是汽油、柴油等燃料燃烧时排出的废气。交通污染源调查内容有：

1. 噪声调查

车辆种类、数量、车流量、车速、路面状况、绿化状况、噪声分布。

2. 汽车尾气调查

汽车的种类、数量、用油量、燃油构成、排气量、排放浓度等。

除上述污染源调查外，还有其他污染源的调查。在进行一个地区的污染源调查时，都应同时进行自然环境背景调查和社会背景调查。自然环境背景调查包括地质、地貌、气象、水文、土壤、生物等；社会背景调查包括居民区、水源区、风景区、名胜古迹、工业区、农业区、林业区等。

四、源强核算程序与原则

源强是对产生或排放的污染物强度的度量，包括废气源强、废水源强、噪声源强、振动源强、固体废物源强等。废气、废水源强是指污染源单位时间内产生的废气、废水污染物排出产生有害影响的场所、设备、装置或污染防治（控制）设施的数量。通常包括正常排放和非正常排放，不包括事故排放。固体废物源强是指污染源单位时间内产生的固体废物的数量。非正常工况，指生产设施非正常工况或污染防治（控制）设施非正常状况，其中生产设施非正常工况指开停炉（机）、设备检修、工艺设备运转异常等工况，污染防治（控制）设施非正常状况指达不到应有治理效率或同步运转率等情况。事故排放指突发泄漏、火灾、爆炸等情况下污染物的排放。一般以年、小时作为污染物排放的核算时段。

污染源源强核算应该按照污染源源强核算技术指南体系规定的工作程序、核算方法、技术要求进行，识别所有涉及的污染源和规定的污染物，按照优先级别选取核算方法，给出完整的源强核算结果和相关参数。源强核算技术指南体系由《污染源源强核算技术指南 准则》（HJ 884—2018）及各行业指南等构成。核算方法所需参数的测定应满足国家或地方相关技术标准、规范的要求。通过资料收集方式获取参数时，选用的参数依据（如可研报告、设计文本、台账记录等）应规范有效。

位于环境质量不达标区域的新（改、扩）建工程污染源，应采用具备最优排放水平的污染防治可行技术，并选取对应的参数进行源强核算。污染物排放量的核算应包括正常排放和非正常排放两种情况，并分别明确正常排放量和非正常排放量。废水污染源源强核算应考虑生产装置运行时间与污染治理措施运行时间的差异，分别确定废水污染物的产生量核算时段和排放量核算时段。污染物产生量指污染源某种污染物生成的数量。污染物排放量指污染源排入环境或其他设施的某种污染物的数量。采用实测法进行源强核算时，应同步记录监测期间生产装置的运行工况参数，如物料投加量、产品产量、燃料消耗量、副产物产生量等；进行废水污染源强核算时，还应分别详细记录调质前废水的来源、水量、污染物浓度等。

（一）污染源源强核算程序

包括污染源识别与污染物确定、核算方法及参数选定、源强核算、核算结果汇总等。源强核算程序见图 2-1。

（二）污染源源强核算原则

1. 基本原则

污染源源强核算，应结合行业环境保护工作基础，科学确定核算方法，合理界定相关参数，提高参数的准确性，完善污染源源强核算的科学体系；行业污染源源强的核算工作，应结合行业特点，按照下述原则要求执行。

2. 污染源的识别

污染源的识别应结合行业特点，涵盖所有工艺和装备类型，明确所有可能产生废气、废水、噪声、振动、固体废物等污染物的场所、设备或装置，包括可能对水环境和土壤环境产生不利影响的"跑冒滴漏"等环节。应分别对废气、废水、噪声、振动等污染源进行分类。

废气污染源类型：按照污染源形式可划分为点源、面源、线源、体源；按照排放方式可划分为有组织排放源、无组织排放源；按照排放特性可划分为连续排放源、间歇排放源；按照排放状态可划分为正常排放源、非正常排放源。

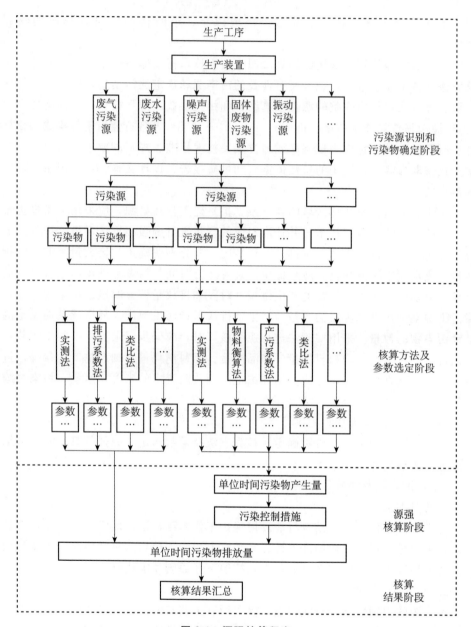

图 2-1　源强核算程序

废水污染源类型：按照排放方式可划分为点源、非点源；按照排放特性可划分为连续排放、简歇排放；按照排放状态可划分为正常排放源、非正常排放源。

噪声污染源类型：按照声源位置可划分为固定声源、流动声源；按照发生时间可划分为频发噪声源、偶发噪声源；按照发生形式可划分为点声源、线声源和面声源。

振动污染类型：按照振动变化情况可划分为稳态振动源、冲击振动源、无规振动源、轨道振动源。

地下水排放类型：按照排放状态可划分为正常状况及非正常状况下的排放。

3. 污染物的确定

应根据国家、地方颁布的行业污染物排放标准，确定污染源废气、废水相关污染物。没有行业污染物排放标准的，可结合国家、地方颁布的综合排放标准，或参照具有类似产排污特性的相关行业标准，确定污染源废气、废水相关污染物。也可依据原辅料及燃料使用和生产工艺情况，分析确定污染源废气、废水污染物。固体废物的属性，按照第 I 类一般工业固体废物、第 II 类一般工业固体废物、危险废物（按照《国家危险废物名录（2021 年版）》划分）、生活垃圾等，分别确定固体废物名称。

4. 核算方法的确定

污染源源强核算可采用实测法、物料衡算法、产污系数法、排污系数法、类比法、实验法等方法。对不同污染源类型、污染物特性，应区分新（改、扩）建工程污染源和现有工程污染源，分别确定污染源源强核算方法，并给出核算方法的优先级别。应遵循简便高效、科学准确、统一规范的原则。现有工程污染源源强的核算应优先采用实测法，采用实测法核算时，对于排污单位自行监测技术指南及排污许可证等要求采用自动监测的污染因子，尽可能采用有效的自动监测数据进行核算；对于排污单位自行监测技术指南及排污许可证等未要求采用自动监测的污染因子，核算源强时优先采用自动监测数据，其次采用手工监测数据。实测法的数据应满足 GB 10070、GB/T 16157、HJ 630、HJ 75、HJ 76 等监测规范的要求。

五、污染源源强核算方法与结果表达

在生产过程中排放的污染物来源于原材料的流失、产品的流失以及副产物的排放等方面，可以通过物料衡算来推算污染物排放量和排放强度，也可通过实测法、排污系数法和类比法求得污染物的排放量。生态环境部 2021 年 6 月最新颁布的《排放源统计调查产排污核算方法和系数手册》中将污染源分为工业源、农业源、生活源、集中式污染治理设施、移动源五类（表 2-1），并分别给出了它们适用范围、排放污染物的核算方法以及相关经验系数，例如工业源就对 230 个不同行业分别给出了排污经验系数，所以对具体行业可查表获取相关系数再进行计算。但是排污计算的原理仍可分为以下四种。

表 2-1　《排放源统计调查产排污核算方法和系数手册》中排放源的分类及核算内容（节选）

污染源分类			污染物核算		备注（例如参照规范等）
排放源分类	**1. 工业源**	（1）重点调查单位污染物核算	①监测数据法（优先）	A. 自动监测数据（优先）	《固定污染源烟气（SO$_2$、NO$_x$、颗粒物）排放连续监测技术规范》（HJ 75—2017）
					《水污染源在线监测系统（COD$_{Cr}$、NH$_3$-N 等）运行技术规范》（HJ 355—2019）
				B. 手工监测数据	《污水监测技术规范》（HJ 91.1—2019）
					《固定源废气监测技术规范》（HJ/T 397—2007）
			②产排污系数法（含物料衡算法）		各行业排污系数手册（230 个行业）
					工业源固体物料堆场颗粒物核算系数手册
					工业源挥发性有机物通用源项核算系数手册
		（2）工业非重点调查污染物排放量核算			非重点废气污染物与生活源合并核算，纳入生活源污染物总量
					一般工业固体废物和危险废物不核算非重点
	2. 农业源	（1）种植业	水污染物（氨氮、总氮、总磷）	产排污系数法	农业源产排污核算系数手册
		（2）畜禽养殖业	水污染物（COD、氨氮、总氮、总磷）		
		（3）水产养殖业			
	3. 生活源	（1）生活污水及污染物	①城镇生活污水及污染物	污水产生量、排放量	生活源产排污核算系数手册
				污染物产生量、去除量、排放量	
			②农村生活污水及污染物	污水排放量	
				污染物产生量、排放量	

续表

污染源分类	污染物核算		备注（例如参照规范等）
3. 生活源	（2）生活及其他废气污染物	①生活及其他能源消费量核算	煤炭/天然气消费量等
		②生活及其他废气污染物排放量核算	二氧化硫、氮氧化物、颗粒物、挥发性有机物等
			生活源产排污核算系数手册
4. 集中式污染治理设施	（1）监测数据法	①自动监测数据（优先）（同工业源）	《固定污染源烟气（SO₂、NOₓ、颗粒物）排放连续监测技术规范》（HJ 75—2017）
			《水污染源在线监测系统（COD_{Cr}、NH₃-N 等）运行技术规范》（HJ 355—2019）
			《水污染源在线监测系统（COD_{Cr}、NH₃-N 等）数据有效性判别技术规范》（HJ 356—2019）
			《污水监测技术规范》（HJ 91.1—2019）
		②手动监测数据（同工业源）	《固定源废气监测技术规范》（HJ/T 397—2007）等
	（2）产排污系数法（含物料衡算法）	A. 污水处理厂	集中式污染治理设施产排污系数手册
		B. 生活垃圾填埋场	
		C. 生活垃圾焚烧处理设施	
		D. 生活垃圾堆肥厂与餐厨垃圾处理厂	
5. 移动源	机动车污染物排放量核算		移动源排放系数手册

（一）物料衡算法

依据物质不灭定律，一种产品生产过程中投入一种物料 i 的总量 M_i，等于经过工艺过程进入产品中的量 P_i、回收的量 R_i、转化为副产物的量 B_i 以及进入废水、废气、废渣中成为污染物的量 W_i 之和。即

$$M_i = P_i + R_i + B_i + W_i \tag{2-1}$$

通过对工艺过程中物料衡算或对生产过程实测，可以确定每一项的量。如果该产品的产量为 G，则可求出单位产量的投料量 m_i 和单位产品的排污量 w_i。

$$m_i = M_i/G \tag{2-2}$$

$$w_i = W_i/G \tag{2-3}$$

单位产品的总排污量是由进入废水（w_{iw}）、废气（w_{ia}）和废渣（w_{is}）中的该物料组成的，即

$$w_i = w_{iw} + w_{ia} + w_{is} \tag{2-4}$$

如果废水、废气和废渣经过一定的处理后排放，处理过程的去除率分别为 η_w、η_a 和 η_s，则生产单位产品排入环境中的该污染物量为

$$d_{iw} = \sum_{j=1}^{3} w_{ij}(1 - \eta_j) = w_{iw}(1 - \eta_w) + w_{ia}(1 - \eta_a) + w_{is}(1 - \eta_s) \tag{2-5}$$

许多产品生产的工艺规程中规定了原料—成品转化率、原料—副产品转化率等的单位产品排污量的定额，可以依据这些定额推算污染物的排放量。

（二）排污系数法

排污系数法有三类：单位产品基、单位产值基和单位原材料基。已知某行业的某种类型产品的产量、产值或原材料消耗量，将其乘以相应的排污系数即可求得污染物排放量。其计算公式为

$$D_i = M_{ip}G_i \tag{2-6}$$

$$D_i = M_{im}Y_i \tag{2-7}$$

$$D_i = M_{ir}R_i \tag{2-8}$$

式中，　　D_i——i 污染物排放量，kg/a；

M_{ip}、M_{im}、M_{ir}——单位产品的排污系数，kg/t；万元产值的排污系数，kg/万元；单位原材料消耗的排污系数，kg/t；

G_i、Y_i、R_i——产品年产量，t/a；年总产值，万元/a；原材料年消耗量，t/a。

（三）实测法

实测法就是按照监测规范，连续或间断采集样品，分析测定工厂或车间外排的废水和废气的量和浓度。污染物排放量按式（2-9）、式（2-10）计算。

$$D_{iw} = C_{iw} \cdot Q_{iw} \times 10^{-6} \tag{2-9}$$

$$D_{ia} = C_{ia} \cdot Q_{ia} \times 10^{-9} \tag{2-10}$$

式中，D_{iw}、D_{ia}——水污染物、大气污染物排放量，t/a；

　　　　C_{iw}、C_{ia}——水污染物浓度，mg/L；大气污染物浓度，mg/m³；

　　　　Q_{iw}、Q_{ia}——废水、废气排放量，m³/a。

（四）燃料燃烧过程中主要污染物排放量的计算

目前煤和石油仍然是人类生产和生活的主要能源，在煤和石油燃烧过程中释放的烟尘和二氧化硫是主要的大气污染物，下面介绍二氧化硫和烟尘排放量的计算方法。

1. 二氧化硫排放量的计算

煤炭中的硫以三种状态存在：有机硫、硫铁矿和硫酸盐。当煤燃烧时，只有

前两种硫可以转化为二氧化硫，硫酸盐不被燃烧，以灰分形式留下来。一般情况下，可燃性硫占全硫量的 80%。石油中的硫可全部燃烧转变为二氧化硫。

从硫燃烧的化学反应式：$S+O_2 \Longrightarrow SO_2$，可知 32 g 硫经氧化后可生成 64 g 二氧化硫，即 1 g 硫可产生 2 g 二氧化硫，因此燃煤产生的二氧化硫可用下式计算：

$$G=B \times S\% \times 80\% \times 2 \tag{2-11}$$

式中，G——二氧化硫的产生量；

　　　B——耗煤量；

　　　$S\%$——煤的含硫量。

对油而言，则计算公式为：

$$G=B \times S\% \times 2 \tag{2-12}$$

2. 燃煤烟尘排放量的计算

燃煤烟尘包括黑烟和飞灰两部分。黑烟是未完全燃烧的炭粒，飞灰是烟气中不可燃烧的矿物微粒，是煤的灰分的一部分。烟尘的排放量与炉型和燃烧状况有关，燃烧越不完全，烟气中的黑烟浓度越大，飞灰的量与煤的灰分和炉型有关。

计算燃煤烟尘排放量的方法有两种。

(1) 根据耗煤量、煤的灰分含量、除尘器效率等参数计算。

$$G_{烟尘}=B \times A \times df \times (1-\eta) \tag{2-13}$$

式中，$G_{烟尘}$——烟尘排放量；

　　　B——耗煤量；

　　　A——煤的灰分含量，%；

　　　df——烟气中烟尘占灰分量的百分数，%（与燃烧方式有关，表 2-2）；

　　　η——除尘器的总效率，%。

表 2-2　各种炉型的烟气中烟尘占灰分量的百分数（df 值）

炉型	df 值/%	炉型	df 值/%
手烧炉	15~20	煤粉炉	70~80
链条炉	15~20	往复炉	15~20
抛煤炉	20~40	化铁炉	25~35
沸腾炉	40~60		

各种除尘器的效率不同，可参照有关除尘器的说明书。如安装了两级除尘器，则除尘器系统的总效率可按式（2-14）计算：

$$\eta=1-(1-\eta_1)(1-\eta_2) \tag{2-14}$$

(2) 根据锅炉的烟气量、烟尘排放浓度和除尘器效率计算。

$$G_{烟尘}=Q \times C_0 \times (1-\eta) \tag{2-15}$$

式中，$G_{烟尘}$——烟尘排放量，kg/h；

　　　Q——烟气量，标 m³/h；

　　　C_0——除尘器进口的烟尘浓度，mg/标 m³；

　　　η——除尘器的总效率，%。

六、污染源评价

（一）评价目的

污染源评价的主要目的是通过分析比较，确定主要污染物和主要污染源，为污染治理和区域治理规划提供依据。各种污染物具有不同的特性和环境效应，要对污染源和污染物作综合评价，必须考虑到排污量与污染物危害性两方面的因素。为了便于分析比较，需要把这两个因素综合到一起，形成一个可把各种污染物或污染源进行比较的（量纲统一的）指标。其主要目的就是使各种不同的污染物和污染源能够相互比较，以确定其对环境影响大小的顺序。

污染源评价是污染源调查的继续和深入，是该项综合工作中的一个主要组成部分。

（二）评价项目和评价标准

原则上要求各地区污染源排放出来的大多数种类的污染物都进入评价。但考虑到区域环境中污染源和污染物数量大、种类多，目前困难较大，因此，在评价项目选择时，应保证本区域引起污染的主要污染源和污染物进入评价。

为了消除不同污染源和污染物，因毒性和计量单位的不统一，评价标准的选择就成为衡量污染源评价结果合理性、科学性的关键问题之一。在选择标准进行标准化处理时，一要考虑所选标准制定的合理性，二要考虑到各标准能否反映出污染源在区域环境中可能造成的危害的各主要方面，同时还要使应选的标准至少包括本区域所有污染物的 80% 以上。

一般来说，污染源调查和评价中常采用对应的环境质量标准或排放标准作为污染源评价标准。

（三）评价方法

统一采用等标污染负荷法（也称等标排放量法），分别对水、大气污染源进行评价。

1. 评价公式

（1）等标污染负荷。

某污染物的等标污染负荷（P_{ij}）定义为

$$P_{ij} = C_{ij} C_{oi} Q_{ij} \tag{2-16}$$

式中，P_{ij}——第 j 个污染源中第 i 种污染物的等标污染负荷；

C_{ij}——第 j 个污染源中第 i 种污染物的排放浓度；

C_{oi}——第 i 种污染物的评价标准；

Q_{ij}——第 j 个污染源中第 i 种污染物的排放流量。

应注意等标污染负荷是有量纲的数，它的量纲与计算流量的量纲一致。

若第 j 个污染源中有 n 种污染物参与评价，则该污染源的总等标污染负荷为

$$P_j = \sum_{i=1}^{n} P_{ij} = \sum_{i=1}^{n} \frac{C_{ij}}{C_{oi}} Q_{ij} \tag{2-17}$$

若评价区域内有 m 个污染源含第 i 种污染物，则该种污染物在评价区内的总等标污染负荷为

$$P_i = \sum_{j=1}^{m} P_{ij} = \sum_{j=1}^{m} \frac{C_{ij}}{C_{oi}} Q_{ij} \tag{2-18}$$

该区域的总等标污染负荷为

$$P = \sum_{i=1}^{n} P_i = \sum_{j=1}^{m} P_j \tag{2-19}$$

（2）等标污染负荷比。

等标污染负荷比的计算公式为

$$K_{ij} = P_{ij}/P_j \tag{2-20}$$

K_{ij} 是一个无量纲的数，可以用来确定第 j 个污染源内部各种污染物的排序。

K_{ij} 较大者，对环境贡献较大。K_{ij} 最大者，就是第 j 个污染源中最主要的污染物。

评价区内第 i 种污染物的等标污染负荷比 K_i 为

$$K_i = P_i/P \tag{2-21}$$

评价区内第 j 个污染源的等标污染负荷比 K_j 为

$$K_j = P_j/P \tag{2-22}$$

2. 主要污染物和主要污染源的确定

按照调查区域内污染物的等标污染负荷比 K_i 排序，分别计算累计百分比，将累计百分比大于 80% 的污染物列为该区域的主要污染物。同样地，按照调查区域内污染源的等标污染负荷比 K_j 排序，分别计算累计百分比，将累计百分比大于 80% 的污染源列为该区域的主要污染源。

3. 注意事项

采用等标污染负荷法处理容易造成一些毒性大、流量小，在环境中易于积累的污染物排不到主要污染物中去，然而对这些污染物的排放控制又是必要的，所以通过计算后，还应做全面考虑和分析，最后确定出主要污染物和主要污染源。

例 2-1　某地区建有毛巾厂、食品厂和饲料厂，其污水排放量与污染物监测结果如表 2-3 所示，试确定该地区的主要污染物和主要污染源（其他污染源与污染物不考虑）。

表 2-3　　三厂污水排放量及其浓度

排放物	毛巾厂	食品厂	饲料厂
污水量/(万 m³/a)	3.45	3.21	3.20
COD$_{Cr}$/(mg/L)	976	372	152
氨氮/(mg/L)	0.4	1.24	1.5
挥发酚/(mg/L)	0.008 5	0.001 5	0.035
六价铬/(mg/L)	0.14	0.44	0.15

评价标准采用《地表水环境质量标准》（GB 3838—2002）（III 类标准）。根据等标污染负荷和等标污染负荷比公式计算，计算值见表 2-4（COD$_{Cr}$、氨氮、挥发酚、六价铬的标准分别为 20 mg/L、1.0 mg/L、0.005 mg/L、0.05 mg/L）。

表 2-4　　三厂污水中污染物负荷

污染负荷	毛巾厂		食品厂		饲料厂		P_i	K_i	污染物顺序
	P_{ij}	K_{ij}	P_{ij}	K_{ij}	P_{ij}	K_{ij}			
COD$_{Cr}$	168.36	0.91	59.71	0.64	24.32	0.59	252.39	0.79	1
氨氮	1.38	0.01	3.98	0.04	4.80	0.12	10.16	0.03	3
挥发酚	5.87	0.03	0.96	0.01	2.24	0.05	9.07	0.03	4
六价铬	9.66	0.05	28.25	0.31	9.60	0.24	47.51	0.15	2
P_j	185.27		92.90		40.96		319.13 (P)		
K_j	0.58		0.29		0.13				
污染源顺序	1		2		3				

COD$_{Cr}$ 的等标污染负荷比为 0.79，即累计百分比为 79%，为该地区主要污染物。该地区主要污染源为毛巾厂和食品厂，两厂的等标污染负荷比之和为 0.87，即累计百分比为 87%。应注意毛巾厂的污染物排序与该地区的污染源是不同的，说明有的情况下污染源内主要污染物与地区的主要污染物是不同的，在区域治理规划时要重视两者之间的区别。

第二节　环境特征调查

环境特征调查包括环境背景调查与环境现状调查。

一、环境背景调查

环境背景资料是环境评价的重要基础资料。环境背景值的含义是指未受到人类活动污染的条件下，环境中的各个组成部分，如水体、大气、土壤、农作物、水生生物等在自然界的存在和发展过程中原有的稳定的基本化学组成，反映了原始自然面貌。目前，全球都受到污染的情况下，要寻找绝对未受污染的背景值很难做到，环境背景值实际上只是一个相对的概念。

环境背景值的计算，首先是环境背景值的样品应满足一定数量要求，要能够确定样品值的出现频率与分布规律，当其分布符合正态分布规律时，背景值可以取平均值。

$$\overline{x} = \frac{1}{n} \sum_{i=1}^{n} x_i \qquad (2\text{-}23)$$

式中，x_i——第 i 个样品中某物质的数值；

　　　　n——样品的数量。

样品的误差可以用标准差表示

$$S = \sqrt{\frac{1}{n-1} \sum_{i=1}^{n} (x_i - \overline{x})^2} \qquad (2\text{-}24)$$

例 2-2　在某河的源头处采集的 10 个样品数据（符合正态分布规律）如表 2-5 所示，据此计算水环境背景值。

表 2-5　背景值样品分析数据　　　　　　　　　单位：μg/L

编号	1	2	3	4	5	6	7	8	9	10
镉	0.22	0.17	0.21	0.20	0.18	0.19	0.23	0.21	0.17	0.18
铬	1.20	1.40	1.17	1.19	1.21	1.32	1.23	1.16	1.25	1.17
砷	2.05	2.03	2.15	2.11	2.10	2.08	2.02	2.11	2.19	2.08

根据表 2-5，数据计算如下：

镉：$\overline{x}_{Cd} = \frac{1}{9} \sum_{i=1}^{10} x_i = 0.196$（μg/L）

$S_{Cd} = \sqrt{\frac{1}{9} \sum_{i=1}^{n} (x_i - \overline{x})^2} = 0.021\,2$（μg/L）

铬：$\overline{x}_{Cr} = \frac{1}{9} \sum_{i=1}^{10} x_i = 1.23$（μg/L）

$S_{Cr} = \sqrt{\frac{1}{9} \sum (x_i - \overline{x})^2} = 0.076\,3$（μg/L）

砷：$\overline{x}_{As} = \frac{1}{9} \sum_{i=1}^{10} x_i = 2.092$（μg/L）

$S_{As} = \sqrt{\frac{1}{9} \sum_{i=1}^{10} (x_i - \overline{x})^2} = 0.052\,5$（μg/L）

二、环境现状调查

（一）环境现状调查方法

环境现状调查方法主要有三种，即收集资料法、现场调查法和遥感调查法。这三种调查方法互相补充，在实际调查工作中，应根据具体情况加以选择和应用。

1. 收集资料法

收集资料法是环境现状调查中普遍应用的方法，这种方法应用范围广、收效较大，比较节省人力、物力和时间，应优先选用从有关权威部门获得能够描述环境现状的现有的各种有关资料。但这种方法调查所得的资料往往与调查的主观不符，或资料的质量不符合要求。在这种情况下，需要用其他调查方法来加以完善和补充，以获得满意的调查结果。

2. 现场调查法

现场调查法可以针对调查者的主观要求，在调查时空范围内直接获得第一手的数据和资料，以弥补收集资料法的不足。但这种调查方法工作量大，需要占用较多的人力、物力、财力和时间，且调查组织工作异常复杂艰巨。除了这些困难外，现场调查法有时还受季节、仪器设备等客观条件的制约。虽然这种调查方法有这些缺点和困难，但它所获得的数据和资料是第一手的，可作为收集资料调查方法的补充和验证，所以这种调查方法也是经常使用的。

3. 遥感调查法

遥感调查法可以从整体上鸟瞰一个地区的环境状况，特别是可以弄清人们无法或不易到达地区的环境特征，比如大面积的森林、草原、荒漠、海洋等特征，以及大面积的山地地形、地貌状况等。但这种调查方法所获得的数据和资料不像前两种调查方法所获数据和资料那样准确。因此，这种调查法不适用于微观环境状况的调查，一般只用于大范围的宏观环境状况的调查，是一种辅助性的调查方法。使用这种方法进行环境现场调查时，绝大多数情况下不使用直接飞行拍摄的方法，而只是判读和分析已有的航片和卫星照片。

（二）自然环境调查

1. 地质环境调查

（1）地质。

一般情况下只需要根据现有资料，概要说明调查范围内的地质状况，如地层概况、地壳构造的基本形式、物理与化学风化情况、已探明或已开采的矿产资源情况等。有时，根据要求需对地质构造做进一步的调查，如对断层、断裂、坍塌、地面沉陷等进行较为详细的调查，对一些有特别危害的地质现象，如地震也应加以详细调查。调查资料应以图为主，并辅以文字说明。

（2）地貌。

地形地貌的调查包括应用适宜比例尺的地形图来展示调查范围内的地形起伏特征、地貌类型（山地、平原、沟谷、丘陵、海岸等），以及岩溶地貌、冰川地貌、风成地貌等地貌特征。除此之外，对一些有危害的地貌现象，如崩塌、滑坡、泥石流、冻土的地貌现象也应做调查。地形地貌的特征直接影响人们的生产和生活活动，反过来人们的生产和生活活动也影响地形地貌。所以，在做地形地貌调查时，还要特别注意对人们的行为可能诱发的地貌现象的现状和发展趋势进行调查。地质和地貌条件是决定区域自然污染源和物质迁移过程的基本因素。

2. 大气环境调查

气候与气象资料主要描述了一个地区的大气环境状况。它不仅与人们生活密切相关，也与各种生产活动和大气污染程度密切相关。适宜的气候气象条件有利于人们的居住生活，有利于各类生产活动的进行，也有利于大气污染物的输送和扩散。所以，在进行环境评价时，对气候气象资料的调查应给予足够的重视，其主要调查内容如下。

（1）一般气候特征。

根据气候资料，调查该地区长年或年平均风速、主导风向、风向风速频率分布、平均气温、平均最高气温、平均最低气温、极端最高气温、极端最低气温、平均气压、平均湿度、平均降水量、降水日数、降水量极值、日照时数等。

（2）污染气候特征。

描述污染气候特征最主要的是混合层、大气稳定度、逆温层和风向风速等。混合层主要调查平均高度、最大高度。调查时最好画出调查范围内混合层平均高度分布图，这对确定不同地区大气环境容量的大小极为有用。大气稳定度可确定大气对污染物扩散稀释能力的大小，调查时通常应用帕斯圭尔大气稳定度分类法，对大气稳定度进行分类，进而统计分析各类大气稳定度出现频率的时间分布和空间分布，画出等值线分布图。逆温层直接影响近地面层大气污染物的扩散稀释，调查时应收集逆温层平均厚度、最大厚度、出现频率、强度、持续时间等资料，必要时也应画出各要素时空分布图。风向风速关系到大气污染物被输送的去向和输送的快慢，调查时应收集常年的风向风速频率分布资料，画出不同地方的常年风向风速玫瑰图。

（3）灾害性天气。

某些天气可给生产和生活活动带来巨大损失，这种天气称为灾害性天气。灾害性天气有梅雨、寒潮、冰雹、大风、台风、雷暴、雾、沙尘暴、扬沙、暴雨等。调查时应调查这些天气常年平均出现次数、季节分布、强度、持续时间等。

3. 水环境调查

（1）地表水。

地表水常常是工农业用水及饮用水水源地，同时也常是废水排放的场所。所以，对环境规划来说，调查地表水状况显得格外重要，地表水环境调查内容如下。

河流主要调查丰水期、平水期、枯水期的划分；河流平直及弯曲；横断面、纵断面（坡面）、水位、水深、水温、河宽、流量、流速及其分布等；丰水期有无分流漫滩，枯水期有无浅滩、沙洲和断流；北方河流还应了解结冰、封冻、解冻等现象；河网地区还应了解各河段流向、流速、流量的关系及变化特征。

湖泊、水库主要调查湖泊、水库的面积和形状，应附有平面图；丰水期、平水期、枯水期的划分；流入、流出的水量，停留时间；水量的调度和贮量；水深；水温分层情况及水流状况（湖流的流向和流速，环流和流向，流速及稳定时间）等。

感潮河口中除了与河流相同的内容外，还有感潮河段的范围、涨潮、落潮及平潮时的水位、水深、流向、流速及其分布；横断面、水面坡度的河潮间隙，潮差和历时等。

海湾调查海岩开头、海底地形；潮位及水深变化，潮流状况（小潮和大潮循环期间的水流变化，平行于海岸线流动的落潮和涨潮）；流入的河水流量、盐度和温度造成的分层情况；水温、波浪的情况，以及内海水与外海水的交换周期等。

降水调查主要调查常年平均降水量、降水日数、暴雨次数、暴雨程度等。调查时将这些要素的时空分布画成图，配合水文调查资料一起分析地面水环境特征。

（2）地下水。

地下水主要调查水文地质条件，主要是含水层埋藏条件（埋藏深度、含水厚度、渗透性等）和水动力特征（流向、流速、水位、径补排关系、与地表水的联系等）；水文地球化学特征，主要是地下水类型、pH、溶解气体成分及含量等；地层分布及岩性，土壤特征，包括土壤的类型、分布、物理性质和化学组分、植被情况等；土地和水资源的利用情况等。

4. 土壤环境调查

调查了解土壤的各种特性，需要对土壤的剖面结构、土壤发生层次、质地层次和障碍层次进行资料收集。

土壤化学性质包括 pH、E_h、石灰反应，有机质、氮、磷、钾及微量元素的含量。土壤物理性质包括土壤的含水状况及质地状况。土壤的黏土矿物包括高石、蒙脱石、水化云母、绿泥石等。土壤的成土母质特征包括岩石的种类、组成和化学成分。土壤微生物包括土壤微生物群落。

5. 生物环境调查

调查内容包括动植物，特别是珍稀、濒危物种的种类、数量、分布、生活史，生长、繁殖和迁移行为的规律；生态系统的类型；其他物理因素（地形地貌、水文、气候、土壤、大气、水质量）；人类干扰程度（土地利用现状等）。如果评价区存在其他污染型农业，或具有某些特殊地质化学特征时，还应该调查有关的污染物或化学物质的含量水平。应当探明评价区的生态系统在自然或半自然状态下维持平均的模式及在其中起关键作用的生物和非生物因素。

通过调查所取得的资料和数据，经过整理后，便可对生物环境进行系统的描述。对于由野外调查、定位或半定位观测、室内化验分析所得的资料，从地图、航片、卫星照片上提取的信息和从有关部门收集、统计和资料等途径取得的有关生态参数——包括绿地覆盖率、频率、密度、土壤侵蚀程度、荒漠化面积、物种数量等生态参数，应尽量给出定量或半定量的数值。

（三）社会经济环境调查

1. 人口调查

人是环境的主体，也是一切环境问题产生的根源，同时也是解决环境问题的依靠力量。所以，在环境评价时，必须对人口因素着力调查清楚。人口因素的调查内容主要有：人口数量，主要包括人口总量及分布、人口密度及分布、人口自然增长率、城乡人口数量、未来人口数量发展趋势等；人口性别分布；人口年龄结构，主要包括不同年龄段的人口数量及地域分布差异、确定人口年龄结构特征；人口平均寿命；人口文化素质状况，主要包括受过高、中、低程度教育的人口数量，文盲数量，文化素质变化趋势等；人口就业状况，主要包括第一产业、第二产业、第三产业就业人口数量及变化趋势，待业人口数量及变化趋势；人口居住条件，主要包括人均居住面积、成套住房拥有量等。

2. 经济结构调查

（1）产业结构调查分析。

主要调查第一产业、第二产业、第三产业比例关系；分别调查环境保护产业、高新技术产业各自在 GDP 中的比重；工业结构，一是调查重污染型、轻污染型、清洁生产型工业之间的比例关系，二是调查工业部门各行业之间的比例关系，以及产品结构、规模结构等。

（2）能源结构调查。

主要调查煤、石油、天然气、水电、核电、地热、太阳能、风能、海洋能等之间的比例关系；不可更新能源与可更新能源的比例关系；排放 CO_2 及其他污染物的能源与不排放 CO_2 的清洁能源之间的比例关系等。

（3）投资结构调查。

主要调查各类开发建设活动的投资比例，如工业、农业、林业、海洋资源开发、矿产开发、高新技术产业、环境保护产业等投资的比例关系；环境保护投资（污染防治、生态建设和生态保护）占同期 GDP 的百分比；污染防治投资也可单独计算，分别计算出污染防治、生态建设和生态保护各自占同期 GDP 的百分比；技术创新、新产品开发投资占同期 GDP 的百分比。

此外，还应调查经济密度及其分布，经济增长的技术贡献率；在有条件的区域（或地区）对自然资本的变化（损失或增值）进行核算，建立自然资本账户。

3. 工业调查

主要调查工业总产值；主要产品产量；工业企业分析；工业经济密度；工业结构，主要包括行业结构、产品结构、原料结构和规模结构；能源结构；工业企业清洁生产状况等。

4. 农牧渔业调查

主要调查农业总产值；农业耕地面积，包括粮食面积、棉花面积、油料面积及其他经济作物面积；主要农产品产量，包括粮、棉、油及其他经济作物的总产量及单产量；农业优良品种和先进耕作方法推广情况；农业用水情况；生态农业情况；土地利用情况，包括高产丰产田面积、盐渍耕地面积、沙化耕地面积、不适宜农用耕地面积等；农业劳力情况，主要包括劳力总量、剩余劳力总量及出路等。调查从事渔业生产的总人口数，渔业总产值（淡水、海水及人工养殖各占多少比例），主要产品产量，主要产品品种，渔船总吨位及燃油总耗量等。调查从事畜牧业人口总数，总产值，牲畜总头数，主要品种，主要畜产品产量，牧场面积，单位面积牧场载畜量，已退化牧场面积等。

5. 交通运输调查

主要调查铁路通车总里程、机车牵引动力情况、运营状况等；公路通车总里程、高速公路总里程、高等级公路总里程、公路密度分布等；水路通航总里程、船舶总吨位、船舶总数量、码头情况等；城市交通状况、机动车总拥有量、道路网密度、道路总长度等。

6. 科学技术调查

主要调查科学技术系统的结构，如基础研究、技术科学及应用科学研究的比例关系，农业科学技术研究（包括生态农业）、林业、工业（包括清洁生产、替代品开发等）、能源（包括节能技术、新能源开发等）、自然资源合理开发利用、生态学及环境科学等的研究现状及比例关系；科学技术的转化及应用；科学技术与生态建设，如生态理论的研究及对生态建设的指导作用，生态设计与生态建设示范工程的现状及发展趋势。

（四）人体健康调查

在调查中应包括各易感社会群体及暴露实质、暴露量及暴露的可能性，还包括已存在的防护部门的职能等。

1. 基准资料的收集

需收集的资料有：环境监测资料，居民经济文化状况、卫生饮食习惯，人口及年龄分布，性别构成，性别比，平均预期寿命，传染病、地方病、常见病及其他有关资料。

2．死亡回顾调查

按"国际疾病分类标准"进行死因排序及恶性肿瘤排序。死亡率统计中应对那些诊断证据不足者予以分析，以确定可信程度。

3．健康状况调查

（1）有关疾病的现状体检。

体检对象的选择应考虑到无职业性接触有毒有害物质及不吸烟、不饮酒等，故通常以居住五年以上的中小学生为主要选择对象。调查前要做仔细、周密的统计学设计，要有足够的样品量及选择足够容量的合适的对照组，应利用已有知识、在设计中尽可能排除干扰因素，体检前应制定有关标准并进行人员培训，以达到标准与方法的统一。

（2）儿童生长发育及生理功能检查。

（3）出生缺陷调查。

可查阅产院资料或进行居民逐户调查。

（4）生物材料检测。

根据具体情况，可选择人体负荷监测、生物剂量计检测及免疫功能检测。

第三节　环境质量监测

一、环境质量监测的目的

环境评价所进行的环境质量监测与常规的环境质量监测在目的上有很大的差异。常规监测主要是为了正确掌握环境质量的现状，并从长期积累的监测资料中，考察环境质量的历史性变化规律。环境评价的环境质量监测目的除了掌握环境质量现状外，更重要的是希望能在此基础上，借助于环境质量的变异规律预测出在人类社会行为作用后的环境质量。甚至要能在此基础上，建立适用于该地的环境质量变异模式。

二、环境质量监测方案的制定

（一）确定监测项目

表征环境质量的项目有很多，在实际工作中没有必要也没有可能对所有的项目进行监测，只能从中选择一些能起指示作用的项目进行监测。选择并确定监测项目应遵守的优先原则是：对环境质量影响大的污染物优先；有可靠监测手段并能获得准确数据的污染物优先；已有环境标准或有可比性资料依据的污染物优先；人类社会行为中预计会向环境排放的污染物优先。

（二）确定监测范围

不同的环境评价任务应有不同的监测范围。比如工程项目的环境影响评价、区域或流域的环境质量评价、环境风险评价等就各有不同的监测范围。甚至，同属工程建设项目的类型，但由于项目的规模和性质不同，其监测范围也会有很大的差异。

（三）确定监测频率

选择监测周期的目的是掌握环境质量在时间上的变化规律。由于这一规律既取决于污染物的排放规律，又受到相应的环境要素特性的影响，因此它必须根据排放的实际情况和环境要素的实际情况来研究决定。比如在监测大气环境质量情况时，就要根据大气污染源的排放特点（间断排放还是连续排放）及气象特点来决定。在监测地面水环境质量状况时，要根据河流水文要素的变化（如丰水期、平水期、枯水期等），也要考虑污染源排放规律（一日之内行几次周期性的涨落）。

（四）确定监测点位

确定监测点位是为了掌握环境质量及其变化在空间上的分布特征。在不同的环境要素中和对不同的监测项目监测点位的布置也不同。比如，大气污染物在空间上的分布是十分复杂的，它要受到气象条件、地形地物、人口密度和工业布局等许多因子的影响，因此在布置监测点时要特别仔细，既要尊重以往的理论结果，又要尊重经验。监测点一般有扇形布点法、同心圆布点法、网格布点法和功能区布点法几种。

三、大气环境质量监测

（一）监测项目

根据《环境空气质量标准》（GB 3095—2012），需要测定的基本项目包括二氧化硫（SO_2）、二氧化氮（NO_2）、一氧化碳（CO）、臭氧（O_3）、PM_{10}、$PM_{2.5}$六种，还可以根据污染源的排放情况增测总悬浮颗粒物（TSP）、氮氧化物（NO_x）、铅（Pb）、苯并［a］芘（BaP）等其他项目。由于大气环境污染物的时空变化规律还要受到气象条件的很大约束，因此还需要同时对气象因素进行同步观测或获取同期数据（表 2-6）。

表 2-6 大气污染气象资料调查内容

历史气象资料			现场大气扩散试验		
资料名称	地面气象	低空气象	资料名称	地面气象	低空气象
风向、风速	○	△	风向、风速	○	○
云状、云量	○	—	气温	○	○
气温	△	△	气压	○	—
混合层高度	—	△	流场	△	○
大气稳定度	○	—	云状、云量	○	○
辐射量	○	—	大气稳定度	○	△
湿度	△	—	大气扩散参数	○	○
降水量	△	—	烟气抬升	—	○
流场	○	△			
紫外线	△	—			

注：○：必要收集的资料；△：尽可能或根据需要收集的资料；—：不需收集。

（二）监测范围与布点

对于工程建设项目而言，若以高架点源为主的建设项目，监测范围的半径可定为用大气扩散模式估算的最大落地浓度距离的 1～2 倍。补充监测中，以近 20 年统计的当地主导风向为轴向，在厂址及主导风向下风向 5 km 范围内设置 1～2 个监测点。如需在一类区进行补充监测，监测点应设置在不受人为活动影响的区域。表 2-7 给出了几种布点类型及其适用范围。《环境空气质量监测点位布设技术规范（试行）》（HJ 664—2013），对城市点、背景点、污染控制点、路边交通点等都有具体规定。其中城市点要求相对均匀分布，覆盖全部建成区。采用网格布点法实测或模式模拟计算，估计所在城市建成区污染物浓度的总体平均值，布点密度要求见表 2-8。

表 2-7 布点类型及适用范围

布点方法	布设要点	适用范围
扇形布点	以污染源为中心，沿烟羽走向呈 45°～90° 扇形内布设	模式验证，测定扩散参数，在某风向频率较高时的浓度分布
网络布点	在监测范围内分成若干等面积方形网格，在网格内布设监测点	为弄清多而分散污染源所引起的大气污染
功能布点	将监测范围按工业区、生活区等分成若干功能区，在各功能区内布设监测点	适用于为弄清某些特定区域污染影响
放射形布点	以污染源为中心画若干同心圆，再以圆心向各方位以 22.5°的角度画出射线，射线与圆周交点可选为监测点	为弄清某地区各风向方位的污染状况

表 2-8 环境空气质量评价城市点设置数量要求

建成区城市人口/万人	建成区面积/km	最少监测点数
<25	<20	1
25～50	20～50	2
50～100	50～100	4
100～200	100～200	6
200～300	200～400	8
>300	>400	按每 50～60 km² 建成区面积设 1 个监测点，并且不少于 10 个点

（三）监测频率

一般根据评价精度来确定。以往经验，如一级评价每季监测一次，二级评价应有冬、夏、春（或秋）三个季节的监测资料；三级评价至少有 1 月和 7 月两个月的监测资料，以代表不同大气条件下的冬、夏两季。每期监测天数一般为 3～7 个监测日。如在监测期的某一天，气象条件恶劣，所监测数据无法使用，则需补足。

依据《环境影响评价技术导则 大气环境》（HJ 2.2—2018）最新规定，要求优先采用国家或地方生态环境主管部门公开发布的评价基准年环境质量公告或环境质量报告中的数据或结论，或采用评价范围内国家或地方环境空气质量监测网中评价基准年连续一年的监测数据。评价范围内没有监测网或公开数据的，可选择符合 HJ 664 规定，并且与评价范围地理位置邻近，地形、气候条件相近的环境空气质量城市点或区域点监测数据。数据不能满足要求的，进行补充监测。补充监测根据因子的污染特征，选择污染较重的季节进行现状监测，至少应该取得 7 天的有效数据。对于无法进行连续监测的其他污染物，可监测其一次空气质量浓度，监测时应满足所用评价标准的取值时间要求。

四、地表水环境质量监测

（一）监测项目

表 2-9 给出地表水水质监测的参考项目，与此同时还应配有水文监测项目，包括河道断面、水位、流量变化参数等。

（二）监测范围与布点

地表水的监测范围可根据污水排放量与水域规模来确定（表 2-10）。河流、湖泊（水库）的监测位置与采样位置是不同的（表 2-11～表 2-13）。

表 2-9　地表水监测项目

地表水类型	必测项目	选测项目
河流	水温、pH、溶解氧、高锰酸盐指数、化学需氧量、五日生化需氧量、氨氮、总磷、总氮、铜、锌、氟化物、硒、砷、汞、镉、六价铬、铅、氰化物、挥发酚、石油类、阴离子表面活性剂、硫化物、大肠菌群等	硫酸盐、氯化物、硝酸盐、铁、锰、有机氯农药、有机磷农药、总铬、总 α、总 β、铀、镭、钍等
饮用水水源地	水温、pH、浑浊度、总硬度、溶解氧、化学耗氧量、五日生化需氧量、氨氮、亚硝酸盐氮、硝酸盐氮、挥发酚、氰化物、砷、汞、六价铬、铅、镉、氟化物、细菌总数、大肠菌群等	锰、铜、锌、阴离子洗涤剂、硒、石油类、有机氯农药、有机磷农药、硫酸盐、碳酸根等
湖泊水库	水温、pH、溶解氧、透明度、总氮、总磷、化学需氧量、五日生化需氧量、挥发酚、氰化物、砷、汞、六价铬、铅、镉等	钾、钠、藻类（优势种）、浮游藻、可溶性固体总量、铜、大肠菌群等
排污河渠	根据纳污情况定	

表 2-10　地表水环境现状调查范围

污水排放量/(m³/d)	河流/km			湖泊	
	大河 (>150 m/s)	中河 (15～150 m/s)	小河 (<15 m/s)	调查半径/km	调查面积/km²
>50 000	15～30	20～40	30～50	4～7	25～80
50 000～20 000	10～20	15～30	25～40	2.5～4	10～25
20 000～10 000	5～10	10～20	15～30	1.5～2.5	3.5～10
10 000～5 000	2～5	5～10	10～25	1～1.5	2～2.5
<5 000	<3	<5	5～15	≤1	≤2

注：河流包括两岸和自排污口上游 500 m（背景断面）算起的长度范围；湖泊调查半径均以排污口为圆心，调整面积为半圆形面积。

表 2-11　河流断面垂线设置

河流水面宽度/m	垂直线	说明
≤50	一条（中泓线）	断面垂线应避开污染带，需要监测污染带时，可在污染带内酌情增加垂线没有污染的河流，并有充分数据证明断面水质均匀时，可只设中泓一条垂线
50～100	二条（左右岸边有明显水流处）	
>100	三条（左、中、右）	

表 2-12　河流断面垂线上采样点的设置

水深/m	采样点数	说明
≤5	1 点（水面下 0.5 m 处）	1. 水深不足 1 m 时，在 1/2 水深处
5～10	2 点（水面下 0.5 m，河床上 0.5 m 处）	2. 河流封冻时，在冰下 0.5 m 处
>10	3 点（水面下 0.5 m 处，1/2 水深处，河床上 0.5 m 处）	3. 有充分数据证明垂直线上水质均匀时，可酌情减少采样点

表 2-13　湖泊（水库）测点采样位置

监测点水深/m	分层采样位置
<5	表层（水面下 0.5 m）
5～10	表层、底层（湖底上 0.5 m）
10～15	表层、中层（水面下 10 m）、底层
>15	表层，斜温层上、下及底层

（三）监测频率

以往经验，根据当地的水文水质资料确定可代表监测水域的丰水期、平水期、枯水期的季节或月份。一级评价需调查三次，分别在丰水期、平水期与枯水期进行，每次需进行水文水质同步调查 7 天。二级评价需调查两次，分别在丰水期与枯水期，每次需进行水文水质同步调查 5 天。三级评价只需在枯水期或水质较差时调查一次，与水文水质同步调查 3 天。

对于潮汐河流，每天两涨两落，需加密监测次数。潮汐影响小的河流，每隔 3～4 小时采一次水样，静水 4～12 小时采样一次。

依据《环境影响评价技术导则　地表水环境》（HJ 2.3—2018）的最新规定，应优先采用国务院生态环境主管部门统一发布的水环境状况信息。例如饮用水水源地、省（自治区、直辖市）交界断面中需要重点控制的监测断面每月至少采样一次。国控水系、河流、湖、库上的监测断面，逢单月采样一次，全年六次。水系的背景断面每年采样一次。受潮汐影响的监测断面的采样，分别在大潮期和小潮期进行。每次采集涨、退潮水样分别测定。涨潮水样应在断面处水面涨平时采样，退潮水样应在水面退平时采样。详细内容见《地表水和污水监测技术规范》（HJ/T 91—2002），当资料不足时，根据不同等级对应的评价时期开展现状监测。当建设项目为一、二级评价时，应调查受纳水体近 3 年的水环境质量数据，分析其变化趋势。需要开展多个断面或点位补充监测的，应在大致相同的时段内开展同步监测。河流每个水期可监测一次，每次同步连续调查取样 3～4 天，每个水质取样点至少取一组水样，在水质变化较大时，每间隔一定时间取样一次。

水温观测频次，应每隔 6 小时观测一次水温，统计计算平均水温。湖库每个水期可监测一次，每次同步连续采样 2～4 天，每个水质取样点每天至少取一组水样，水质变化较大时，每间隔一定时间取样一次。溶解氧和水温监测频次，每隔 6 小时取样监测一次，在调查取样期内适当监测藻类。入海河口原则上一个水期在一个潮周期内采集水样，必要时对潮周日内的高潮和低潮采样。对于近岸海域，一个水期宜在半个太阴月内的大潮期或小潮期分别采样，明确所采样品所处潮时，对所有选取的水质监测因子，在同一潮次取样。

五、地下水环境质量监测

（一）监测项目

监测项目选择应符合下列要求：属于建设项目自身排放的主要污染物；在现有监测资料中已被检出超标的污染物；为划分地下水质类型和反映水质特征的常规监测项目（如矿化度、总硬度、钾、钠、钙、镁、碳酸根、碳酸氢根、硫酸根、氯离子等）。但在同一水文地质单元、监测点比较密集的地区，可选取其中有代表性的井点取样分析；监测常见的有害物质（如硝酸盐氮、酚、氰、有机氯等）；细菌指标（细菌总数、大肠菌群）。

（二）监测范围与布点

对于面积较大的监测区域，沿地下水流向为主与垂直地下水流向为辅相结合布设监测点；对同一个水文地质单元，可根据地下水的补给、径流、排泄条件布设控制性监测点。地下水存在多个含水层时，监测井应为层位明确的分层监测井。

地下水饮用水水源地的监测点布设，以开采层为监测重点；存在多个含水层时，应在与目标含水层存在水力联系的含水层中布设监测点，并将与地下水存在水力联系的地表水纳入监测。对地下水构成影响较大的区域，如化学品生产企业以及工业集聚区在地下水污染源的上游、中心、两侧及下游区分别布设监测点；尾矿库、危险废物处置场和垃圾填埋场等区域在地下水污染源的上游、两侧及下游分别布设监测点，以评估地下水的污染状况。污染源位于地下水水源补给区时，可根据实际情况加密地下水监测点。污染源周边地下水监测以浅层地下水为主，如浅层地下水已被污染且下游存在地下水饮用水水源地，需增加主开采层地下水的监测点。可以选用已有的民井和生产井或泉点作为地下水监测点，但须满足地下水监测设计的要求。孔隙水和风化裂隙水，地下水饮用水水源保护区和补给区面积小于 50 km² 时，水质监测点不少于 7 个；面积为 50～100 km² 时，监测点不得少于 10 个；面积大于 100 km² 时，每增加 25 km² 监测点至少增加 1 个；监测点按网格法布设在饮用水水源保护区和补给区内。岩溶水、地下水饮用水水源保护区和补给区岩溶主管道上水质监测点不少于 3 个，一级支流管道长度大于 2 km 布设 2 个监测点，一级支流管道长度小于 2 km 布设 1 个监测点。污染源地下水监测点布设具体方法见《地下水环境监测技术规范》（HJ 164—2020）。

一级评价项目潜水层的水质监测点应不少于 7 个，可能受建设项目影响且具有饮用水开发利用价值的含水层 3～5 个，原则上建设项目上游和两侧的地下水水质监测点均不得少于 1 个，场地及其下游影响区的地下水水质监测点不得少于 3 个。二级分别为不少于 5 个，2～4 个，2 个，1 个。三级分别不少于 3 个，1～2 个，1 个。包气带厚度超过 100 m 的评价区或监测井较难布置的基岩山区，无法满足要求时，可视情况调整，并说明理由。一般一、二级项目至少 3 个监测点，三级项目根据需要设置一定数量的监测点。

（三）采样时间与采样频率

地下水饮用水水源取水井，常规指标采样宜不少于每月 1 次，非常规指标采样宜不少于每年 1 次。地下水饮用水水源保护区和补给区，采样宜不少于每年 2 次（枯水期、丰水期各 1 次）。对有异常情况的井应适当增加采样次数。具体见表 2-14。评价等级为一级的建设项目，若掌握近 3 年内至少一个连续水文年的枯水期、平水期、丰水期地下水位动态监测资料，评价期内至少开展一期地下水位监测，否则需进行地下水位监测；评价等级为二、三级时，若有近 3 年资料，可不进行水位监测，否则需进行地下水位监测。

表 2-14　不同监测对象的地下水采样频次

监测对象	采样频次
地下水饮用水水源取水井	常规指标采样宜不少于每月 1 次，非常规指标采样宜不少于每年 1 次。
地下水饮用水水源保护区和补给区	采样宜不少于每年 2 次（枯水期、丰不期各 1 次）。
区域	区域采样频次参照 DZ/T 0308 的相关要求执行。
污染源	危险废物处置场采样频次参照 GB 18598 的相关要求执行。 生活垃圾填埋场采样频次参照 GB 16889 的相关要求执行。 一般工业固体废物贮存、处置场地下水采样频次参照 GB 18599 相关要求执行。 其他污染源，对照监测点采样频次宜不少于每年 1 次，其他监测点采样频次宜不少于每年 2 次，发现有地下水污染现象时需增加采样频次。

六、土壤环境质量监测

（一）监测项目与频次

土样监测项目，可按土壤评价工作的需要安排。目前土壤本底值调查一般分析重金属元素、微量元素、农药及其他污染物质。土壤分析方法可参照环境监测分析方法。监测项目分基本因子、特征因子和选测项目；监测频次与其相应。基本因子：为《土壤环境质量　农用地土壤污染风险管控标准（试行）》（GB 15618—2018）和《土壤环境质量　建设用地土壤污染风险管控标准（试行）》（GB 36600—2018）中监测频次与其相应。基本因子：规定的基本项目，分别根据调查评价范围内的土地利用类型选取。特征因子：为建设项目产生的特有因子，是 GB 15618、GB 36600 中未要求控制的污染物，但根据当地环境污染状况，确认在土壤中积累较多、对环境危害较大、影响范围广、毒性较强的污染物，或者污染事故对土壤环境造成严重不良影响的物质，具体项目由各地自行确定。既是特征因子又是基本因子的，按特征因子对待。选测项目：一般包括新纳入的在土壤中积累较少的污染物、由于环境污染导致土壤性状发生改变的土壤性状指标以及生态环境指标等，由各地自行选择测定。土壤监测项目与监测频次见表 2-15。监测频次原则上按表 2-15 执行，常规项目可按当地实际适当降低监测频次，但不可低于 5 年一次，选测项目可按当地实际适当提高监测频次。

表 2-15　土壤监测项目与监测频次*

项目类别		监测项目	监测频次
常规项目	基本项目	pH、阳离子交换量	每 3 年一次，农田在夏收或秋收后采样
	重点项目	镉、铬、汞、砷、铅、铜、锌、镍、六六六、滴滴涕	
特定项目（污染事故）		特征项目	及时采样，根据污染物变化趋势决定监测频次
选测项目	影响产量项目	全盐量、硼、氟、氮、磷、钾等	每 3 年监测一次，农田在夏收或秋收后采样
	污水灌溉项目	氰化物、六价铬、挥发酚、烷基汞、苯并［a］芘、有机质、硫化物、石油类等	
	POPs 与高毒类农药	苯、挥发性卤代烃、有机磷农药、PCB、PAH 等	
	其他项目	结合态铝（酸雨区）、硒、钒、氧化稀土总量、钼、铁、锰、镁、钙、钠、铝、硅、放射性比活度等	

* 来源于《土壤环境监测技术规范》（HJ/T 166—2004）。

（二）布点范围

建设项目（除线性工程外）土壤环境现状调查范围可根据建设项目影响类型、污染途径、气象条件、地形地貌、水文地质条件等确定并说明，或参考表 2-16 确定［《环境影响评价技术导则　土壤环境（试行）》（HJ 964—2018）］。

表 2-16　现状调查范围

评价工作等级	影响类型	调查范围[a]	
		占地[b] 范围内	占地范围外
一级	生态影响型		5 km 范围内
	污染影响型		1 km 范围内
二级	生态影响型	全部	2 km 范围内
	污染影响型		0.2 km 范围内
三级	生态影响型		1 km 范围内
	污染影响型		0.05 km 范围内

[a]涉及大气沉降途径影响的，可根据主导风向下风向的最大落地浓度点适当调整。
[b]矿山类项目指开采区与各场地的占地；改、扩建类的指现有工程与拟建工程的占地。

（三）采样单元的确定和布点数量

由于土壤特性本身在空间分布上具有不均一性，所以一个采样单元是指由若干个不同方位上的样品经过均匀混合后所得到的样品。

采样点的数量和间距大小可依调查的目的和条件而定，一般是靠近污染源的采样点间距小些，远离污染源的采样点间距可稍大些。对照点应设在远离污染源、不受其影响的地方。

样品数量可按数理统计学的要求以及人力、物力等条件来决定。关于土壤样点所需的数量（n）可按下式计算：

$$n = \frac{c^2 t^2}{E^2} \tag{2-25}$$

式中，c——样本的变异系数；

$\quad\quad t$——取 95% 的可靠性时，则 t 为 1.96；

$\quad\quad E$——允许误差限，若抽样精度不低于 80%，则 E 为 0.2。

式（2-25）表明，样点数量并不完全取决于区域土壤面积的大小，而是取决于土壤种类性质的差异变化大小及工作必须达到的精度，在确定工作精度要求后，样点数取决于土壤样本分析项目浓度的变异系数，这可参考有关资料和工作经验来定，不同的元素或分析项目需要的样点数不同，应满足最大样点数。一般要求每个监测单元最少设 3 个点。区域土壤环境调查按调查的精度不同可从 2.5 km、

5 km、10 km、20 km、40 km 中选择网距网格布点，区域内的网格结点数即为土壤采样点数量。建设项目各评价等级的监测点数不少于表 2-17 要求。生态影响型建设项目可优化调整占地范围内、外监测点数量，保持总数不变；占地范围超过 5 000 hm² 的，每增加 1 000 hm² 增加 1 个监测点。污染影响型建设项目占地范围超过 100 hm² 的，每增加 20 hm² 增加 1 个监测点。

表 2-17　现状监测布点类型与数量

评价工作等级		占地范围内	占地范围外
一级	生态影响型	5 个表层样点ª	6 个表层样点
	污染影响型	5 个柱状样点ᵇ，2 个表层样点	4 个表层样点
二级	生态影响型	3 个表层样点	4 个表层样点
	污染影响型	3 个柱状样点，1 个表层样点	2 个表层样点
三级	生态影响型	1 个表层样点	2 个表层样点
	污染影响型	3 个表层样点	—

注："—"表示无现状监测布点类型与数量的要求。

a 表层样应在 0～-0.2 m 取样。

b 柱状样通常在 0～0.5 m、0.5～1.5 m、1.5～3 m 分别取样，3 m 以下每 3 m 取 1 个样，可根据基础埋深、土体构型适当调整。

（四）布点方法

布点方法分为简单随机、分块随机和系统随机三种，具体说明见《土壤环境监测技术规范》(HJ/T 166—2004)。

例如，农田土壤的大气污染型土壤监测单元和固体废物堆污染型土壤监测单元以污染源为中心放射状布点，在主导风向和地表水的径流方向适当增加采样点（离污染源的距离远于其他点）；灌溉水污染监测单元、农用固体废物污染型土壤监测单元和农用化学物质污染型土壤监测单元采用均匀布点；灌溉水污染监测单元采用按水流方向带状布点，采样点自纳污口起由密渐疏；综合污染型土壤监测单元布点采用综合放射状、均匀、带状布点法。

一般农田土壤环境监测采集耕作层土样，种植一般农作物采 0～20 cm，种植果林类农作物采 0～60 cm。为了保证样品的代表性，降低监测费用，采取采集混合样的方案。每个土壤单元设 3～7 个采样区，单个采样区可以是自然分割的一个田块，也可以由多个田块所构成，其范围以 200 m×200 m 左右为宜。每个采样区的样品为农田土壤混合样。混合样的采集主要有四种方法：①对角线法：适用于污灌农田土壤，对角线分 5 等份，以等分点为采样分点；②梅花点法：适用于面积较小，地势平坦，土壤组成和受污染程度相对比较均匀的地块，设分点 5 个左右；③棋盘式法：适宜中等面积、地势平坦、土壤不够均匀的地块，设分点 10

个左右；受污泥、垃圾等固体废物污染的土壤，分点应在 20 个以上；④蛇形法：适宜于面积较大、土壤不够均匀且地势不平坦的地块，设分点 15 个左右，多用于农业污染型土壤。各分点混匀后用四分法取 1 kg 土样装入样品袋，多余部分弃去。采样点布设示意图见图 2-2。

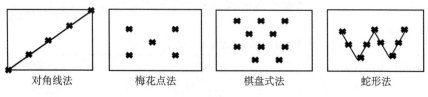

对角线法　　　　梅花点法　　　　棋盘式法　　　　蛇形法

图 2-2　混合土壤采样点布设示意图

建设项目土壤环境，非机械干扰土监测不采混合样，混合样虽然能降低监测费用，但损失了污染物空间分布的信息，不利于掌握工程及生产对土壤影响状况。表层土样采集深度 0～20 cm；每个柱状样取样深度都为 100 cm，分取三个土样：表层样（0～20 cm），中层样（20～60 cm），深层样（60～100 cm）。机械干扰土采样总深度由实际情况而定，一般同剖面样的采样深度。城市土壤，由于其复杂性分两层采样，上层（0～30 cm）可能是回填土或受人为影响大的部分，另一层（30～60 cm）为人为影响相对较小部分，两层分别取样监测。

城市土壤监测点以网距 2 000 m 的网格布设为主，功能区布点为辅，每个网格设一个采样点，对于专项研究和调查的采样点可适当加密。

（五）监测频次

基本因子评价工作等级为一级的建设项目，应至少开展 1 次现状监测；评价工作等级为二、三级的，若掌握近 3 年至少 1 次的监测数据，可不再进行现状监测。特征因子应至少开展 1 次现状监测。

第四节　环境资料的获取

一、环境资料及获取

环境资料也可以称之为环境信息，是指环境管理、环境科学、环境技术、环境保护产业等与环境保护相关的数据、指令和信号等，以及其相关动态变化信息，包括文字、数字、符号、图形、图像、影像和声音等各种表达形式，它反映了环境各系统各个环境的时间、空间和状态特征。数据类型主要包括数据集、档案、文件、音频、视频、服务信息等。环境信息分类见表 2-18。

表 2-18　环境信息分类

分类	主要内容	备注
1. 环境质量信息	环境功能区划、环境质量数据及报告等	通过监测调查获得的基础数据及分析结果
2. 生态环境信息	自然、农村、生物多样性、生物安全等	生态环境的基础数据及分析结果
3. 污染源信息	工业、农业、生活、交通、施工、服务、污染治理、污染危险源、污染物信息等	污染源、污染物的定性、定量信息及分析报告等
4. 环境管理业务信息	规划计划、管理制度、污染防治、生态修复、核与辐射安全管理、环境污染事故与应急管理、监测/检测管理、监察、行政处罚、公众参与等	
5. 环境科技及其管理信息	环境科技信息及其管理	
6. 环境保护产业信息	组织、技术转化与推广、工程设计、产业园区、产业服务、设施运营、清洁生产、循环经济等	
7. 环境政务管理信息	文档、日常政务信息、政务督察、资产、个人办公、会议、财务、保密、后勤管理等	
8. 环境政策法规标准	环境政策法规、标准	
9. 环境保护相关信息	自然环境、社会经济、其他（来自其他部门）	

环境资料包含的内容非常广泛，其中最主要的就是环境数据。环境数据的收集分两个阶段：第一阶段，引入计算机系统之前，主要靠手工处理；第二阶段，引入数据系统之后，应用于各种环境管理软件，进行评价、预测以及管理规划等方面。目前而言，环境数据的核心和基础是环境质量监测数据和污染源数据。环境质量报告包括：环境状况公报、环境白皮书、环境年鉴、环境质量报告书、环境质量评价、环境质量日报、环境监测公报、环境监测年报/季报/月报、环境监测简报、污染事故应急环境监测快报、环境监测年鉴、环境背景值等。

（一）环境质量数据

生态环境部的官网上可以获取如下信息：

（1）生态环境公报：中国生态环境公报、生态环境统计年报、中国海洋生态环境状况公报；

（2）污染防治报告：中国环境噪声污染防治报告、大中城市固体废物污染环境防治年报、中国移动源环境管理年报；

（3）水环境质量：全国地表水质量状况、海水浴场水质周报、地表水水质月报；

（4）大气环境质量：全国空气质量状况、空气质量预报、城市空气质量状况月报；

（5）土壤环境状况报告（年）；

（6）自然生态环境报告（年）；

（7）辐射环境质量报告（年）。

其中，基本能够实时监测并发布的数据有：

①国家地表水水质自动监测实时数据发布系统：发布全国主要的河流、湖泊等地表水各断面的水质类别、水温、pH、溶解氧、电导率、浊度、高锰酸盐指数、氨氮、总氮、总磷、叶绿素 a、藻密度及站点情况，并配有发布说明；

②全国城市空气质量实时发布平台：全国各大、中、小城市的城市空气质量 AQI 实时报、AQI 日报；站点空气质量（$PM_{2.5}$、PM_{10}、SO_2、NO_2、O_3、CO 气体浓度）；24 h 变化趋势；县级环保模范城市；发布说明；

③全国空气质量预报信息发布系统：全国及重点区域空气质量形势预报；省域空气质量形式预报；城市空气质量预报（24 h、48 h、72 h、96 h、120 h）；并配有发布说明；

④全国空气吸收剂量率：省会城市空气监测值、核电厂外围空气监测点，并配有说明。

其中①、②数据主要来源于各省（区、市）地区的环境监测站，如需水文数据可从相关各级水文站获取；③数据来源于各级气象部门；④主要来源于国家辐射与环境监测网辐射环境自动监测站。

所以，这类数据选用时，均优先采用国家公布的质量报告或常年监测数据。数据不足的进行补充监测，或者选用临近区域、相近环境条件的已有数据。

（二）污染源数据的获取途径

污染源数据的获取途径有：

（1）生态环境部污染源监控中心（有权限设置）；

（2）全国排污许可证管理信息平台（公开端）：包含申请前信息公开、许可信息公开、限期整改、登记信息公开、注销公告、撤销公告、遗失声明等信息；

（3）环境影响报告书、表等文件中给出的污染源排放情况；

（4）项目设计任务书等文件给出的污染源排污情况；

（5）规划设计等文件给出的总体污染源排污情况。

总之，对环境评价和管理有着重要影响的污染源数据，由于收集的来源和途径存在较大差异，所以仍存在很大争议。目前国家还在逐步建设污染源自动监测网络系统，未来将以"物联网"的形式与其他资料配合进行污染源管理。不足数据仍需要进行补充调查和监测。

（三）其他

还有一些对于环境评价的定性指标，既不能通过资料收集进行赋值，也不能定性的指标，尤其生态环境影响类的资料，可以进行专家咨询。采用专家咨询赋值是一种古老的方法，但至今仍有重要地位。即组织环境科学领域（有时也需要请其他科学领域）的专家，运用专业方面的经验和理论对环境质量指标进行赋值的方法。其作用体现在：第一，对某些难以用数学模型定量化的因素，例如，社会政治因素可以考虑在内。第二，在缺乏足够统计数据和原始资料的情况下，可以做出定量估计。专家咨询的特点是：①已经形成一套如何组织专家，充分利用专家们的创造性思维进行评价的理论和方法；②不是依靠一个或少数专家，而是依靠专家集体（包括不同领域的专家），这样可以消除个别专家的局限性和片面性。根据数理统计中的大数定律可知，如果几个专家的评估值为独立分布的随机变量时，只要 n 足够大，其评估的算术平均值就可以逼近数学期望值。③专家咨询是在定性分析基础上，以打分方式做出定量评价。

比较有代表性的专家咨询是德尔菲法。德尔菲法是美国兰德公司于 1964 年首先用于技术预测的。德尔菲法是专家会议预测法的一种发展，它以匿名方式通过几封函询征求专家们的意见。组织者对每一轮的意见都进行汇总整理，作为参考资料再发给每个专家，供他们分析判断，提出新的论证。如此多次反复，专家的意见日趋一致，结论的可靠性越来越大。德尔菲法是一种系统分析方法，为决策者提供了多方案选择的可能性，以概率表示的明确答案。

除了专家咨询，地理信息系统（GIS）技术在环保领域的应用也开始发挥重要作用。

另外，随着"数字地球""数字城市"概念的提出，我国也正在加快建设环境保护的数字王国——"环保物联网"。环保部于 2017 年颁布了《环保物联网总体框架》（HJ 928—2017）等一系列关于环保物联网建设和环境信息元数据的标准和规范，已经为打造"数字环保"模式进行了大量前期工作，未来利用"物联网"大数据进行环境监控和趋势预测也必将成为发展趋势。

二、新技术在环境评价系统信息获取中的应用

GIS 的发展和互联网的应用孕育了一个环境领域的新概念——环境信息系统（Environmental Information System，EIS）。EIS 是以环境空间数据库为基础，在计算机软硬件的支持下，对环境相关数据进行采集、管理、操作、分析、模拟和显示，并采用空间模型分析方法适时提供多种空间和动态的环境信息并应用和

传播环境信息，为决策服务而建立起来的计算机技术系统。是对环境保护业务数据进行集成、处理或展示的核心管理软件；实现环境保护实际业务需求的辅助决策系统、管理控制系统、办公自动化系统以及数据和业务交互接口的总称。主要任务是将遥感、调查、监测、测绘等方式得到的环境数据信息输入计算机，利用计算机对信息进行分类、检索、排序、综合，并根据专家的经验和国家的法规对环境进行管理、监测、评价、规划以及国家环境政策的模拟等。目前，我国 EIS 正在全面建设中。

例如，2016 年海南省海口市环境保护局搭建了海口市污染源动态管理系统，初步绘制了"污染源一张图"。以海口市电子地图为基础图，通过采集每个企业的空间坐标，绘制形成的全市污染源分布总图。污染源一张图详细记载了各类污染源在全市的分布状况，包括工业企业、畜禽养殖、工业园区、污水处理厂、酒店饭店、医疗机构等十余个图层，每个图层采用不同形状和颜色表明污染源点位的具体类别、规模和排污等级，每个污染源点位也详细记载了污染源的企业基本情况、环保审批、排污动态监测和企业环境违法等信息。这个图文一体化的污染源动态管理系统能够提供污染源数据管理、档案查询、信息检索、统计分析、电子地图、监测管理和监察执法等功能，实现污染源动态管理与环评管理、排污收费、总量控制、环境监测、固废管理、信息公开和许可证管理等业务的互通互联，为环保审批、监督和服务等提供信息支持。后期可开发移动客户端 App，执法和信息采集将更为方便。

全国范围污染源大普查开展了两次，第一次是 2007 年，第二次是 2017—2020 年。第二次普查后形成了庞大的污染源普查数据库，根据普查数据，进行了摸清污染源家底、探索污染原因、服务环境污染监管的各项任务，科学制定重点区域、流域、饮用水水源地等生态环境规划和大气、水、土壤等环境功能区划，优化产业布局，制定与生态环境相关的经济、技术、资源配置和产业政策。

（一）GIS 在环保领域的应用实例

1. GIS 在生态控制中的应用

（1）建立国家级生态示范区地理信息系统，采集生态示范区的环境保护、土地资源、旅游资源、经济、社会等各种原数据并进行分析和处理，用于生态示范区的建设、管理和决策。

（2）建立生态环境监测信息系统，对生态环境要素进行实时监测，并集合生态环境信息管理、数据管理，进行实时动态、分时段监测、查询和分析。

（3）应用于土壤资源持续利用与管理中，利用 GIS 将已有的土壤资源和作物信息资料整理分析生成具有实效性和可操作性的田间管理信息系统等。

2. GIS 在城市环境管理中的应用

（1）数字地球和数字城市的建设。

（2）应用于城市大气污染控制管理系统。

（3）应用于城市规划信息系统（包含小区建设管理）。

（4）绘制城市环境气候图。

3. GIS 在水资源及水环境管理中的应用

（1）应用于水污染控制规划系统。

（2）应用于海湾陆源污染物总量控制。

（3）应用于流域内降雨径流模拟系统。

（4）应用于河道规划设计。

4．其他

（1）环境监测系统。

（2）环境污染事故应急管理。

（3）森林防火地理信息系统。

（二）无人机遥感系统在环境保护领域的应用

以往，GIS 数据主要都来源于卫星信息。当前，随着无人机技术的发展和功能的强大，使得小尺度空间数据获得变得更为容易。无人机通过遥感技术可快速获取地理、资源、环境等空间遥感信息，完成遥感数据采集、处理和应用分析。具有机动、快速、经济等优势，将无人机应用于环境保护领域，可有效提高环境基础数据资料的精确性、可靠性和时效性，为环境保护工作提供重要的技术支持，为环保部门准确、合理、高效地做出决策打下良好基础。主要功能在以下几个方面：

1．在建设项目环境保护管理中的应用

在建设项目环境影响评价阶段，环评单位编制的环境影响评价文件中需要提供建设项目所在区域的地势地形图，在大中城市近郊或重点发展地区能够从规划、测绘等部门寻找到相关图件，而在相对偏远的地区便无图可寻，即便是有也是绘制年代久远或图像精度较低而不能作为底图使用。无人机遥感系统能够为环评单位在短时间内提供时效性强、精度高的图件作为底图使用，并且可有效减少在偏远、危险区域现场踏勘的工作量，提高环境影响评价工作的效率和技术水平，为环保部门提供精确、可靠的审批依据。

2．在环境监测中的应用

传统的环境监测通常采用点监测的方式来估算整个区域的环境质量情况，具有一定的局限性和片面性。无人机遥感系统具有视域广、及时连续的特点，可迅速查明环境现状。借助系统搭载的多光谱成像仪生成多光谱图像，直观全面地监测地表水环境质量状况，提供水质富营养化、水华、水体透明度、悬浮物、排污口污染状况等信息的专题图，从而达到对水质特征污染物监视性监测的目的。无人机还可搭载移动大气自动监测平台对目标区域的大气进行监测，自动监测平台不能够监测的污染因子，可采用搭载采样器的方式，将大气样品在空中采集后送回实验室监测分析。无人机遥感系统安全作业保障能力强，可进入高危地区开展工作，也有效地避免了监测采样人员的安全风险。

3. 在环境应急中的应用

无人机遥感系统在环境应急突发事件中，可克服交通不利、情况危险等不利因素，快速赶到污染事故所在空域，立体地查看事故现场、污染物排放情况和周围环境敏感点分布情况。系统搭载的影像平台可实时传递影像信息，监控事故进展，为环境保护决策提供准确信息。

4. 在环境突发事件中的应用

无人机遥感系统使环保部门对环境应急突发事件的情况了解得更加全面、对事件的反应更加迅速、相关人员之间的协调更加充分、决策更加有据。无人机遥感系统的使用，还可以大大降低环境应急工作人员的工作难度，同时工作人员的人身安全也可以得到有效的保障。

5. 在生态保护中的应用

自然保护区和饮用水水源保护区大多有面积较大、位置偏远、交通不便的特点，其生态保护工作很难做到全面细致。生态环境保护部门可采用无人机遥感系统每年同一时间获取需要特殊保护区域的遥感影像，通过逐年影像的分析比对或植被覆盖度的计算比对，可以清楚地了解到该区域内植物生态环境的动态演变情况。无人机遥感系统生成高分辨率遥感影像甚至还可以辨识出该区域内不同植被类型的相互替代情况，这样对区域内的植物生态研究也会起到参考作用。区域内植物生态环境的动态演变是自然因素和人为活动的双重结果，如果自然因素不变而区域内或区域附近有强度较大的人为活动，逐年遥感影像也可为研究人为活动对植物生态的影响提供依据。当自然保护区和饮用水水源保护区遭到非法侵占时，无人机遥感系统能够及时发现，遥感影像也可作为生态保护执法的依据。

6. 在环境监察中的应用

我国工业企业污染物排放情况复杂、变化频繁，环境监察工作任务繁重，人员不足，监管模式相对单一。无人机遥感系统可以从宏观上观测污染源分布、排放状况以及项目建设情况，为环境监察提供决策依据；通过无人机监测平台对排污口污染状况的遥感监测可以实时快速跟踪突发环境污染事件，捕捉违法污染源并及时取证，为环境监察执法工作提供及时、高效的技术服务。

（三）无人机与遥感技术结合应用的几个具体实例

（1）环境监测中，大气实时检测、大气采样、水质采样、蓝绿藻、水华监测，以及跟踪自然栖息地里面的动物、监测热带雨林的健康状况、甚至用热成像技术侦测偷猎者以对抗偷猎行为。卫星环境应用中心航空遥感部副主任杨海军曾表示，我国818个县域的生态环境日常监测就是无人机和卫星相互配合来完成工作的。不仅可用来进行常规监测，在应急监测中也发挥着重要作用，无人机监测时效性高，如果用卫星遥感监测，分辨率低、时效慢、可操作性弱。精准分辨率在 0.3 m 时，可能需要几年的时间才能覆盖一次。而无人机监测，只要需要，随时都可以覆盖，且分辨率在 0.1 m 左右，比卫星遥感分辨率要高。在青岛溢油事故中，用无人机飞完以后才发现外面还有好多漏点，还有好多没有清理的东西。同时，在夏季大气污染观测中，无人机搭载大气气体检测传感器的应用得到了大力推广。中国科技部交予上海交通大学的科研项目"复杂地形区域大气污染机载走航观测技术"，利用搭载大气气体检测传感器及小型化高分辨成像 DOAS 探测系统进行空气污染走航观测，效果很好。在复杂地形环境高时空分辨率大气污染立体探测中，车载、机载走航观测是有效手段。利用无人机载平台搭载大气气体监测传感器或 DOAS 系统等，研究大气颗粒物和污染气体的高分辨率立体分布快速扫描技术及其反演方法，快速获取廓线、立体分布及通量分布，并建立基于三维 GIS 的可视化评估方法，一直是大气污染检测的有效手段。"同时，我们可以研制满足复杂气流影响的大气污染参数采集的一体化无人机平台，对机载走航观测路线进行优化设计，开展机载观测模式下基于 DOAS 算法的污染气体斜柱与垂直柱浓度反演算法、污染源识别及污染物排放通量估算方法研究，实现大气污染高时空分辨率三维立体观测。"

（2）环境污染数据采集中，我国工业级无人机已经可以实现全自主飞行，通过搭载各类环境传感器形成环保监测系统和解决方案，并可以将监测数据实时回传。例如无人机可以搭载大气自动监测设备对目标区域的大气进行监测，实时反馈大气质量数据。2019 年我国加大了长江排污口排查整治工作，生态环境部在年初就制订了《长江入河排污口排查整治专项行动试点工作方案》，决定用两年时间，在长江经济带 11 省市内，以长江干流、主要支流及太湖为重点，完成入河排污口排查整治。长江入河排污口、渤海入海排污口的排查整治工作涉及长江干流、九条主要支流以及太湖，大约 2.4 万 km 的岸线，渤海 0.36 km 的航线，加起来接近 2.8 万 km，要全面进行无人机航测。具体排查采用"三级排查"的方式。第一级排查用无人机，排查疑似排污口。第二级排查是组织人工现场核查，对各类排污口逐一排查，登记确认。第三级排查是对疑难问题和隐蔽盲区进行重点攻坚，查漏补缺，全面建立排污口名录。采用无人机来彻查长江排污口的这个思路是在 2018 年 7 月前后开始的，2019 年 1 月开始在渤海边的唐山市黑沿子镇做试点工作，3 月底完成了长江流域江苏泰州和重庆渝北的试点工作，两地仅用 3 天就完成现场核查工作，之所以如此高效，"无人机功不可没"。实践证明，用无人机勘察排污口的效果是显著的。

（3）生态保育中，从生态学的原理讲，是监测人与生态系统间的相互影响，包含对生态的普查与监测、野生动植物的饲育、自然景观生态的维护工作等，并协调人与生物圈的相互关系，以达到保护地球上单一生物物种乃至不同生物群落所依存栖地的目的，并维系自然资源的可持续利用与永续维护。利用无人机航拍技术获取某一区域的正射影像图，并结合地理信息系统技术，可以关注区域的环境变迁。近年来，广西北部湾经济区发展很快，近海生态环境总体良好。为了更好地掌握辖区内红树林自然保护区的植被情况，广西钦州市林业局举办了粤桂琼林业有害生物三省联防演示，使用两架无人机在钦州港红树林自然保护区进行了飞行。"我们发现和评估，通过后期精细拼图可以对珍稀树木进行研究和保护，对病虫害进行及时定位，这是第一步。接下来我们需要对林区进行精细化管理，例如病虫害防治，则使用植保无人机来进行。"红树林在防风消浪、促淤保滩、固岸护堤、净化海水和空气方面具有重大作用。它们盘根错节的发达根系能有效地滞留陆地来沙，减少近岸海域的含沙量；茂密高大的枝体宛如一道道绿色长城，有效抵御风浪袭击。

（4）环境影响评价中，交通运输部天津水运工程科学研究院曾利用无人机对青海省德令哈的梭梭林自然保护区进行环境详查，以某段公路两侧取土坑为例。通过无人机航空摄影测量技术从上至下分别获取了 5 cm 分辨率的高清正射图、数字高程图、三维场景。通过这种方式，不仅能够知道取土坑的所在地理位置（经纬度）、面积，还能够知道它当时的挖方量。中央生态环境保护督察办公室常务副主任刘长根表示，中央生态环保督察信息化系统已经建起来了，卫星遥感、红外识别、无人机、大数据等技术应用以后，有利于提高督察效率，特别是查找大尺度的生态环境问题。无人机参与了湖北省长江入河排污口排查整治专项行动，本次任务航测总面积达 11 212 km²，包括长江、汉江、清江流域总面积 10 495.09 km²；流域 5 km 范围内工业园总面积 703.38 km²；流域 5 km 范围内 233 家化工企业，总面积 13.53 km²；热红外航测岸线总长度 4 808 km。工作量占整个长江排污口工作量的三分之一，是全国排查中面积最大、流域最长的任务。约一个月时间内，飞行 60 多架次；总飞行约 75 架次，并完成首次夜航；连续作业，没有时间对发动机进行保养，最后也毫发无损完成了任务。可以很骄傲地说，在有限的 15 个晴历日内，无人机圆满完成了任务。"金山银山不如绿水青山"，生态文明建设不是一句空话，需要我们从身边的一点一滴做起。

第五节　环境模拟试验

环境模拟试验也是一种获取环境评价信息的手段之一，它是指为阐明某一环境现象或过程、取得某一特定环境信息而创造特定条件所进行的观察其变化和结果的活动。本节仅介绍环境模拟试验的类型、试验方案的确定、试验的实施以及试验结果的分析方法。

一、环境模拟试验的类型

环境模拟试验研究按照不同的分类原则，如试验目的、试验空间（场所）、试验时间（进程）以及因子数目等的不同，可以划分为若干类型。

按照试验目的或试验内容，可分为比较性试验、关系性试验和创新性试验。比较性试验的目的在于弄清不同试验处理（条件）或试验因子所产生的试验效应的大小与方向（正效应或负效应）。关系性试验是为了研究环境因子之间的作用关系与大小，区分因子之间的原因因子与后果因子、直接因子与间接因子、主要因子与次要因子等。创新性试验的目的就是创新。一般地，在环境评价中出现最多的是前两种试验。

按照试验空间或试验规模，可分为探索性试验、模拟性中试和生产性试验。探索性试验一般在实验室完成，其目的主要是检验试验原理和设想是否可行。在模拟生产条件下进行的是中试，其目的是检验规模扩大时，实验室探索小试结果的可靠性，并获得有关运行参数，为设计生产做好准备。生产性试验则完全在现实生产条件下进行。获取环境评价信息的试验主要是探索性试验与中试。

按照试验时间或试验进程，可分为预备性试验、基本试验和示范性试验。预备性试验是探索的初步试验，设计简单，要求的准确性较低，只求探索一些苗头。基本试验则严格按照设计与技术要求进行，处理和重复数较多，要求的准确性也相应地提高。示范性试验则和前面的生产性试验类似，是在生产条件下进行的。获取评价信息的试验主要是基本试验。

按照试验因子数目的多少可分为单因子试验和多因子试验两种。顾名思义，单因子试验是在其他因素处于相对一致的条件下，只研究某一个因素的效应。其设计简单，目的明确，结果也易于分析，但不能了解多个因素之间的相互关系。多因子试验则同时研究两个或两个以上不同因素的效应，其试验效率较单因子试验大为提高。这两类试验都可获取环境评价信息。

二、环境模拟试验设计方案的确定

（一）试验设计的原则

1. 试验设计的要素构成

所谓试验设计，是指根据试验目的与要求，为了获得有效的试验数据，而对试验因子、水平、处理、重复、效应指标等要素所做的安排。

因子是指影响试验、分析、观测结果的条件，它包括定性因子与定量因子两大类。因子在试验中所取的状态（即取值）称为水平。不同因子之间的水平组合称为处理。很显然，在单因子试验中，该因子的每个水平就是一个处理。每一个处理完成的次数称为重复。用于表征试验结果大小或方向的变量称为效应指标。

任何一个试验设计，都不能离开上述 5 个要素。例如，在设计 Zn、Cd 复合污染对植物生长发育的影响试验时，初始 Zn 添加量为 0 mg/kg、20 mg/kg、40 mg/kg、80 mg/kg，初始 Cd 添加量为 0 mg/kg、0.01 mg/kg、0.05 mg/kg、0.10 mg/kg、0.20 mg/kg 等，此处，Zn、Cd 就是两个试验因子，不同的 Zn、Cd 初始添加量就是水平，因此 Zn 有 4 个水平，Cd 有 5 个水平，这些不同的水平组合在一起，就构成了 20 个完全组合，即 20 个处理。如果每个处理安排 3 次，则重复数就是 3。如果试验中观测植物生长量、植物体内 Zn、Cd 含量，则植物量、Zn 含量、Cd 含量就是 3 个效应指标。

2. 试验设计原则

一个完整的试验设计方案，应遵循以下原则：

（1）目的针对性。

任何一个试验都有一定的目的与任务。这些目的、任务有探索环境问题的成因，阐明环境过程的变化特征，获取环境评价的信息等。试验方案应保证试验实施后，这些目的能够达到，这些任务能够完成。即试验方案对目的具有导向性。

（2）条件代表性。

从统计学上看，任何试验总是从总体中抽出一些样本，然后进行特征研究，因此，试验结果能否代表总体是试验设计方案的必备要求。

（3）差异唯一性。

这项原则要求在试验实施过程中，各处理组合除了所设水平不同外，应尽量保证其他试验条件的一致性，这样才能使试验结果更具有说服力。

（4）结果重现性。

相同的条件下进行重复试验，试验结果能获得相同的规律性。由于偶然因素的存在，重复试验结果的绝对数值不可能完全一样，但应保证重复之间的差异不显著。试验没有重复，其结果就难以保证重现性，也就失去其应用价值。

（5）成本低耗性。

从总体上考虑，所有试验要尽可能降低总的经济成本。由于每个处理组合所消耗的人力、财力、物力大致一样，因此降低总成本，就必须尽可能减少试验设计的处理数目，即进行优化设计。

（二）试验设计方案的拟定

前已述及，一个完整的试验设计方案包括因子、水平、处理、重复、效应指标 5 个要素。这些要素中最关键的是试验因子水平的确定和试验处理的确定，它们也是试验设计方案的核心内容。

1. 因子水平的确定

对于定性因子，可以直接确定其水平，即该因子的每一个类型就是一个水平。对于定量因子，一般根据预备试验结果来确定其水平。确定的方法有等差法、等比法、正态法、偏态法、0.618 法、分数法等几种。

等差法，又称均分法，它是在预备试验或经推理后，确定一个试验范围，将此范围划分成若干等份，每一等份就是一个水平。等比法则是将此范围按等比关系分成若干份，每一份就是一个水平。正态法就是在此范围中心值附近，安排较多的水平，远离中心值则安排较少的试验水平，使得整个水平数的分布近似呈正态分布。偏态法则在范围的一端安排较多的水平，然后沿着这个范围，逐渐减少水平数目。0.618 法和分数法都属于优选法，可参考其他有关文献。

2. 试验处理的确定

对于单因子试验而言，水平确定后，其处理就相应地确定了。对于多因子试验，其处理的确定较为复杂。

对于比较性的多因子试验，其水平组合（处理）可采用纵横对折法、平行线法、旋升法、逐步提高法、陡度法以及单纯形法等予以确定，它们都属于优选法，可参考有关文献。对于关系性的多因子试验，其水平组合可采用完全设计、均衡不完全设计、非均衡不完全设计等方法予以确定。

完全设计是最常见、最简单的一种多因子方法。其设计原理是所有因子处于完全平等的地位，每个因子的每个水平都要相互组合。即将各因子不同水平一切可能的组合均作为试验处理。如果试验因子有 m 个，每个因子设 n_i（$i=1$, 2, …, m）个水平，则试验处理为 $\prod\limits_{i=1}^{m} n_i$ 个。完全设计方案简单易行，其结果易于直观分析，并且很容易区分因子的主效应和多级交互效应。但完全设计试验处理数目随因子数和水平数的增加而呈几何级数增长，这就增加了整个试验成本，因此完全设计只适用于因子和水平数都不太多的试验。

均衡不完全设计与非均衡不完全设计都是由完全设计方案的一部分来构成试验设计方案。其中均衡不完全设计就是通常所说的正交设计，它需要借助某些正交表来设计方案。正交设计可以大大减少试验处理数，降低试验成本。其具体方法可参见有关文献。

非均衡不完全设计是指设计者在已知某些特定条件下，所设计出的"总体上不均衡但部分是均衡"的试验方案。例如研究 P、Zn、Cd 三因子的植物效应。其中 P 属于养分元素，Cd 属于有毒重金属元素，Zn 则介于两者之间。假设每个因子设两个水平，如按完全设计，则有 8 个试验处理；如按表 2-19 进行设计，则只有 5 个处理。该方案在总体上是不均衡的，无法分析出 P、Zn、Cd 的主效应及其交互效应，但它突出了 Zn、Cd 效应的研究，其中 1、2、3、4 号处理构成了 Zn、Cd 二因子的均衡设计，可以分析出 Zn、Cd 的主效应及其交互效应。通过 4、5 号处理之间的比较则可以分析出 P 的作用。因此这个方案偏重与研究重金属元素的交互作用，附带探讨重金属与养分元素的交互作用。

表 2-19　非均衡不完全设计示例

处理号	Zn	Cd	P
1	Zn_1	Cd_1	P_1
2	Zn_2	Cd_1	P_1
3	Zn_1	Cd_2	P_1
4	Zn_2	Cd_2	P_1
5	Zn_2	Cd_2	P_2

三、环境模拟试验的实施

试验设计方案确定后，就要根据试验目的和要求做好试验计划，试验计划是进行试验工作的依据。拟定试验计划，一方面要能够达到试验目的和满足对精度的要求；另一方面又要立足现有试验条件，千方百计地提高试验效率。制订出的试验计划，既有相当的可操作性，能保证完成试验任务，又具体精练，能达到事半功倍的效果，符合多、快、好、省的原则。

实验工作的实施过程，内容较多，时间较长，干扰因素也较多，各种数据在这个过程取得，试验误差也在这个过程形成。试验实施的主要工作有：①根据拟订的试验方案和试验方法，做好试验场所、器材、工具等的准备工作；②认真布置实验；③做好试验的管理工作；④完成试验规定的观测项目记载与各种测定工作。

四、环境模拟试验的分析

环境模拟试验结果的分析就是各种观测工作完成后，所进行的数据处理与专业分析。这是获取环境评价信息的关键所在。其工作包括数据预处理、数学分析方法的选择、计算机求解、结果的专业分析等。

数据预处理是为了满足数理统计的某些特殊要求，对观测值进行加工处理，如剔除异常值、检验分布形态、计算统计特征参数、数据标准化等。

数学分析方法有统计推断分析（假设检验、方差分析）、依存分析（相关分析、回归分析、通径分析）、因素分析（主成分分析、对应分析、主坐标分析）、类别分析（聚类分析、判别分析）等。具体选择哪种方法，一般根据环境问题的目标、样本特征等而定。方法选定后，经过计算机求解，输出结果，然后结合专业进行分析，以获取有用的环境评价信息。

习　题

1. 环境评价信息包括哪些？有哪些途径可以获取？

2. 污染源调查在环境评价中的地位和作用是什么？

3. 如何确定污染物的排放量？如何进行污染源评价？

4. 环境背景值是什么？如何确定？

5. 环境现状调查内容有哪些？

6. 环境质量监测有什么作用？一个完整的监测方案应该包括哪些内容？

7. 如何确定环境模拟试验的方案？

8. 某厂有一台沸腾炉，装有布袋除尘器，除尘效率为 85%，用煤量 5 t/h，煤的灰分为 25%，含硫量 2%，求该锅炉的二氧化硫和烟尘的排放量分别是多少（kg/h）？

9. 某化工厂年产 500 t 柠檬黄，每年从废水中回收 5 t 产品，排放的主要污染物有六价铬及其化合物，铅及其化合物，氮氧化物，根据物料衡算法求出该厂六价铬和铅的年排放量？（已知：单位产品消耗的原料量为：重铬酸钠（$Na_2Cr_2O_7$）260 kg/t，铅（Pb）621 kg/t，硝酸（HNO_3）440 kg/t。产品的化学成分为铬酸铅（$PbCrO_4$）54.5%，硫酸铅（$PbSO_4$）37.5%。）

10. 某化肥厂以煤、焦炭为原料生产合成氨，年产量 5 000 t，求该厂排放 CO、CH_4、NH_3 各多少吨？（已知以煤、焦炭生产合成氨，各种废气排放系数分别为：CO 45.5~90 kg/t，CH_4 45.4 kg/t，NH_3 3.2~68.1 kg/t。）

附录 A　源强核算结果及相关参数列表形式

表 A　废气污染源源强核算结果及相关参数一览表

表 B.1　工序/生产线产生废水污染源源强核算结果及相关参数一览表

表 B.2　综合污水处理厂废水污染源源强核算结果及相关参数一览表

表 C　固体废物污染源源强核算结果及相关参数一览表

附录 A
（资料性附录）

源强核算结果及相关参数列表形式

表 A 废气污染源源强核算结果及相关参数一览表

工序/生产线	装置	污染物	污染物产生				治理措施		污染物排放				
			核算方法	废气产生量/(m³/h)	产生浓度/(mg/m³)	产生量/(kg/h)	工艺	效率/%	核算方法	废气排放量/(m³/h)	排放浓度/(mg/m³)	排放量/(kg/h)	排放时间/h
生产装置1 名称1	排气筒1	污染物1			—	—					—	—	—
		污染物2		—	—	—				—	—	—	—
		…			—						—	—	
	排气筒2	污染物1		—	—	—				—	—	—	—
		污染物2		—	—	—				—	—	—	—
		…											
	无组织排放	污染物1			—						—	—	
		污染物2			—						—	—	
		…											
	非正常排放	污染物1			—						—		
		污染物2			—						—		
		…											
生产装置2 名称2 …													

注：对于新（改、扩）建工程污染源源强核算，应为最大值。

表 B.1　工序/生产线产生废水污染源源强核算结果及相关参数一览表

工序/生产线	污染源	装置	污染物	污染物产生				治理措施		污染物排放				
				核算方法	产生废水量/(m³/h)	产生浓度/(mg/L)	产生量/(kg/h)	工艺	效率/%	核算方法	排放废水量/(m³/h)	排放浓度/(mg/L)	排放量/(kg/h)	排放时间/h
名称1	生产装置1	废水1	污染物1											
			污染物2											
			…											
		废水2	污染物1											
			污染物2											
			…											
	生产装置2	…												
名称2	…													
…														

注：对于新（改、扩）建工程污染源源强核算，应为最大值。

表 B.2　综合污水处理厂废水污染源源强核算结果及相关参数一览表

工序	污染物	进入厂区综合污水处理厂污染物情况			治理措施		污染物排放				
		产生废水量/(m³/h)	产生浓度/(mg/L)	产生量/(kg/h)	工艺	综合处理效率/%	核算方法	排放废水量/(m³/h)	排放浓度/(mg/L)	排放量/(kg/h)	排放时间/h
综合污水处理	污染物1										
	污染物2										
	…										

注：对于新（改、扩）建工程污染源源强核算，应为最大值。

表 C　固体废物污染源源强核算结果及相关参数一览表

工序/生产线	装置	固体废物名称	固废属性	产生情况			处置措施		最终去向
				核算方法	产生量/（t/a）	工艺	处置量/（t/a）		
名称 1	生产装置 1	固废 1							
		固废 2							
		……							
	生产装置 2	固废 1							
		固废 2							
		……							
	……								
名称 2									
……									

注：固废属性指第Ⅰ类一般工业固体废物、第Ⅱ类一般工业固体废物、危险废物、生活垃圾等。

参考文献

[1] 祝颖.环境信息系统 [M].西安：西安交通大学出版社，2021.

[2] 张猛，李天，郭伟.地理信息系统在环境科学中的应用 [M].北京：清华大学出版社，2016.

[3] 李淑琴，孟宪林.环境影响评价（第二版）[M].北京：化学工业出版社，2018.

[4] 丁桑岚.环境评价概论 [M].北京：化学工业出版社，2001.

[5] 环境保护部.环境影响评价技术导则　地表水环境（HJ 2.3—2018）[S].2018.

[6] 环境保护部.环境影响评价技术导则　大气环境（HJ 2.2—2018）[S].2018.

[7] 环境保护部.环境影响评价技术导则　地下水环境（HJ 610—2016）[S].2016.

[8] 环境保护部.环境影响评价技术导则　土壤环境（试行）（HJ 964—2018）[S].2018.

[9] 环境保护部.建设项目环境影响技术评估导则（HJ 616—2011）[S].2011.

[10] 环境保护部.建设项目环境影响评价技术导则　总纲（HJ 2.1—2016）[S].2016.

[11] 环境保护部.地表水自动监测技术规范（试行）（HJ 915—2017）[S].2017.

[12] 环境保护部.地表水和污水监测技术规范（HJ 91—2017）[S].2017.

[13] 生态环境部.地下水监测技术规范（HJ 164—2020）[S].2020.

[14] 生态环境部.污水监测技术规范（HJ 91.1—2019）[S].2019.

[15] 环境保护部.环境空气质量手工监测技术规范（HJ 194—2017）[S].2017.

[16] 环境保护部.环境空气质量监测点位布设技术规范（HJ 664—2013）[S].2013.

[17] 国家环境保护总局.土壤环境监测技术规范（HJ/T 166—2004）[S].2004.

[18] 国家环境保护总局.辐射环境监测技术规范（HJ/T 61—2001）[S].2001.

[19] 生态环境部.辐射事故应急监测技术规范（HJ 1155—2020）[S].2020.

[20] 生态环境部.排放源统计调查产排污核算方法和系数手册.2021.

［21］环境保护部．固定污染源烟气（SO_2、NO_x、颗粒物）排放连续监测技术规范（HJ 75—2017）［S］．2017．

［22］生态环境部．水污染源在线监测系统（COD_{Cr}、NH_3-N 等）运行技术规范（HJ 355—2019）［S］．2019．

［23］生态环境部．污水监测技术规范（HJ 91.1—2019）［S］．2019．

［24］环境保护部．固定源废气监测技术规范（HJ/T 397—2007）［S］．2007．

［25］生态环境部．水污染源在线监测系统（COD_{Cr}、NH_3-N 等）数据有效性判别技术规范（HJ 356—2019）［S］．2019．

［26］生态环境部．煤炭开采和洗选业行业系数手册．https：//www. mee. gov. cn/xxgk2018/xxgk01/202106/t20210618_839512. html［2023-08-04］

［27］生态环境部．机动车排放系数手册．https：//www. mee. gov. cn/xxgk2018/xxgk01/202106/t20210618_839512. html［2023-08-04］

第三章　大气环境影响评价

第一节　大气环境质量现状评价

描述和反映大气环境质量现状既可以从化学的角度，也可以从生物学、物理学和卫生学的角度，它们都从某一方面说明了大气环境质量的好坏。由于我们最终要保护的是人，以人群效应来检验大气环境质量好坏的卫生学评价更科学、更合理一些，但这种方法的定量化比较困难，且需要时间较长，所以目前应用最普遍的是监测评价。

一、大气污染监测评价

（一）大气污染的形成机理及影响污染物地面浓度分布的因素

污染源向大气环境排放污染物是形成大气污染的根源。污染物质进入大气环境后，在风和湍流的作用下向外输送扩散，当大气中污染物积累到一定程度之后，就改变了原始大气的化学组成和物理性状，构成对人类生产、生活甚至人群健康的威胁，这就是大气污染。

从大气污染的形成看，造成大气污染首先是因为存在着大气污染源；其次，还和大气的运动，即风和湍流有关。影响污染物地面浓度分布的因素主要包括污染源的特性和决定大气运动状况的气象条件与地形条件。

1. 源的形态

大气污染源分为点源、面源、线源和体源等，其中点源又分高架源和地面源。不同类型的源污染能力不同，在同样的气象条件下形成的地面浓度也不同，线源和面源的污染能力比点源大，地面源的污染能力比高架源大。因而，在其他条件相同时，线源和面源造成的地面浓度就比点源大，地面源形成的浓度也比高架源大。

2. 源强

源强是污染源单位时间内排放污染物的量，即排放率。源强越大，形成的地面浓度就越大，反之，地面浓度越小。

3. 源的排放规律

指源的排放特点。是间断排放，还是连续排放；间断排放的规律是什么；连续排放是均匀排放还是非均匀排放；若是非均匀排放，排放量随时间变化的规律是什么。所有这些源的排放特点，都和污染物的浓度分布有着密切的关系。污染物的浓度往往随着排放的变化而变化。

4. 大气的稀释扩散能力

大气作为污染物质的载体，自身的运动状况决定了对污染物的稀释扩散能力，从而也就决定了污染物的地面浓度分布。影响大气运动状态的因素有地形条件和气象条件，而地形和气象条件往往决定了流场特性、风的结构、大气温度结构等，显然，这些因素都将直接影响污染物的地面浓度分布。

（二）评价工作程序

大气环境质量现状评价工作可分为四个阶段：调查准备阶段、环境监测阶段、评价分析阶段和成果应用阶段。

1. 调查准备阶段

根据评价任务的要求，结合本地区的具体条件，首先确定评价范围。在大气污染源调查和气象条件分析的基础上，拟定该地区的主要大气污染源、污染物以及发生重污染的气象条件，据此制订大气环境监测计划，并做好人员组织和器材准备。

2. 环境监测阶段

有条件的地方应配合同步气象观测，以便为建立大气质量模型积累基础资料。大气污染监测应按年度分季节定区、定点、定时进行。为了分析评价大气污染的生态效应，为大气污染分级提供依据，最好在大气污染监测时，同时进行大气污染生物学和环境卫生学监测，以便从不同角度来评价大气环境质量，使评价结果更科学。

3. 评价分析阶段

评价就是运用大气质量指数对大气污染程度进行描述，分析大气环境质量的时空变化规律，并根据大气污染的生物监测和大气污染环境卫生学监测进行大气污染的分级。此外，还要分析大气污染的成因、主要大气污染因子、重污染发生的条件以及大气污染对人和动植物的影响。

4. 成果运用阶段

根据评价结果，提出综合防治大气污染的对策。如改变燃料构成、改革生产工艺和调整城市工业布局等。

（三）大气污染监测评价

1. 评价因子的选择

选择评价因子的依据是：本地区大气污染源评价的结果、大气例行监测的结果，以及生态和人群健康的环境效应。凡是主要大气污染物，大气例行监测浓度较高以及对生态及人群健康已经有所影响的污染物，均应选作污染监测的评价因子。

目前，我国城市环境空气质量达标情况的评价指标为二氧化硫（SO_2）、二氧化氮（NO_2）、可吸入颗粒物（PM_{10}）、细颗粒物（$PM_{2.5}$）、一氧化碳（CO）和臭氧（O_3）。其他评价指标，如总悬浮颗粒物（TSP）、氮氧化物（NO_x）、苯并［a］芘（BaP）、挥发性有机物（VOCs）、非甲烷总烃（NMHC）、铅（Pb）、氟化物（F）、汞（Hg）、镉（Cd）、砷（As）、六价铬（Cr（VI））等，可根据评价区内污染源构成和评价目的等进行选择。

2. 评价标准的选择

大气环境质量评价标准的选择主要考虑评价地区的社会功能和对大气环境质量的要求，评价时可以分别采用一级或二级质量标准。对于标准中没有规定的污染物，可参照《环境影响评价技术导则　大气环境》（HJ 2.2—2018）中附录 D。对上述标准中都未包含的污染物，可参照选用其他国家、国际组织发布的环境质量浓度限值或基准值，但应做出说明，经生态环境主管部门同意后执行。

3. 监测

（1）布点。

根据评价目的不同，监测布点的方法有网格布点法、放射状布点法、功能分区布点法和扇形布点法等，具体应用时可根据人力、物力条件及监测点条件的限制灵活运用。一般来说，布点要以近 20 年统计的当地主导风向为轴向，至少在厂址及主导风向下风向 5 km 范围内设置 1～2 个监测点。如需在一类区进行监测，监测点应设置在不受人为活动影响的区域。

（2）监测时段。

根据监测因子的污染特征，选择污染较重的季节进行现状监测，监测应至少取得 7 天有效数据。对于部分无法进行连续监测的其他污染物，可监测其一次空气质量浓度，监测时次应满足所用评价标准的取值时间要求。

（3）监测方法。

应选择符合监测因子对应环境质量标准或参考标准所推荐的监测方法，并在评价报告中注明。

（4）监测采样。

环境空气监测中的采样点、采样环境、采样高度及采样频率，按《环境空气质量监测点位布设技术规范（试行）》（HJ 664—2013）及相关评价标准规定的环境监测技术规范执行。

（5）同步气象观测。

大气污染程度和气象条件有密切的关系，要准确地分析、比较大气污染监测的结果，一定要结合气象条件来说明。首先要充分利用本地区气象部门的常规气象资料，如果评价区地形比较复杂，气象场不均匀，则应考虑开展同步气象观测，从而找出大气污染的规律和重污染发生的气象条件。

4. 评价

评价就是对监测数据进行统计、分析，并选用适宜的大气质量指数模型求取大气质量指数。根据大气质量指数及其对应的环境生态效应进行污染分级，绘制大气质量分布图，从而探讨各项大气污染物和环境质量随着时空的变化，指出造成评价范围内大气环境质量恶化的主要污染源和主要污染物，研究大气污染对人群和生态环境的影响。最后，要提出改善大气环境质量及防止大气环境进一步恶化的综合防治措施。

二、大气环境质量现状评价的数学方法

目前，我国进行大气污染监测评价的方法多数是采用大气质量指数法。大气质量指数是评价大气质量的一种数量尺度，用它来表示大气质量可以综合多种污染物的影响，反映多种污染同时存在情况下的大气质量。这里，我们介绍几种国内外的大气质量指数。

（一）上海大气质量指数

$$I_上 = \sqrt{XY} \tag{3-1}$$

式中，$X = \max\left(\dfrac{C_i}{S_i}\right)$，$Y = \dfrac{1}{k}\sum_{i=1}^{k}\dfrac{C_i}{S_i}$；

C_i——i 污染物的实测浓度；

S_i——i 污染物的环境质量标准。

$I_上$ 的物理意义是最高 C_i/S_i 值与平均 C_i/S_i 值的几何平均值，它不但考虑了多种污染物的平均污染状况，还考虑了某种污染物的最大污染水平。这种指数形式简单，不受评价参数个数变化的影响，是比较适用的大气质量指数。

该指数由上海第一医学院姚志麒提出，当时并未对指数进行污染分级，以后，沈阳环保所的工作者参照美国 PSI 值对应的浓度和人体健康的关系，对 $I_上$ 值进行了大气污染分级（表 3-1）。

表 3-1　大气质量指数的分级

分级	清洁	轻污染	中污染	重污染	极重污染
$I_上$	<0.6	0.6~1.0	1.0~1.9	1.9~2.8	>2.8
大气污染水平	清洁	大气质量标准	警戒水平	警报水平	紧急水平

（二）均值型大气质量指数

北京、南京、广州在大气环境质量评价中采用的指数，属于同一类型，为均值型指数。

$$I_{北} = \frac{1}{2}\left(\frac{C_{SO_2}}{S_{SO_2}} + \frac{C_{飘尘}}{S_{飘尘}}\right) \tag{3-2}$$

$$I_{南} = \frac{1}{3}\left(\frac{C_{SO_2}}{S_{SO_2}} + \frac{C_{飘尘}}{S_{飘尘}} + \frac{C_{NO_2}}{S_{NO_2}}\right) \tag{3-3}$$

$$I_{广} = \frac{1}{3}\left[\left(\frac{C_{SO_2}}{S_{SO_2}}\right) + \left(\frac{C_{飘尘}}{S_{飘尘}}\right) + \left(\frac{C_{SO_2}}{S_{SO_2}}\right) \times \left(\frac{C_{飘尘}}{S_{飘尘}}\right)\right] \tag{3-4}$$

式中，C——实测浓度；

S——相应的环境质量标准。

三个指数的分级均是按超标倍数的大小来进行的。建议应用上述指数时，应结合评价区污染物浓度与危害状况进行分级，确定出明显危害的污染物浓度水平，定出一两个级别后，再按指数值的区间进行划分，这样做可更符合实际情况。

（三）沈阳大气质量指数

$$I_{沈} = \left[1.12 \times 10^{-5} \sum_{i=1}^{4} \frac{C_i}{S_i}\right]^{-0.40} \tag{3-5}$$

$I_{沈}$ 选择了 4 个污染参数（表 3-2）：二氧化硫、氮氧化物、飘尘、铅。指数推导的基本思路是借鉴美国橡树岭大气质量指数。

表 3-2　沈阳大气质量指数评价参数　　　　单位：mg/m³

参数	SO₂	NO$_x$	飘尘	Pb
背景浓度	0.02	0.01	0.05	0.000 1
标准	0.15	0.13	0.15	0.000 7
明显危害浓度	2.0	1.0	1.0	0.01

当 4 项污染物浓度等于背景浓度时，$I_{沈}=100$；当 4 项污染物浓度等于明显危害浓度时，$I_{沈}=20$。这样确定的系数当污染物浓度等于标准时，$I_{沈}=60$。

沈阳大气质量指数分级是在确定 PSI 值与 $I_{沈}$ 值之间关系后，按 PSI 分级标准进行分级（表 3-3）。

表 3-3　沈阳大气质量指数分级

质量等级	极重污染	重污染	中污等染	轻污染	清洁
$I_{沈}$	<31	31～40	40～55	55～61	>61
大气污染水平	紧急水平	警报水平	警戒水平	大气质量标准	清洁

（四）分级评分法

分级评分法将大气质量划分为五级（表3-4）。其中第一、第二、第三级相当于保护大多数人的健康和城市一般植物需要达到的水平，第四、第五级相当于污染和重污染水平。

表 3-4　　大气中污染物质浓度分级与评分　　　　　　单位：mg/m³

参数	第一级（理想级）		第二级（良好级）		第三级（安全级）		第四级（污染级）		第五级（重污染级）	
	浓度分级	评分	浓度分级	评分	浓度分级	评分	浓度分级	评分	浓度分级	评分
降尘①	≤8	25	≤12	20	≤20	15	≤40	10	>40	5
飘尘②	≤0.10	25	≤0.15	20	≤0.25	15	≤0.50	10	>0.50	5
SO₂	≤0.05	25	≤0.15	20	≤0.25	15	≤0.50	10	>0.50	5
NOₓ	≤0.02	25	≤0.05	20	≤0.10	15	≤0.20	10	>0.20	5
CO	≤2	25	≤4	20	≤6	15	≤12	10	>12	5
总氧化剂③	≤0.05	25	≤0.1	20	≤0.20	15	≤0.40	10	>0.40	5

注：①是本法专用的浓度分级，单位是：t/(km² · 月)；②应用于颗粒物时，按颗粒物监测值折半；③最大的一次浓度值。

本评价方法选用降尘、颗粒物、二氧化硫为必评参数。一氧化碳、氮氧化物、总氧化剂为自选项目，可任选其中污染最重的一项参加评价。因此，本评价方法共选择 4 个参数。

分级评分的计算方法，采用百分制。评分越高，大气质量越好。评价时先由表 3-4 求得各评价参数的评分值 A_i，将各参数评分值 A_i 求和 M，M 值即为大气质量分数。计算式如下：

$$M = \sum_{i=1}^{4} A_i \tag{3-6}$$

式中，A_i——i 参数评分值；

　　　M——大气质量分数；

　　　i——评价时选用的评价参数的个数。

计算结果，M 值在 20～100，然后根据表 3-5 确定大气质量等级。

表 3-5　分级评分法分级标准

M	100～95	94～75	74～55	54～35	34 以下
大气质量等级	第一级（理想级）	第二级（良好级）	第三级（安全级）	第四级（污染级）	第五级（重污染级）

（五）美国格林大气污染综合指数

格林（1966）提出以 SO_2 和烟雾系数（COH）为评价参数，对 SO_2 和烟雾系数建议用希望、警戒和极限三级水平的日平均数值（表 3-6）作为假设标准，采用幂函数形式表达 SO_2 和烟雾系数两个污染指数，并规定当 SO_2 或烟雾系数达到希望、警戒和极限水平时，污染指数分别为 25、50 和 100。格林把 SO_2 和 COH 污染指数加以平均，得出大气污染综合指数：

SO_2 污染指数　　　　$I_1 = a_1 S^{b_1} = 84.0\, S^{0.431}$　　　　　　　（3-7）

COH 污染指数　　　　$I_2 = a_2 S^{b_2} = 26.6\, C^{0.576}$　　　　　　（3-8）

污染综合指数　　　$I = \dfrac{1}{2}(I_1 + I_2) = 0.5(84.0\, S^{0.431} + 26.6\, C^{0.576})$　（3-9）

式中，　　　　　S——SO_2 实测日平均浓度，mg/L；

　　　　　　　　C——实测日平均烟雾系数，COH 单位/1 000 英尺；

a_1、a_2、b_1、b_2——确定指数尺度的常数。

当测得污染指数小于 25 时，说明空气清洁而且安全；当指数大于 50 时，说明空气有潜在危险性；当指数达 50、60、68 时，应分别发出一、二、三级警报，采取减轻污染的有关措施；指数等于 68 时，相当于煤烟型大气污染事件的水平。

表 3-6　格林建议的 SO_2 和烟雾系数日平均浓度标准

污染物	希望水平	警戒水平	极限水平
$SO_2/10^{-6}$（体积比）	0.06	0.3	1.5
烟雾系数/（COH 单位/1 000 英尺）	0.9	3.0	10.0
污染指数	25	50	100

这种大气污染指数适用于我国北方的冬季或以燃煤为主要能源的地区。由于我国反映烟尘污染水平的参数一般取飘尘，当飘尘浓度取每立方米毫克（mg/m³）时，烟雾系数约是它的 10 倍，换算后代入公式，即可计算格林大气污染综合指数。

（六）美国橡树岭大气质量指数（ORAQI）

它是由美国原子能委员会橡树岭国家实验室于 1971 年提出的。ORAQI 计算式为

$$ORAQI = \left[5.7 \sum_{i=1}^{5} \frac{C_i}{S_i} \right]^{1.37}　　　　（3-10)$$

式中，C_i——i 污染物 24 h 平均浓度；

　　　　S_i——i 种污染物的大气质量标准。

ORAQI 规定了五种污染物，即二氧化硫、氮氧化物、一氧化碳、氧化剂、颗粒物等。ORAQI 的尺度是这样确定的，当各种污染物的浓度相当于未受污染

的本底浓度时，ORAQI＝10，当各种污染物的浓度均达相应标准，即 $C_i = S_i$ 时，ORAQI＝100。橡树岭国家实验室按 ORAQI 的大小，将大气质量分为六级（表3-7）。

表3-7　ORAQI与大气环境质量分级

分级	优良	好	尚可	差	坏	危险
ORAQI	＜20	20～39	40～59	60～79	80～99	≥100

ORAQI 所选参数比较多，可以综合反映大气环境质量，在应用时如果低于5个参数，可以参照 ORAQI 确定系数的方法加以修正。

（七）美国污染物标准指数（PSI）

PSI 选择了二氧化硫、颗粒物、一氧化碳、臭氧、氮氧化物以及二氧化硫与颗粒物的乘积6个参数（表3-8）。PSI 与6个参数的关系是分段线性函数。已知各污染物浓度后可用内插法计算各污染物的分指数，然后选择各分指数中最大者作为 PSI。

PSI 是在全面比较6个因子之后，选择污染最重的分指数报告大气环境质量的，突出了单一因子的作用，使用方便，结果简明。PSI 值分级与人体健康状况对照明确，分级的原则和依据可供其他指数分级时参考（表3-8）。

（八）美国密特大气质量指数（MAQI）

这是美国密特公司在美国环境质量委员会委托下研究的一种指数，它以5项污染物为参数，采用美国大气质量二级标准对5项污染物规定的不同平均时间的9项浓度标准作为计算依据。MAQI 是5项分指数的综合计算结果，按式（3-11）计算

$$\text{MAQI} = \sqrt{I_c^2 + I_s^2 + I_p^2 + I_n^2 + I_o^2} \tag{3-11}$$

式中，I 为各污染物的分指数，下角字母分别代表：c 为 CO；s 为 SO_2；p 为颗粒物质；n 为 NO_2；o 为氧化剂。

$$I_c = \sqrt{\left(\frac{C_{c8}}{S_{c8}}\right)^2 + \delta_1 \left(\frac{C_{c1}}{S_{c1}}\right)^2} \tag{3-12}$$

$$I_s = \sqrt{\left(\frac{C_{sa}}{S_{sa}}\right)^2 + \delta_2 \left(\frac{C_{s24}}{S_{s24}}\right)^2 + \delta_3 \left(\frac{C_{s3}}{S_{s3}}\right)^2} \tag{3-13}$$

$$I_p = \sqrt{\left(\frac{C_{pa}}{S_{pa}}\right)^2 + \delta_4 \left(\frac{C_{p24}}{S_{p24}}\right)^2} \tag{3-14}$$

$$I_n = \sqrt{\left(\frac{C_{na}}{S_{na}}\right)^2} = \frac{C_{na}}{S_{na}} \tag{3-15}$$

$$I_o = \sqrt{\left(\frac{C_{o1}}{S_{o1}}\right)^2} = \frac{C_{o1}}{S_{o1}} \tag{3-16}$$

表 3-8　PSI 污染物浓度分级

PSI	大气污染水平	污染物浓度/（μg/m³）						大气质量分级	对健康的一般影响	要求采取的措施
		颗粒物质（24h）	SO₂（24h）	CO（8h）	O₃（1h）	NO₂（1h）	SO₂×颗粒物			
500	显著危害水平	1 000	2 620	57.5	1 200	3 750	490 000	危险性	病人和老年人提前死亡，健康人出现不良症状影响正常活动	全体人群应停留在室内并闭门窗。所有人均应尽量减少体力消耗，一般人群应避免户外活动
400	紧急水平	875	2 100	46.0	1 000	3 000	393 000		健康人除明显烈症状，降低运动耐受力外，提前出现某些疾病	老年人和心脏病、肺病患者应停留在室内，减少体力活动
300	警报水平	625	1 600	34.0	800	2 260	261 000	很不健康	心脏病和肺病患者症状显著加剧，运动耐受力降低，健康人群中普遍出现症状	心脏病和呼吸系统疾病患者应减少体力消耗和户外活动
200	警戒水平	375	800	17.0	400	1 130	6 500	不健康	易感的人症状有轻度加剧，健康人群出现刺激症状	心脏病和呼吸系统疾病患者应减少体力消耗和户外活动
100	大气质量标准	260	365	10.0	240	①	①	中等		
50	大气质量标准的50%	75②	80②	5.0	120			良好		

注：①浓度低于警戒水平时，不报此分指数；②美国 EPA 制定的一级标准中年平均浓度。

式中， C——某种污染物的实测浓度；

S——该污染物的相应标准（C 和 S 单位相同）；

c、s、p、n、o——代表的意义同上；

a——年平均；

24、8、3、1——分别代表所指浓度的平均时间（小时）；

δ_1、δ_2、δ_3、δ_4——系数，当 $C_i > S_i$ 时，该系数 δ_i 等于 1；当 $C_i < S_i$ 时，该系数 δ_i 等于 0；

C_{sa}、C_{na}——实测 SO_2 和 NO_2 年平均浓度；

C_{pa}——实测颗粒物质几何年平均浓度，其他实测浓度 C_i 均指某平均时间的实测最大浓度。

该指数用于评价大气质量的长期变化，要求掌握全年完整的监测数据。

三、大气污染生物学评价

植物长期生活在大气环境中，其生理功能与形态特征，常常受大气污染作用而发生改变，大气中的某些污染物还可被植物叶片吸收，在叶片中积累，所有这些变化都可在一定程度上指示大气污染状况。大气污染生物学评价是从生物学的角度来评价大气质量的好坏，但大气污染监测评价是基础，生物学评价可以作为监测评价的补充和综合，但不能完全代替监测评价。

（一）植物监测的机理

不同植物对同一污染物可以做出不同的反应，而同一种植物对不同污染物也可以做出不同反应。据此，植物可以用来指示大气污染的性质和程度。工业生产所造成的污染一般是复合污染，也就是说，大气中往往存在着多种污染物，植物生长在多种污染物的协同、拮抗作用之下，从而可以指示多种污染物的长期、综合效应。

植物对污染物的反应，可分为"可见的"和"不可见的"两种。这是根据是否出现可见的受害症状为分类依据的。可见症状又可按大气中污染物浓度的不同区分为急性中毒和慢性中毒两种。在污染物浓度较大时，植物可以在几十分钟至几十小时内出现中毒症状，如叶片出现"水浸"状斑点，叶缘卷曲，叶尖干枯，叶片或植株的局部组织坏死。受害状况常和污染气体的流向有关，并随毒物和植物的种类以及毒物的浓度不同而有差异。慢性中毒是植物长时间暴露在低浓度污染的环境中，使局部组织坏死，或产生缺绿、变色等症状。一般来说，慢性中毒的症状较急性中毒更具有典型性，植物对某一污染物往往能产生典型的症状。

受伤阈值是指能引起植物产生可见症状的污染物浓度，它随植物种类和暴露时间而异。海格斯达德和海克（1971）总结了不同敏感度的植物在 SO_2 中暴露

0.5~8.0 h产生可见症状的阈值浓度（表3-9）。

表 3-9　SO₂ 对不同敏感度植物产生受害的阈值浓度　　单位：mg/m³

暴露时间/h	敏感	中害	抗性
0.5	1.0~5.0	4.0~12	≥10
1.0	0.5~4.0	3.0~10	≥8
2.0	0.25~3.0	2.0~7.5	≥6
4.0	0.1~2.0	1.0~5.0	≥4
8.0	0.05~1.0	0.5~2.5	≥2

植物受害程度还受很多条件的影响，如植物不同生育期对污染物的抗性不同。进入植物体的污染物可以与植物代谢产物结合，在酶的作用下被氧化分解；有的可以转化成植物生命活动所必需的物质；有的可以重新排出体外。总之，植物本身有一定的解毒能力，但当浓度超过阈值浓度时植物的生长就会受到影响。

大气污染除了对植物的生长、生态和外观产生影响外，大气污染物还对植物的生理生化反应产生影响。大气污染物中，有的是强氧化性或强还原性物质，可影响植物的氧化还原过程；有的还可以和植物体内的有机物反应生成有毒的中间产物；有的进入植物后作为一些酶的抑制剂，能对植物代谢产生强烈的影响。

既然大气污染可以对植物的生长、生态和外观产生影响，大气污染物甚至还可对植物的生理生化反应产生影响，那么，我们可根据植物在各种大气污染物的不同浓度影响下的生态反应和生化指标来鉴别大气污染的性质和程度，这就是植物监测的理论依据。

（二）植物监测

植物能吸收大气污染物，并在体内积累。当植物体内积累到一定量后，植物可以产生可见症状，甚至死亡。根据植物对污染物的反应和植物中污染物累积的浓度，可以鉴别大气污染的性质和污染物的浓度。

1. 植物可见症状的应用

植物受污染物的影响后出现特征症状，这些症状可以作为环境污染状况的一种指标。

（1）SO₂危害的叶部症状。

阔叶植物的叶缘和叶脉间出现不规则的坏死小斑，颜色变成白色到淡黄色，有时为绿色，周围组织通常为缺绿的花叶。在低浓度时一般表现为细胞受损害，但不发生组织坏死。当长期暴露在低浓度环境中时，老叶有时表现缺绿。

禾本科植物在中肋两侧出现不规则的坏死，颜色变成淡棕色到白色。尖端易受影响，通常不表现缺绿症状。

针叶树在针叶顶端发生棕色死尖，呈带状，通常相邻组织缺绿。

（2）臭氧危害的叶部症状。

阔叶植物下表皮出现不规则的小点或小斑，部分下陷，小点变成红棕色，小斑褪成白色。随植物和受害程度的加重，叶子可发生密集的小点（斑），并可联结成较大的斑。

禾本科植物最初坏死区（小斑）不联结，随后可以造成较大的坏死区，针叶树针叶顶部发生棕色死尖（枯尖），与二氧化硫伤害症状相似，但棕色和绿色组织分布不规则。

（3）过氧乙酰硝酸酯（PAN）危害的叶部症状。

阔叶植物有的（如叶菜类蔬菜）产生下陷组织和棕色小斑，有的（如烟草）组织下陷可达整个叶片厚度，通常为带状。

禾本科植物出现不规则的下陷带，颜色褪成黄色和淡绿色，有时出现缺绿或褪色，部分坏死。

针叶树没有特别的症状，有的缺绿、褪色或枯萎。

（4）氟化物危害的叶部症状。

阔叶植物叶尖和叶缘发生坏死，偶尔在叶脉之间产生小斑。在死组织和活组织之间边缘很明显，常具有窄的暗棕色的带。有时在坏死组织边上有窄而轻微缺绿的带。有的植物的坏死组织很容易脱落，像被昆虫咬食似的。有的植物（如柑橘）在坏死前出现缺绿。

禾本科植物出现坏死的棕色叶尖，坏死区后部是不规则的条纹，与阔叶植物一样，在坏死区和健康组织之间有深色带。

针叶树出现棕色到红棕色的坏死尖，每个叶片都可能坏死。

以上所列症状，只是具有代表性的症状。不同植物的症状有时略有不同。此外，还可以根据敏感植物的症状来鉴别主要污染物。表 3-10 列出了对主要污染物敏感的植物及其反应的浓度范围。

表 3-10　对主要污染物敏感的植物及其反应浓度

污染物	反应浓度	敏感植物
SO_2	$< (0.25 \sim 0.3) \times 10^{-6}$（体积比）不引起急性中毒，$(0.1 \sim 0.3) \times 10^{-6}$（体积比）长期暴露可引起慢性中毒	紫花苜蓿、大麦、棉花、小麦、三叶草、甜菜、莴苣、大豆、向日葵等
臭氧	在 $(0.02 \sim 0.05) \times 10^{-6}$（体积比）时最敏感的植物可产生急性或慢性中毒	烟草、番茄、矮牵牛、菠菜、土豆、燕麦、丁香、秋海棠、女贞、梓树等
PAN	在 $(0.01 \sim 0.05) \times 10^{-6}$（体积比）时最敏感的植物产生危害，也可引起早衰	矮牵牛、早熟禾、长叶莴苣、斑豆、番茄、芥菜等

续表

污染物	反应浓度	敏感植物
HF	最敏感的植物在 0.1×10^{-6}（体积比）即有反应，在叶中浓度达 $50 \sim 200$ μg/ml 时敏感植物出现坏死斑	唐菖蒲（浅色的比深色的敏感）、郁金香、金荞麦、玉米、玉簪、杏、葡萄、雪松等

应用可见症状进行环境鉴别，一般以利用污染区的现有植物较为方便。在轻微污染区，可以观察植物出现的叶部症状。在中度污染区，敏感植物出现明显的中毒症状，抗性中等的植物也可能出现部分症状，抗性较强的植物一般不出现症状。在严重污染区，自然分布的敏感植物可以绝迹，而人工栽培的敏感植物，可以出现严重的受害症状，甚至死亡。因此，可以根据植物出现的症状来评价环境质量和区划污染范围。

2. 用地衣作为生物监测器

地衣是一种特殊类型的植物，它是藻类和真菌的共生体。当大气污染物作用于地衣时，藻类和真菌的协调遭到破坏，所以地衣对污染物是很敏感的。

研究地衣的一般方法是调查地衣"种"的数量变化、频度、盖度以及外部和内部受害症状。在污染严重区，一般很少有地衣，或完全绝迹，称为"地衣沙漠"区。随着污染程度的减轻，可以观察到地衣的属和种增加，并且在树干上分布的高度也升高。在湿润的非污染区，地衣一直可以着生到树梢。

列·布朗克（Le Blanc）等曾提出空气清洁指数（简称 IAP）的概念：

$$IAP = \sum_{n}^{1} (Qf)/10 \tag{3-17}$$

式中，n——地衣种的总数；

　　　f——每个种以数目表示的频度—盖度；

　　　Q——每一个种的生态指数，即一个种在所调查的生态环境中的平均数量。

$\sum(Qf)/10$ 是为了减小计算后的数值，便于作图，没有数学含义。

布朗克等通过对加拿大安大略的萨得勃瑞区的工作，确定了 IAP 所对应的 SO_2 的浓度范围（表 3-11）。

表 3-11　加拿大安大略萨得勃瑞区 IAP 及 SO_2 浓度范围

IAP	SO_2 浓度/10^{-6}（体积比）
$0 \sim 9$	>0.03
$10 \sim 24$	$0.02 \sim 0.03$

IAP	SO$_2$ 浓度/10^{-6}（体积比）
25～39	0.01～0.02
40～54	0.005～0.01
＞55	＜0.005

3. 以植物体内污染物含量作为监测指标

植物监测虽然不能像仪器监测那样得到瞬时浓度和平均浓度，但是植物监测有其独到的优点：

（1）经济方便。如可见症状和地衣的调查等，它不需要特殊的仪器装备，便于推广。

（2）通过详细的研究也可以提供相对的大气浓度。利用地衣和敏感植物的反应浓度及植物器官中污染物浓度和大气污染物浓度的相关性，来推算大气污染物的平均浓度。

（3）能同时监测多种污染物。植物实际是一个"综合取样器"，其体内所收存的污染物可以反映各种污染物的综合状况。同时，树木还是历史污染的"记录器"。树木的年轮是在不同年月形成的，对年轮中的污染物进行分析，反映污染状况的演变过程。

总之，植物监测可以反映环境污染的总体水平，因而在环境质量评价上是一个不可缺少的环节。它可以作为仪器监测的助手，有助于了解全面污染状况。同时它还可以发现污染物所产生的潜在生态危害，为环境评价提供依据，这是仪器监测所不能达到的。

（三）样品的采集

木本植物因为生长周期较长，各地又容易找到，故多以木本植物作为采样对象。树木的叶片是受大气污染影响的主要器官，所以样品采集多以叶片为主，并通过叶片的生长量、叶片中化学元素的含量来指示大气污染的程度。在某些情况下，也可以采集树皮或木质部。

在污染较重的城市可选择抗污染能力较强的树种。这些树种受到污染后有一定的抗性，不至于落叶，比较容易采集到生长一个周期的树叶。在污染较轻的城市可选择一些对大气污染比较敏感的树种，以便于区别不同地点的污染状况。

叶片收集的季节以叶片定型的季节为好，北方一般在9月。采集点要力求均匀，可以污染源或污染区为中心，向外辐射状安排采样地点，同时要在远郊区或上风向设置对照点。采集树叶时，要尽可能地排除干旱、霜寒、冻害、缺素及病虫害等非污染因子的干扰，尽力采集各种条件（污染除外）相同的树叶作为样品。

（四）评价方法

1. 应用植物的可见症状进行评价

同一种植物对不同的大气污染物的抗性及伤害症状是不同的，利用各类植物的特征症状就可以鉴别大气污染物的性质；此外，同一种植物在同一污染物的不同浓度作用下，其伤害症状也不一样，利用不同浓度作用下伤害症状的差异，就可以鉴别并评价大气污染的程度。采用这种方法进行大气污染的生物学评价时，首先应根据评价区大气污染物的组成选择特征敏感植物，然后仔细观察记录敏感植物的外观特性和可见伤害症状，据此判别大气污染的性质和大气污染的程度。

2. 根据植物的长势和生产量进行评价

大气污染可以影响植物的长势和产量。通过模拟试验和大量的调查、统计，可以积累这方面的资料，甚至可以得到统计相关值。这样，只要我们有目的地观察某类植物的长势，统计其产量，在剔除掉其他影响因素之后，就可以判断大气污染的性质和程度。

3. 根据植物的生理生化指标进行评价

大气污染对植物的生理生化反应产生影响，可以运用植物的生理生化指标对大气污染进行评价。如测定气孔的开闭度、光合作用强度、叶绿素的含量和组成、蛋白质含量等，据此来评价大气污染的性质和程度。

4. 根据植物叶片中污染物质的含量进行评价

植物叶片中污染物质的含量和大气污染程度往往呈正相关关系。这样，我们根据植物叶片中污染物质的含量就可以推断大气污染的程度，进而可以划分大气污染的等级。

5. 根据低等敏感植物的种群结构进行评价

低等植物对污染物一般抗性差，十分敏感。随着污染物浓度的增加，低等植物的种属组成往往发生有规律的变化。我们可根据低等敏感植物的种群结构来进行大气污染的评价。在这方面可以建立许多定量化方法，如前面提到的空气清洁指数（IAP）法等。

6. 根据综合生态指标进行评价

可以根据植物种类和生长情况选择一些综合性的指标作为评价因子，然后仔细观察记录这些评价因子的特征，以此划分大气污染等级。表 3-12 是根据树木生长和叶片症状划分的大气污染等级。

表 3-12　大气污染生物学分级依据

污染水平	主要表现
清洁	树木生长正常，叶片面积含铅量接近清洁对照区指标

续表

污染水平	主要表现
轻污染	树木生长正常，但所选指标明显高于清洁对照区
中污染	树木生长正常，但可见典型受害症状
重污染	树木受到明显伤害，秃尖，受害叶面积可达50%

四、大气污染的环境卫生学评价

环境卫生学是研究自然环境和生活环境与人群健康的关系，揭示环境因素对人群健康的发生、发展规律，为充分利用环境有益因素和控制有害环境因素提出卫生要求和预防对策，增进人体健康，提出整体健康水平的科学，是预防医学的一个重要分支，也是环境科学与医学交叉的一门学科。

大气污染环境卫生学评价可从以下几方面进行评价：

（一）用临床医学方法对污染区儿童进行健康检查

少年儿童的生活经历比成年人要简单，以少年儿童为调查对象，可以比较灵敏地反映一个地区的大气环境污染状况。

选择的健康项目可以包括：鼻咽部疾病、眼结膜炎；儿童肺部变化；纹理增强、增粗、扭曲、肺门大小等；肺功能检查，测定肺活量（VC）、最大呼气流速、25%肺活量流速等。

根据健康检查的结果，参照大气污染监测评价和生物学评价结果，即可进行大气污染卫生学评价，评价结果是划分出不同等级的污染区。

（二）用流行病学回顾性调查方法，调查不同污染区居民肺癌的死亡率

沈阳市用流行病学回顾性调查方法，统计分析了恶性肿瘤的死亡资料，发现肺癌死亡率迅速上升，而城市内大气污染程度不同地区之间也不一致（表3-13）。

表 3-13　沈阳市 1976—1978 年不同区域肺癌死亡率　　单位：10^{-5}

区域	人口	肺癌死亡	粗死亡率	标化死亡率
工业污染区	201 148	59	29.33	26.81
上风侧居民区	235 784	35	14.84	15.81
一般居民区	244 699	46	18.79	17.11
近铁路居民区	104 175	24	23.04	20.28
下风侧居民区	121 432	24	19.76	17.61

在统计的基础上，利用大气监测的历史资料，分析大气污染指标与肺癌死亡率之间的相关性。结果表明：降尘量与肺癌标化死亡率的相关系数 $r=0.766$；飘尘与肺癌的相关系数 $r=0.870$，均有明显相关。这样，我们就可以用流行病学回顾性调查的方法，从环境卫生学角度来评价大气污染。

（三）用居民体内含铅量评价大气污染

相关研究表明，人体对食物中铅的吸收率仅为 $5\%\sim10\%$，水中铅为 10%，而从大气中吸入人体内铅的吸收率为 $40\%\sim50\%$，可见人体内含铅量与大气污染有直接关系。因此，我们可以通过人体含铅量，进一步评价大气污染程度。

方法是：选择不同污染地区测定大气铅污染水平和儿童体内铅的吸收、蓄积及代谢情况，将结果与卫生标准比较，并划分污染等级。

表 3-14 是沈阳地区环境质量评价中不同地区儿童尿铅和大气铅的关系，从表中可以看出，二者呈正相关，相关系数达 0.95 以上，大气污染程度不同，则儿童尿铅有明显不同，用各组的全部数据进行方差分析，则组间数据有显著差异。

表 3-14　大气中铅与儿童尿铅含量的关系

污染区	大气铅/（$\mu g/m^3$）	儿童尿铅/（几何均值，mg/L）
铅熔炼厂附近居民区	2.20	15.950
工业区	1.30	9.825
工业区下风侧居民区	1.00	9.908
一般居民区	0.50	8.100
清洁对照区	0.20	8.395

第二节　大气质量预测模型

一、气象要素和气象条件

对大气状态和物理现象给予定量或定性描述的物理量称为气象要素。常用的气象要素有：气温、气压、气湿、风向、风速、云况、云量、能见度、降水、蒸发量、日照时数、太阳辐射、地面及大气辐射等。这些气象要素的数值，都可能通过观测获得。与大气污染有关的气象要素很多，通常把与大气扩散密切相关的称为污染气象要素或扩散气象要素。

（一）几个主要气象要素

（1）气温　地面气温一般是指距离地面 1.5 m 高处在百叶箱中观测到的空气温度。气温一般用摄氏度（℃）表示，理论计算常用热力学温度（K）表示。

（2）气压　气压是指大气作用在单位面积上的作用力。大气压力的单位为 kPa。

（3）气湿　气湿是反映空气中水汽含量多少的一个物理量。常用绝对湿度、相对湿度和露点表示。

（4）风　空气质点的水平运动称为风。风是一个矢量，用风向和风速描述其特征。风向常用 16 个方位表示。

（5）云　云是由飘浮在空中的大量小水滴或小冰晶或两者的混合物构成的。云量是指云的多少。我国将视野能见的天空分为 10 等份，其中云遮蔽了几份，云量就是几；国外将天空分为 8 等份，其中云遮蔽了几份，云量就是几。

（6）能见度　在当时的天气条件下，正常人的眼睛所能见到的最大水平距离，称为能见度。能见度的大小反映了大气的混浊程度。

（二）大气边界层的温度场

1. 大气边界层

受下垫面影响的低层大气，其厚度为 1～2 km，称为大气边界层；下垫面以上 100 m 左右的一层大气称为近地层或摩擦边界层。近地层到大气边界层顶的一层称为过渡区，大部分大气扩散都发生在这层。因此，了解大气边界层中的温度场、风场及湍流特征，对于研究大气扩散问题、进行大气环境影响评价具有重要意义。

2. 气温垂直分布

气温层结反映大气的稳定度。气温的垂直递减率的定义为 $\gamma = -\mathrm{d}T/\mathrm{d}z$，它指单位高差（通常取 100 m）气温变化速率的负值。如果气温随高度增高而降低，γ 为正值；如果气温随高度增加而增高，γ 为负值。

3. 干绝热直减率

干空气在绝热升降过程中，每升降单位距离（通常取 100 m）引起气温变化速率的负值称为干空气温度绝热垂直递减率，简称干绝热直减率，通常以 γ_d 表示。一般情况下，$\gamma_d = 0.98$ K/100 m≈ 1 K/100 m。

4. 气温层结与烟羽形状

从烟囱排出的废气在大气中形成羽状烟流，烟羽的形状随气温层结的不同而变化（图 3-1），因此，可以通过烟羽形状来估计大气稳定度。

（1）波浪型　烟羽呈波浪状，污染物扩散良好，发生在不稳定大气中，即 $\gamma - \gamma_d > 0$ 时，多为白天。地面最大浓度落地点距烟囱最近，大气对污染物的扩散能力强。

（2）锥型　烟羽呈圆锥形，污染物扩散比波浪型差，发生在中性大气中，即

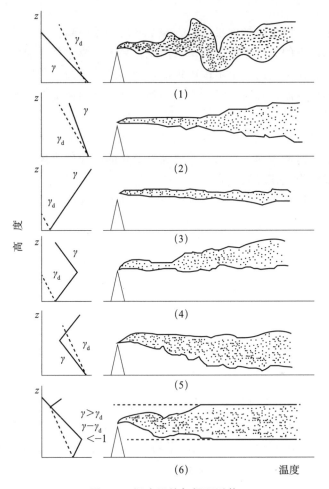

图 3-1　温度层结与烟羽形状

（1）波浪型　（2）锥型　（3）平展型　（4）爬升型　（5）漫烟型　（6）受限型

$\gamma-\gamma_d\approx0$。地面最大浓度值、落地距离和高浓度范围比波浪型大。

（3）平展型　烟羽垂直方向扩散很小，它像一条带子飘向远方。它发生在烟囱出口处于逆温层中，即 $\gamma-\gamma_d<-1$。污染情况随烟囱有效高度不同而异。有效源高很高时，在近距离内污染物浓度很小或为零，地面最大浓度、其落地距离以及高浓度范围比波浪型和锥型的大，因此，在近距离地面不会造成污染。有效源高很低时，在近距离地面也会造成严重污染。

（4）爬升型　烟羽的下部大气层是稳定的，而上部大气则不稳定，它一般在日落前后出现。

（5）漫烟型　这类烟羽的下部位于不稳定的大气中，烟羽的上部位于逆温层中。它一般出现在日出以后（早上 8 点至 10 点）。此时，烟羽的下部，$\gamma-\gamma_d>$

0；上部，$\gamma - \gamma_d < -1$。

（6）受限型　发生在烟囱出口上方和下方的一定距离内大气不稳定区域，在此范围以上和以下的大气为稳定的。多出现在易于形成上部逆温的地区的日落前后。因污染物只在空间的一定范围内扩散，而不到达地面，所以地面几乎不受到污染；但当贴地逆温破坏时，便发生熏烟型污染，地面浓度会很大。

（三）大气边界层的风场

在大气边界层中，从地面向高空望去，从地面开始风向是顺时针变化的，风速是随高度增加而增大的。表示风速随高度变化的曲线称为风速廓线，风速廓线的数学表达式称为风速廓线模式。

在大气扩散计算中，需要知道烟囱出口和烟囱有效高度处的平均风速。一般气象站只观测地面风（10 m 高处）风速（u_{10}），风速廓线模式可以由地面风速推算不同烟囱高度处的风速。我国常用幂函数风速廓线模式。

幂函数风速廓线模式是在近地层、中性层结、平坦下垫面的条件下推导出来的。我国在《制定地方大气污染物排放标准的技术方法（GB/T 3840—91）》中的计算式为

$$当 z_2 \leqslant 200 \text{ m}, u = u_1 \left(\frac{z_2}{z_1} \right)^m \tag{3-18}$$

$$当 z_2 > 200 \text{ m}, u = u_1 \left(\frac{200}{z_1} \right)^m \tag{3-19}$$

式中，u——烟囱出口处平均风速，m/s；

　　　z_1——测风仪所在高度，m，常为 10 m；

　　　u_1——相应气象站 z_1 高度的平均风速，m/s，常用以 u_{10} 表示；

　　　z_2——烟囱出口处高度，m；

　　　m——稳定度参数，见表 3-15。

表 3-15　不同稳定度的参数（m）

稳定度级别		A	B	C	D	E	F
m	城市	0.10	0.15	0.20	0.25	0.30	0.30
	乡间	0.07	0.07	0.10	0.15	0.25	0.25

二、大气扩散模型

（一）点源扩散的高斯模型

1. 连续点源的高斯模式的导出

根据质量守恒原理和梯度输送理论，污染物在大气中的运动规律可以写成如

下形式：

$$\frac{\partial C}{\partial t} + \frac{u \partial C}{\partial x} + \frac{v \partial V}{\partial y} + \frac{\omega \partial C}{\partial z} = \frac{\partial}{\partial x}\left(k_x \frac{\partial C}{\partial x}\right) +$$

$$\frac{\partial}{\partial y}\left(k_y \frac{\partial C}{\partial y}\right) + \frac{\partial}{\partial z}\left(k_z \frac{\partial C}{\partial z}\right) + \sum S_p \tag{3-20}$$

式中，　　C——污染物质的平均浓度；

　x，y，z——三个方向上的坐标；

　u，ν，ω——三个方向上的速度分量；

k_x，k_y，k_z——三个方向上的扩散系数；

　　　　t——时间；

　　　S_p——污染物源、汇的强度。

为导出在连续点源条件下预测大气环境质量的高斯模式，先提出如下的假设：

（1）假定大气流动是稳定的、有主导方向的。

（2）假定污染物在大气中只有物理运动、没有化学和生物变化。

（3）假定在所要预测的范围内没有其他同类污染源和汇。

这三条假定意味着：

$$\partial / \partial t = 0$$

$u = U = $ 常数，$\nu = \omega = 0$

$S_p = 0$（$p = 1$，2，$\cdots$，n）

于是污染物运动规律方程变为：

$$U\frac{\partial C}{\partial x} = \frac{\partial}{\partial x}\left(k_x \frac{\partial C}{\partial x}\right) + \frac{\partial}{\partial y}\left(k_y \frac{\partial C}{\partial y}\right) + \frac{\partial}{\partial z}\left(k_z \frac{\partial C}{\partial z}\right)$$

进一步分析可以看出，在有主导风的情况下，主导风对污染物的输送应远远大于湍流运动引起的污染物在主导风方向上的扩散，因此还可以合理地增加一条假定：

$$U\frac{\partial C}{\partial x} \gg \frac{\partial}{\partial x}\left(k_x \frac{\partial C}{\partial x}\right)$$

于是上式又进一步变为：

$$U\frac{\partial C}{\partial x} = \frac{\partial}{\partial y}\left(k_y \frac{\partial C}{\partial y}\right) + \frac{\partial}{\partial z}\left(k_z \frac{\partial C}{\partial z}\right)$$

这时再硬性规定 k_y 与 y 无关，k_z 与 z 无关，于是可以进一步写成：

$$U\frac{\partial C}{\partial x} = k_y \frac{\partial^2 C}{\partial y^2} + k_z \frac{\partial^2 C}{\partial z^2}$$

为了给出方程的解，这里还需给出定解条件：

$$x = y = z = 0 \text{ 时，} C = \infty$$

$$x, \ y, \ z \rightarrow \infty \text{时，} C = 0$$

以及质量守恒条件：

$$\int_{-\infty}^{\infty} \int_{-\infty}^{\infty} UC\mathrm{d}y\mathrm{d}z = Q$$

式中，Q——连续点源的源强。

在上述假定和限制条件下，上述方程的解为：

$$C(x,y,z) = Q/2\pi x \, (k_y k_z)^{\frac{1}{2}} \cdot \exp\left[-U/4x \, (y^2/k_y + z^2/k_z)\right] \quad (3\text{-}21)$$

如果设 $x = Ut$，并令

$$\sigma_y^2 = 2k_y t$$

$$\sigma_z^2 = 2k_z t$$

则解上述公式，可得：

$$C(x,y,z) = Q/2\pi U \sigma_y \sigma_z \cdot \exp\left[-1/2(y^2/\sigma_y^2 + z^2/\sigma_z^2)\right] \quad (3\text{-}22)$$

这就是著名的高斯公式的标准形式，也叫作正态浓度公式。从以上推导过程可以看出，得出这一公式需要有很强的假定，另外它也未能把许多影响较大的实际情况，如地面和地形的条件，除风速以外的其他气象条件，污染源的空间位置等考虑在内。因此该公式很难直接投入应用。尽管如此，我们可以把上述公式各种影响考虑进去，对公式加以修正。

2. 高斯公式的地面及源高的修正

考虑到地面对扩散的影响，可以认为地面像镜子那样，对污染物起着全反射的作用。按全反射的原理，可以用来处理这类问题，如图 3-2 所示。我们可以把 P 点的污染物浓度看成是两部分作用之和。一部分是不存在地面时 P 点所具有的污染物浓度；另一部分是由于地面反射作用所增加的污染物浓度。这相当于不存在地面时由位置在 $(0, 0, H_e)$ 的实源和位置在 $(0, 0, -H_e)$ 的像源在 P 点所造成的污染物浓度之和（H_e 为有效源高）。

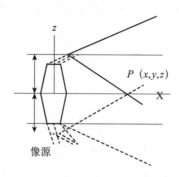

图 3-2　高架源像源法示意图

（1）实源的作用　P 点在以实源为原点的坐标系中的铅直坐标（距烟流中心线的铅直距离）为 $(z - H_e)$。当不考虑地面影响时，它在 P 点所造成的污染物浓度如下：

$$C_1 = Q/2\pi u\sigma_y\sigma_z \cdot \exp\{-[y^2/2\sigma_y^2 + (z-H_e)^2/2\sigma_z^2]\} \qquad (3\text{-}23)$$

（2）像源的作用 P 点在以像源为原点的坐标系中的垂直坐标（像源产生的烟流中心线的垂直距离）为 $(z+H_e)$。它在 P 点产生的污染物下式计算：

$$C_2 = Q/2\pi u\sigma_y\sigma_z \cdot \exp\{-[y^2/2\sigma_y^2 + (z+H_e)^2/2\sigma_z^2]\} \qquad (3\text{-}24)$$

（3）P 点的实际污染物浓度

P 点的实际污染物浓度为实源和像源之和，即：$C(x,y,z) = C_1 + C_2$

$$C(x,y,z) = Q(2\pi u\sigma_y\sigma_z)^{-1} \cdot \exp\left[-\frac{y^2}{2\sigma_y^2}\right]\left\{\exp\left[-\frac{(z-H_e)^2}{2\sigma_z^2}\right]\right\}$$
$$+ \left\{\exp\left[-\frac{(z+H_e)^2}{2\sigma_z^2}\right]\right\}$$
$$(3\text{-}25)$$

式中，u——排气筒高度处的风速，m/s；

σ_y——垂直于主导风方向的横向扩散参数，m；

σ_z——铅直扩散系数，m；

Q——污染物单位时间排放量，mg/s；

H_e——有效源高度，它是实际源高 H 和烟气抬升高度 ΔH 之和，即

$H_e = H + \Delta H$，m。

3. 污染物在地面浓度的分布

这是实际大气环境影响评价关心的问题，它可由上式在 $z=0$ 时的情况下得到：

$$C(x,y,0) = Q(\pi u\sigma_y\sigma_z)^{-1} \cdot \exp\left[-\frac{y^2}{2\sigma_y^2} - \frac{H_e^2}{2\sigma_z^2}\right] \qquad (3\text{-}26)$$

4. 污染物沿下风轴线的分布

此时令 $z=0$，$y=0$ 可得：

$$C(x,0,0) = Q(\pi u\sigma_y\sigma_z)^{-1} \cdot \exp\left[-\frac{H_e^2}{2\sigma_z^2}\right] \qquad (3\text{-}27)$$

5. 最大地面浓度及其位置

最大地面浓度 C_m（mg/m³）及其距排气筒距离 x_m（m），可按式（3-28）～式（3-30）计算。

$$C_m(x_m) = \frac{2Q}{e\pi uH^2 p_1} \qquad (3\text{-}28)$$

$$P_1 = \frac{2\gamma_1\gamma_2^{-\frac{a_1}{a_2}}}{(1+\frac{a_1}{a_2})^{\frac{1}{2}(1+\frac{a_1}{a_2})} \cdot H^{(1-\frac{a_1}{a_2})} e^{\frac{1}{2}(1-\frac{a_1}{a_2})}} \qquad (3\text{-}29)$$

$$x_m = \left(\frac{H}{\gamma_2}\right)^{\frac{1}{a_2}} (1 + \frac{a_1}{a_2})^{-[1/(2a_2)]} \tag{3-30}$$

6. 高架连续点源地面浓度

以排气筒地面位置为原点，下风方向地面任一点 (x, y) 的浓度 C（mg/ m³），可按式（3-31）计算。

$$C = \left(\frac{Q}{2\pi u \sigma_y \sigma_z}\right) \exp\left(-\frac{y^2}{2\sigma_y^2}\right) \left\{ \exp\left[-\frac{(z-H)^2}{2\sigma_z^2}\right] + \exp\left[-\frac{(z+H)^2}{2\sigma_z^2}\right] \right\}$$

$$\tag{3-31}$$

式中，Q——源强，mg/s；

　　y——与通过排气筒的平均风向轴线在水平面上的垂直距离，m；

　σ_y、σ_z——水平方向和垂直方向的扩散参数，m；

　　u——排气筒出口处的平均风速，m/s；

　　H——有效源高，m。

式（3-31）即为高架连续点源在正态分布假设下的高斯扩散模式。由此模式可以求出下风向任一点的污染物浓度。

在 $z=0$ 时，可得到地面浓度：

$$C = \left(\frac{Q}{\pi u \sigma_y \sigma_z}\right) \exp\left(-\frac{y^2}{2\sigma_y^2}\right) \exp\left(-\frac{(H)^2}{2\sigma_z^2}\right) \tag{3-32}$$

7. 静风（$u_{10} < 1.5$ m/s）点源扩散模型

在静风条件下，烟气污染物是随机向周围弥散的。以排气筒地面位置为原点，平均风向为 x 轴，地面任一点 (x, y) 的浓度 C_1（mg/m³）可按式（3-33）计算。

$$C_1(x, y) = \frac{2Q}{(2\pi)^{\frac{3}{2}} \gamma_{02} \eta^2} G \tag{3-33}$$

式中，η 和 G 按式（3-34）～式（3-37）计算。

$$\eta^2 = x^2 + y^2 + \frac{r_{01}^2}{r_{02}^2} H^2 \tag{3-34}$$

$$G = e^{-\frac{u^2}{2r_{01}^2}} \left[1 + \sqrt{2\pi}\, s e^{\frac{s^2}{2}} \phi(s) \right] \tag{3-35}$$

$$\phi(s) = \frac{1}{\sqrt{2\pi}} \int_{-\infty}^{s} e^{-\frac{t^2}{2}} dt \tag{3-36}$$

$$s = \frac{ux}{r_{01}\eta} \tag{3-37}$$

$\phi(s)$ 为误差函数，r_{01} 和 r_{02} 分别是横向和铅直向扩散参数的回归系数，可参照表 3-16。

表 3-16　静风扩散参数的系数 r_{01} 和 r_{02}

稳定度	r_{01}		r_{02}	
	$u_{10}<0.5$ m/s	1.5 m/s$>u_{10}\geqslant 0.5$ m/s	$u_{10}<0.5$ m/s	1.5 m/s$>u_{10}\geqslant 0.5$ m/s
A	0.93	0.76	1.57	1.57
B	0.76	0.56	0.47	0.47
C	0.55	0.35	0.21	0.21
D	0.47	0.27	0.12	0.12
E	0.44	0.24	0.07	0.07
F	0.44	0.24	0.05	0.05

8. 熏烟模型

熏烟模型主要用于计算日出以后，贴地逆温从下而上消失，逐渐形成混合层（厚度为 h_f）时，原来积聚在这一层的污染物所造成的高浓度污染，这一浓度值 C_f 可按式（3-38）计算。

$$C_f = \frac{Q}{\sqrt{2\pi}\,uh_f\sigma_{yf}}\exp\left(\frac{-y^2}{2\,\sigma_{yf}^2}\right)\phi(P) \tag{3-38}$$

$$\phi(P) = \frac{1}{\sqrt{2\pi}}\int_{-\infty}^{p} e^{-\frac{t^2}{2}}\,\mathrm{d}t \tag{3-39}$$

$$P = \frac{h_f - H}{\sigma_z} \tag{3-40}$$

$$\sigma_{yf} = \sigma_y + \frac{H}{8} \tag{3-41}$$

式中，σ_{yf}——熏烟时的扩散参数，m；

　　　h_f——熏烟时的混合层厚度。

由于 h_f，σ_{yf} 都是下风距离 x_f 的函数，当给定 x_f 或到达时间 t_f（$t_f = x_f/u$），则 h_f 可由式（3-42）和式（3-43）计算。

$$h_f = H + \Delta h_f \tag{3-42}$$

$$X_f = A(\Delta h_f^2 + 2H\Delta h_f) \tag{3-43}$$

式中的 A 和 Δh_f 按式（3-44）～式（3-46）计算。

$$A = \frac{\rho_a C_p u}{4 K_c} \tag{3-44}$$

$$\Delta h_f = \Delta H + P\sigma_z \tag{3-45}$$

$$K_c = 4.186\exp\left[-0.99\left(\frac{\mathrm{d}\theta}{\mathrm{d}z} + 3.22\right)\right]\times 10^3 \tag{3-46}$$

式中，ΔH——烟气抬升高度，m；

　　　ρ_a——大气密度，g/m³；

C_p——大气定压比热，J/（g·K）；

$\mathrm{d}\theta/\mathrm{d}z$——位温梯度，K/m。$\mathrm{d}\theta/\mathrm{d}z \approx \mathrm{d}T_a/\mathrm{d}z + 0.0098$，$T_a$ 为大气温度，如无实测值，$\mathrm{d}\theta/\mathrm{d}z$ 可在 0.005～0.015 K/m 选取，弱稳定（D～E）可取下限，强稳定（F）可取上限。

（二）线源扩散模型

1. 无限长线源扩散模型

当风向与线源垂直时，主导风向的下风向为 x 轴。连续排放的无限长线源下风向浓度模型为

$$C(x,0,z) = \frac{Q_l}{\pi u_x \sigma_y \sigma_z} \exp\left(-\frac{H^2}{2\sigma_z^2}\right) \int_{-\infty}^{\infty} \exp\left(-\frac{y^2}{2\sigma_y^2}\right) \mathrm{d}y = \frac{\sqrt{2}\,Q_l}{\sqrt{\pi}\,u\,\sigma_z} \exp\left(\frac{-H^2}{2\sigma_z^2}\right)$$

$$(3\text{-}47)$$

当风向与线源不垂直时，如果风向和线源交角为 ϕ，且 $\phi \geqslant 45°$，线源下风向浓度模型为

$$C(x,0,z) = \frac{\sqrt{2}\,Q_l}{\sqrt{\pi}\,u\sigma_z \sin\phi} \exp\left(\frac{-H^2}{2\sigma_z^2}\right) \tag{3-48}$$

式中，Q_l——源强，g/（s·m）。

2. 有限长线源扩散模型

当风向垂直于有限长线源时，通过所关心的接收点向有限长线源作垂线，该直线与有限长线源的交点选作坐标原点，直线的下风方向为 x 轴。线源的范围为从 y_1 延伸到 y_2，且 $y_1 < y_2$。于是，有限线源扩散模型为

$$C(x,0,z) = \frac{\sqrt{2}\,Q_l}{\sqrt{\pi}\,u\sigma_z} \exp\left(\frac{-H^2}{2\sigma_z^2}\right) \int_{p_1}^{p_2} \frac{1}{\sqrt{2\pi}} \exp\left[-0.5\,p^2\right] \mathrm{d}p \tag{3-49}$$

式中，$p_1 = \dfrac{y_1}{\sigma_y}$，$p_2 = \dfrac{y_2}{\sigma_y}$。

（三）面源扩散模型

面源扩散模型最常用的是虚点源后置法。首先假定面源源块内所有的排放源集中于面源源块中心，即面源源块的对角线交点上，形成一个"等效点源"，然后用点源公式来计算污染源造成的污染浓度。

由于把分散的排放源集中于一点，会在等效点源附近得到不合理的高浓度。为此，可以把等效点源的位置移到上风向某个位置处，使该单元的面源和上风向的一个虚点源等效。实际上相当于在点源公式中增加一个初始的散布尺度（图3-3），以模拟整个单元内许多分散点源的扩散，其地面浓度可用下式计算：

$$C = \frac{Q}{\pi u(\sigma_y + \sigma_{y0})(\sigma_z + \sigma_{z0})} \exp\left\{-\frac{1}{2}\left[\frac{y^2}{(\sigma_y + \sigma_{y0})^2} + \frac{H^2}{(\sigma_z + \sigma_{z0})^2}\right]\right\} \tag{3-50}$$

式中，C——污染物地面浓度；

Q——污染物源强，mg/s；

u——平均风速，m/s；

σ_y——水平方向扩散参数，m；

σ_z——铅直方向扩散参数；

y——横风向距离，m；

H——有效源高，m。

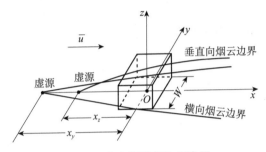

图 3-3　虚点源后置法示意图

应用上式时，应首先定出 σ_{y0} 和 σ_{z0}，然后根据扩散曲线和扩散参数公式计算从面源中心向上风向推移的虚源距离。σ_{y0} 和 σ_{z0} 常用以下经验方法确定：

$$\sigma_{y0} = \frac{W}{4.3}, \ \sigma_{z0} = \frac{H}{2.15} \tag{3-51}$$

式中，W——面源单元的宽度，m；

H——面源单元的平均高度，m。

设扩散参数采取如下形式：

$$\sigma_y = \gamma_1 x^{a_1} \qquad \sigma_z = \gamma_2 x^{a_2} \tag{3-52}$$

则由 σ_{y0} 和 σ_{z0} 定出虚源至面源中心的距离为：

$$x_{y0} = \left(\frac{\sigma_{y0}}{\gamma_1}\right)^{\frac{1}{a_1}} \qquad x_{z0} = \left(\frac{\sigma_{z0}}{\gamma_2}\right)^{\frac{1}{a_2}} \tag{3-53}$$

在同一个计算中允许 $x_{y0} \neq x_{z0}$，确定了 x_{y0} 和 x_{z0} 后，可用一般的点源公式计算评价点的浓度。这相当于把面源内分散排放的污染物集中到面源中心，再向上风向后退一个距离 x_{y0} 和 x_{z0}，变成在上风向的一个虚拟点源。虚拟点源中的 σ_y、σ_z 分别相当于 $x + x_{y0}$ 和 $x + x_{z0}$ 时的值。

（四）可沉降颗粒物的扩散模型

前述各种扩散模型只适用于气态污染物及粒径小于 15 μm 的颗粒物。粒径大于 15 μm 的粒子有明显的重力沉降作用，地面对其不能发生全反射作用，这和高斯扩散模型的假设不符。因此，其地面浓度用倾斜烟云模型计算

$$C = \frac{Q(1+\alpha)}{2\pi u \sigma_y \sigma_z} \cdot \exp\left(\frac{-y^2}{2\sigma_y^{\,2}}\right) \exp\left[\frac{-\left(H - \frac{v_s x}{u}\right)^2}{2\sigma^2}\right] \tag{3-54}$$

式中，ν_s——沉降速度。

颗粒物的粒径是分布在一定范围内的。在实际计算中，将粒径由小到大划分为几个粒径区间，根据每个粒径区间的颗粒所占的质量百分数，乘以污染源的总源强，得到相应粒子区间的分源强 Q_i。对每个粒径区间分别用上式计算颗粒在评价点的浓度 C_i。污染源排放的颗粒物在评价点产生的浓度 C 为每个粒径区间在评价点产生的浓度 C_i 之和，即

$$C = \sum_{i=1}^{n} C_i \tag{3-55}$$

地面反射系数 α 可按表 3-17 取值。

表 3-17 地面反射系数 α 值

粒径范围/μm	15～30	31～47	48～75	76～100
平均粒径/μm	22	39	61	88
反射系数 α	0.8	0.5	0.3	0

三、系数估值

（一）有效源高（H）

烟囱的有效源高由几何高度 H_s 和烟气抬升高度 ΔH 组成。H_s 是烟囱的实体高度，ΔH 是指烟气在排出烟囱口之后因动力抬升和热力浮升作用继续上升的高度，这个高度可达数十米至上百米，对减轻地面的大气污染有很大作用。因此，烟囱的有效高度 H 为

$$H = H_s + \Delta H \tag{3-56}$$

确定烟气抬升高度 ΔH 的方法很多，国内普遍采用的推荐方法，可分几种情况考虑。

1. 在有风、中性和不稳定条件下

（1）当烟气热释放率 Q_h 大于或等于 2 100 kJ/s，且烟气温度与环境温度的差值 ΔT 大于或等于 35 K 时。

$$\Delta H = n_0 Q_h^{n_1} H_s^{n_2}\ u^{-1} \tag{3-57}$$

$$Q_h = 3.5\ P_a\ Q_v\ \frac{\Delta T}{T_s} \tag{3-58}$$

$$\Delta T = T_s - T_a \tag{3-59}$$

式中，n_0——烟气热状况及地表状况系数（表 3-18）；

n_1——烟气热释放率指数（表 3-18）；

n_2——烟囱高度指数（表 3-18）；

Q_h——烟气热释放率，kJ/s；

H_1——烟囱距地面几何高度，m，超过 240 m 时，取 $H = 240$ m；

P_a——大气压力，kPa；

Q_v——实际排烟率，m^3/s；

T_s——烟气出口温度，K；

T_a——环境大气温度，K；

u——烟囱出口处平均风速，m/s。

表 3-18　系数 n_0，n_1，n_2 的值

$Q_h/$ (kJ/s)	地表状况（平原）	n_0	n_1	n_2
$Q_h \geqslant 21\,000$	农村或城市远郊区	1.427	1/3	2/3
	城市及近郊区	1.303	1/3	2/3
$2\,100 \leqslant Q_h < 21\,000$，且 $\Delta T \geqslant 35$ K	农村或城市远郊区	0.332	3/5	2/5
	城市及近郊区	0.292	3/5	2/5

（2）当 1 700 kJ/s $< Q_h <$ 2 100 kJ/s 时

$$\Delta H = \Delta H_1 + (\Delta H_2 - \Delta H_1) \frac{Q_h - 1\,700}{400} \tag{3-60}$$

$$\Delta H_1 = \frac{2(1.5\,v_s D + 0.01\,Q_h)}{u} - \frac{0.048(Q_h - 1\,700)}{u} \tag{3-61}$$

式中，v_s——排气筒出口处烟气排出速度，m/s；

　　　　D——排气筒出口直径，m；

　　　　ΔH_2——按式（3-62）～式（3-64）计算，其中 n_0，n_1，n_2 按表 3-18 中 Q_h 值较小的一类选取。

（3）当 $Q_h \leqslant 1\,700$ kJ/s 或者 $\Delta T < 35$ K 时，

$$\Delta H = \frac{2(1.5\,v_s D + 0.01\,Q_h)}{u} \tag{3-62}$$

2. 在有风且稳定条件时

建议按下列计算烟气抬升高度 ΔH（m）：

$$\Delta H = Q_h^{\frac{1}{3}} \left(\frac{dT_a}{dZ} + 0.009\,8 \right)^{-\frac{1}{3}} u^{-\frac{1}{3}} \tag{3-63}$$

式中，$\frac{dT_a}{dZ}$——排气筒几何高度以上的大气温度梯度。

3. 静风（$u < 1.5$ m/s）时

建议按下式计算烟气抬升高度 ΔH（m）：

$$\Delta H = 5.50\,Q_h^{\frac{1}{4}} \left(\frac{dT_a}{dZ} + 0.009\,8 \right)^{-\frac{3}{8}} \tag{3-64}$$

式中符号同前，但 $\frac{dT_a}{dZ}$ 取值宜小于 0.01 K/m。

（二）大气稳定度分级

1. 帕斯奎尔分级法

帕斯奎尔根据大量常规观测资料，首先总结出了根据云量、云状、太阳辐射状况和地面风速等常规气象资料，划分大气稳定度。他把大气对污染物的扩散能力用 A、B、C、D、E、F 六个稳定级别来表示（表3-19）。使用该表应注意：

（1）稳定度级别中，A——极不稳定；B——不稳定；C——弱不稳定；D——中性；E——弱稳定；F——稳定。从 A 到 F 表示大气扩散能力逐渐减弱。

表 3-19　　稳定度级别划分表

地面风速/（m/s）（距地面10 m高处）	白天			阴天（白天或夜晚）	夜晚	
	太阳辐射状况				薄云遮天或低云 $\geqslant \frac{5}{10}$	云量 $\leqslant \frac{4}{10}$
	强	中等	弱			
<2	A	A～B	B	D		
2～3	A～B	B	C	D	E	F
3～5	B	B～C	C	D	D	E
5～6	C	C～D	D	D	D	D
>6	C	D	D	D	D	D

（2）稳定度级别 A～B 表示按 A 和 B 级别数据内插。

（3）夜间（夜晚）定义为日落前 1 小时至日出后 1 小时的时段。

（4）无论何种天气状况，夜间前后各 1 小时算作中性，即 D 级稳定度。

（5）强太阳辐射对应于碧空下太阳高度角大于 60°的条件，弱太阳辐射相当于碧空下太阳高度角为 15°～35°。

帕斯奎尔划分稳定度的方法对于开阔乡村地区能给出较可靠的稳定度，但对城市地区是不大可靠的。这种判别主要是由于城市较大的地面粗糙度及热岛效应对城市稳定度的影响。最大的差别出现在静风晴夜，这样的夜间，在乡村地区大气状态是稳定的，但在城市，在高度相当于建筑物的平均高度几倍之内是微不稳定或近中性的，它上面有一个稳定层。

这种划分稳定度的方法并不严格，对同一天气状况，不同的人可能选用不同的稳定度级别。因此，不少人提出了改进方法，如我国的 GB/T 3840—91。

2. 太阳高度角和辐射等级的确定

（1）太阳高度角按式（3-65）计算

$$h_0 = \text{arcsin} \left[\sin\varphi\sin\sigma + \cos\varphi\cos\sigma\cos\omega \right] \tag{3-65}$$

式中，φ——当地纬度；

σ——太阳倾角（表3-20）；

表 3-20 太阳倾角 σ（赤纬）值

日期	1月	2月	3月	4月	5月	6月	7月	8月	9月	10月	11月	12月
1	-23.1	-17.2	-7.8	4.3	15.0	22.0	23.1	18.2	8.4	-3.0	-14.3	-21.8
2	-23.0	-16.9	-7.4	4.7	15.3	22.2	23.1	17.9	8.1	-3.4	-14.6	-21.9
3	-22.8	-16.6	-7.0	5.1	15.6	22.3	23.0	17.6	7.7	-3.8	-15.0	-22.2
4	-22.7	-16.3	-6.6	5.5	15.9	22.4	22.9	17.4	7.4	-4.1	-15.3	-22.2
5	-22.6	-16.0	-6.2	5.9	16.2	22.5	22.8	17.1	7.0	-4.5	-15.6	-22.3
6	-22.5	-15.7	-5.8	6.3	16.4	22.6	22.7	16.8	6.6	-4.9	-15.9	-22.4
7	-22.4	-15.4	-5.4	6.6	16.7	22.7	22.6	16.5	6.2	-5.3	-16.2	-22.6
8	-22.3	-15.1	-5.1	7.0	17.0	22.8	22.5	16.3	5.9	-5.8	-16.5	-22.7
9	-22.1	-14.8	-4.7	7.4	17.2	22.9	22.4	16.1	5.5	-6.1	-16.7	-22.8
10	-22.0	-14.5	-4.3	7.8	17.5	23.0	22.3	15.7	5.1	-6.5	-17.0	-22.9
11	-21.8	-14.2	-3.9	8.1	17.8	23.1	22.2	15.4	4.7	-6.8	-17.3	-23.0
12	-21.7	-13.8	-3.5	8.5	18.0	23.2	22.0	15.1	4.4	-7.2	-17.6	-23.1
13	-21.5	-13.5	-3.1	8.9	18.3	23.2	21.9	14.8	4.0	-7.6	-17.9	-23.1
14	-21.4	-13.2	-2.7	9.2	18.5	23.3	21.7	14.5	3.6	-8.0	-18.1	-23.2
15	-21.2	-12.8	-2.3	9.6	18.8	23.3	21.6	14.2	3.2	-8.3	-18.4	-23.3
16	-21.0	-12.5	-1.9	10.0	19.0	23.4	21.5	13.9	2.8	-8.7	-18.6	-23.3

续表

日期	1月	2月	3月	4月	5月	6月	7月	8月	9月	10月	11月	12月
17	-20.8	-12.1	-1.5	10.3	19.2	23.4	21.3	13.5	2.5	-9.1	-18.9	-23.4
18	-20.6	-11.8	-1.1	10.7	19.5	23.4	21.1	13.2	2.1	-9.4	-19.1	-23.4
19	-20.4	-11.4	-0.8	10.0	19.7	23.4	20.9	12.9	1.7	-9.8	-19.4	-23.4
20	-20.2	-11.0	-0.4	11.4	19.9	23.4	20.7	12.6	1.3	-10.2	-19.6	-23.4
21	-20.0	-10.7	0	11.7	20.1	23.4	20.5	12.3	0.9	-10.5	-19.8	-23.4
22	-19.8	-10.4	0.4	12.1	20.3	23.4	20.3	11.9	0.5	-11.0	-20.1	-23.4
23	-19.5	-10.0	0.8	12.4	20.5	23.4	20.1	11.6	0.1	-11.3	-20.3	-23.4
24	-19.3	-9.6	1.3	12.7	20.6	23.4	19.9	11.2	0	-11.6	-20.5	-23.4
25	-19.1	-9.3	1.7	13.0	20.8	23.4	19.7	10.9	-0.6	-12.0	-20.7	-23.4
26	-18.8	-8.9	2.1	13.4	21.1	23.4	19.5	10.6	-1.1	-12.3	-20.9	-23.4
27	-18.6	-8.5	2.4	13.6	21.2	23.4	19.3	10.2	-1.5	-12.6	-21.1	-23.3
28	-18.3	-8.1	2.8	14.0	21.4	23.3	19.1	9.9	-1.9	-13.0	-22.3	-23.3
29	-18.0		3.2	14.4	21.6	23.3	18.9	9.5	-2.2	-13.3	-22.4	-23.3
30	-17.8		3.6	14.7	21.7	23.3	18.6	9.2	-2.6	-13.7	-22.6	-23.2
31	-17.5		4.0		21.9		18.4	8.8		-14.0		-23.2

ω——时角（度），$\omega=(t-12)\times15$；

t——气象观测时的北京时间。

（2）确定太阳辐射等级数。

由云量和太阳高度角确定太阳辐射等级值（表 3-21）。

表 3-21　太阳辐射等级值

云量，1/10	太阳高度角（h_0）				
总云量/低云量	夜间	$h_0\leqslant15°$	$15°<h_0\leqslant35°$	$35°<h_0\leqslant65°$	$h_0>65°$
$\leqslant4/\leqslant4$	-2	-1	$+1$	$+2$	$+3$
$5\sim7/\leqslant4$	-1	0	$+1$	$+2$	$+3$
$\geqslant8/\leqslant4$	-1	0	0	$+1$	$+1$
$\geqslant5/5\sim7$	0	0	0	0	$+1$
$\geqslant8/\geqslant8$	0	0	0	0	0

3. 确定大气稳定度等级

GB/T 3840—91 规定根据太阳辐射等级和地面风速确定大气稳定度等级（表 3-22）。

表 3-22　大气稳定度的等级

地面风速/ (m/s)	太阳辐射等级					
	$+3$	$+2$	$+1$	0	-1	-2
$\leqslant1.9$	A	A~B	B	D	E	F
$2\sim2.9$	A~B	B	C	D	E	F
$3\sim4.9$	B	B~C	C	D	D	E
$5\sim5.9$	C	C~D	D	D	D	D
$\geqslant6$	D	D	D	D	D	D

（三）扩散参数 σ_y、σ_z 的确定

扩散参数（或系数）σ_y、σ_z 与水平距离 x 关系可用函数表示

$$\sigma_y=\gamma_1 x^{a_1} \tag{3-66}$$

$$\sigma_z=\gamma_2 x^{a_2} \tag{3-67}$$

（1）平原地区农村及城市远郊区。

对于 A、B、C 级稳定度可直接查表 3-23，D、E、F 级稳定度则需向不稳定方向提半级后再由表 3-23 查算。

（2）工业区或城区中的点源。

　　A、B 级不提级，C 级提到 B 级，D、E、F 级向不稳定方向提一级，再按表 3-23 查算。

表 3-23　横向扩散参数 σ_y 和垂直扩散参数 σ_z 表达式数据（取样时间 0.5 h）

扩散参数	稳定度等级	α_1 或 α_2	γ_1 或 γ_2	下风距离 x/m
$\sigma_y = \gamma_1 x^{\alpha_1}$	A	0.901 074	0.425 809	0～1 000
		0.850 934	0.602 052	＞1 000
	B	0.914 370	0.281 846	0～1 000
		0.865 014	0.396 353	＞1 000
	B～C	0.919 325	0.229 500	0～1 000
		0.875 086	0.314 238	＞1 000
	C	0.924 279	0.177 154	0～1 000
		0.885 157	0.232 123	＞1 000
	C～D	0.926 849	0.143 940	0～1 000
		0.886 940	0.189 396	＞1 000
	D	0.929 418	0.110 726	0～1 000
		0.888 723	0.146 669	＞1 000
	D～E	0.925 118	0.098 563 1	0～1 000
		0.892 794	0.124 308	＞1 000
	E	0.920 818	0.086 400 1	0～1 000
		0.896 864	0.101 947	＞1 000
	F	0.929 418	0.055 363 4	0～1 000
		0.888 723	0.073 334 8	＞1 000
$\sigma_z = \gamma_2 x^{\alpha_2}$	A	0.121 54	0.079 990 4	0～300
		1.523 60	0.008 547 71	300～500
		2.108 81	0.000 211 545	＞500
	B	0.964 435	0.127 190	0～500
		1.093 56	0.057 025 1	＞500
	B～C	0.941 015	0.114 682	0～500
		1.007 70	0.075 718 2	＞500
	C	0.917 595	0.106 803	＞0
	C～D	0.838 628	0.126 152	0～2 000
		0.756 410	0.235 667	2 000～10 000
		0.815 575	0.136 659	＞10 000

续表

扩散参数	稳定度等级	α_1 或 α_2	γ_1 或 γ_2	下风距离 x/m
		0.826 212	0.104 634	1～1 000
	D	0.632 023	0.400 167	1 000～10 000
		0.555 360	0.810 763	＞10 000
		0.776 864	0.111 771	0～2 000
	D～E	0.572 347	0.528 992	2 000～10 000
		0.499 149	1.038 10	＞10 000
$\sigma_z = \gamma_2 x^{a_2}$		0.788 370	0.092 752 9	0～1 000
	E	0.565188	0.433 384	1 000～10 000
		0.414 743	1.732 41	＞10 000
		0.784 400	0.062 076 5	0～1 000
	F	0.525 969	0.370 015	1 000～10 000
		0.322 659	2.406 91	＞10 000

（3）丘陵山区的农村和城市。

其扩散参数选取方法同工业区。

（四）混合层厚度

在用箱式模型计算大气质量时，箱子的高度就是混合厚度；在用扩散模型计算污染物的分布时，要考虑下界面的反射作用，上下界面间的高度也就是混合厚度。混合厚度通常是和大气稳定度、风速等条件有关，可按式（3-68）和式（3-69）确定。

当大气稳定度为 A、B、C 和 D 时

$$h = \frac{a_s u_{10}}{f} \tag{3-68}$$

当大气稳定度为 E 和 F 时

$$h = b_s \sqrt{\frac{u_{10}}{f}} \tag{3-69}$$

$$f = 2\Omega \sin\varphi \tag{3-70}$$

式中：h——混合层厚度，m；

u_{10}——10 m 高度处平均风速，m/s；

a_s，b_s——混合层系数，见表 3-24；

Ω——地转角速度，取 7.29×10^{-5} rad/s；

φ——地理纬度，rad。

表 3-24　我国各地区的 a_s 和 b_s 值

地区	a_s				b_s	
	A	B	C	D	E	F
新疆　西藏　青海	0.090	0.067	0.041	0.031	1.66	0.70
黑龙江　吉林　辽宁　内蒙古　北京　天津　河北　河南　山东　山西　陕西（秦岭以北）宁夏　甘肃（渭河以北）	0.073	0.060	0.041	0.019	1.66	0.70
上海　广东　广西　湖南　湖北　江苏　浙江　安徽　海南　台湾　福建　江西	0.056	0.029	0.020	0.012	1.66	0.70
云南　贵州　四川　甘肃（渭河以南）陕西（秦岭以南）	0.073	0.048	0.031	0.022	1.66	0.70

注：静风区各类稳定度的 a_s 和 b_s 可取表中的最大值。

例 3-1　某一石油精煤油厂投产后，将会自平均抬升高度 10 m 处排放 8×10^4 mg/s 的 SO_2，排气筒高度为 50 m，预测在距地面 10 m 处风速为 4 m/s，大气稳定度为 D 级时，该排气筒下风向 500 m 处，距排气筒的平均风向轴线水平垂直距离 50 m 处的一个地面点所增加的 SO_2 浓度值。

解：计算排气筒距地面几何高度 50 m 处的风速为

$$H = 50 + 10 = 60$$

$$U_{50} = U_{10} (50/10)^p = 4 \times (50/10)^{0.25} = 5.98 \ (m/s)$$

由下风向距离 500 m 及 D 级大气稳定度，根据式（3-66）和式（3-67）以及表 3-23 可计算求得 σ_y，σ_z。

$$\sigma_y = \gamma_1 x^{a_1} = 0.110\ 726 \times 500^{0.929\ 418} = 35.7$$

$$\sigma_z = \gamma_2 x^{a_2} = 0.104\ 634 \times 5\ 000^{0.862\ 212} = 22.2$$

$$C = Q/\pi U \sigma_y \sigma_z \cdot \exp\ [-y^2/2\sigma_y^2 + (-H^2/2\sigma_z^2)] = 80\ 000/(3.14 \times 5.98 \times 35.7 \times 22.2) \exp\ [-50^2/2 \times 35.7^2 + (-60^2/2 \times 22.2^2)] = 5.228 \times 10^{-3} \ (mg/m^3)$$

例 3-2　用例 3-1 中数据，求证下风向 500 m 处计算点的贡献浓度。

解：利用 $C = Q/\pi U \sigma_y \sigma_z \exp\ (-H^2/2\sigma_z^2)$

将已知数据代入上式，则：

$$C = 80\ 000/3.14 \times 5.98 \times 35.7 \times 22.2 \cdot \exp\ (-60^2/2 \times 22.2^2) = 0.139\ 4 \ (mg/m^3)$$

四、大气扩散实验

(一) 扩散气象要素的观测

在大气扩散实验中，把与大气扩散有关的气象要素称为扩散气象要素。它主要包括地面风、低空风、风的湍流、气温的垂直分布（温度层结）、混合层高度、辐射量、云量等。在表 3-25 中汇总了常用扩散气象要素的观测项目和采用的方法。

表 3-25 扩散气象要素

气象要素	观测方法	观测项目
地面风	风向风速计（三杯轻便、电接、达因、微风型、超声波式）	风向、风速
低空风	测风气球、系留气球、观测塔、飞机	风向、风速的垂直分布
风的湍流	测微风用的风向风速计	湍流的大小
气温层结	低空探空仪、系留气球、塔、飞机	大气稳定度、混合层高度
日照量	日照计	帕斯奎尔的稳定度
辐射量	净辐射通量计	
云量	目测	帕斯奎尔的稳定度

(二) 扩散参数的测量

1. 示踪法

设置一个人工源，以一定的源强释放示踪剂，在下风向不同距离的地面和高空设置若干采样点采样，化验分析得到示踪剂的浓度分布场，再通过扩散模型反求大气扩散参数 σ_y 和 σ_z。这种实验方法称为示踪剂浓度法。

本方法的优点是可以直接获得浓度场。由于示踪剂在大气中的扩散比示踪物（如气球）更接近于污染物在大气中的扩散，因此，这种方法直观、可靠。主要缺点是需要人力、物力较多，不经济。

（1）示踪剂的选择和释放。

示踪剂应选择本底值低、理化性质稳定、对环境无污染、便于释放和采样、易实现高精度分析且价格便宜的气态、气溶胶或放射性物质。

示踪剂的释放高度可利用各种手段尽可能设置在待评价的排气筒出口至自地面两倍排气筒几何高度范围内。采用系留气艇或气球等一类手段时，应估计出其初始脉动量，以便对测量结果进行修正；采用非专业性塔高架平台一类装置时，应尽可能选择不受该装置局地绕流影响的位置或释放方式。

每次试验连续释放的速率应保持稳定，脉动量应小于±1.5%。连续释放的时间在气象条件稳定的前提下不宜少于 1 h。

（2）采样点位置和采样时间。

设置在以释放点为圆心、下风向不同距离处的水平采样弧线一般不应小于 5条，每条弧线的采样点一般应在 7～15 个，在预计的最大地面浓度点附近的弧线和弧线上的采样点应适当加密。

铅直采样点的设置应根据可能具备的条件而定。尽可能在预计的最大地面浓度点弧线上及其上下风向各弧线的平均风轴附近，设置 3～5 个点。在设计的高度范围内，每个采样点在铅直方向的采样器不应少于 5 个。释放高度处的风速较大时，不宜采用系留气艇或系留气球等非固定性装置采样，利用这类装置采样时，系留绳的脉动角应小于或等于±15°。

每次采样时间为 30 min，一日采样 4～7 次。采样 4 次的具体时间可分别为：7:00—8:00，10:00—11:00，14:00—15:00，19:00—20:00。

（3）数据的分析和处理。

根据释放率和各测点的示踪剂浓度以及同步观测的气象参数，按正态分布或标准差的统计定义，对水平和铅直扩散参数、沿平均风轴的浓度分布及最大地面浓度距离等进行估算。在估算中应注意：

①检查试验条件是否稳定，如条件明显不稳定，应将实验数据进行分别处理，舍去异常数据；

②对采样点的高度进行修正；

③如每条弧线上各测点的水平或铅直浓度值服从或近似地服从正态分布，可用式（3-71）和式（3-72）估算水平或铅直扩散参数；如不服从正态分布，应按标准差的统计定义估算；

$$\sigma_y = \frac{L_1}{2.35} \tag{3-71}$$

$$或\ \sigma_z = \frac{L_2}{4.3} \tag{3-72}$$

式中，L_1，L_2——正态分布中浓度为峰值的 1/2 和峰值的 1/10 处的宽度。

④不具备或不完全具备铅直采样的条件时，利用正态模式由水平采样结果推算出的铅直扩用参数，只能作为参考数据。

2. 平衡球标记法

（1）球体材质。

平衡球可采用以弹性变形小的聚酯或涤纶薄膜为球皮的等容球（常制成四面体形），也可以采用弹性变形大的橡胶一类材料制成平衡球。日间试验时，球皮应采用白色材料。充气后，四面体球高不宜大于 15 m，圆球直径不宜大于 1 m。

（2）技术要点。

①防止气球泄漏　无论球内充入何种气体，都应掌握气球漏气量随时间的变化关系，在必要时采取适当的漏气补偿措施，以保证在试验时间内气球能在预定的高度上飞行；

②采用双经纬仪观测　场地应开阔，经纬仪基线长度一般在 500～1 000 m；

③注意环境温度对平衡球的影响　环境温度直接影响球体的平衡状态，环境温度升高，气球的净举力会减小；环境温度降低，气球的净举力又会增大。因此，常把平衡球在施放高度上设计停留 2～3 min，使环境大气与球内气体进行热交换，使两者的温度基本一致，保证净举力为零；

④防止太阳辐射对球平衡的影响　为了防止太阳辐射增温影响球平衡，必要时应将球在阳光下调节平衡，同时注意选择球的颜色。在有阳光天气施放时可选择白色球，阴天可选择白色或红色球；

⑤注意记录现场工作条件　施放平衡球时，应记录施放时间、地点、放球工作制度、基线长度及与正北方向的夹角、充气平衡工作情况、仪器组成、跟踪观测的时间间隔等；

⑥测试期与平衡球的施放数量。

一般情况下，平衡球施放的时间要求与污染观测时间同步，而测试期长短又应根据评价工作等级而定。

施放地点应选择在建设项目盛行风向的下风向的环境敏感地区。

施放时段，只作一期的应选择在冬季的典型代表月，作两期的应选择在冬、夏两季的典型代表月。

为保证测试数据的代表性，应考虑各类稳定度下的球数分配，适当增加早、中、晚三个时段的球数。因此，每期的有效球数不应少于 100 个。

（3）数据分析和处理。

利用单个平衡球轨迹估算扩散参数步骤如下。

①利用矢量法（双经纬仪数据）或投影法求出平衡球的空间轨迹和每相邻测点间的风矢量；

②对上述结果进行筛选和预处理。a. 检查平衡球是否基本保持在一个等高面上，舍去那些单调上升或下降且最大高差较大的数据，最大高差一般不宜大于平均高度的 40%，可舍去初始和结尾部分，以保证中间段符合这一条件；b. 对个别测量误差较大或明显异常的数据，可根据相邻数据用线性内插法修正，但这种修正值不宜超过 2 个；c. 对于一些因气象或地面边界条件改变而使平均风速有明显升降的数据应进行分段处理；d. 对于因局地环流或大涡现象引起的变曲趋

势应对数据进行预处理，去掉趋势面；e. 某些因平均风速过小无法处理的数据，可暂时舍去；

③将筛选后的数据（风矢量）旋转到以平均风向为 x 轴的新坐标系；

④横向扩散系数 σ_y 可按式（3-73）计算；

$$\sigma_y{}^2 = \frac{T^2}{n-j+1} \sum_{l=1}^{n-j+1} \left(\sum_{i=1}^{l+j-1} \frac{v_i{}^2}{j} \right) \tag{3-73}$$

式中，v_i——各测点的横向脉动速度，下标 i 为时间序列标号；

n——总观测点数；

T——扩散时间。

⑤将上述可用结果按稳定度分类，每类不宜少于 5 次试验，然后按不同的 T 值对 σ_y 算术平均，并以 $\sigma_y = r'_1 T^{a_1}$ 或 $\sigma_y = r'_1 x^{a_1}$ 的形式对 σ_y 进行回归；

⑥σ_z 可参照上述计算 σ_y 的方法进行，但其结果只能作为参考。

3. 烟云照相法

本法是对烟羽用单个照相机连续拍照获得一组烟羽照片，把这一组烟羽形状重合在一起，可以得到一个采样时间（拍照时间）内的光滑收敛的烟羽包络线，由包络线按照特定的公式去推求大气扩散参数和烟羽抬升高度。

本法的优点是所需仪器少，主要仪器是普通照相机、立体经纬仪照相机，或摄影机，消耗材料少。因此，它所需经费少，人力少，比较经济。主要缺点是受天气条件影响较大，如阴天、雨天、雾天无法作业；研究的大气扩散范围小，一般为 1～4 km。它主要的作用是研究铅直方向的扩散参数和抬升高度，研究水平方向（y 轴向）的扩散参数较难。

（1）技术要求。

①平面照相法不宜在平均风向变化较大或能见度低的条件下进行；

试验时必须对风向、风速、大气稳定度进行同步观测。本法主要用于测定铅直扩散参数 σ_z。有条件时（如具备气艇或直升飞机）也可测定水平扩散参数 σ_y，其要求类似于下述针对 σ_z 的各点。当烟羽阈值轮廓线过长（强稳定条件）可采用分段照相的办法。

②基线长度（相机与烟源的距离）的选择以保证相机能拍下完整的烟羽阈值轮廓线为原则，一般可在 500 m 左右；

观测点应尽量选择在烟轴的同一水平面上，并尽可能使相机镜头光轴与平均风向垂直，否则应测出其相对的仰角和方位角，以便对测定结果进行订正。

③发烟源可利用现有的烟源或专门的发烟罐；

试验期间，发烟率应保持稳定，烟羽高度应力求与待评价的烟羽高度一致。

④应尽可能缩短两张画面的间隔，以保证每次试验能获得足够的照片（10～20 张），每次试验所采用的底片及显影剂的性能以及操作条件应一致。

（2）数据处理。

①参照示踪法的数据处理①，对原始数据进行筛选；

②描绘每张底片上的烟羽阈值轮廓线，再将每次连续拍摄且不少于 5 张的底片重叠后画出其包路线。为取得正确的估计，最好有两名以上的实验人员负责绘制；

③应按相同取样时间用正态模型估算 σ_z；

④将上述结果按稳定度分类，每类稳定度不宜少于 5 次试验，最后按平移球法中的数据处理⑤的同样方法对 σ_z 进行回归。

如具备瞬时发烟装置，每次试验可采用类似于上述烟羽照相的方法，拍出一系列烟团的阈值轮廓线，然后按正态烟团模型估算出用于小风或静风条件下的相对扩散参数。

4. 环境风洞模拟法

风洞是用人工制造的气流来模拟实际气流的试验装置。用于大气扩散研究的风洞称为环境风洞，它是一种低速风洞，能模拟大气边界层的流动。本法是把待研究地区的污染源、地物、地形、地貌按一定比例制成模型，将其置于环境风洞中。这对研究复杂地形、建筑群等对扩散的影响很适宜。

（1）风洞试验的主要内容。

①各类地形、建筑物周围的大气边界层的流动特征；

②烟囱排烟的热力和动力抬升高度及烟羽扩散参数；

③各种烟源排烟对周围地区浓度分布的影响预测。

（2）风洞试验实施技术要点。

①模拟条件要相似　要使风洞实验中流场必须与实际大气流动相似，必须保证几何尺寸相似、流场平均量相似、流动平均温度场相似、湍流特征相似、排烟条件相似。总之，就是要求气流和扩散条件相似；

②具备一定的现场气象观测结果　进行风洞试验时必须具备一定的现场气象观测结果，以作为风洞模拟的依据。主要有风的垂直分布规律数据及湍强分布的数据等；

③试验模型缩比　一般而言，对于建筑尾流影响试验模型，所用缩尺在 1：200～1：300；对于烟气抬升试验，在 1：400～1：500；对于局地流场和扩散浓度预测试验，一般在 1：1 000～1：5 000；

④实验结果的校核与调整　为了使实验结果具有可靠性和可比性，基本方法是：首先在平板上，在所确定的高度施放示踪物，求其浓度分布，算出 σ_y 和 σ_z 值，反复调整到与 P—G 曲线图的 σ_y 和 σ_z 值相一致。然后，再用地形模型测定浓度分布，通过无地形和有地形模型的结果相比较，研究地形带来的影响。

第三节　大气环境影响评价

大气环境影响评价是从预防性环境保护目标出发，采用适当的评价手段，确定拟议开发行动或建设项目排放的主要污染物对大气可能带来的影响范围和程度；评价影响的含义及其重大性，提出避免、消除和减少负面影响的对策；为开发行动或建设项目方案的优化选择提供依据。

一、概述

《环境影响评价技术导则　大气环境》（HJ 2.2—2018）规定了大气环境影响评价的一般性原则、内容、工作程序、方法和要求。适用于建设项目的大气环境影响评价，规划的大气环境影响评价可参照使用。该导则是对《环境影响评价技术导则　大气环境》（HJ/T 2.2—93）的第二次修订。本次主要修订内容有：调整、补充规范了相关术语和定义，改进了评价等级判定方法，简化了环境空气质量现状监测内容，简化了三级评价项目的评价内容，增加了二次污染物的大气环境影响预测与评价方法，增加了达标区与不达标区的大气环境影响评价要求，改进了大气环境防护距离确定方法，增加了污染物排放量核算内容，增加了环境监测计划要求，补充、完善了附录。

二、术语和定义

（一）环境空气保护目标

指评价范围内按《环境空气质量标准》（GB 3095—2012）规定划分为一类区的自然保护区、风景名胜区和其他需要特殊保护的区域，二类区中的居住区、文化区和农村地区中人群较集中的区域。

（二）大气污染物分类

大气污染源排放的污染物按存在形态分为颗粒态污染物和气态污染物。

按生成机理分为一次污染物和二次污染物。其中由人类或自然活动直接产生，由污染源直接排入环境的污染物称为一次污染物；排入环境中的一次污染物在物理、化学因素的作用下发生变化，或与环境中的其他物质发生反应所形成的新污染物称为二次污染物。

（三）基本污染物

指《环境空气质量标准》（GB 3095—2012）中所规定的基本项目污染物。包括二氧化硫（SO_2）、二氧化氮（NO_2）、可吸入颗粒物（PM_{10}）、细颗粒物（$PM_{2.5}$）、一氧化碳（CO）、臭氧（O_3）。

（四）其他污染物

指除基本污染物以外的其他项目污染物。

（五）非正常排放

指生产过程中开停车（工、炉）、设备检修、工艺设备运转异常等非正常工况下的污染物排放，以及污染物在排放控制措施达不到应有效率等情况下的排放。

（六）空气质量模型

指采用数值方法模拟大气中污染物的物理扩散和化学反应的数学模型，包括高斯扩散模型和区域光化学网格模型。

高斯扩散模型：也叫高斯烟团或烟流模型，简称高斯模型。采用非网格、简化的输送扩散算法，没有复杂化学机理，一般用于模拟一次污染物的输送与扩散，或通过简单的化学反应机理模拟二次污染物。

区域光化学网格模型：简称网格模型。采用包含复杂大气物理（平流、扩散、边界层、云、降水、干沉降等）和大气化学（气、液、气溶胶、非均相）算法以及网格化的输送化学转化模型，一般用于模拟城市和区域尺度的大气污染物输送与化学转化。

（七）推荐模型

指生态环境主管部门按照一定的工作程序遴选，并以推荐名录形式公开发布的环境模型。列入推荐名录的环境模型简称推荐模型。

推荐模型及使用规范见本节"九、推荐模型清单"及"十、推荐模型参数及说明"。

（八）短期浓度

指某污染物的评价时段小于等于 24 h 的平均质量浓度，包括 1 h 平均质量浓度、8 h 平均质量浓度以及 24 h 平均质量浓度（也称为日平均质量浓度）。

（九）长期浓度

指某污染物的评价时段大于等于 1 个月的平均质量浓度，包括月平均质量浓度、季平均质量浓度和年平均质量浓度。

三、大气环境影响评价等级与评价范围

（一）环境影响识别与评价因子筛选

按《建设项目环境影响评价技术导则　总纲》（HJ 2.1—2016）或《规划环境影响评价技术导则　总纲》（HJ 130—2019）的要求识别大气环境影响因素，并筛选出大气环境影响评价因子。大气环境影响评价因子主要为项目排放的基本污染物及其他污染物。

当建设项目排放的 SO_2 和 NO_x 排放量大于或等于 500 t/a 时，评价因子应增加二次 $PM_{2.5}$（表 3-26）。当规划项目排放的 SO_2、NO_x 及 VOCs 年排放量达到表 3-26 规定的量时，评价因子应相应增加二次 $PM_{2.5}$ 及 O_3。

表 3-26　二次污染物评价因子筛选

类别	污染物排放量/（t/a）	二次污染物评价因子
建设项目	$SO_2 + NO_x \geqslant 500$	$PM_{2.5}$
规划项目	$SO_2 + NO_x \geqslant 500$	$PM_{2.5}$
	$NO_x + VOCs \geqslant 2\ 000$	O_3

（二）评价等级判定

选择项目污染源正常排放的主要污染物及排放参数，采用估算模型（AER-SCREEN）分别计算项目污染源的最大环境影响，然后按评价工作分级判据进行分级。

1. 评价工作分级方法

根据项目污染源初步调查结果，分别计算项目排放主要污染物的最大地面空气质量浓度占标率 P_i（第 i 个污染物，简称"最大浓度占标率"），及第 i 个污染物的地面空气质量浓度达到标准值的 10% 时所对应的最远距离 $D_{10\%}$。其中 P_i 定义见式（3-74）。

$$P_i = \frac{C_i}{C_{0i}} \tag{3-74}$$

式中，P_i——第 i 个污染物的最大地面空气质量浓度占标率，%；

　　　C_i——采用估算模型计算出的第 i 个污染物的最大 1 h 地面空气质量浓度，$\mu g/m^3$；

　　　C_{0i}——第 i 个污染物的环境空气质量浓度标准，$\mu g/m^3$。一般选用 GB 3095 中 1 h 平均质量浓度的二级浓度限值，如项目位于一类环境空气功能区，应选择相应的一级浓度限值；对仅有 8 h 平均质量浓度限值、日平均质量浓度限值或年平均质量浓度限值的，可分别按 2 倍、3 倍、6 倍折算为 1 h 平均质量浓度限值。

编制环境影响报告书的项目在采用估算模型计算评价等级时，应输入地形参数。

评价等级按表 3-27 的分级判据进行划分。最大地面空气质量浓度占标率 P_i 按式（3-74）计算，如污染物数 i 大于 1，取 P 值中最大者 P_{max}。

表 3-27　评价等级判别表

评价工作等级	评价工作分级判据
一级评价	$P_{max} \geqslant 10\%$
二级评价	$1\% \leqslant P_{max} < 10\%$
三级评价	$P_{max} < 1\%$

2. 评价等级的判定还应遵守以下规定

(1) 同一项目有多个污染源（两个及以上，下同）时，则按各污染源分别确定评价等级，并取评价等级最高者作为项目的评价等级。

(2) 对电力、钢铁、水泥、石化、化工、平板玻璃、有色等高耗能行业的多源项目或以使用高污染燃料为主的多源项目，并且编制环境影响报告书的项目评价等级提高一级。

(3) 对等级公路、铁路项目，分别按项目沿线主要集中式排放源（如服务区、车站大气污染源）排放的污染物计算其评价等级。

(4) 对新建包含 1 km 及以上隧道工程的城市快速路、主干路等城市道路项目，按项目隧道主要通风竖井及隧道出口排放的污染物计算其评价等级。

(5) 对新建、迁建及飞行区扩建的枢纽及干线机场项目，应考虑机场飞机起降及相关辅助设施排放源对周边城市的环境影响，评价等级取一级。

(6) 确定评价等级同时应说明估算模型计算参数和判定依据，相关内容与格式要求如下。

①评价因子和评价标准筛选；

评价因子和评价标准表见表 3-28。

表 3-28　评价因子和评价标准表

评价因子	平均时段	标准值/（μg/m³）	标准来源

②地形图；

应标示地形高程、项目位置、评价范围、主要环境保护目标、比例尺、图例、指北针等。

③估算模型参数；

估算模式所用参数见表 3-29。

表 3-29　估算模型参数表

参数		取值
城市农村/选项	城市/农村	
	人口数（城市人口数）	
	最高环境温度	
	最低环境温度	
	土地利用类型	
	区域湿度条件	
是否考虑地形	考虑地形	☐ 是　　☐ 否
	地形数据分辨率/m	
是否考虑岸线熏烟	考虑海岸线熏烟	☐ 是　　☐ 否
	岸线距离/m	
	岸线方向/°	

④主要污染源估算模型计算结果。

主要污染源估算模型计算结果见表 3-30。

表 3-30　主要污染源估算模型计算结果表

下方向距离/m	污染源 1		污染源 2		污染源…	
	预测质量浓度/（μg/m³)	占标率/%	预测质量浓度/（μg/m³)	占标率/%	预测质量浓度/（μg/m³)	占标率/%
50						
75						
……						
下风向最大质量浓度及占标率/%						
$D_{10\%}$ 最远距离/m						

（三）评价范围确定

一级评价项目根据建设项目排放污染物的最远影响距离（$D_{10\%}$）确定大气环境影响评价范围。即以项目厂址为中心区域，自厂界外延 $D_{10\%}$ 的矩形区域作为大气环境影响评价范围。当 $D_{10\%}$ 超过 25 km 时，确定评价范围为边长 50 km 的矩形区域；当 $D_{10\%}$ 小于 2.5 km 时，评价范围边长取 5 km。

二级评价项目大气环境影响评价范围边长取 5 km。

三级评价项目不需设置大气环境影响评价范围。

对于新建、迁建及飞行区扩建的枢纽及干线机场项目，评价范围还应考虑受影响的周边城市，最大取边长 50 km。

规划的大气环境影响评价范围以规划区边界为起点，外延规划项目排放污染物的最远影响距离（$D_{10\%}$）的区域。

（四）评价基准年筛选

依据评价所需环境空气质量现状、气象资料等数据的可获得性、数据质量、代表性等因素，选择近 3 年中数据相对完整的 1 个日历年作为评价基准年。

（五）环境空气保护目标调查

调查项目大气环境评价范围内主要环境空气保护目标。在带有地理信息的底图中标注，并列表给出环境空气保护目标内主要保护对象的名称、保护内容、所在大气环境功能区划以及与项目厂址的相对距离、方位、坐标等信息。

环境空气保护目标调查相关内容与格式见表 3-31。其中环境空气保护目标坐标取距离厂址最近点位位置。

表 3-31　环境空气保护目标

名称	坐标/m		保护对象	保护内容	环境功能区	相对厂址方位	相对厂界距离/m
	X	Y					

四、环境空气质量现状调查与评价

（一）调查内容

1. 一级评价项目

（1）调查项目所在区域环境质量达标情况，作为项目所在区域是否为达标区的判断依据。

（2）调查评价范围内有环境质量标准的评价因子的环境质量监测数据或进行补充监测，用于评价项目所在区域污染物环境质量现状，以及计算环境空气保护目标和网格点的环境质量现状浓度。

2. 二级评价项目

（1）调查项目所在区域环境质量达标情况。

（2）调查评价范围内有环境质量标准的评价因子的环境质量监测数据或进行补充监测，用于评价项目所在区域污染物环境质量现状。

3. 三级评价项目

只调查项目所在区域环境质量达标情况。

（二）评价内容与方法

1. 项目所在区域达标判断

（1）城市环境空气质量评价指标 SO_2、NO_2、PM_{10}、$PM_{2.5}$、CO 和 O_3 六项全部达标即为城市环境空气质量达标。

（2）根据国家或地方生态环境主管部门公开发布的城市环境空气质量达标情况，判断项目所在区域是否属于达标区。如项目评价范围涉及多个行政区（县级或以上，下同），需分别评价各行政区的达标情况，若存在不达标行政区，则判定项目所在评价区域为不达标区。

（3）国家或地方生态环境主管部门未发布城市环境空气质量达标情况的，可按照《环境空气质量评价技术规范（试行）》（HJ 663— 2013）中各评价项目的年评价指标进行判定。

2. 各污染物的环境质量现状评价

（1）长期监测数据的现状评价内容，按《环境空气质量评价技术规范（试行）》（HJ 663— 2013）中的统计方法对各污染物的年评价指标进行环境质量现状评价。对于超标的污染物，计算其超标倍数和超标率。

（2）补充监测数据的现状评价内容，分别对各监测点位不同污染物的短期浓度进行环境质量现状评价。对于超标的污染物，计算其超标倍数和超标率。

（3）环境空气保护目标及网格点环境质量现状浓度。

①对采用多个长期监测点位数据进行现状评价的，取各污染物相同时刻各监测点位的浓度平均值，作为评价范围内环境空气保护目标及网格点环境质量现状浓度，计算方法见式（3-75）。

$$C_{现状(x,y,t)} = \frac{1}{n} \sum_{j=1}^{n} C_{现状(j,t)} \qquad (3\text{-}75)$$

式中，$C_{现状(x,y,t)}$——环境空气保护目标及网格点 $(x，y)$ 在 t 时刻环境质量现状浓度，$\mu g/m^3$；

　　　　$C_{现状(j,t)}$——第 j 个监测点位在 t 时刻环境质量现状浓度（包括短期浓度和长期浓度），$\mu g/m^3$；

　　　　n——长期监测点位数。

②对采用补充监测数据进行现状评价的，取各污染物不同评价时段监测浓度的最大值，作为评价范围内环境空气保护目标及网格点环境质量现状浓度；对于有多个监测点位数据的，先计算相同时刻各监测点位平均值，再取各监测时段平均值中的最大值，计算方法见式（3-76）。

$$C_{现状(x,y)} = \max\left[\frac{1}{n} \sum_{j=1}^{n} C_{监测(j,t)}\right] \qquad (3\text{-}76)$$

式中，$C_{现状(x,y)}$——环境空气保护目标及网格点（x，y）环境质量现状浓度，$\mu g/m^3$；

$\quad\quad\quad C_{监测(j,t)}$——第 j 个监测点位在 t 时刻环境质量现状浓度（包括 1 h 平均、8 h 平均或日平均质量浓度），$\mu g/m^3$；

$\quad\quad\quad n$——现状补充监测点位数。

五、污染源调查

（一）调查内容

1. 一级评价项目

（1）调查本项目不同排放方案有组织及无组织排放源，对于改建、扩建项目还应调查本项目现有污染源。本项目污染源调查包括正常排放和非正常排放，其中非正常排放调查内容包括非正常工况、频次、持续时间和排放量。

（2）调查本项目所有拟被替代的污染源（如有），包括被替代污染源名称、位置、排放污染物及排放量、拟被替代时间等。

（3）调查评价范围内与评价项目排放污染物有关的其他在建项目、已批复环境影响评价文件的拟建项目等污染源。

（4）对于编制报告书的工业项目，分析调查受本项目物料及产品运输影响新增的交通运输移动源，包括运输方式、新增交通流量、排放污染物及排放量。

2. 二级评价项目

参照一级评价项目要求，调查本项目现有及新增污染源和拟被替代的污染源。

3. 三级评价项目

只调查本项目新增污染源和拟被替代的污染源。

4. 其他

对于城市快速路、主干路等城市道路的新建项目，需调查道路交通流量及污染物排放量；对于采用网格模型预测二次污染物的，需结合空气质量模型及评价要求，开展区域现状污染源排放清单调查。

（二）污染源调查内容及格式要求

按点源、线源、面源、体源等不同污染源排放形式，分别给出污染源参数。

1. 点源调查内容

（1）排气筒底部中心坐标（可采用 UTM 坐标或经纬度，下同），以及排气筒底部的海拔高度（m）。

（2）排气筒几何高度（m）及排气筒出口内径（m）。

（3）烟气流速（m/s）。

（4）排气筒出口处烟气温度（℃）。

（5）各主要污染物排放速率（kg/h），排放工况（正常排放和非正常排放，下同），年排放小时数（h）。

点源（包括正常排放和非正常排放）参数调查清单参见表3-32。

2. 面源调查内容

（1）面源坐标：

①矩形面源：初始点坐标，面源的长度（m），面源的宽度（m），与正北方向逆时针的夹角；

②多边形面源：多边形面源的顶点数或边数（3～20）以及各顶点坐标；

③近圆形面源：中心点坐标，近圆形半径（m），近圆形顶点数或边数。

（2）面源的海拔高度和有效排放高度（m）。

（3）各主要污染物排放速率（kg/h），排放工况，年排放小时数（h）。

各类面源参数调查清单表参见表3-33～表3-35。

3. 体源调查内容

（1）体源中心点坐标，以及体源所在位置的海拔高度（m）。

（2）体源有效高度（m）。

（3）体源排放速率（kg/h），排放工况，年排放小时数（h）。

（4）体源的边长（m）（把体源划分为多个正方形的边长）。

（5）初始横向扩散参数（表3-36），初始垂直扩散参数（表3-37）。

体源参数调查清单参见表3-38。

4. 线源调查内容

（1）线源几何尺寸（分段坐标），线源宽度（m），距地面高度（m），有效排放高度（m），街道街谷高度（可选）（m）。

（2）各种车型的污染物排放速率 kg/（km·h）。

（3）平均车速（km/h），各时段车流量（辆/h）、车型比例。

线源参数调查清单参见表3-39。

5. 非正常排放调查内容

非正常排放调查内容见表3-40。

6. 拟被替代源调查内容

拟被替代源基本情况见表3-41。

六、大气环境影响预测与评价

（一）一般性要求

（1）一级评价项目应采用进一步预测模型开展大气环境影响预测与评价。

表 3-32　点源参数表

编号	名称	排气筒底部中心坐标/m		排气筒底部海拔高度/m	排气筒高度/m	排气筒出口内径/m	烟气流速/(m/s)	烟气温度/℃	年排放小时数/h	排放工况	污染物排放速率/(kg/h)		
		X	Y								污染物1	污染物2	…

表 3-33　矩形面源参数表

编号	名称	面源起点坐标/m		面源海拔高度/m	面源长度/m	面源宽度/m	与正北向夹角/(°)	面源有效排放高度/m	年排放小时数/h	排放工况	污染物排放速率/(kg/h)		
		X	Y								污染物1	污染物2	…

表 3-34　多边形面源参数表

编号	名称	面源各顶点坐标/m		面源海拔高度/m	面源有效排放高度/m	顶点数或边数（可选）	年排放小时数/h	排放工况	污染物排放速率/(kg/h)		
		X	Y						污染物1	污染物2	…

表 3-35　（近）圆形面源参数表

编号	名称	面源中心点坐标/m		面源海拔高度/m	面源半径/m	面源有效排放高度/m	年排放小时数/h	排放工况	污染物排放速率/(kg/h)		
		X	Y						污染物1	污染物2	…

表 3-36　体源初始横向扩散参数的估算

源类型	初始横向扩散参数
单个源	σ_{y0} = 边长/4.3
连续划分的体源	σ_{y0} = 边长/2.15
间隔划分的体源	σ_{y0} = 两个相邻间隔中心点的距离/2.15

表 3-37　体源初始垂直扩散参数的估算

源位置	初始垂直扩散参数
源基底处地形高度 $H_0\approx0$	σ_{z0} = 源的高度/2.15
源基底处地形高度 $H_0>0$　在建筑物上，或邻近建筑物	σ_{z0} = 建筑物高度/2.15
或不在建筑物上，或不邻近建筑物	σ_{z0} = 源的高度/4.3

表 3-38　体源参数表

编号	名称	体源中心点坐标/m		体源海拔高度/m	体源有效高度/m	体源边长/m	年排放小时数/h	排放工况	初始扩散参数/m		污染物排放速率/(kg/h)	
		X	Y						横向	垂直	污染物1	污染物2 …

表 3-39　线源参数表

编号	名称	各段顶点坐标/m		线源宽度/m	线源海拔高度/m	有效排放高度/m	街道街谷高度/m	污染物排放速率/[kg/(km·h)]	
		X	Y					污染物1	污染物2 …

表 3-40　非正常排放参数表

非正常排放源	非正常排放原因	污染物	非正常排放速率/(kg/h)	单次持续时间/h	年发生频次/次

表 3-41　拟被替代源基本情况表

被替代污染源	坐标/m		年排放时间/h	污染物年排放量/(t/a)			拟被替代时间
	X	Y		污染物 1	污染物 2	…	

（2）二级评价项目不进行进一步预测与评价，只对污染物排放量进行核算。

（3）三级评价项目不进行进一步预测与评价。

（二）预测因子

预测因子根据评价因子而定，选取有环境质量标准的评价因子作为预测因子。

（三）预测范围

（1）预测范围应覆盖评价范围，并覆盖各污染物短期浓度贡献值占标率大于10%的区域。

（2）对于经判定需预测二次污染物的项目，预测范围应覆盖 $PM_{2.5}$ 年平均质量浓度贡献值占标率大于1%的区域。

（3）对于评价范围内包含环境空气功能区一类区的，预测范围应覆盖项目对一类区最大环境影响。

（4）预测范围一般以项目厂址为中心，东西向为 X 坐标轴、南北向为 Y 坐标轴。

（四）预测周期

（1）选取评价基准年作为预测周期，预测时段取连续1年。

（2）选用网格模型模拟二次污染物的环境影响时，预测时段应至少选取评价基准年1月、4月、7月、10月。

（五）预测模型

1. 选择原则

一级评价项目应结合项目环境影响预测范围、预测因子及推荐模型的适用范围等选择空气质量模型。表 3-42 为常用推荐模型及适用范围。

表 3-42　推荐模型适用范围

模型名称	适用污染源	适用排放形式	推荐预测范围	模拟污染物			其他特性
				一次污染物	二次污染物 $PM_{2.5}$	O_3	
AERMOD、ADMS 等	点源、面源、线源、体源	连续源、间断源	局地尺度（≤50 km）	模型模拟法	系数法	不支持	—
CALPUFF	点源、面源、线源、体源	连续源、间断源	城市尺度（50 km 到几百千米）	模型模拟法	模型模拟法	不支持	局地尺度特殊风场，包括长期静、小风和岸边熏烟
区域光化学网格模型	网格源	连续源、间断源	区域尺度（几百千米）	模型模拟法	模型模拟法	模型模拟法	模拟复杂化学反应

2. 其他规定

（1）当项目评价基准年内存在风速≤0.5 m/s 的持续时间超过 72 h 或近 20 年统计的全年静风（风速≤0.2 m/s）频率超过 35％时，应采用推荐模型中的 CALPUFF 模型进行进一步模拟。

（2）当建设项目处于大型水体（海或湖）岸边 3 km 范围内时，应首先采用推荐模型中的估算模型判定是否会发生熏烟现象。如果存在岸边熏烟，并且估算的最大 1 h 平均质量浓度超过环境质量标准，应采用 CALPUFF 模型进行进一步模拟。

3. 使用要求

（1）采用推荐模型时，应按本节"十、推荐模型参数及说明"要求提供污染源、气象、地形、地表参数等基础数据。

（2）环境影响预测模型所需气象、地形、地表参数等基础数据应优先使用国家发布的标准化数据。采用其他数据时，应说明数据来源、有效性及数据预处理方案。

（六）预测方法

（1）采用推荐模型预测建设项目或规划项目对预测范围不同时段的大气环境影响。

（2）当建设项目或规划项目排放 SO_2、NO_x 及 VOCs 年排放量达到表 3-26 规定的量时，可按表 3-43 推荐的方法预测二次污染物。

表 3-43　二次污染物预测方法

	污染物排放量/（t/a）	预测因子	二次污染物预测方法
建设项目	$SO_2 + NO_x \geqslant 500$	$PM_{2.5}$	AERMOD/ADMS（系数法）或 CALPUFF（模型模拟法）
规划项目	$500 \leqslant SO_2 + NO_x < 2\,000$	$PM_{2.5}$	AERMOD/ADMS（系数法）或 CALPUFF（模型模拟法）
	$SO_2 + NO_x \geqslant 2\,000$	$PM_{2.5}$	网格模型（模型模拟法）
	$NO_x + VOCs \geqslant 2\,000$	O_3	网格模型（模型模拟法）

（3）采用 AERMOD、ADMS 等模型模拟 $PM_{2.5}$ 时，需将模型模拟的 $PM_{2.5}$ 一次污染物的质量浓度，同步叠加按 SO_2、NO_2 等前体物转化比率估算的二次 $PM_{2.5}$ 质量浓度，得到 $PM_{2.5}$ 的贡献浓度。前体物转化比率可引用科研成果或有关文献，并注意地域的适用性。对于无法取得 SO_2、NO_2 等前体物转化比率的，可取 φ_{SO_2} 为 0.58、φ_{NO_2} 为 0.44，按式（3-77）计算二次 $PM_{2.5}$ 贡献浓度。

$$C_{二次 PM_{2.5}} = \varphi_{SO_2} \times C_{SO_2} + \varphi_{NO_2} \times C_{NO_2} \qquad (3-77)$$

式中，$C_{二次 PM_{2.5}}$——二次 $PM_{2.5}$ 质量浓度，$\mu g/m^3$；

φ_{SO_2}、φ_{NO_2}——SO_2、NO_2 浓度换算为 $PM_{2.5}$ 浓度的系数；

C_{SO_2}、C_{NO_2}——SO_2、NO_2的预测质量浓度，$\mu g/m^3$。

（4）采用 CALPUFF 或网格模型预测 $PM_{2.5}$时，模拟输出的贡献浓度应包括一次 $PM_{2.5}$和二次 $PM_{2.5}$质量浓度的叠加结果。

（5）对已采纳规划环评要求的规划所包含的建设项目，当工程建设内容及污染物排放总量均未发生重大变更时，建设项目环境影响预测可引用规划环评的模拟结果。

（七）预测与评价内容

1. 达标区的评价项目

（1）项目正常排放条件下，预测环境空气保护目标和网格点主要污染物的短期浓度和长期浓度贡献值，评价其最大浓度占标率。

（2）项目正常排放条件下，预测评价叠加环境空气质量现状浓度后，环境空气保护目标和网格点主要污染物的保证率日平均质量浓度和年平均质量浓度的达标情况；对于项目排放的主要污染物仅有短期浓度限值的，评价其短期浓度叠加后的达标情况。如果是改建、扩建项目，还应同步减去"以新带老"污染源的环境影响。如果有区域削减项目，应同步减去削减源的环境影响。如果评价范围内还有其他排放同类污染物的在建、拟建项目，还应叠加在建、拟建项目的环境影响。

（3）项目非正常排放条件下，预测评价环境空气保护目标和网格点主要污染物的 1 h 最大浓度贡献值及占标率。

2. 不达标区的评价项目

（1）项目正常排放条件下，预测环境空气保护目标和网格点主要污染物的短期浓度和长期浓度贡献值，评价其最大浓度占标率。

（2）项目正常排放条件下，预测评价叠加大气环境质量限期达标规划（简称"达标规划"）的目标浓度后，环境空气保护目标和网格点主要污染物保证率日平均质量浓度和年平均质量浓度的达标情况；对于项目排放的主要污染物仅有短期浓度限值的，评价其短期浓度叠加后的达标情况。如果是改建、扩建项目，还应同步减去"以新带老"污染源的环境影响。如果有区域达标规划之外的削减项目，应同步减去削减源的环境影响。如果评价范围内还有其他排放同类污染物的在建、拟建项目，还应叠加在建、拟建项目的环境影响。

（3）对于无法获得达标规划目标浓度场或区域污染源清单的评价项目，需评价区域环境质量的整体变化情况。

（4）项目非正常排放条件下，预测环境空气保护目标和网格点主要污染物的 1 h 最大浓度贡献值，评价其最大浓度占标率。

3. 区域规划

（1）预测评价区域规划方案中不同规划年叠加现状浓度后，环境空气保护目标和网格点主要污染物保证率日平均质量浓度和年平均质量浓度的达标情况；对于规划排放的其他污染物仅有短期浓度限值的，评价其叠加现状浓度后短期浓度的达标情况。

（2）预测评价区域规划实施后的环境质量变化情况，分析区域规划方案的可行性。

4. 污染控制措施

（1）对于达标区的建设项目，按"达标区的评价项目"要求预测评价不同方案主要污染物对环境空气保护目标和网格点的环境影响及达标情况，比较分析不同污染治理设施、预防措施或排放方案的有效性。

（2）对于不达标区的建设项目，按"不达标区的评价项目"要求预测不同方案主要污染物对环境空气保护目标和网格点的环境影响，评价达标情况或评价区域环境质量的整体变化情况，比较分析不同污染治理设施、预防措施或排放方案的有效性。

5. 大气环境防护距离

（1）对于项目厂界浓度满足大气污染物厂界浓度限值，但厂界外大气污染物短期贡献浓度超过环境质量浓度限值的，可以自厂界向外设置一定范围的大气环境防护区域，以确保大气环境防护区域外的污染物贡献浓度满足环境质量标准。

（2）对于项目厂界浓度超过大气污染物厂界浓度限值的，应要求削减排放源强或调整工程布局，待满足厂界浓度限值后，再核算大气环境防护距离。

（3）大气环境防护距离内不应有长期居住的人群。

6. 预测内容和评价要求

不同评价对象或排放方案对应预测内容和评价要求见表 3-44。

表 3-44　预测内容和评价要求

评价对象	污染源	污染源排放形式	预测内容	评价内容
达标区评价项目	新增污染源	正常排放	短期浓度 长期浓度	最大浓度占标率
	新增污染源 — "以新带老"污染源 （如有） — 区域削减 污染源（如有） ＋ 其他在建、拟建污染源 （如有）	正常排放	短期浓度 长期浓度	叠加环境质量现状浓度后的保证率日平均质量浓度和年平均质量浓度的占标率，或短期浓度的达标情况
	新增污染源	非正常排放	1 h 平均质量浓度	最大浓度占标率

续表

评价对象	污染源	污染源排放形式	预测内容	评价内容
	新增污染源	正常排放	短期浓度 长期浓度	最大浓度占标率
不达标区 评价项目	新增污染源 — "以新带老"污染源 （如有） — 区域削减污染源 （如有） + 其他在建、拟建的 污染源（如有）	正常排放	短期浓度 长期浓度	叠加达标规划目标浓度后的保证率日平均质量浓度和年平均质量浓度的占标率，或短期浓度的达标情况；评价年平均质量浓度变化率
	新增污染源	非正常排放	1 h平均质量浓度	最大浓度占标率
区域规划	不同规划期/规划方案污染源	正常排放	短期浓度 长期浓度	保证率日平均质量浓度和年平均质量浓度的占标率，年平均质量浓度变化率
大气环境防护距离	新增污染源 — "以新带老"污染源 （如有） + 项目全厂现有污染源	正常排放	短期浓度	大气环境防护距离

（八）评价方法

1. 环境影响叠加

（1）达标区环境影响叠加。

预测评价项目建成后各污染物对预测范围的环境影响，应用本项目的贡献浓度，叠加（减去）区域削减污染源以及其他在建、拟建项目污染源环境影响，并叠加环境质量现状浓度。计算方法见式（3-78）。

$$C_{叠加(x,y,t)} = C_{本项目(x,y,t)} - C_{区域消减(x,y,t)} + C_{拟在建(x,y,t)} + C_{现状(x,y,t)} \qquad (3-78)$$

式中，$C_{叠加(x,y,t)}$——在 t 时刻，预测点（x，y）叠加各污染源及现状浓度后的环境质量浓度，$\mu g/m^3$；

$C_{\text{本项目}(x,y,t)}$——在 t 时刻，本项目对预测点 (x, y) 的贡献浓度，$\mu g / m^3$；

$C_{\text{区域消减}(x,y,t)}$——在 t 时刻，区域削减污染源对预测点 (x, y) 的贡献浓度，$\mu g / m^3$；

$C_{\text{拟在建}(x,y,t)}$——在 t 时刻，其他在建、拟建项目污染源对预测点 (x, y) 的贡献浓度，$\mu g / m^3$；

$C_{\text{现状}(x,y,t)}$——在 t 时刻，预测点 (x, y) 的环境质量现状浓度，$\mu g / m^3$。

其中，本项目预测的贡献浓度除新增污染源环境影响外，还应减去"以新带老"污染源的环境影响，计算方法见式（3-79）。

$$C_{\text{本项目}(x,y,t)} = C_{\text{新增}(x,y,t)} - C_{\text{以新带老}(x,y,t)} \qquad (3\text{-}79)$$

式中，$C_{\text{新增}(x,y,t)}$——在 t 时刻，本项目新增污染源对预测点 (x, y) 的贡献浓度，$\mu g / m^3$；

$C_{\text{以新带老}(x,y,t)}$——在 t 时刻，"以新带老"污染源对预测点 (x, y) 的贡献浓度，$\mu g / m^3$。

（2）不达标区环境影响叠加。

对于不达标区的环境影响评价，应在各预测点上叠加达标规划中达标年的目标浓度，分析达标规划年的保证率日平均质量浓度和年平均质量浓度的达标情况。叠加方法可以用达标规划方案中的污染源清单参与影响预测，也可直接用达标规划模拟的浓度场进行叠加计算。计算方法见式（3-80）。

$$C_{\text{叠加}(x,y,t)} = C_{\text{本项目}(x,y,t)} - C_{\text{区域消减}(x,y,t)} + C_{\text{拟在建}(x,y,t)} + C_{\text{规划}(x,y,t)} \qquad (3\text{-}80)$$

式中，$C_{\text{规划}(x,y,t)}$——在 t 时刻，预测点 (x, y) 的达标规划年目标浓度，$\mu g / m^3$。

2. 保证率日平均质量浓度

对于保证率日平均质量浓度，首先计算叠加后预测点上的日平均质量浓度，然后对该预测点所有日平均质量浓度从小到大进行排序，根据各污染物日平均质量浓度的保证率（p），计算排在 p 百分位数的第 m 个序数，序数 m 对应的日平均质量浓度即为保证率日平均浓度 C_m。其中序数 m 计算方法见式（3-81）。

$$m = 1 + (n-1) \times p \qquad (3\text{-}81)$$

式中，p——该污染物日平均质量浓度的保证率，按《环境空气质量评价技术规范（试行）》（HJ 663—2013）规定的对应污染物年评价中 24 h 平均百分位数取值，%；

n——1 个日历年内单个预测点上的日平均质量浓度的所有数据个数，个；

m——百分位数 p 对应的序数（第 m 个），向上取整数。

3. 浓度超标范围

以评价基准年为计算周期，统计各网格点的短期浓度或长期浓度的最大值，所有最大浓度超过环境质量标准的网格，即为该污染物浓度超标范围。超标网格的面积之和即为该污染物的浓度超标面积。

4. 区域环境质量变化评价

当无法获得不达标区规划达标年的区域污染源清单或预测浓度场时，可按式（3-82）计算实施区域削减方案后预测范围的年平均质量浓度变化率 k。当 $k \leqslant -20\%$ 时，可判定项目建设后区域环境质量得到整体改善。

$$k = \left[\overline{C}_{本项目(a)} - \overline{C}_{区域削减(a)}\right] / \overline{C}_{区域削减(a)} \times 100\% \qquad (3-82)$$

式中，k——预测范围年平均质量浓度变化率，%；

$\overline{C}_{本项目(a)}$——本项目对所有网格点的年平均质量浓度贡献值的算术平均值，$\mu g/m^3$；

$\overline{C}_{区域削减(a)}$——区域削减污染源对所有网格点的年平均质量浓度贡献值的算术平均值，$\mu g/m^3$。

5. 大气环境防护距离确定

（1）采用进一步预测模型模拟评价基准年内，项目所有污染源（改建、扩建项目应包括全厂现有污染源）对厂界外主要污染物的短期贡献浓度分布。厂界外预测网格分辨率不应超过 50 m。

（2）在底图上标注从厂界起所有超过环境质量短期浓度标准值的网格区域，以自厂界起至超标区域的最远垂直距离作为大气环境防护距离。

6. 污染控制措施有效性分析与方案比选

（1）达标区建设项目应综合考虑成本和治理效果，选择最佳可行技术方案，保证大气污染物能够达标排放，并使环境影响可以接受。

（2）不达标区建设项目应优先考虑治理效果，结合达标规划和替代源削减方案的实施情况，在只考虑环境因素的前提下选择最优技术方案，保证大气污染物达到最低排放强度和排放浓度，并使环境影响可以接受。

7. 污染物排放量核算

（1）污染物排放量核算包括本项目的新增污染源及改建、扩建污染源（如有）。

（2）根据最终确定的污染治理设施、预防措施及排污方案，确定项目所有新增及改建、扩建污染源大气排污节点、排放污染物、污染治理设施与预防措施以及大气排放口基本情况。

（3）项目各排放口排放大气污染物的核算排放浓度、排放速率及污染物年排放量，应为通过环境影响评价，并且环境影响评价结论为可接受时对应的各项排放参数。污染物排放量核算内容与格式要求见表 3-45、表 3-46。

表 3-45 大气污染物有组织排放量核算表

序号	排放口编号	污染物	核算排放浓度/ ($\mu g/m^3$)	核算排放速率/ (kg/h)	核算年排放量/ (t/a)
			主要排放口		
	……	……	……	……	……
		SO_2			
		NO_x			
主要排放口合计		颗粒物			
		VOCs			
		……			
			一般排放口		
	……		……	……	/
		SO_2			
		NO_x			
一般排放口合计		颗粒物			
		VOCs			
		……			
		SO_2			
		NO_x			
有组织排放总计		颗粒物			
		VOCs			
		……			

（4）项目大气污染物年排放量包括项目各有组织排放源和无组织排放源在正常排放条件下的预测排放量之和。污染物年排放量按式（3-83）计算。

$$E_{年排放} = \frac{\sum\limits_{i=1}^{n}(M_{i有组织} \times H_{i有组织})}{1\,000} + \frac{\sum\limits_{j=1}^{m}(M_{j无组织} \times H_{j无组织})}{1\,000} \qquad (3-83)$$

式中，$E_{年排放}$——项目年排放量，t/a；

$M_{i有组织}$——第 i 个有组织排放源排放速率，kg/h；

$H_{i有组织}$——第 i 个有组织排放源年有效排放小时数，h/a；

$M_{j无组织}$——第 j 个无组织排放源排放速率，kg/h；

$H_{j无组织}$——第 j 个无组织排放源年有效排放小时数，h/a。

表 3-46　大气污染物无组织排放量核算表

序号	排放口编号	产污环节	污染物	主要污染防治措施	国家或地方污染物排放标准		年排放量/（t/a）
					标准名称	浓度限值/（μg/m³）	
……	……		……	……	……	……
			SO₂				
			NO$_x$				
无组织排放总计			颗粒物				
			VOCs				
			……				

（5）项目各排放口非正常排放量核算，应结合非正常排放预测结果，优先提出相应的污染控制与减缓措施。当出现 1 h 平均质量浓度贡献值超过环境质量标准时，应提出减少污染排放直至停止生产的相应措施。明确列出发生非正常排放的污染源、非正常排放原因、排放污染物、非正常排放浓度与排放速率、单次持续时间、年发生频次及应对措施等。

（九）评价结果表达

1. 基本信息底图

包含项目所在区域相关地理信息的底图，至少应包括评价范围内的环境功能区划、环境空气保护目标、项目位置、监测点位，以及图例、比例尺、基准年风频玫瑰图等要素。

2. 项目基本信息图

在基本信息底图上标示项目边界、总平面布置、大气排放口位置等信息。

3. 达标评价结果表

列表给出各环境空气保护目标及网格最大浓度点主要污染物现状浓度、贡献浓度、叠加现状浓度后保证率日平均质量浓度和年平均质量浓度、占标率、是否达标等评价结果。

4. 网格浓度分布图

包括叠加现状浓度后主要污染物保证率日平均质量浓度分布图和年平均质量浓度分布图。网格浓度分布图的图例间距一般按相应标准值的 5%～100% 进行设置。如果某种污染物环境空气质量超标，还需在评价报告及浓度分布图上标示超标范围与超标面积，以及与环境空气保护目标的相对位置关系等。

5. 大气环境防护区域图

在项目基本信息图上沿出现超标的厂界外延至大气环境防护距离所包括的范围，作为项目的大气环境防护区域。大气环境防护区域应包含自厂界起连续的超标范围。

6. 污染治理设施、预防措施及方案比选结果表

列表对比不同污染控制措施及排放方案对环境的影响，评价不同方案的优劣。

7. 污染物排放量核算表

包括有组织及无组织排放量、大气污染物年排放量、非正常排放量等。

七、环境监测计划

（一）一般性要求

（1）一级评价项目按《排污单位自行监测技术指南　总则》（HJ 819—2017）的要求，提出项目在生产运行阶段的污染源监测计划和环境质量监测计划。

（2）二级评价项目提出项目在生产运行阶段的污染源监测计划。

（3）三级评价项目可适当简化环境监测计划。

（二）污染源监测计划

按照《排污单位自行监测技术指南　总则》（HJ 819—2017）、《排污许可证申请与核发技术规范　总则》（HJ 942—2018）、各行业排污单位自行监测技术指南及排污许可证申请与核发技术规范执行。

（三）环境质量监测计划

（1）筛选计算的项目排放污染物 $P_i \geqslant 1\%$ 的其他污染物作为环境质量监测因子。

（2）环境质量监测点位一般在项目厂界或大气环境防护距离（如有）外侧设置 1～2 个监测点。

（3）各监测因子的环境质量每年至少监测一次。

（4）新建 10 km 及以上的城市快速路、主干路等城市道路项目，应在道路沿线设置至少 1 个路边交通自动连续监测点，监测项目包括道路交通源排放的基本

污染物。

（5）环境质量监测采样方法、监测分析方法、监测质量保证与质量控制等应符合所执行的环境质量标准、排污单位自行监测技术指南、排污许可证申请与核发技术规范的相关要求。

（6）环境空气质量监测计划包括监测点位、监测指标、监测频次、执行环境质量标准等。

八、大气环境影响评价结论与建议

（一）大气环境影响评价结论

（1）达标区域的建设项目环境影响评价，当同时满足以下条件时，则认为环境影响可以接受。

①新增污染源正常排放下污染物短期浓度贡献值的最大浓度占标率≤100％；

②新增污染源正常排放下污染物年均浓度贡献值的最大浓度占标率≤30％（其中一类区≤10％）；

③项目环境影响符合环境功能区划。叠加现状浓度、区域削减污染源以及在建、拟建项目的环境影响后，主要污染物的保证率日平均质量浓度和年平均质量浓度均符合环境质量标准；对于项目排放的主要污染物仅有短期浓度限值的，叠加后的短期浓度符合环境质量标准。

（2）不达标区域的建设项目环境影响评价，当同时满足以下条件时，则认为环境影响可以接受。

①达标规划未包含的新增污染源建设项目，需另有替代源的削减方案；

②新增污染源正常排放下污染物短期浓度贡献值的最大浓度占标率≤100％；

③新增污染源正常排放下污染物年均浓度贡献值的最大浓度占标率≤30％（其中一类区≤10％）；

④项目环境影响符合环境功能区划或满足区域环境质量改善目标。现状浓度超标的污染物评价，叠加达标年目标浓度、区域削减污染源以及在建、拟建项目的环境影响后，污染物的保证率日平均质量浓度和年平均质量浓度均符合环境质量标准或满足达标规划确定的区域环境质量改善目标，或计算的预测范围内年平均质量浓度变化率 $k \leqslant -20\%$；对于现状达标的污染物评价，叠加后污染物浓度符合环境质量标准；对于项目排放的主要污染物仅有短期浓度限值的，叠加后的短期浓度符合环境质量标准。

（3）区域规划的环境影响评价，当主要污染物的保证率日平均质量浓度和年平均质量浓度均符合环境质量标准，对于主要污染物仅有短期浓度限值的，叠加后的短期浓度符合环境质量标准时，则认为区域规划环境影响可以接受。

（二）污染控制措施可行性及方案比选结果

（1）大气污染治理设施与预防措施必须保证污染源排放以及控制措施均符合排放标准的有关规定，满足经济、技术可行性。

（2）从项目选址选线、污染源的排放强度与排放方式、污染控制措施技术与经济可行性等方面，结合区域环境质量现状及区域削减方案、项目正常排放及非正常排放下大气环境影响预测结果，综合评价治理设施、预防措施及排放方案的优劣，并对存在的问题（如果有）提出解决方案。经对解决方案进行进一步预测和评价比选后，给出大气污染控制措施可行性建议及最终的推荐方案。

（三）大气环境防护距离

根据大气环境防护距离计算结果，并结合厂区平面布置图，确定项目大气环境防护区域。若大气环境防护区域内存在长期居住的人群，应给出相应优化调整项目选址、布局或搬迁的建议。

（四）污染物排放量核算结果

（1）环境影响评价结论是环境影响可接受的，根据环境影响评价审批内容和排污许可证申请与核发所需表格要求，明确给出污染物排放量核算结果表。

（2）评价项目完成后污染物排放总量控制指标能否满足环境管理要求，并明确总量控制指标的来源和替代源的削减方案。

九、推荐模型清单

（一）环境空气质量模型适用性

1. 按预测范围

模型选取需考虑所模拟的范围。模型按模拟尺度可分为三类，即局地尺度（50 km 以下）、城市尺度（几十到几百千米）、区域尺度（几百千米以上）模型。

在模拟局地尺度环境空气质量影响时，一般选用估算模型（AERSCREEN）、AERMOD、ADMS 等模型；在模拟城市尺度环境空气质量影响时，一般选用CALPUFF 模型；在模拟区域尺度空气质量影响或需考虑对二次 $PM_{2.5}$ 及 O_3 有显著影响的排放源时，一般选用包含有复杂物理、化学过程的区域光化学网格模型。

2. 按污染源的排放形式

模型选取需考虑所模拟污染源的排放形式。AERMOD、ADMS 及 CAL-PUFF 等模型可直接模拟点源、面源、线源、体源，光化学网格模型需要使用网格化污染源清单。

3. 按污染物性质

模型选取需考虑评价项目和所模拟污染物的性质。污染物从性质上可分为颗粒态污染物和气态污染物，也可分为一次污染物和二次污染物。

当模拟 SO_2、NO_2 等一次污染物时，可依据预测范围选用适合尺度的模型。

当模拟二次污染物 $PM_{2.5}$ 时，可采用系数法进行估算，或选用包括物理过程和化学反应机理模块的城市尺度模型。

对于规划项目需模拟二次污染物 $PM_{2.5}$ 和 O_3 时，也可选用区域光化学网格模型。

4. 按适用特殊气象条件

当在近岸内陆上建设高烟囱时，需要考虑岸边熏烟问题。在缺少边界层气象数据或边界层气象数据的精确度和详细程度不能反映真实情况时，可选用估算模型获得近似的模拟浓度，或者选用 CALPUFF 模型。

当模拟城市尺度以内的长期静、小风时的环境空气质量时，可选用 CAL-PUFF 模型。

（二）推荐模型清单

大气环境导则推荐的模型包括估算模型（AERSCREEN）、进一步预测模型 AERMOD、ADMS、CALPUFF 以及光化学网格模型（CMAQ）等。

模型的适用情况见表 3-47。

十、推荐模型参数及说明

（一）污染源参数

（1）估算模型应采用满负荷运行条件下排放强度及对应的污染源参数。

（2）进一步预测模型应包括正常排放和非正常排放下排放强度及对应的污染源参数。

（3）对于源强排放有周期性变化的，还需根据模型模拟需要输入污染源周期性排放系数。

（二）污染源前处理

光化学网格模型所需污染源包括人为源和天然源两种形式。其中人为源按空间几何形状分为点源、面源和线源。道路移动源可以按线源或面源形式模拟，非道路移动源可按面源形式模拟。

表3-47　推荐模型适用情况表

模型名称	适用性	适用污染源	适用排放形式	推荐预测范围	适用污染物	输出结果	其他特性
AERSCREEN	用于评价等级及评价范围判定	点源（含火炬源）、面源（矩形或圆形）、体源	连续源				可以模拟烟羽和建筑物下洗
AERMOD		点源（含火炬源）、面源、线源、体源	连续源、间断源	局地尺度（≤50km）	一次污染物、二次PM$_{2.5}$（系数法）	短期浓度最大值及对应距离	可以模拟建筑物下洗、干湿沉降
ADMS	用于进一步预测	点源、面源、线源、网格源	连续源、间断源				可以模拟建筑物下洗、干湿沉降，包含街道峡谷模型
CALPUFF		点源、面源、线源、体源	连续源、间断源	城市尺度（50km到几百千米）	一次污染物和二次PM$_{2.5}$	短期和长期平均质量浓度及分布	可以用于特殊风场，包括长期静小风和岸边熏烟
光化学网格模型（CMAQ或类似模型）		网格源	连续源、间断源	区域尺度（几百千米）	一次污染物和二次PM$_{2.5}$、O$_3$		网格化模型，可以模拟复杂化学反应及污染物对污染浓度的影响等

注1：生态环境部模型管理部门推荐的其他模型，按相应推荐模型适用情况进行选择。
注2：对光化学网格模型（CMAQ或类似的模型），在应用前应根据应用案例提供必要的验证结果。

　　点源、面源和线源需要根据光化学网格模型所选用的化学机理和时空分辨率进行前处理，包括污染物的物种分配和空间分配、点源的抬升计算、所有污染物的时间分配以及数据格式转换等。模型网格上按照化学机理分配好的物种还需要进行月变化、日变化和小时变化的时间分配。

　　光化学网格模型需要的天然源排放数据由天然源估算模型按照光化学网格模型所选用的化学机理模拟提供。天然源估算模型可以根据植被分布资料和气象条件，计算不同模型模拟网格的天然源排放。

　　（三）气象数据

　　1. 估算模型（AERSCREEN）

　　模型所需最高和最低环境温度，一般需选取评价区域近 20 年以上资料统计结果。最小风速可取 0.5 m/s，风速计高度取 10 m。

　　2. AERMOD 和 ADMS

　　地面气象数据选择距离项目最近或气象特征基本一致的气象站的逐时地面气象数据，要素至少包括风速、风向、总云量和干球温度。根据预测精度要求及预测因子特征，可选择观测资料包括：湿球温度、露点温度、相对湿度、降水量、降水类型、海平面气压、地面气压、云底高度、水平能见度等。其中对观测站点缺失的气象要素，可采用经验证的模拟数据或采用观测数据进行插值得到。

　　高空气象数据选择模型所需观测或模拟的气象数据，要素至少包括一天早晚两次不同等压面上的气压、离地高度和干球温度等，其中离地高度 3 000 m 以内的有效数据层数应不少于 10 层。

　　3. CALPUFF

　　地面气象资料应尽量获取预测范围内所有地面气象站的逐时地面气象数据，要素至少包括风速、风向、干球温度、地面气压、相对湿度、云量、云底高度。若预测范围内地面观测站少于 3 个，可采用预测范围外的地面观测站进行补充，或采用中尺度气象模拟数据。

　　高空气象资料应获取最少 3 个站点的测量或模拟气象数据，要素至少包括一天早晚两次不同等压面上的气压、离地高度、干球温度、风向及风速，其中离地高度 3 000 m 以内的有效数据层数应不少于 10 层。

　　4. 光化学网格模型

　　光化学网格模型的气象场数据可由 WRF 或其他区域尺度气象模型提供。气象场应至少涵盖评价基准年 1、4、7、10 月。气象模型的模拟区域范围应略大于光化学网格模型的模拟区域，气象数据网格分辨率、时间分辨率与光化学网格模型的设定相匹配。

　　（四）地形数据

　　原始地形数据分辨率不得小于 90 m。

（五）地表参数

估算模型（AERSCREEN）和 ADMS 的地表参数根据模型特点取项目周边 3 km 范围内占地面积最大的土地利用类型来确定。

AERMOD 地表参数一般根据项目周边 3 km 范围内的土地利用类型进行合理划分。

AERMOD 和 AERSCREEN 所需的区域湿度条件划分可根据中国干湿地区划分进行选择。

CALPUFF 采用模型可以识别的土地利用数据来获取地表参数，土地利用数据的分辨率一般不小于模拟网格分辨率。

（六）模型计算设置

1. 城市/农村选项

当项目周边 3 km 半径范围内一半以上面积属于城市建成区或者规划区时，选择城市，否则选择农村。

当选择城市时，城市人口数按项目所属城市实际人口或者规划的人口数输入。

2. 岸边熏烟选项

对估算模型（AERSCREEN），当污染源附近 3 km 范围内有大型水体时，需选择岸边熏烟选项。

3. 计算点和网格点设置

（1）估算模型（AERSCREEN）在距污染源 10 m～25 km 处默认为自动设置计算点，最远计算距离不超过污染源下风向 50 km。

（2）采用估算模型（AERSCREEN）计算评价等级时，对于有多个污染源的可取污染物等标排放量 P_0 最大的污染源坐标作为各污染源位置。污染物等标排放量 P_0 计算见式（3-84）。

$$P_0 = \frac{Q}{C_0} \times 10^{12} \qquad (3\text{-}84)$$

式中，P_0——污染物等标排放量，$\mathrm{m^3/a}$；

　　　　Q——污染源排放污染物的年排放量，$\mathrm{t/a}$；

　　　　C_0——污染物的环境空气质量浓度标准，$\mathrm{\mu g/m^3}$，取值同式（3-74）中 C_{0i}。

（3）AERMOD 和 ADMS 预测网格点的设置应具有足够的分辨率以尽可能精确预测污染源对预测范围的最大影响。网格点间距可以采用等间距或近密远疏法进行设置，距离源中心 5 km 的网格间距不超过 100 m，5～15 km 的网格间距不超过 250 m，大于 15 km 的网格间距不超过 500 m。

（4）CALPUFF 模型中需要定义气象网格、预测网格和受体网格（包括离散受体）。其中气象网格范围和预测网格范围应大于受体网格范围，以保证有一定的缓冲区域考虑烟团的迂回和回流等情况。预测网格间距根据预测范围确定，应选择足够的分辨率以尽可能精确预测污染源对预测范围的最大影响。预测范围小于 50 km 的网格间距不超过 500 m，预测范围大于 100 km 的网格间距不超过 1 000 m。

（5）光化学网格模型模拟区域的网格分辨率根据所关注的问题确定，并能精确到可以分辨出新增排放源的影响。预测网格间距一般不超过 5 km。

（6）对于邻近污染源的高层住宅楼，应适当考虑不同代表高度上的预测受体。

4. 建筑物下洗

如果烟囱实际高度小于根据周围建筑物高度计算的最佳工程方案（GEP）烟囱高度时，且位于 GEP 的 5L 影响区域内时，则要考虑建筑物下洗的情况。进一步预测考虑建筑物下洗时，需要输入建筑物角点横坐标和纵坐标，建筑物高度、宽度与方位角等参数。

GEP 烟囱高度计算见式（3-85）。

$$GEP \text{ 烟囱高度} = H + 1.5L \qquad (3-85)$$

式中，H——从烟囱基座地面到建筑物顶部的垂直高度，m；

　　　　L——建筑物高度（BH）或建筑物投影宽度（PBW）的较小者，m。

GEP 的 5L 影响区域：每个建筑物在下风向会产生一个尾迹影响区，下风向影响最大距离为距建筑物 5L 处，迎风向影响最大距离为距建筑物 2L 处，侧风向影响最大距离为距建筑物 0.5L 处，即虚线范围内为建筑物影响区域，见图 3-4。

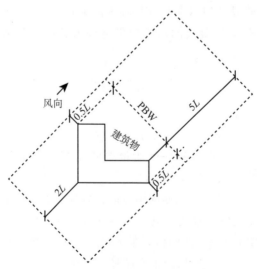

图 3-4　建筑物影响区域

不同风向下的影响区是不同的，所有风向构成的一个完整的影响区域，即虚线范围内，称为 GEP 的 5L 影响区域，即建筑物下洗的最大影响范围，见图 3-5。

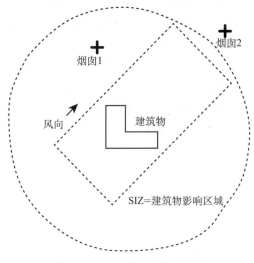

图 3-5　GEP 的 5L 影响区域

图中烟囱 1 在建筑物下洗影响范围内，而烟囱 2 则在建筑物下洗影响范围外。

（七）其他选项

1. AERMOD 模型

（1）颗粒物干沉降和湿沉降。

当 AERMOD 计算考虑颗粒物湿沉降时，地面气象数据中需要包括降雨类型、降雨量、相对湿度和站点气压等气象参数。

考虑颗粒物干沉降需要输入的参数是干沉降速度，用户可根据需要自行输入干沉降速度，也可输入气体污染物的相关沉降参数和环境参数自动计算干沉降速度。

（2）气态污染物转化。

AERMOD 模型的 SO_2 转化算法，模型中采用特定的指数衰减模型，需输入的参数包括半衰期或衰减系数。通常半衰期和衰减系数的关系为：衰减系数（s^{-1}）＝0.693/半衰期（s）。AERMOD 模型中缺省设置的 SO_2 指数衰减的半衰期为 14 400 s。

AERMOD 模型的 NO_2 转化算法，可采用 PVMRM（烟羽体积摩尔率法）、OLM（O_3 限制法）或 ARM2 算法（环境比率法 2）。对于能获取到有效环境中 O_3 浓度及烟道内 NO_2/NO_x 比率数据时，优先采用 PVMRM 或 OLM 方法。如果采用 ARM2 选项，对 1 h 浓度采用内定的比例值上限 0.9，年均浓度内置比例下限 0.5。

2. CALPUFF 模型

CALPUFF 在考虑化学转化时需要 O_3 和 NH_3 的现状浓度数据。O_3 和 NH_3 的现状浓度可采用预测范围内或邻近的例行环境空气质量监测点监测数据，或其他有效现状监测资料进行统计分析获得。

3. 光化学网格模型

（1）初始条件和边界条件。

光化学网格模型的初始条件和边界条件可通过模型自带的初始边界条件处理模块产生，以保证模拟区域范围、网格数、网格分辨率、时间和数据格式的一致性。初始条件使用上一个时次模拟的输出结果作为下一个时次模拟的初始场；边界条件使用更大模拟区域的模拟结果作为边界场，如子区域网格使用母区域网格的模拟结果作为边界场，外层母区域网格可使用预设的固定值或者全球模型的模拟结果作为边界场。

（2）参数化方案选择。

针对相同的物理、化学过程，光化学网格模型往往提供几种不同的算法模块。在模拟中根据需要选择合适的化学反应机理、气溶胶方案和云方案等参数化方案，并保证化学反应机理、气溶胶方案以及其他参数之间的相互匹配。

在应用中，应根据使用的时间和区域，对不同参数化方案的光化学网格模型应用效果进行验证比较。

第四节　大气环境预测模型简介

大气环境导则推荐的模型包括估算模型（AERSCREEN）、进一步预测模型 AERMOD、ADMS、CALPUFF、CMAQ 等。因推荐模型较多，本节仅选取常用的估算模型（AERSCREEN）和进一步预测模型 AERMOD、CALPUFF 予以介绍。

一、AERSCREEN 估算模型

AERSCREEN 为美国国家环境保护局开发的基于 AERMOD 估算模式的单源估算模型，可计算污染源包括点源、带盖点源、水平点源、矩形面源、圆形面源、体源和火炬源，能够考虑地形、熏烟和建筑物下洗的影响，可以输出 1 h、8 h、24 h 平均以及年均地面浓度最大值，评价污染源对周边环境空气的影响程度和范围。

AERSCREEN 主要程序见表 3-48，运行流程见图 3-6。

表 3-48 AERSCREEN 主要程序表

程序	说明
aerscreen. exe	主程序，必需程序。运行时调用其他程序
aermod. exe	估算程序，必需程序
aercreen. exe	调用 AERMOD 的 SCREEN 模式估算污染源影响
makemet. exe	气象程序，必需程序。根据用户给定的气温、土地利用参数等内容，采用其内置的气象组合数据，生成边界层参数数据和廓线数据
aermap. exe	地形程序，复杂地形情况下需要。用于在复杂地形下估算时处理用户提供的地形文件
bpipprm. exe	建筑物程序，建筑物下洗计算时需要。用于考虑建筑物下洗时处理用户提供的建筑物数据

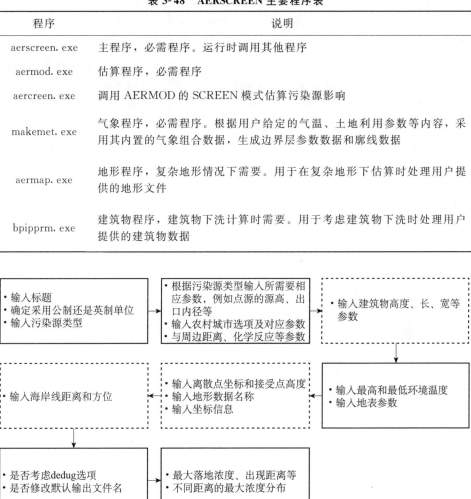

图 3-6 AERSCREEN 运行流程图

AERSCREEN 运行环境为 DOS，操作相对复杂，且缺少可视性。为此，国内有关单位［如石家庄环安科技有限公司、三捷环境工程咨询有限公司、六五软件工作室（SFS）］对该模型进行了界面化或在线计算设计，模型操作手册可去相关单位网站进行下载。

二、AERMOD 模型

AERMOD 模式系统是由美国国家环境保护局联合美国气象学会组建法规模式改善委员会（AERMIC）开发的新一代稳态烟羽扩散模型，系统主要包括AERMOD（大气扩散模型）、AERMET（气象数据预处理模块）和 AERMPAP（地形数据预处理模块）。该模型可模拟预测多个、多种排放源（包括点源、面源和体源等）排放的污染物在短期、长期的浓度分布，适用于乡村环境或城市环境、平坦地形或复杂地形、地面源和高架源等多种排放扩散情形。

AERMOD 模式系统主要运行流程见图 3-7，其中深色框内的部分为最基本的运行模块。

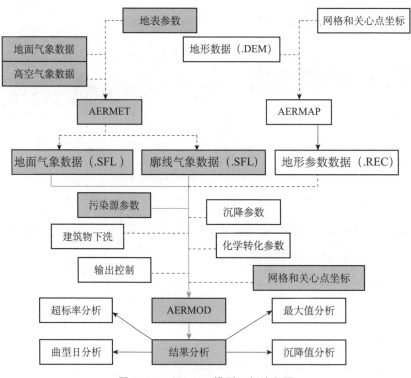

图 3-7　AERMOD 模型运行流程图

目前，国内有关单位［如石家庄环安科技有限公司、三捷环境工程咨询有限公司、六五软件工作室（SFS）］以 AERMOD 为核心模型，根据用户使用习惯和需求开发出了界面化的大气模拟预测软件，大大提高了用户模拟预测的易操作性以及数据分析和图形绘制的方便性。模型操作手册可去相关单位网站进行下载。

三、CALPUFF 模型

CALPUFF 模型是美国国家环境保护局推荐并长期支持开发的空气质量扩散模式,由西格玛研究公司开发,主要包括 CALPUFF(大气扩散模型),CALMET(气象、地形资料预处理模块)和 CALPOST(污染指标后处理模块)。CAL-PUFF 模型系统结构图见图 3-8。

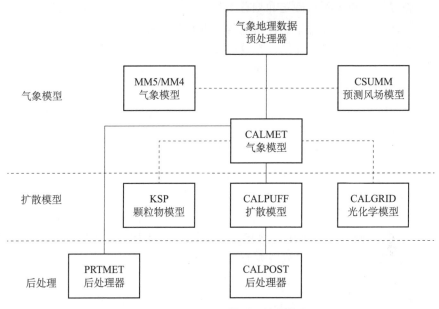

图 3-8 CALPUFF 模型系统结构图

该模型属于多层、多种非定场烟团扩散模型,能模拟三维流场随时间和空间发生变化时的污染物在大气环境中的输送、转化和清除过程,适用于从 50 km 到几百公里范围内的模拟尺度,包括了近距离模拟的计算功能,如建筑物下洗、烟羽抬升、排气筒雨帽效应、次层网格区域的影响(如区域地形的影响),还包括长距离模拟的计算功能,如干、湿沉降引起的污染物清除、化学转化、垂直风切变效应、跨越水面的传输、熏烟效应,以及颗粒物浓度对能见度的影响。

目前,国内有关单位[如石家庄环安科技有限公司、三捷环境工程咨询有限公司、六五软件工作室(SFS)]以 CALPUF 为核心模型,将 CALMET、CAL-PUFF、数据预处理模块及建筑物下洗模型(BPIPRIME)等模块有机地结合在一起,提供了良好的用户界面以及功能较强的数据分析和图形处理功能,并根据国内环评特点进行了外部的扩展,大大提高了用户模拟预测的方便性。

习　题

1. 影响大气污染物地面浓度分布的主要因素有哪些？

2. 简述大气环境质量现状评价和影响评价的程序。

3. 我国通常采用的大气环境质量现状评价的主要数学方法有哪些？

4. 怎样进行大气污染物的生物学评价？可用哪些植物监测大气污染？

5. 怎样根据烟羽形状估计判断大气稳定度和污染物扩散情况？

6. 什么是有效源高？怎样确定烟气抬升高度？

7. 怎样用帕斯奎尔法确定和划分大气稳定度？

8. 如何划分大气环境影响评价的等级和评价范围？

9. 某化工厂排放 SO_2 气体，有效源高 60 m，源强 80 g/s，风速 6 m/s，计算冬季上午 8 点时正下风向 500 m 处 SO_2 的地面浓度（查得 $\sigma_y=35.3$ m，$\sigma_z=18.1$ m）。

10. 采用 AERMOD 预测模型时，地面气象数据和高空气象数据要素分别包括哪些内容？

11. 一级评价项目环境空气质量现状调查包括哪些内容？

12. 一级评价项目环境空气污染源调查包括哪些内容？

13. 如何判定项目所在区域属于达标区或非达标区？

14. 不达标区的评价项目包括哪些预测与评价内容？

15. 大气导则推荐的预测模型有哪些？分别适用于哪类评价项目（从适用污染源、适用排放方式、预测范围方面进行分析）？

参考文献

［1］郝吉明，马广大. 大气污染控制工程（第二版）［M］. 北京：高等教育出版社，2002.

［2］陆雍森. 环境评价（第二版）［M］. 上海：同济大学出版社，1999.

［3］国家环境保护总局监督管理司. 中国环境影响评价培训教材［M］. 北京：化学工业出版社，2000.

［4］丁桑岚. 环境评价概论［M］. 北京：化学工业出版社，2001.

［5］中华人民共和国环境保护行业标准. 环境影响评价技术导则　大气环境（HJ 2.2—2018）［S］. 北京：中国环境出版集团，2018.

第四章　水环境影响评价

第一节　水环境影响评价概述

水是一种宝贵的自然资源，它是人类生存所必需的物质，是农业的命脉。水是一种可以更新的自然资源，它可以通过复原更新和不断地循环利用。尽管地球表面约有 70％被海水覆盖，据估计地球上水的总体积为 $13.6 \times 10^8 \ km^3$，但其中 97％以上为海水，不能直接被人类利用。而淡水只占全球总水量的 3％，而淡水的 77.2％以冰帽和冰川形式存在于极地和高山上，可供人类直接利用的淡水资源是十分有限的，且在地球上的分布是不均匀的，如果对水资源开发利用过度或不合理，就会造成水资源的危机。另外，人类活动产生的废物、废水若不加处理排入水体，造成水体污染，那么就会加剧水资源的危机，影响人类的生存和发展。

一、水体污染

水体受到人类和自然因素的影响，使水的感官性状、物理化学性能、化学成分、生物组成及底质情况产生了恶化，称为水污染。最突出的是由于人类的活动或其他活动产生了废水和废物，这些物质未经处理或未经很好地处理进入水体，其含量超过了水体的自然净化能力，导致水体的质量下降，从而降低了水体的使用价值，这种现象称为水体污染。

二、水污染源

按污染源分布和排放特征可分为点污染源和面污染源。

点污染源是指工业生产过程产生的废水和城市生活污水，一般都是集中从排污口排入水体。面污染源是相对点源而言，面污染又称非点源污染，包括农村灌溉水形成的径流、农村废水、地表径流和其他污染源。非点源是一种分散的污染源，污染物来自大范围或大面积。非点源污染通常是在不确定的时间内，通过不确定的排放途径，向水系排放不确定的污染物质。导致非点源污染的外在因素是降雨径流，降雨停止，径流消失非点源污染也就停止。大多数情况下非人们可以直接控制的。农业非点源污染主要是农业生产活动中，农田中的土粒、氮素、磷素、农药以及其他有机或无机污染物质，在降水过程中通过农田地表径流和地下渗漏，使大量污染物质进入水体，污染了水质。农业非点源污染在降水期特别是暴雨期间对水体污染最为严重。

三、污染源的分类

按污染性质分类，分为 4 种：持久性污染物排放源、非持久性污染物排放源、酸碱度污染源、热污染源。

持久性污染物：在地表水中不能或很难由于物理、化学、生物作用而产生分解、沉淀或挥发。如汞、镉、铬、砷、铅、苯并 [a] 芘等。

非持久性污染物：在地表水中由于物理、化学、生物作用而逐步减少的污染物。

四、水环境标准

水环境标准包括：环境质量标准、污染物排放标准、环境方法标准、环境基础标准、环境样品标准、环境保护行业标准等。

在排放标准中，由国务院环境保护行政主管部门颁布的综合排放标准、行业排放标准或专项污染物的排放标准。由省、自治区、直辖市人民政府颁布的地方排放标准。根据水污染防治法的规定，凡是有地方排放标准的，应当执行地方标准，地方标准中没有的项目执行国家标准。综合排放标准和行业排放标准之间的关系是"不交叉执行"，有行业标准的执行行业标准，没有行业标准的执行综合排放标准。

在环境影响评价技术导则地表水环境中可以涉及的标准包括：

GB 3097 海水水质标准

GB 3838 地表水环境质量标准

GB 5084 农田灌溉水质标准

GB 11607 渔业水质标准

GB 17378 海洋监测规范

GB 18421 海洋生物质量

GB 18486 污水海洋处置工程污染控制标准

GB 18668 海洋沉积物质量

GB 50179 河流流量测验规范

GB/T 12763 海洋调查规范

GB/T 14914 海滨观测规范

GB/T 19485 海洋工程环境影响评价技术导则

GB/T 25173 水域纳污能力计算规程

HJ 2.1 建设项目环境影响评价技术导则　总纲

HJ 442 近岸海域环境监测规范

HJ 942 排污许可证申请与核发技术规范　总则

HJ/T 91 地表水和污水监测技术规范

HJ/T 92 水污染物排放总量监测技术规范

SL/T 278 水利水电工程水文计算规范

在环境影响评价技术导则地下水环境中可以涉及的标准包括：

GB 3838 地表水环境质量标准

GB 5749 生活饮用水卫生标准

GB/T 14848 地下水质量标准

GB 16889 生活垃圾填埋场污染控制标准

GB 18597 危险废物贮存污染控制标准

GB 18598 危险废物填埋场污染控制标准

GB 18599 一般工业固体废物贮存和填埋污染控制标准

GB 50027 供水水文地质勘察规范

GB 50141 给水排水构筑物工程施工及验收规范

GB 50268 给水排水管道工程施工及验收规范

GB/T 50934 石油化工工程防渗技术规范

HJ 2.1 环境影响评价技术导则　总纲

HJ 2.3 环境影响评价技术导则　地表水环境

HJ 25.1 场地环境调查技术导则

HJ 25.2 场地环境监测技术导则

HJ 164 地下水环境监测技术规范

HJ 338 饮用水水源保护区划分技术规范

GB/T 14848 地下水质量标准

标准引用文件或者其中的条款，未注明日期的引用文件都是适用最新的版本。

五、术语与定义

地表水（surface water）：存在于陆地表面的河流（江河、运河及渠道）、湖泊、水库等地表水体以及入海河口和近岸海域。

水环境保护目标（water environment protection target）：饮用水水源保护区、饮用水取水口，涉水的自然保护区、风景名胜区，重要湿地、重点保护与珍稀水生生物的栖息地、重要水生生物的自然产卵场及索饵场、越冬场和洄游通道，天然渔场等渔业水体，以及水产种质资源保护区等。

水污染当量（water pollution equivalent）：根据污染物或者污染物排放活动对地表水环境的有害程度以及处理的技术经济性，衡量不同污染物对地表水环境污染的综合性指标或者计量单位。

控制单元（control unit）：综合考虑水体、汇水范围和控制断面三要素而划定的水环境空间管控单元。

生态流量（ecological flows）：满足河流、湖库生态保护要求、维持生态系统结构和功能所需要的流量（水位）与过程。

安全余量（margin of safety）：考虑污染负荷和受纳水体水环境质量之间关系的不确定性因素，为保障受纳水体水环境质量改善目标安全而预留的负荷量。

第二节　水环境质量现状评价

水环境是河流、湖泊、海洋、地下水等各种水体的总称。水环境是一个统一的整体。河流和湖泊等地面水体与地下水是相互补充、相互影响的，海洋是内陆水的受体。一个水体是由水、底质和水生物三部分组成的，它们之间是相互联系、相互影响的。在进行水环境评价时，一定要注意水体之间和水体内各组成部分之间的相互关系。

造成水体污染的任何污染物进入水体后都有其本身的运动规律和存在形式。它们在不同地区和不同水域都有很大差别，进行水质评价时，就需了解和掌握主要污染物在运动过程中可能产生的变化趋势。为此，我们要研究水环境变化的时间和空间规律。在时间因素上，要掌握不同时期、不同季节污染物动态变化规律；在空间因素上，需要掌握水体的不同位置（例如，河流的上游、下游河段）、不同深度水的质量参数的变化规律，只有了解这些基本规律才能使水体质量评价具有典型和代表性的特点。

一、地表水质量评价

地表水质量评价的方法包括水环境指数法、生物学评价方法和概率统计方法等，首先介绍水环境指数评价方法。

（一）水质指数法

在《环境影响评价技术导则　地表水环境》（HJ 2.3—2018）中推荐的一种方法。

1. 一般性水质因子（随着浓度增加而水质变差的水质因子）的指数计算公式：

$$S_{i,j} = C_{i,j} \,/\, C_{si} \qquad\qquad (4\text{-}1)$$

式中，$S_{i,j}$——评价因子 i 的水质指数，大于 1 表明该水质因子超标；

　　　　$C_{i,j}$——评价因子 i 在 j 点的实测统计代表值，mg/L；

　　　　C_{si}——评价因子 i 的 水质评价标准限值，mg/L。

2. 溶解氧（DO）的标准指数计算公式：

$$S_{\mathrm{DO},j} = \mathrm{DO}_s/\mathrm{DO}_j \qquad\qquad \mathrm{DO}_j \leqslant \mathrm{DO}_f \qquad (4\text{-}2)$$

$$S_{\mathrm{DO},j} = \frac{|\,\mathrm{DO}_f - \mathrm{DO}_j\,|}{\mathrm{DO}_f - \mathrm{DO}_s} \qquad \mathrm{DO}_j > \mathrm{DO}_f \qquad (4\text{-}3)$$

式中，$S_{\mathrm{DO},j}$——溶解氧的标准指数，大于 1 表明该水质因子超标；

　　　　DO_j——溶解氧在 j 点的实测统计代表值，mg/L；

　　　　DO_s——溶解氧的水质评价标准限值，mg/L；

　　　　DO_f——饱和溶解氧浓度，mg/L。对于河流，$\mathrm{DO}_f = 468/(31.6 + T)$，对于盐度比较高的湖泊、水库及入海河口、近岸海域，$\mathrm{DO}_f = (491 - 2.65S)/(33.5 + T)$；

　　　　S——实用盐度符号，量纲一；

　　　　T——水温，℃。

3. pH 的指数计算公式：

$$S_{\mathrm{pH},j} = \frac{7.0 - \mathrm{pH}_j}{7.0 - \mathrm{pH}_{sd}} \qquad \mathrm{pH}_j \leqslant 7.0 \qquad (4\text{-}4)$$

$$S_{\mathrm{pH},j} = \frac{\mathrm{pH}_j - 7.0}{\mathrm{pH}_{su} - 7.0} \qquad \mathrm{pH}_j > 7.0 \qquad (4\text{-}5)$$

式中，$S_{\mathrm{pH},j}$——pH 的指数，大于 1 表明该水质因子超标；

　　　　pH_j——pH 实测统计代表值；

　　　　pH_{sd}——评价标准中 pH 的下限值；

　　　　pH_{su}——评价标准中 pH 的上限值。

（二）一般型水环境指数

1. 内梅罗（N. L. Nemerow）污染指数

美国叙拉古大学的内梅罗在《河流污染科学分析》一书中提出了该污染指数。

内梅罗选取以下各项作为计算水质指标的参数，即温度、颜色、透明度、pH、大肠杆菌数、总溶解固体、悬浮固体、总氮、碱度、氯、铁和锰、硫酸盐、溶解氧。

他将水的用途划分为三类，即：

（1）人类接触使用的：包括饮用、游泳、制造饮料等。

（2）间接接触使用：包括养鱼、工业食品制造、农业用等。

（3）不接触使用：包括工业冷却水、公共娱乐及航运等。

根据水的不同用途，拟定了相应的水质标准，作为计算水质指标的依据，进而计算出各种用途的水的水质指标值。根据划分的水的用途，内梅罗先建立了分指数，即：

$$PI_j = \{[(C_i/L_{ij})^2 \text{ 平均} + (C_i/L_{ij})^2 \text{ 最大}]/2\}^{1/2} \tag{4-6}$$

式中，PI_j——j 类水用途指数；

$\quad C_i$——i 污染物的实测浓度；

$\quad L_{ij}$——i 污染物对应 j 类水用途的标准。

在计算各（C_i/L_{ij}）值时，认为这种（C_i/L_{ij}）值指的是相对污染情况，它反映 j 类用途的水受到污染的情况，而这种污染可表现在处理设施的必要花费上。但不同的（C_i/L_{ij}）值，给水质带来的污染和所需要的处理费用是不同的，往往并不和它们在（C_i/L_{ij}）值中的比例相一致。为了使指数能够反映水体的污染程度，在计算（C_i/L_{ij}）值的方法中应加以修正：

$$\text{当} C_i/L_{ij} \leqslant 1.0 \text{ 时}, C_i/L_{ij} \text{ 为实测值}$$

$$\text{当} C_i/L_{ij} > 1.0 \text{ 时}, C_i/L_{ij} = 1.0 + Plg(C_i/L_{ij}) \tag{4-7}$$

式中，P——常数，一般取 5.0。

内梅罗认为上述算出的只是某一种水用途 j 的值，而在分析污染控制问题的区域利益方面，则必须考虑到目前该区中水的一切用途，算出总的水污染指数 PI。他建议用一个区域中所计算出的各种用途的 PI_j 来计算 PI，即需将一个区域各种水用途的相对重要性确定出来，得出一些简单的常数值（W_j），而使（$\sum W_j = 1$），然后把各个 W_j 值作为各 PI_j 值的数值，最后求出 PI。即：

$$PI = \sum (W_j PI_j) \tag{4-8}$$

该指数两个明显的特点是兼顾考虑最高值（C_i/L_{ij}）与平均值（C_i/L_{ij}）和不同类的水用途对整个评价区域水体的影响。

2. 北京西郊水质量系数

$$P = \sum C_i / S_i \tag{4-9}$$

式中，C_i——各种污染物实测浓度，mg/L；

S_i——各种污染物的地面水卫生标准，mg/L。

根据北京西郊河流具体情况，用 P 值将地面水分为七个等级，见表 4-1。

表 4-1　北京西郊水质质量系数分级

级别	P 值	级别	P 值
清洁	<0.2	轻度污染	5.0～10.0
微污染	0.2～0.5	严重污染	10.0～100
轻污染	0.5～1.0	极严重污染	>100
中度污染	1.0～5.0		

3. 南京水域质量综合指标

在南京城区环境质量综合评价中提出了水域质量综合指标 $I_{水}$

$$I_{水} = 1/n \cdot \sum W_i P_i \tag{4-10}$$

$$P_i = C_i S_i \tag{4-11}$$

$$\sum W_i = 1 \tag{4-12}$$

式中，P_i——各污染物分指数；

C_i——i 污染物的实测浓度；

W_i——污染物的权重；

n——污染物种类。

共选了砷、酚、氰、铬、汞作评价参数，按 $I_{水}$ 值定出水域的水质分级标准，见表 4-2。

表 4-2　南京水域质量综合指标分级

$I_{水}$ 值	级别	分类依据
<0.2	清洁	多数项目未检出，个别项目检出，也在标准内
0.2～0.4	尚清洁	检出值均在标准内，个别值接近标准
0.4～0.7	轻污染	有 1 项检出值超过标准
0.7～1.0	中污染	有 1～2 项检出值超过标准
1.0～2.0	重污染	全部或相当部分监测项目检出值超过标准
>2.0	严重污染	相当部分项目检出值超过标准 1 倍到数倍

4. 有机污染综合评价值

我国环境科学工作者鉴于上海地区黄浦江等河流的水质受有机污染突出的问题，进行了一系列研究，综合出氨氮与溶解氧饱和百分率之间的相互关系，在此基础上提出了有机污染综合评价值 A，其定义为：

$$A = BOD_i/BOD_0 + COD_i/COD_0 + NH_3\text{-}N_i/NH_3\text{-}N_0 - DO_i/DO_0 \quad (4\text{-}13)$$

式中，　　　　　　　A——综合污染评价指数；

　　　　BOD_i、BOD_0——BOD 的实测值和评价标准；

　　　　COD_i、COD_0——COD 的实测值和评价标准；

　　$NH_3\text{-}N_i$、$NH_3\text{-}N_0$——$NH_3\text{-}N$ 的实测值和评价标准；

　　　　　DO_i、DO_0——溶解氧的实测值和评价标准。

可见根据有机污染物为主的情况，评价因子只选了代表有机污染状况的 4 项，其中溶解氧项前面的负号表示它对水质的影响与上述三项污染物相反。上式也可以改写成：

$$A = BOD_i/BOD_0 + COD_i/COD_0 + NH_3\text{-}N_i/NH_3\text{-}N_0 +$$
$$(DO_饱 - DO_i)/(DO_饱 - DO_0) \quad (4\text{-}14)$$

式中，$DO_饱$——实测水温条件下中饱和溶解氧浓度。

在计算时，根据黄浦江的具体情况，各项标准规定如下：

$BOD_0 = 4\ mg/L$；$COD_0 = 6\ mg/L$；$NH_3\text{-}N_0 = 1\ mg/L$；$DO_0 = 4\ mg/L$

由公式可以看出，当前三项分别大于 1，第 4 项小于 1 时，则 A 值必大于 2。

因此，定 $A \geqslant 2$ 作为开始受到有机污染的标志，并根据 A 值的大小，分级评定水质受到有机物质污染的程度，结合黄浦江的具体情况，水质质量评价分级如表 4-3 所示。

表 4-3　黄浦江水质质量评价分级

A 值	污染程度分级	水质质量评价
<0	0	良好
0~1	1	较好
1~2	2	一般
2~3	3	开始污染
3~4	4	中等污染
>4	5	严重污染

（三）分级型水环境指数

1. 罗斯（S. L. Ross）水质指数

Ross 在总结以前的水质指数的基础上，对英国克鲁多河干支流进行了水质评价的研究，提出了一种较简明的水质指数。

在较多监测项目中如 pH、悬浮固体、氨氮、BOD、碱度、硝酸盐、亚硝酸盐氮、总硬度、DO、氯、磷酸盐等中选用悬浮固体、BOD、DO、氨氮和磷酸盐为评价参数。在工作过程中又发现磷酸盐影响较小而舍去。最后为四个参数，并分别给予权重（表 4-4）。

表 4-4　各评价参数权重

参数	BOD	氨氮	悬浮固体	DO
权重系数	3	3	2	2

其中 DO 可用浓度和饱和百分数两种表示，各取权值为 1，所有权值加得 10。

在计算水质指数时，不直接用各参数的测定值或相对污染值来统计，而是先把它们分成等级，然后按等级进行计算（表 4-5），其计算式为：

$$\text{WQI} = \sum 分级值 / \sum 权重值 \tag{4-15}$$

规定 WQI 值用整数表示，这样就将水质指数分成 0～10 的 11 个等级，数值越大，则水质越好，各级指数可进行如下分级：

WQI=10　天然纯净水

WQI=8　轻度污染水

WQI=6　污染水

WQI=3　严重污染水

WQI=0　水质类似腐败的原污水

表 4-5　水质指数各参数的评分尺度

悬浮固体		BOD		氨氮		DO		DO	
浓度/(mg/L)	分级	浓度/(mg/L)	分级	浓度/(mg/L)	分级	饱和度/%	分级	浓度/(mg/L)	分级
0～10	20	0～2	30	0～0.2	30	90～105	10	>9	10
10～20	18	2～4	27	0.2～0.5	24	80～90		8～9	8
20～40	14	4～6	24	0.5～1.0	18	105～120	8	6～8	6
40～80	10	6～10	18	1.0～2.0	12	60～80		4～6	4
80～150	6	10～15	12	2.0～5.0	6	>120	6	1～4	2
150～300	2	15～25	6	5.0～10.0	3	40～60	4	0～1	0
>300	0	25～50	3	>10.0	0	10～40	2		
		<50	0			0～10	0		

2. 布朗水质指数（WQI）

1970 年，R. M. Brown 等发表了评价水质污染的水质指数（WQI）。他们对 35 种水质参数征求 142 位水质管理专家的意见，选取了 11 种重要水质参数。即溶解氧、BOD_5、混浊度、总固体、硝酸盐、磷酸盐、pH、温度、大肠杆菌、杀虫剂、有毒元素等，然后由专家进行不记名投票，确定每个参数的相对重要权系数。水质指数 WQI 按式（4-16）计算：

$$WQI = \sum W_i P_i \qquad \sum W_i = 1 \qquad\qquad (4-16)$$

式中，WQI——水质指数，其数值在 0～100；

P_i——第 i 个参数的质量，其数值在 0～100；

W_i——第 i 个参数的权重值，其数值在 0～1。

表 4-6　9 个参数的重要性评价及权重系数

水质参数	重要性评价值	中介权重	最后的权重 W_i
溶解氧	1.4	1.0	0.17
大肠杆菌密度	1.5	0.9	0.15
pH	2.1	0.7	0.12
BOD_5	2.3	0.6	0.10
硝酸盐	2.4	0.6	0.10
磷酸盐	2.4	0.6	0.10
温度	2.4	0.6	0.10
混浊度	2.9	0.5	0.08
总固体	3.2	0.4	0.08
合计		$\sum = 5.9$	$\sum = 1.00$

3. W 值水质评价方法

W 值水质评价方法的评价顺序是：赋予各项监测值以评分数，将评分数转换成数学模式，再对水质进行污染分级，写出污染表达式。最后，计算各河流（或河段、水域）的综合污染系数。

（1）监测项目与评分标准。

为了全面评价地表水体，原则上讲，所有项目都应监测。一般情况下，BOD_5、DO、COD、挥发酚、氰化物、Cu、As、Hg、Cd、Cr^{6+}、氨氮、阳离子合成洗涤剂（ABS）、石油等 13 项是必须监测的。

对地表水水质的单一项目或污染物的评分用"地表水水质单一项目或毒物的分级与评分标准"（表 4-7）。表中把单一项目或污染物的含量分为 I 级、II 级、III 级、IV 级、V 级，评分时一般分别给予 10 分、8 分、6 分、4 分、2 分。10

分最理想，2 分最差。表中 I 级除 DO、BOD_5、COD_{Mn}、Cu 外，其他为饮用水标准；DO、BOD_5、COD_{Mn} 是根据大量监测资料确定的；Cu 为水产用水标准。II 级除 ABS 外，等于或小于水产用水标准。III 级为地表水标准；IV 级为农田灌溉用水标准；大于农田灌溉用水标准的数值为 V 级。

（2）数学模式。

为了概括地表水水质监测的总项数和各级别的项数，采用数学模式，其写法为：

$$S\ N_{10}^n\ N_8^n\ N_6^n\ N_4^n\ N_2^n \tag{4-17}$$

式中，　　　　　　　　　　　S——监测总项数；

N_{10}^n、N_8^n、N_6^n、N_4^n、N_2^n——分别为监测值得 10 分、8 分、6 分、4 分、2 分的项数。

表 4-7　地表水水质单一项目或毒物的分级评分标准

分级	I		II		III		IV		V	
	mg/L	评分	mg/L	评分	mg/L	评分	mg/L	评分	mg/L	评分
DO	$\geqslant 5$	10	$\geqslant 5$	10	$\geqslant 4$	8	$\geqslant 3$	4	< 3	2
BOD_5	$\leqslant 2$	10	$\leqslant 3$	8	$\leqslant 4$	6	$\leqslant 10$	4	> 10	2
COD_{Mn}	$\leqslant 5$	10	$\leqslant 8$	8	$\leqslant 10$	6	$\leqslant 25$	4	> 25	2
酚	$\leqslant 0.002$	10	$\leqslant 0.01$	8	$\leqslant 0.01$	8	$\leqslant 1$	4	> 1	2
CN	$\leqslant 0.01$	10	$\leqslant 0.02$	8	$\leqslant 0.05$	6	$\leqslant 0.5$	4	> 0.5	2
Cu	$\leqslant 0.01$	10	$\leqslant 0.01$	8	$\leqslant 0.1$	6	$\leqslant 1.0$	4	> 1.0	2
As	$\leqslant 0.02$	10	$\leqslant 0.03$	8	$\leqslant 0.04$	6	$\leqslant 0.1$	4	> 0.1	2
Hg	$\leqslant 0.001$	10	$\leqslant 0.001$	10	$\leqslant 0.001$	10	$\leqslant 0.005$	4	> 0.005	2
Cd	$\leqslant 0.01$	10	$\leqslant 0.01$	10	$\leqslant 0.01$	10	$\leqslant 0.1$	4	> 0.1	2
Cr^{6+}	$\leqslant 0.05$	10	$\leqslant 0.05$	10	$\leqslant 0.05$	10	$\leqslant 0.1$	4	> 0.1	2
石油	0	10	$\leqslant 0.05$	8	$\leqslant 0.3$	6	$\leqslant 10$	4	> 10	2
NH_4^+-N	$\leqslant 0.2$	10	$\leqslant 0.5$	8	$\leqslant 1.0$	6	$\leqslant 30$	4	> 30	2
ABS	$\leqslant 0.3$	10	$\leqslant 0.4$	8	$\leqslant 0.5$	6	$\leqslant 5$	4	> 5	2

其中得 4 分和 2 分的项数为超过地表水标准的项数。例如，某监测点的数学模式为：$8N_{10}^4 N_8^1 N_6^0 N_4^2 N_2^1$，表示监测总项数为 8 项，其中得 10 分的 4 项，8 分的 1 项，6 分的 0 项。4 分的 2 项，2 分的 1 项，有 3 项超地表水标准。

（3）污染分级。

地表水水质的综合评价分五级，即 W1 级——第一级（优秀级），也叫饮用级；W2 级——第二级（良好级），也叫水产级；W3 级——第三级（标准级），也叫地表级；W4 级——第四级（污染级），也叫污灌级；W5 级——第五级（重污染级），也叫弃水级。

（4）污染表达式。

为了一目了然地表示监测项数、污染级别和超标项数，采用"污染表达式"，其写法是

$$SWJ-C \tag{4-18}$$

式中，S——监测总项数；

WJ——污染级别；

C——超标项数。

如 13W2—1 这一污染表达式，表示监测项数为 13 项，水质属 W2 级，有一项超过地表水水质标准。

二、地表水水体底质的评价

在《环境影响评价技术导则　地表水环境》（HJ 2.3—2018）中推荐底泥污染指数法。

底泥污染指数计算公式：

$$P_{i,j}=C_{i,j}/C_{s,i} \tag{4-19}$$

式中，$P_{i,j}$——底泥污染因子 i 的单项污染指数，大于 1 表明该污染因子超标；

$C_{i,j}$——调查点位污染因子 i 的实测值，mg/L；

$C_{s,i}$——污染因子 i 的评价标准值或参考值，mg/L。

底泥污染评价标准值或参考值，可以根据土壤环境质量标准或所在水域底泥的背景值，确定底泥污染评价标准值或参考值。

三、地下水质量评价方法

自然界中影响地下水质量的有害物质很多。无机化合物有几十种，有机化合物有上百种，能溶解于水中的有 70 多种。在不同地区，由于工业布局不同，污染源的差异很大，污染物的种类也不相同。因此，影响地下水质量的因子选择，要根据评价区的具体情况而定，大致可考虑的评价参数可分成以下几类。

第一类是构成地下水化学类型和反映地下水性质的常规水化学组成的一般理化指标，有 K^+、Na^+、Ca^{2+}、Mg^{2+}、SO_4^{2-}、Cl^-、HCO_3^-、NH_4^+、NO_2^-、NO_3^-、pH、矿化度、总硬度、溶解氧、耗氧量等。

第二类是常见的重金属和非金属物质，有 Hg、Cr、Cd、Pb、As、F、

CN 等。

第三类是有机物，有机酚、有机氯、有机磷以及其他工业排放的有机毒物。

第四类是细菌、寄生虫卵、病毒等。

各地区在评价地下水质量时，除第一类反映地下水质量的一般理化指标必须监测之外，要根据各地区的污染特点来选择评价因子。地下水质量评价方法有以下几种。

1. 标准指数法

《环境影响评价技术导则　地下水环境》（HJ 610—2016）推荐的地下水水质应采用标准指数法。标准指数＞1，表明该水质因子已超标，标准指数越大，超标越严重。标准指数计算公式分为以下两种情况：

（1）对于评价标准为定值的水质因子，其标准指数计算方法见式（4-20）：

$$P_i = \frac{C_i}{C_{s_i}} \tag{4-20}$$

式中，P_i——第 i 个水质因子的标准指数，量纲一；

$\quad\quad C_i$——第 i 个水质因子的监测浓度值，mg/L；

$\quad\quad C_{si}$——第 i 个水质因子的标准浓度值，mg/L。

（2）对于评价标准为区间值的水质因子（如：pH），其标准指数计算方法见式（4-21）：

$$P_{pH} = \frac{7.0 - pH}{7.0 - pH_{sd}} \quad\quad pH \leqslant 7 \text{ 时}$$

$$P_{pH} = \frac{pH - 7.0}{pH_{su} - 7.0} \quad\quad pH > 7 \text{ 时} \tag{4-21}$$

式中，P_{pH}——pH 的标准指数，量纲一；

$\quad\quad pH$——pH 监测值；

$\quad\quad pH_{su}$——标准中 pH 的上限值；

$\quad\quad pH_{sd}$——标准中 pH 的下限值。

2. 统计法

以监测点的检出值与背景值或生活饮用卫生指标比较作依据。对监测区污染物质平均含量变化、监测样、监测井的超标率及其分布规律进行污染程度的评价。此法适用于环境水文地质条件简单、污染物质单一的地区采用。

3. 综合指数法

按内梅罗污染指数，根据 P 值，参照《地下水质量标准》（GB/T 14848—2017），划分地下水质量标准，见表 4-8。

表 4-8　地下水评价分级

级别	优良	良好	较好	较差	极差
P_{ij}	＜0.80	0.80～2.50	2.50～4.25	4.25～7.20	7.0

四、水环境质量生物学评价

水生生物与它们生存的水环境是相互依存、相互影响的统一体。水体受到污染后，必然对生存在其中的生物产生影响，生物也对此做出其不同的反应和变化。其反应和变化是水环境评价的良好指标——这是水环境质量生物学评价的基本依据和原理。

1. 一般描述对比法

该类方法主要根据调查水体中水生生物的区系组成。种类、数量、生态状况、资源特性等的描述，并和该区域内同类型水体或同一水体的历史状况进行比较，据此做出水体的水质评价。这是定性的方法，没有标准，可比性差，但要求评价人员具有较丰富的污染生态学方面的知识和经验。

2. 指示生物法

主要根据对水体中有机污染或某种特定污染物质敏感的或有较高耐量的生物种类的存在或缺失，来指示水体中有机物或某种特定污染物的多寡与污染程度，即指示生物法。

选作指示种的生物最好是那些生命较长，比较固定生活于某处的生物。因为它们在较长时期内能反映所在环境的综合影响。一般静水中主要用底栖动物或浮游生物，在流水中主要用底栖生物或着生生物。大型无脊椎动物是应用较多的指示生物。为了较准确评价水质，最好将指示生物鉴定到种，因为同一大类中不同种的生物对污染的敏感或耐受程度是不同的。

3. 生物指数法

由污染引起的水质变化对生物群落的生态效应，主要有六个方面：

（1）某些对污染有指示价值的生物种类出现或消失，导致群落结构的种类组成变化；

（2）群落中生物种类数，在污染严重的条件下减少，在水质较好时增加，但过于清洁的条件下，因食物缺乏，种类数也会减少；

（3）组成群落的个别种群变化；

（4）群落中种类组成比例的变化；

（5）自养—异养程度上的变化；

（6）生产力的变化。

把水质变化引起的对生物群落的生态效应用数学方法表达出来，可得到群落结构的定量数值，这就是生物指数。根据反映的群落结构的内容不同，生物指数可有多种形式，应用时，最好用几种不同生物指数进行综合评价。

①贝克（Beck）指数。

　　按底栖大型无脊椎动物对有机污染的耐性分成两类：I类是不耐有机污染的种类；II类是能忍受中等程度的污染但非完全缺氧条件的种类。将一个调查点内I和II类动物种类数 n_I 和 n_{II}，按 $I=2n_I+n_{II}$ 公式计算生物指数。此法要求调查采集的各监测站的环境因素力求一致，如水深、流速、底质、水草有无等。这种生物指数值，在净水中为10以上，中等污染时为1~10，重污染时为0。

　　②硅藻类生物指数。

　　即用河流中硅藻的种类计算生物指数。其计算公式为：

$$I = (2A + B - 2C)/(A + B - C) \times 100 \tag{4-22}$$

式中，A——不耐有机污染的种类；

　　　　B——对有机污染无特殊反应种类数；

　　　　C——有机污染区内独有生存的种类数。

　　③生物学污染指数（BIP）

　　Horasawa（1942）提出生物学污染指数（BIP）计算公式为：

$$BIP = B/(A + B) \times 100 \tag{4-23}$$

式中，A——生产者（藻类）数量；

　　　　B——消费者（原生动物）数量。

　　他提出下列数值为例，划分污染带：BIP值0.6为清水带；BIP值12.0为中度分解带；BIP值30.9为强烈分解带；BIP值55.1为腐生带。

　　4. 种的多样性指数

　　一群落中的种的多样性，是群落生态水平的独特的生物学特征。环境条件变化之后，会造成群落结构的明显变化。例如，环境污染之后，会导致被污染水体生物群落内总的生物种类下降，而耐污染种类的个体数却增加了。因此，种的多样性指数可以用来评价水质。种的多样性指数很多，较重要的几种如下。

　　（1）格立松（Gleason）多样性指数。

$$d = S/\ln N \tag{4-24}$$

式中，S——种类数；

　　　　N——个体数；

　　　　d——值越大，表示水质越干净。

　　（2）Simpson 多样性指数。

$$d = 1 - \sum (n_i/N)^2 \tag{4-25}$$

$$或：d = 1/\sum (n_i/N)^2$$

式中，n_i——i 种的个体数（或其他现存量参数）；

　　　　N——总个体数（或其他现存量参数）。

　　（3）Shannon-Wiener 多样性指数。

$$H = -\sum (n_i/N)\ln(n_i/N) \tag{4-26}$$

式中，n_i 和 N——同式（4-25）。

5. 生产力

生产力是生物群落或群落在一个生态系统内物质转移及能量流的一个指标。它以有机物的生产过程和分解过程的强度为依据来评价水体被污染程度，是生物学评价水质的另一类方法，常用的有：

（1）P/R 值。

根据群落的初级生产量（P）和呼吸量（R）的比率划分污染等级。P/R 值在水质正常时一般为 1 左右，如偏离过大，则表明污染。

（2）自养指数。

$$\text{AI} = \text{去灰分量（mg/m}^2\text{）} / \text{叶绿素（mg/m}^2\text{）} \tag{4-27}$$

AI 值在 50～100，表示水体未受污染，大于 100 则表示污染。

五、湖泊环境质量现状评价

湖泊环境质量的现状评价主要包括以下几个方面：水质评价、底质评价、生物评价和综合评价。由于地面水体的水质评价、底质评价和生物评价方法前面都已介绍过，这里只介绍湖泊环境质量的综合评价方法。

在进行湖泊水质评价、底质评价和生物评价的基础上，可进行湖泊环境质量的综合评价。综合评价方法有三种，算术平均值法、选择最大值法和加权法。

加权法的各监测点的综合污染指数和综合分级数可按下式计算：

$$I = \sum I_i W_i \tag{4-28}$$

$$M = \sum M_i W_i \tag{4-29}$$

式中，W_i——水质、底质和生物评价分别在综合评价中所占的权重；

　　　　M_i——水质、底质和生物评价的分级值；

　　　　M——监测点的综合分级值；

　　　　I——监测点的综合污染指数。

把各监测点的综合污染指数 I 和综合分级值 M 点绘在采样点分布图上，做出等值线图，然后按面积加权求出湖泊的总污染指数和总分级值。

第三节　地表水环境影响评价

水环境影响评价的目的是定量地预测未来的开发行动或建设项目向受纳水体

排放的污染物的量，确定建设前水体环境背景的状况，分析建设项目投产后水环境质量的变化；解释污染物质在水体中的输送和降解规律；提出建设项目和区域环境污染物的控制和防治对策。

一、地表水评价等级、范围和工作程序

（一）评价等级

建设项目地表水环境影响评价等级按照影响类型、排放方式、排放量或影响情况、受纳水体环境质量现状、水环境保护目标等综合确定。水污染影响型建设项目主要根据废水排放方式和排放量划分等级，见表 4-9。

表 4-9　水污染影响型建设项目评价等级判定表

评价等级	判定依据	
	排放方式	废水量 $Q/$（m^3/d）；水污染物当量数 $W/$（量纲一）
一级	直接排放	$Q \geqslant 20\,000$ 或 $W \geqslant 600\,000$
二级	直接排放	其他
三级 A	直接排放	$Q < 200$ 且 $W < 6\,000$
三级 B	间接排放	—

注 1：水污染物当量数等于该污染物的年排放量除以该污染物的污染当量值，计算排放污染物的污染物当量数，应区分第一类水污染物和其他类水污染物，统计第一类污染物当量数总和，然后与其他类污染物按照污染物当量数从大到小排序，取最大当量数作为建设项目评价等级确定的依据。

2：废水排放量按行业排放标准中规定的废水种类统计，没有相关行业排放标准要求的通过工程分析合理确定，应统计含热量大的冷却水的排放量，可不统计间接冷却水、循环水及其他含污染物极少的清净下水的排放量。

3：厂区存在堆积物（露天堆放的原料、燃料、废渣等以及垃圾堆放场）、降尘污染的，应将初期雨污水纳入废水排放量，相应的主要污染物纳入水污染当量计算。

4：建设项目直接排放第一类污染物的，其评价等级为一级；建设项目直接排放的污染物为受纳水体超标因子的，评价等级不低于二级。

5：直接排放受纳水体影响范围涉及饮用水水源保护区、饮用水取水口、重点保护与珍稀水生生物的栖息地、重要水生生物的自然产卵场等保护目标时，评价等级不低于二级。

6：建设项目向河流、湖库排放温排水引起受纳水体水温变化超过水环境质量标准要求，且评价范围有水温敏感目标时，评价等级为一级。

7：建设项目利用海水作为调节温度介质，排水量 $\geqslant 500$ 万 m^3/d，评价等级为一级；排水量 < 500 万 m^3/d，评价等级为二级。

8：仅涉及清净下水排放的，如其排水水质满足受纳水体水环境质量标准要求的，评价等级为三级 A。

9：依托现有排放口，且对外环境未新增排放污染物的直接排放建设项目，评价等级参照间接排放，定为三级 B。

10：建设项目生产工艺中有废水产生，但作为回水利用，不排放到外环境的，按三级 B 评价。

　　直接排放建设项目评价等级分为一级、二级和三级 A，根据废水排放量、水污染物污染当量数确定。间接排放建设项目评价等级为三级 B。

　　水文要素影响型建设项目评价等级划分主要根据水温、径流与受影响地表水域等三类水文要素的影响程度进行判定，见表 4-10。

表 4-10　水文要素影响型建设项目评价等级判定表

评级等级	水温	径流		受影响地表水域		
	年径流量与总库容之比 α	兴利库容占年径流量百分比 $\beta/\%$	取水量占多年平均径流量百分比 $\gamma/\%$	工程垂直投影面积及外扩范围 A_1/km^2；工程扰动水底面积 A_2/km^2；过水断面宽度占用比例或占用水域面积比例 $R/\%$		工程垂直投影面积及外扩范围 A_1/km^2；工程扰动水底面积 A_2/km^2
				河流	湖库	入海河口、近岸海域
一级	$\alpha \leqslant 10$；或稳定分层	$\beta \geqslant 20$；或完全年调节与多年调节	$\gamma \geqslant 30$	$A_1 \geqslant 0.3$；或 $A_2 \geqslant 1.5$；或 $R \geqslant 10$	$A_1 \geqslant 0.3$；或 $A_2 \geqslant 1.5$；或 $R \geqslant 20$	$A_1 \geqslant 0.5$；或 $A_2 \geqslant 3$
二级	$20 > \alpha > 10$；或不稳定分层	$20 > \beta > 2$；或季调节与不完全年调节	$30 > \gamma > 10$	$0.3 > A_1 > 0.05$；或 $1.5 > A_2 > 0.2$；或 $10 > R > 5$	$0.3 > A_1 > 0.05$；或 $1.5 > A_2 > 0.2$；或 $20 > R > 5$	$0.5 > A_1 > 0.15$；或 $3 > A_2 > 0.5$
三级	$\alpha \geqslant 20$；或混合型	$\beta \leqslant 2$；或无调节	$\gamma \leqslant 10$	$A_1 \leqslant 0.05$；或 $A_2 \leqslant 0.2$；或 $R \leqslant 5$	$A_1 \leqslant 0.05$；或 $A_2 \leqslant 0.2$；或 $R \leqslant 5$	$A_1 \leqslant 0.15$；或 $A_2 \leqslant 0.5$

　　注 1：影响范围涉及饮用水水源保护区、重点保护与珍稀水生生物的栖息地、重要水生生物的自然产卵场、自然保护区等保护目标，评价等级应不低于二级。

　　2：跨流域调水、引水式电站、可能受到大型河流感潮河段咸潮影响的建设项目，评价等级不低于二级。

　　3：造成入海河口（湾口）宽度束窄（束窄尺度达到原宽度的 5%以上），评价等级应不低于二级。

　　4：对不透水的单方向建筑尺度较长的水工建筑物（如防波堤、导流堤等），其与潮流或水流主流向切线垂直方向投影长度大于 2 km 时，评价等级应不低于二级。

　　5：允许在一类海域建设的项目，评价等级为一级。

　　6：同时存在多个水文要素影响的建设项目，本别判定各水文要素影响评价等级，并取其中最高级作为水文要素影响型建设项目评价等级。

（二）评价范围

　　建设项目地表水环境影响评价范围指建设项目整体实施后可能对地表水环境

造成的影响范围。

1. 水污染影响型建设项目评价范围，根据评价等级、工程特点、影响方式及程度、地表水环境质量管理要求等确定。

（1）一级、二级及三级A，其评价范围应符合以下要求：

①应根据主要污染物迁移转化状况，至少需覆盖建设项目污染影响所及水域。

②受纳水体为河流时，应满足覆盖对照断面、控制断面与消减断面等关心断面的要求。

③受纳水体为湖泊、水库时，一级评价，评价范围宜不小于以入湖（库）排放口为中心、半径为5km的扇形区域；二级评价，评价范围宜不小于以入湖（库）排放口为中心、半径为3km的扇形区域；三级A评价，评价范围宜不小于以入湖（库）排放口为中心、半径为1km的扇形区域。

④受纳水体为入海河口和近岸海域时，评价范围按照GB/T 19485执行。

⑤影响范围涉及水环境保护目标时，评价范围至少应扩大到水环境保护目标内受到影响的水域。

⑥同一建设项目有两个及两个以上废水排放口，或排入不同地表水体时，按各排放口及所排入地表水体分别确定评价范围；有叠加影响的，叠加影响水域应作为重点评价范围。

（2）三级B，其评价范围应符合以下要求：

①应满足其依托污水处理设施环境可行性分析的要求。

②涉及地表水环境风险的，应覆盖环境风险影响范围所及的水环境保护目标水域。

2. 水文要素影响型建设项目平均范围，根据评价等级、水文要素影响类别、影响及恢复程度确定，评价范围应符合以下要求。

（1）水温要素影响评价范围为建设项目形成水温分层水域，以及下游未恢复到天然（或建设项目建设前）水温的水域。

（2）径流要素影响评价范围为水体天然性状发生变化的水域，以及下游增减水影响水域。

（3）地表水域影响评价范围为相对建设项目建设前日均或潮均流速度及水深、或高（累计频率5%）低（累计频率90%）水位（潮位）变化幅度超过±5%的水域。

（4）建设项目影响范围涉及水环境保护目标的，评价范围至少应扩大到水环境保护目标内受影响的水域。

（5）存在多类水文要素影响的建设项目，应分别确定各水文要素影响评价范围，取各水文要素评价范围的外包线作为水文要素评价范围。

评价范围应以平面图的方式表示，并明确起、止位置等控制点坐标。

（三）评价工作程序

地表水环境影响评价的工作程序见图 4-1。

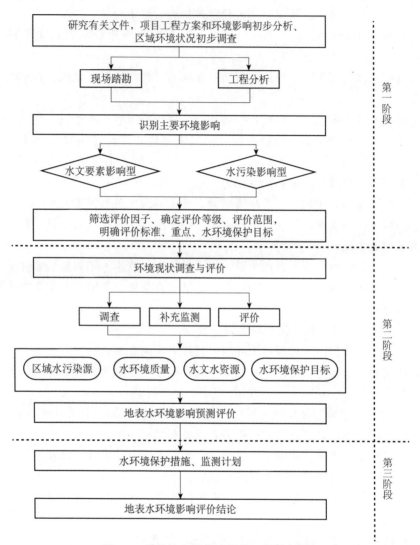

图 4-1　地表水环境影响评价工作程序框图

二、地表水环境影响识别

（一）对地表水水量和水质影响的识别

项目特征与地表水水量及水质的关系如下：

（1）项目的类型与其影响的直接联系，可以从项目的建设期和运行期进行分析，重点分析水的利用、废水回用与处理及其引起周围水体水量与水质改变的情况。

（2）项目所在位置与水体所受影响的联系，包括项目建设所需时间以及建设期的活动引起的影响。

（3）识别位于特殊地点的拟建项目的要求，例如与洪水控制、该区域后续的工业开发、经济发展和许多其他相关的影响。

（4）对拟建项目的选址、生产工艺、施工过程的考虑都应是多方案备选的，故应对每个方案进行具体的工程分析，识别其影响，以及进一步通过每个方案的预测做出评优。

在 HJ 2.3—2018 的导则中对地表水环境影响因素识别应按照 HJ 2.1 的要求，分析建设项目建设阶段、生产运行阶段和服务期满后各阶段对地表水环境质量、水文要素的影响行为。

（二）评价因子的筛选

筛选水体的影响评价因子是工程分析和环境影响识别的成果。评价因子的筛选，应根据评价项目的特点和地表水环境污染特点而定。一般考虑：①按等标排放量（或等标污染负荷）P_i 值大小排序，选择排位在前的因子，但对那些毒害性大、持久性的污染物如重金属、苯并［a］芘等应慎重研究再决定取舍。②在受项目影响的水体中已造成严重污染的污染物或已无负荷容量的污染物。③经环境调查已经超标或接近超标的污染物。④地方生态环境部门要求预测的敏感污染物。

在环境现状调查水质参数中选择拟预测水质参数时，对河流，可以按下式将水质参数排序后从中选取：

$$\mathrm{ISE} = C_p Q_p / (C_s - C_h) Q_h \tag{4-30}$$

式中，ISE——污染物排序指标；

　　　C_p——污染物排放浓度，mg/L；

　　　Q_p——废水排放量，m³/s；

　　　C_s——污染物排放标准，mg/L；

　　　C_h——河流上游污染物浓度，mg/L；

　　　Q_h——河水的流量，m³/s。

在 HJ 2.3—2018 的导则中，水污染影响型建设项目评价因子的筛选应符合以下要求：

（1）按照污染源源强核算技术指南，开展建设项目污染源与水污染因子识别，结合建设项目所在水环境控制单元或区域水环境质量现状，筛选水环境现状调查评价与影响预测评价的因子；

（2）行业污染物排放标准中涉及的水污染物应作为评价因子；

（3）在车间或车间处理设施排放口排放的第一类污染物应作为评价因子；

（4）水温应作为评价因子；

（5）面源污染所含的主要污染物应作为评价因子；

（6）建设项目排放的，且为建设项目所在控制单元的水质超标因子或潜在污染因子（指近 3 年来水质浓度值呈上升趋势的水质因子），应作为评价因子。

在 HJ 2.3—2018 的导则中，水文要素影响型建设项目评价因子，应根据建设项目对地表水体水文要素影响的特征确定。河流、湖泊及水库主要评价水面面积、水量、水温、径流过程、水位、水深、流速、水面宽、冲淤变化等因子，湖泊和水库需要重点关注水域面积、蓄水量及水力停留时间等因子。感潮河段、入海河口及近岸海域主要评价流量、流向、潮区界、潮流界、纳潮量、水位、流速、水面宽、水深、冲淤变化等因子。

建设项目可能导致受纳水体富营养化的，评价因子还应包括与富营养化有关的因子（如总磷、总氮、叶绿素 a、高锰酸盐指数和透明度等。其中，叶绿素 a 为必须评价的因子）。

三、地表水影响预测

在 HJ 2.3—2018 的导则中，对地表水环境影响预测的总体要求为：地表水环境影响预测应遵循 HJ 2.1 中规定的原则。一级、二级、水污染影响型三级 A 与水文要素影响型三级评价应定量预测建设项目水环境影响，水污染影响型三级 B 评价可不进行水环境影响预测。影响预测应考虑评价范围内已建、在建和拟建项目中，与建设项目排放同类（种）污染物、对相同水文要素产生的叠加影响。建设项目分期规划实施的，应估算规划水平年进入评价范围的污染负荷，预测分析规划水平年评价范围内地表水环境质量变化趋势。

（一）预测工作的准备

1. 预测条件的确定

（1）预测范围　地表水预测范围与已确定的评价范围一致，确定地下水影响预测范围的原则与地表水类似。

（2）预测点确定　为了全面地反映拟建项目对该范围内地表水的环境影响，一般选以下地点为预测点：①已确定的敏感点；②环境现状监测点（以利进行对照）；③水文特征和水质突变处的上下游、水源地，重要水工建筑物及水文站；④为了预测河流混合过程段，应在该段河流中布设若干预测点；⑤在排污口下游附近可能出现局部超标，为了预测超标范围，应自排污口起由密而疏地布设若干预测点，直到达标为止；⑥预测混合过程段和超标范围段的预测点可以互用。

地下水的预测点宜选在已有的取水井、观测井和试验井附近，以便进行验证。

（3）预测时期　地表水预测时期分丰水期、平水期和枯水期三个时期。一般来说，枯水期河水自净能力最小，平水期居中，丰水期自净能力最大。但不少水域因非点源污染可能使丰水期的稀释能力变小。冰封期是北方河流特有的情况，此时期的自净能力最小。因此对一、二级评价项目应预测自净能力最小和一般的两个时期环境影响。对于冰封期较长的水域，当其功能为生活饮用水、食品工业用水水源或渔业用水时，还应预测冰封期的环境影响。三级评价或评价时间较短的二级评价可只预测自净能力最小时期的环境影响。

与地表水体有直接补给关系的地下水预测可分为丰水、枯水两个时期。一般承压地下水的补给量相对稳定，其预测按稳态情况计算。

（4）预测阶段　一般分建设过程、生产运行和服务期满后三个阶段。所有建设项目均应预测生产运行阶段对地表水体的影响，并按正常排污和不正常排污（包括事故）两种情况进行预测。对于建设过程超过一年的大型建设项目，如产生流失物较多且受纳水体属水质级别要求较高（在 III 类以上）时，应进行建设阶段环境影响预测。个别建设项目还应根据其性质、评价等级、水环境特点以及当地的环保要求，预测服务期满后对水体的环境影响（如矿山开发、垃圾填埋场等）。

2. 预测方法的选择

预测建设项目对水环境的影响应尽量利用成熟、简便并能满足评价精度和深度要求的方法。

（1）定性分析法。

分为专业判断法和类比调查法两种。

①专业判断根据专家经验推断建设项目对水环境的影响，运用专家判断法、激智法、幕景分析法和德尔菲法等，有助于更好地发挥专家专长和经验。

②类比调查法是参照现有相似工程对水体的影响，来预测拟建项目对水环境的影响。本法要求拟建项目和现有污染物来源、性质相似，并在数量上有比例关系。但实际的工程条件和水环境条件往往与拟建项目有较大差异，因此类比调查法给出的是拟建项目影响大小的估值范围。

定性分析法具有省时、省力、耗资少等优点，并且在某种条件下也可给出明确的结论。例如，分析判断建设项目对受纳水体的影响是否在功能和水质要求允许范围之内等。定性分析法主要用于三级和部分二级的评价项目和对水体影响较小的水质参数，或解决目前尚无法取得必需的数据而难以应用数学模型预测等情况。

（2）定量预测法。

常指应用物理模型和数学模型进行的预测。应用水质数学模型进行预测是最常用的。

（二）水环境影响评价中常用的水质模型

1. 污染物排入水环境后的物理、化学和生物过程

（1）污染物在水体中的稀释分散。

废水排入水环境后，一般要经过物理、化学和生物演化，其溶解状、胶体状的污染物逐渐与水体混合达到稀释，混合过程一般分为三个阶段：①竖向混合阶段，是从排出口或释放点到污染物与水体在水深方向上充分混合；②横向混合阶段，是从竖向充分混合到横向开始混合；③横断面上充分混合以后阶段。这三个阶段相互交叉。

污染物在水体中的稀释分散主要表现在污染物的传输过程，即平流传输和扩散传输。平流传输过程中，河流横断面上各点流速处处相等，扩散传输存在着质点和水流之间的混合作用——扩散作用和弥散作用。扩散是流体中分子或质点的随机运动产生的分散现象，它又分为分子扩散和湍流扩散两种作用。分子扩散是分子无规则运动所产生的分散现象，而湍流扩散则是湍流流场中各变量的瞬时值与平均值之间的随机脉动而产生的分散现象。

分子扩散服从 Fick 定律，通过分子扩散引起的质量通量为：

$$J_m = -D_m \partial C/\partial n \tag{4-31}$$

式中，J_m——分子扩散的物质质量通量；

D_m——分子扩散系数；

$\partial C/\partial n$——污染物浓度沿曲面法线方向的梯度。

湍流脉动所引起的物质质量通量为：

$$J_t = -D_t \partial C/\partial n \tag{4-32}$$

式中，J_t——湍流脉动扩散的物质质量通量；

D_t——湍流扩散系数。

分子扩散系数（为 $10^{-9} \sim 10^{-8} \, \text{m}^2/\text{s}$）要比湍流扩散系数（为 $10^{-2} \sim 10^{-1} \, \text{m}^2/\text{s}$）小得多，因此，一般河流中的分子扩散作用可忽略不计。弥散作用是由横断面上各点的实际流速不等引起的。弥散作用产生的质量通量为：

$$J_d = -D_d \partial C/\partial n \tag{4-33}$$

式中，J_d——弥散作用传输的物质质量通量；

D_d——弥散系数。

在有弥散现象的河流中，D_d 为 $10 \sim 10^2 \, \text{m}^2/\text{s}$，比湍流扩散系数 D_t 大得多。

（2）污染物在水体中的迁移、转化和降解。

①沉淀作用　废水中的悬浮物在重力作用下发生自然沉淀，胶体颗粒与水体中电性相反的粒子作用后发生凝聚，并形成絮体下沉，一些重金属离子形成难溶的氢氧化物或盐类而沉淀。沉淀作用使污染物从水中沉至河（湖、海）底部形成

底质。

②气液交换作用　废水中的低沸点化合物通过气液界面交换，从水体逸入大气中，而大气中氧和一些污染物通过交换溶解到水体中。

③吸附作用　通过吸附作用污染物从溶解状的自由分子被悬浮物颗粒吸附而固定，或者被底质（底泥与沉积物）所吸附而从水中转入水底。

④化学变化　在水中溶解氧与阳光作用下污染物发生氧化反应而降解。氧化性污染物（如 Cr^{6+}）与水体中还原态化合物反应而被还原。

⑤生物作用　有机污染物在好氧或厌氧微生物作用下发生降解，在自养菌作用下发生含氮化合物的硝化和反硝化作用，而藻类的光合作用使水体充氧。

2. 水质模型基本方程

为导出基本方程，以 $P(x, y, z)$ 表示考察水体的任一点，从此点出发作一想象的微元，其边长分别为 Δx，Δy，Δz（见图 4-2）。以 $v(x, y, z)$ 表示 P 点的流速，以 C 表示污染物的浓度，则函数 $C(x, y, z, t)$ 为水在 $P(x, y, z)$ 处 t 时刻时污染物的浓度。下面用质量守恒原理和连续性原理来建立水平污染物的传输方程。

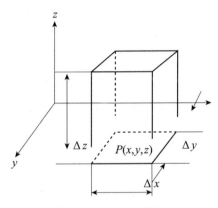

图 4-2　水体中的微元

（1）平流传输。

以微元 Δx、Δy、Δz 为考察对象，设在无穷小时段 Δt 内在 x 方向、y 方向和 z 方向因流入和流出的收支差而产生 x 的微元内污染物质量的改变量分别为 Δm_x、Δm_y、Δm_z。则在 x 方向，在 Δt 时间内，流入微元的物质量为：

$$v(x, y, z)C(x, y, z) \Delta y \Delta z \Delta t$$

在 x 方向，在 Δt 时间内，流出微元的物质量为：

$$v(x + \Delta x, y, z)C(x + \Delta x, y, z) \Delta y \Delta z \Delta t$$

因此

$$\Delta m_x = [v(x, y, z)C(x, y, z) - v(x + \Delta x, y, z)C(x + \Delta x, y, z)]\Delta y \Delta z \Delta t$$

$$(4-34)$$

同理，在 y 方向和 z 方向有

$$\Delta m_y = [v(x,y,z)C(x,y,z) - v(x,y+\Delta y,z)C(x,y+\Delta y,z)]\Delta x\Delta z\Delta t$$

(4-35)

$$\Delta m_z = [v(x,y,z)C(x,y,z) - v(x,y,z+\Delta z)C(x,y,z+\Delta z)]\Delta x\Delta y\Delta t$$

(4-36)

（2）扩散传输。

对于 $\Delta x\Delta y\Delta z$ 微元在 Δt 时间内，设在 x,y 和 z 方向上因扩散作用而产生的微元内污染物质量的改变量分别为 $\Delta m'_x$、$\Delta m'_y$、$\Delta m'_z$。

在 x 方向上，Δt 时间内，因扩散和弥散作用进入微元内的物质量和流出的物质量的微元内物质量的改变应为

$$\Delta m'_x = [-D(x,y,z)\partial C(x,y,z)/\partial x$$
$$+ D(x+\Delta x,y,z)\partial C(x+\Delta x,y,z)/\partial x]\Delta y\Delta z\Delta t \quad (4\text{-}37)$$

同理，在 y 和 z 方向的物质改变量分别为

$$\Delta m'_y = [-D(x,y,z)\partial C(x,y,z)/\partial y$$
$$+ D(x,y+\Delta y,z)\partial C(x,y+\Delta y,z)/\partial y]\Delta x\Delta z\Delta t \quad (4\text{-}38)$$

$$\Delta m'_z = [-D(x,y,z)\partial C(x,y,z)/\partial z$$
$$+ D(x,y,z+\Delta z)\partial C(x,y,z+\Delta z)/\partial z]\Delta x\Delta y\Delta t \quad (4\text{-}39)$$

若仅考虑平流作用和扩散作用，如这两种作用的结果是使微元内污染物的浓度变化 ΔC，则相应的污染物的质量变化量为 Δx、Δy、Δz。根据质量守恒定律，可以得到：

$$\Delta x \cdot \Delta y \cdot \Delta z \cdot \Delta C = \Delta m_x + \Delta m_y + \Delta m_z + \Delta m'_x + \Delta m'_y + \Delta m'_z$$

将相应公式代入上式，两边同时除以 $\Delta x\Delta y\Delta z\Delta t$，并令 $\Delta x \to 0$、$\Delta y \to 0$、$\Delta z \to 0$、$\Delta t \to 0$，得：

$$\partial C/\partial t = -\partial/\partial x(v_x C) - \partial/\partial y(v_y C) - \partial/\partial z(v_z C) + \partial/\partial x(D_x \partial C/\partial x)$$
$$+ \partial/\partial y(D_y \partial C/\partial y) + \partial/\partial z(D_z \partial C/\partial z)$$

考虑到水中污染物还要经历迁移、转化、降解等过程，沿途有分散的入流、出流等，可合并成一个附加项，则

$$\partial C/\partial t = -\partial/\partial x(v_x C) - \partial/\partial y(v_y C) - \partial/\partial z(v_z C) + \partial/\partial x(D_x \partial C/\partial x)$$
$$+ \partial/\partial y(D_y \partial C/\partial y) + \partial/\partial z(D_z \partial C/\partial z) + S(x,y,z,t,C) \quad (4\text{-}40)$$

这就是地面水体水质变化的基本方程，式中 v_x、v_y、v_z 分别为 x、y、z 方向的流速分量；D_x、D_y、D_z 分别为 x、y、z 方向的扩散系数。

该方程是三维空间水质数学模型的基本方程，它在理论上是完整的，由于很多参数难以确定，要彻底解开这个方程十分困难，同时也没有必要，在实际应用上往往根据具体情况进行各种简化。

3. 常用的河流水质模型

(1) 完全混合模型。

废水排入一条河流时，如符合下述条件：

①河流是稳态的，定常排污，指河床截面积、流速、流量及污染物的输入量不随时间变化。

②污染物在整个河段内均匀混合，即河段内各点污染物浓度相等。

③废水的污染物为持久性物质，不分解也不沉淀。

④河流无支流和其他排污口废水进入。

此时，在排污口下游某断面的浓度可按完全混合模型计算。

$$C = (C_p Q_p + C_h Q_h)/(Q_p + Q_h) \tag{4-41}$$

式中，C——废水与河水混合后的浓度，mg/L；

$\quad\quad C_p$——河流上游某污染物的浓度，mg/L；

$\quad\quad Q_p$——河流上游的流量，m^3/s；

$\quad\quad C_h$——排放口处污染物的浓度，mg/L；

$\quad\quad Q_h$——排放口处的污水量，m^3/s。

(2) 零维模型。

对于河流常用零维模型解决的问题有：

①不考虑混合距离的重金属污染物、部分有毒物质等其他持久性污染物的下游浓度预测与允许纳污量的估算。

②有机物降解物质的降解项可忽略时，可采用零维模型。

③对于有机物降解性物质，当需要考虑降解时，可采用零维模型分段模拟，但计算精度和实用性较差，最好用一维模型求解。

此模型适用于较浅、较窄的河流。零维模型的基本方程为：

$$V dC/dt = QC_0 - QC + S + RV \tag{4-42}$$

式中，V——河水的体积，m^3；

$\quad\quad Q$——河水的流量，m^3/s；

$\quad\quad C_0$——进入河水的污染物浓度，mg/L；

$\quad\quad C$——流出河段的污染物浓度，mg/L；

$\quad\quad S$——污染物的源和汇；

$\quad\quad R$——污染物的反应速度。

对于一个没有源、汇项的河流，当 $S=0$ 时，上式可以写为：

$$V dC/dt = Q(C_0 - C) + RV \tag{4-43}$$

如果污染物的反应符合一级反应动力学的衰减规律，即 $R = -kC$，式（4-43）可进一步简化为：

$$V dC/dt = Q(C_0 - C) + kCV \tag{4-44}$$

式中，k——污染物的衰减速度常数。

在稳态条件下 $dC/dt=0$，则方程的解为：

$$C = C_0/[1 + k(V/Q)] = C_0/(1 + kt) \tag{4-45}$$

（3）一维水质模型。

一维河流水质模型是目前应用最广泛的模型，它是由三维模型简化而来的，通式为：

$$\partial C/\partial t = \partial(v_x C)/\partial x - \partial(D\partial C/\partial x)/\partial x + S \tag{4-46}$$

①一维稳态水质模型

所谓稳态，是指在均匀河段上定常排污条件下，河段横截面、流速、流量、污染物的输入量和弥散系数都不随时间变化，如污染物按一级化学反应，河段不考虑源和汇，那么：

$$\partial(v_x C)\partial/\partial x = v_x dC/dx \tag{4-47}$$

$$\partial(D\partial c/\partial x)/\partial x = Dd^2 C/dx^2 \tag{4-48}$$

$S = k_1 C$，其中 k_1 为污染物降解的速率常数$(1/d$ 或 $1/h)$，令 $\partial C/\partial t = 0$，则有：

$$vdC/Ddx - d^2 C/dx^2 - k_1 C/D = 0 \tag{4-49}$$

该常微分方程，在边界条件：

$$x=0 \ \text{时，} \ C=C_0$$

$$x=\infty \ \text{时，} \ C=0$$

其解为：$C_x = C_0 \exp\left[v/2D(1-m)x\right]$

$$m = (1 + 4k_1 D/v^2)^{1/2}$$

②忽略弥散的一维稳态水质模型

在前述的条件下，如果河流较小，流速不大，弥散系数很小，近似地认为 $D = 0$，这时水质模型的微分方程变为：

$$vdC/dx = -k_1 C \tag{4-50}$$

在初始条件 $x = 0$，$C = C_0$ 的情况下，其解为：

$$C_x = C_0 \exp(-k_1 x/v)$$

式中，$x/v=t$，故上式变为：

$$C_x = C_0 \exp(-k_1 t)$$

只要知道初始断面河水中污染物的初始浓度和 k_1 值，即可利用上式求下游某一点的浓度，此模型常用于预测易降解有机污染物在河流中的浓度变化。

（4）BOD-DO 模型。

①斯特里特-费尔普斯（Streeter-Pheleps）模型

河水中溶解氧（DO）的消耗是由于水中有机物的分解、底泥中有机物的分解和水生生物的代谢作用等。河水中溶解氧的来源有：大气复氧、水体中水生植物光合作用复氧等。根据上述理论，1925 年由斯特里特-费尔普斯在一维、稳态、均匀、无扩散的假定下从以下两方面的假设导出了 BOD-DO 模型：

a. 在水质基本方程中的源汇项 S，只考虑好气微生物参加的 BOD 衰减反应，并且认为这种反应是一级反应，符合一级反应动力学，即 $S=-k_1$。其中 k_1 为 BOD 一级反应衰减速率，L 为 BOD 浓度。

b. 对河水中的 DO 而言，认为耗氧的原因只是 BOD 分解耗氧所引起的，BOD 的分解速率等于 DO 的减少速率。同时河水中的溶解氧恢复的速率与水中的氧亏成正比，这种复氧作用只是大气复氧，此时有：

$$v \times dL/dx = -k_1 L \tag{4-51}$$

$$v \times dC/dx = -k_1 L + k_2 (C_s - C) \tag{4-52}$$

它们是相互耦合的，在边界条件：

$x=0, L=L_0 ; C=C_0$ 时，其解析解为：

$$L = L_0 \exp(-k_1 x/v)$$

$$C = C_s - (C_s - C_0)e^{-k_2 x/v} + k_1 L_0/(k_1 - k_2) \times (e^{-k_1 x/v} - e^{-k_2 x/v})$$

式中，L_0, C_0—— 分别为河段起端（$x=0$ 时）河水中的 BOD 和 DO 浓度，mg/L；

$\qquad L, C$——分别为在距离起端处河水中的 BOD 和 DO 的浓度，mg/L；

$\qquad C_s$——河水中的饱和溶解氧浓度，mg/L；

$\qquad k_1, k_2$——分别为 BOD 耗氧和大气复氧系数，1/d 或 1/h；

$\qquad v$——河段平均流速，km/d 或 km/h。

由于斯特里特-费尔普斯模型可推求在排污点河水 BOD 和 DO 起始浓度分别为 L_0 和 C_0 时，沿河下游各点河水中的溶解氧浓度值以及最低溶解氧浓度和位置（临界浓度和临界距离）。

河水中出现最低溶解氧浓度处，必有 $dC/dx=0$，由此可求得临界 DO 浓度 C_c 和临界距离 X_c：

$$X_c = v/(k_2 - k_1) \ln\{k_2/k_1 [1 - (k_2/k_1 - 1)(C_s - C_0/L_0)]\}$$

$$C_c = C_s - (C_s - C_0 + L_0/1 - f)\{f[1 - (f-1)(C_s - C_0/L_0)]\}^{f/1-f}$$
$$+ L_0/1 - f\{f[1 - (f-1)(C_s - C_0/L_0)]\}^{1/1-f}$$

式中，f——自净系数，为复氧系数与耗氧系数之比（$f=k_2/k_1$），反映水体自净作用快慢。

②托马斯（Thomas）修正型

河水中所含的悬浮微粒、有机物在河水流速较低时可沉降到河底，而原来沉降的底泥在河水流速较高时可重新转变为悬浮态。前一个过程称为沉淀，后一个过程称为再悬浮。沉淀过程使得河水中的部分需氧有机物脱离了河水的耗氧，便于河水中的 BOD 减低，再悬浮使得底泥中的需氧有机物进入河水，加入河水的耗氧过程，致使河水的 BOD 值增高。这个过程可改变河水的 BOD 浓度，从而影响河水中的溶解氧平衡。

为了考虑需氧有机物在河流中的沉淀—再悬浮过程对河水溶解氧平衡的影响，托马斯在斯特里特-费尔普斯模型的 BOD 方程中引入了一个沉淀再悬浮系数 k_3。

托马斯修正型的微分形式为：

$$vdL/dx = -(k_1 + k_3)L \qquad (4\text{-}53)$$

$$vdC/dx = -k_1L + k_2(C_s - C) \qquad (4\text{-}54)$$

k_3 主要反映了河流携带悬浮物（耗氧）的能力及有机物的颗粒特性和吸附特性对河水中 BOD 值的影响。k_3 为正时，表示河水中悬浮物沉淀；k_3 为负时，表示与沉淀效应相反的再悬浮作用。k_3 的量纲为 1/d 或 1/h。

在 $x = 0, L = L_0$ 时，$C = C_0$ 的边界条件下，其解为：

$$L = L_0e - (k_1 + k_3)x/v$$

$$C = C_s - (C_s - C_0)e^{-k_2x/v} + k_1L_0/(k_1 + k_3 - k_2)(e^{-(k_1+k_3)x/v} - e^{-k_2x/v})$$

③杜宾斯-坎普（Dobins-Camp）修正型

杜宾斯和坎普在托马斯修正型的基础上，考虑了沿河坡面径流、底泥耗氧与藻类光合/呼吸作用的影响，在托马斯修正型中增加了两个常数项，即：

$$vdL/dx = -(k_1 + k_3)L + R \qquad (4\text{-}55)$$

$$vdC/dx = -k_1L + k_2(C_s - C) + P \qquad (4\text{-}56)$$

式中，R——沿河地表径流和底泥耗氧引起溶解氧的变化率，mg/（L·d）；

　　　　P——水生生物光合作用与呼吸作用和底泥有机物分解所引起的 DO 的变化，mg/（L·d）。

在 $x = 0, L = L_0$ 时，$C = C_0$ 的边界条件下，其解为：

$$L = L_0F_1 + R(1 - F_1)/(k_1 + k_2)$$

$$C = C_s - (C_s - C_0)F_2 + k_1/(k_1 + k_3 - k_2)[L_0 - R/(k_1 + k_3)](F_1 - F_3)$$
$$- [P/k_2 + k_1P/k_2(k_1 + k_2)](1 - F_2)$$

式中，$F_1 = e^{-(k_1+k_3)x/v}$，$F_2 = e^{-k_2x/v}$。

④奥康纳（O'Connor）修正型

当污水普遍进行二级处理后，排入水体的处理厂的出水成了主要污染源，这些出水中的碳化 BOD 大部分已被氧化，氮化 BOD 成了不可忽略的耗氧物质，于是奥康纳在托马斯模型中加入氮化 BOD 分解耗氧项：

$$vdL_C/dx = -(k_1 + k_3)L_C \qquad (4\text{-}57)$$

$$vdL_N/dx = -k_NL_N \qquad (4\text{-}58)$$

$$vdC/dx = -k_1L_C - k_NL_N + k_2(C_s - C) \qquad (4\text{-}59)$$

在 $x = 0$，$L_C = L_{C(0)}$，$L_N = L_{N(0)}$，$C = C_0$ 的边界条件下，其解为

$$L_C = L_{C(0)} e^{-(k_1+k_3)x/v}$$

$$L_N = L_{N(0)} e^{-k_N x/v}$$

$$C = C_s(C_s - C_0)e^{-k_2 x/v} + k_1 L_{C(0)}/(k_1 + k_3 - k_2) \times [e^{-(k_1+k_3)x/v} - e^{-k_2 x/v}]$$
$$+ k_N L_{N(0)}[e^{-k_N x/v} - e^{-k_2 x/v}]$$

式中，L_C、$L_{C(0)}$——$x=x$ 和 $x=0$ 处河水的碳化 BOD 的浓度，mg/L；

$\qquad L_N$、$L_{N(0)}$——$x=x$ 和 $x=0$ 处河水的氮化 BOD 的浓度，mg/L；

$\qquad k_N$——氮化反应耗氧速度常数，1/d 或 1/h。

（5）二维水质模型。

当污水排入河流中时，常常需要知道污染物的影响范围和影响区内的浓度分布情况，对一般河流来说，首先，入河物质在垂向的扩散是瞬时完成的。其次，河流在一般情况下流动基本上是恒定的。因此，在恒定排污情况下，可以建立河流水平二维稳态水质模型。

在稳态情况下，水平二维浓度场的基本方程为：

$$\partial(v_x HC)/\partial x - \partial(v_y HC)/\partial y + \partial(D_x H\partial C/\partial x)$$
$$+ \partial(D_y H\partial C/\partial y) - kCH \qquad (4\text{-}60)$$

式中，C——污染物浓度；

$\qquad x$——沿河道主流方向的坐标；

$\qquad y$——垂直于 x 轴的横坐标；

$\quad v_x$、v_y——河流纵向和横向的速度分量；

$\qquad H$——水深；

$\ D_x$、D_y——纵向和横向的弥散、扩散系数；

$\qquad k$——化学、生物衰减系数。

边界条件较简单时可直接求解上式。如在等宽等深的直河道中，断面平均流速 v 沿程不变，横向平均流速 $v_y = 0$，横向湍流扩散系数 D_y 的平均值为常数。当纵向扩散项远小于平流项时，上式可简化为：

$$- v_x \times \partial c/\partial x + D_y \partial^2 C/\partial y^2 - kC = 0 \qquad (4\text{-}61)$$

在无对岸边影响的岸边排放条件下，当线源强度为 m 时，上式的解为

$$C(x,y) = m/(4\pi D_y x/v)^{1/2} \exp(-v_x y^2/4xD_y - kx/v)$$

在等强度的岸边线源排放情况下，由于 $y<0$ 的区域内（河岸上）无浓度场存在，为保持物质总量不变，同一点上的浓度亦为无限边界排放对应浓度的 2 倍。即：

$$C(x,y) = m/(\pi D_y x/v)^{1/2} \exp(-v_x y^2/4xD_y - kx/v)$$

4. 湖泊—水库水质模型

（1）完全混合型水质模型。

对于面积小、封闭性强、四周污染多的小湖或大湖湖湾，污染物质排入该水

域后，在湖流和风浪的作用下，有可能出现湖水均匀混合现象，这时湖泊内各处水质浓度均一，可用均匀混合型水质模型，这一类水质模型是建立在湖泊水质的质量平衡方程的基础上的。根据物质平衡原理，即某时段某一水质元素含量的变化等于该时段流入总量减去流出总量，再减去元素降解或沉淀等所损失的量，可列出如下方程。

对于易降解的污染物质：

$$\Delta MM_e - M_0 = P\Delta t - P'\Delta t - KM\Delta t \tag{4-62}$$

$$\Delta M/\Delta t = P - P' - KM \tag{4-63}$$

对难降解的物质：

$$M_e - M_0 = P\Delta t - P'\Delta t \tag{4-64}$$

$$\Delta M/\Delta t = P - P' \tag{4-65}$$

式中，M_e——时段末湖泊内污染物的总量，kg；

$\qquad M_0$——时段初湖泊内污染物的总量，kg；

$\qquad M$——时段内湖泊污染物平均量，kg；

$\qquad \Delta t$——所取时段的长度，天；

$\quad P$、P'——分别为时段内平均每天从各种途径流入和流出湖泊的污染物

$\qquad\qquad$ 总量，kg；

$\qquad K$——降解率，1/d。

①沃兰伟德（Vollenweider）模型

基于上述方程给出的湖泊水质模型

$$\Delta C = 1/V(W_0\Delta T - qC\Delta T - KCV\Delta T) \tag{4-66}$$

式中，C——水质参数或营养物质的浓度，mg/m³；

$\qquad V$——湖泊的定常容积，m³；

$\quad \Delta T$——时段长，s；

$\qquad q$——出入湖水量，m³/s；

$\qquad K$——降解和沉淀率，1/s；

$\qquad W_0$——水质参数或营养物质的平均流入量，mg/s。

用 ΔT 除以上式，并令 $\Delta T\to0$，则可得如下微分方程：

$$dC/dt = W_0/V - q_v C/v - KC \tag{4-67}$$

积分上式可得：

$$C(t) = \Phi/q_v + KV\{W_0/\Phi - \exp[-t(q/v + K)]\} \tag{4-68}$$

$$\Phi = W_0 - (q_v + KV)C_0 \tag{4-69}$$

式中，C_0——初始浓度。

当 $\alpha = (q/v + K)$，上式可整理成下式

$$C(t) = W_0/\alpha V(1 - e^{-\alpha t}) + C_0 e^{-\alpha t}$$

如假定湖泊初始浓度为 0，即 $C_0 = 0$，则上式变为：

$$C(t) = W_0/\alpha V(1 - e^{-\alpha t})$$

当式中 t 趋于无穷大时，则可确定平衡 C_p：

$$C_p = W_0/\alpha V$$

达到 $C(t)/C_p = \beta$（此为给定的比数）所需要的时间为：

$$t\beta = V/(q_v + KV)\ln(1 - \beta)$$

若已知初始营养物质浓度为 C_0（$t = 0$ 时），设没有营养物的输入（$W_0 = 0$），容积 V 为常数，流量为 q，净降解和沉淀系数为 K。则根据

$$dC/dt = W_0/V - qC/V - KC$$

可得浓度随时间的变化式：

$$dC/dt = -C(q_v/V + K)$$

积分，则得任意时间 t 的浓度为：

$$C(t) = C_0 e^{-t(q/V + K)} = C_0 e^{-\alpha t}$$

在此情况下，可求出营养浓度达到与初始比为 $1 - \beta$ 时

$$C(t)/C_0 = 1 - \beta$$

的时间 $t\beta$，其结果就是式

$$t\beta = V/(Q + KV)\ln(1 - \beta) \tag{4-70}$$

②湖泊溶解氧模型

湖泊氧平衡可用下式表示：

$$dC/dt = Cq/V(C_1 - C) + K_2(C_s - C) - R \tag{4-71}$$

$$R = rA + B \tag{4-72}$$

式中，C——t 时水体内溶解氧浓度，mg/L；

　　　C_1——流入水中溶解氧浓度，mg/L；

　　　C_s——溶解氧饱和浓度，mg/L；

　　　V——水体容积，m^3；

　　　q——单位时间内补给水量，m^3/h；

　　　K_2——湖水的大气复氧系数，1/d；

　　　R——水体生物及非生物因素耗氧总量；

　　　A——养鱼密度，kg/m^3；

　　　r——养鱼的耗氧率，mg/（kg·h）；

　　　B——其他因素耗氧量。

（2）非完全混合型水质模型。

对于水域宽阔的大湖，当其中主要污染来自某些入湖河道或沿湖厂矿时，污染往往出现在大湖口附近的水域。这时需要考虑废水在湖水中的稀释扩散现象，作为不均匀混合型来处理。废水在湖水中的稀释扩散现象甚为复杂，常是二维扩

散问题，故在研究湖泊水质模型时，采用圆柱形坐标较为简便，可使二维扩散问题简化为一维扩散问题。

①A. B. 卡拉乌舍夫扩散模型

此模型是为研究难降解的污染物质在湖水中的稀释扩散规律而建立的，其坐标采用圆形坐标。取湖滨排污口附近的一块水体，如图 4-3 所示，其中 q 为入湖污水量（m^3/d）；r 为湖泊内某计算点离排污出口距离（m）；C 为所求计算点的污染物质浓度（mg/L）；H 为污水扩散区湖水平均深度（m）；Φ 为污水在湖水中的扩散角度，由排放口附近地形决定。若污水在开阔的岸边垂直排放时，$\Phi = 180°$；当在湖心排放时，$\Phi = 360°$。根据湖水中平流和扩散过程，利用质量平衡原理可推导如下扩散方程：

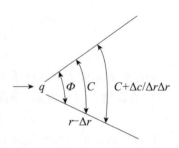

图 4-3　湖滨排污口扩散示意图

$$\partial C/\partial t = (E - q/\Phi H)1/r \times \partial C/\partial r + E\partial^2 C/\partial r^2 \tag{4-73}$$

当排放是稳定的，且代入边界条件 $r = r_0$，$C = C_0$。其中 C_0 为已知的离排污口距离为 r_0 处的湖水浓度（mg/L），则上式的解为：

$$C = C_0 - 1/(\alpha - 1) \times (r^{1-\alpha} - r_0^{1-\alpha})$$

$$\alpha = 1 - q/EH\Phi$$

式中，E——湖水的湍流扩散系数。

在湖泊中，考虑到湖泊中风浪的影响，可用式（4-72）计算 E 值。

$$E = \rho H^{2/3} d^{1/3}/f_0 g \times [(uh/\pi H)^2 + v^2]^{1/2} \tag{4-74}$$

式中，ρ——水的密度；

　　　　H——湖水水深（计算范围内平均水深）；

　　　　d——湖底沉积物的直径；

　　　　g——重力加速度；

　　　　f_0——经验系数；

　　　　u——流速；

　　　　v——风出流等形成的湖水平均流速；

　　　　h——波高。

②易降解物简化的水质模型

当湖水流速较小，风浪不大的情况下，可将式 $\partial C/\partial t = (E - q/\Phi H)1/r \times \partial C/\partial r + E\partial^2 C/\partial r^2$ 中的扩散项删去。这时如考虑稳态条件，并增加污染物质的自净项，即可得污水在湖水中平流作用和化学、生化降解共同作用下的浓度递减方程：

$$q \times dC/dt = -KCH\Phi r \tag{4-75}$$

代入边界条件 $r=0$，$C=C_0$。其中 C_0 为排出口浓度，则其解为：

$$C = C_0 \exp(K\Phi Hv^2/2q)$$

式中，K——湖水自净速率常数。

上式用于 BOD 预测时，可写成：

$$\mathrm{BOD}_{(r)} = \mathrm{BOD}_{(0)} \exp(K_1\Phi H/2q \times r^2)$$

式中，$\mathrm{BOD}_{(r)}$——离排污口距离 r 的 BOD 值，mg/L；

　　　K_1——耗氧速率常数，1/d。

（3）湖水溶解氧方程。

$$q \times \mathrm{d}D/\mathrm{d}r = (K_1\mathrm{BOD} - K_2D)\Phi Hr \tag{4-76}$$

式中，D——离排污口距离为 r 处的氧亏量 $(C_s - C)$；

　　　K_2——湖水的复氧速率常数，1/d。

上式的解为：

$$D = K_1\mathrm{BOD}_{(0)}/(K_2 - K_1) \times [\exp(nr^2) - \exp(-mr^2)] + D_0\exp(-mr^2)$$

$$m = K_2\Phi H/2q$$

$$n = K_1\Phi H/2q$$

式中，D_0——排污口的氧亏量。

对于海湾水环境预测，为了阐明污染物在海湾或沿岸水域内的输运规律以及污染物浓度的分布和变化，一般要运用流体动力学过程来进行描述。近年来，环境流体动力学的研究，已经普遍采用数值模型和计算机模拟现实的流场和浓度场。

对于地下水环境影响评价主要由如下三个环节组成。①污染趋势预测，包括污染途径分析以及污染物迁移及转化规律分析。②污染物在包气带和（或）含水层随时间及空间的分布估算，包括计算模式的选择和确定。计算参数的选取，以利用排放参数、水文地质参数以及从野外试验或实验模拟试验所获取的参数计算污染物的浓度增量分布。③选择适当的评价方法、模式和标准，以评述污染物在不同地点、不同时段的环境影响。

5. 河流水质模型的参数估值

水质模型中的参数，如弥散系数 D、耗氧速率常数 K_1、大气复氧系数 K_2、沉淀再悬浮系数 K_3 等，是用来表征河流水体所发生的物理、化学和生物过程的动力学常数。对这些参数的确定，称参数的估算（估值）或参数的识别。在建立水质模型过程中，参数的估算是一个关键的环节，它们直接关系到模型的准确性和可靠性。对此，人们已做了较广泛的研究，较成熟的参数估算方法很多，有实验室方法、野外测定法，单独计算一个参数的方法和同时计算多参数的方法。

（1）纵向弥散系数 D_x 的估算。

纵向弥散系数 D_x 是反映天然河流纵向混合输移特性的重要参数，它与河流的水力条件密切相关。纵向弥散系数在河流水质预测尤其是事故性排放或泄漏对下游水质的影响以及对河口区水质的影响预测等方面起着十分重要的作用。

①经验公式法

a. 埃尔德（Elder）通过水深 1.5 m 的明渠试验，验证了河流纵向弥散系数公式为：

$$D_x = \alpha_x H u^* \tag{4-77}$$

式中，H——河流平均水深，m；

$\quad u^*$——摩阻流速，$u^* = (gHS)^{1/2}$，m/s；

$\quad g$——重力加速度，m/s^2；

$\quad S$——水力坡度；

$\quad \alpha_x$——经验系数，埃尔德（Elder）理论计算得 $\alpha_x = 5.9$，试验得 $\alpha_x = 6.3$。在天然河流中，河宽 15～60 m 时，$\alpha_x = 14～650$。

b. 菲希尔（Fischer）公式为：

$$D_x = 0.011 v^2 b^2 / (H u^*) \tag{4-78}$$

②示踪实验法

纵向弥散系数也可由示踪实验求得。本方法是将示踪剂瞬时投入河流某断面，在投放点下游断面采样测定不同时间（t）下示踪的浓度（C），将此 $C \sim t$ 变化数据代入式（4-78）估计 D_x：

$$C(x,t) = W / A (4\pi D_x t) 1/2 \times \exp[-(x - v_x t)^2 / 4 D_x t] \tag{4-79}$$

式中，C——下游断面示踪的平均浓度，mg/L；

$\quad W$——示踪剂质量，g；

$\quad A$——断面面积，m^2；

$\quad v_x$——平均流速，m/s；

$\quad t$——时间，s；

$\quad x$——下游断面距投放点的距离，m。

因污染物在天然河流中的扩散可分为不流段和扩散段。所以应用式（4-80）时，下游采样断面距投放点的距离 L 须满足

$$L \geqslant 1.8 B^2 v_x / H u^* \tag{4-80}$$

式中，B——河宽，m；

$\quad H$——水深，m；

$\quad v_x$——平均流速，m/s；

$\quad u^*$——摩阻流速。

（2）耗氧系数 K_1 的估算。

①用 BOD 的室内实验数据估算 K_1

实验室测定 K_1 的理想方法是用自动 BOD 测定仪，描绘出要研究河段水样的 BOD 历程曲线。在没有自动测定仪时，可将同一种水体分 10 瓶或更多瓶放入 20℃培养箱培养，分别测定 1～10 天或更长时间的 BOD 值。对取得的实验数据，可用两点法或图解法估算 K_1 值，同时可求出河段起始点的 BOD 值。

a. 罗蒙（Rhame）的两点法。当 $t_2 = 2t_1$ 时，$y = C_0 [1 - \exp(-K_1 t)]$ 方程可表达为：

$$y_1 = C_0[1 - \exp(-K_1 t_1)]$$
$$y_2 = C_0[1 - \exp(-2K_1 t_1)]$$
$$即 \quad K_1 = 1/t_1 \ln y_1/(y_2 - y_1)$$
$$C_0 = y_1^2/2y_1 - y_2$$

此法非常简单，只要知道 t_1 和 $2t_1$ 时的 BOD 值，就可以用上两式估算出 K_1 值，该法误差较大，可作为粗略计算。

b. 托马斯（Thomas）图解法。在 $y(t) = C_0 [1 - \exp(-K_1 t)]$ 方程中

$$1 - \exp(-K_1 t) = K_1 t[1 - K_1 t/2 + (K_1 t)^2/6 - (K_1 t)^3/24 + \cdots]$$

因为 $K_1 t(1 + K_1 t/6)^{-3} = K_1 t[1 - K_1 t/2 + (K_1 t)^2/6 + (K_1 t)^3/216 + \cdots]$

两式很接近，故可将 $y(t)$ 写成：

$$y(t) = C_0 K_1 t(1 + K_1 t/6)^{-3}$$
$$或 [t/y(t)]^{1/3} = (C_0 K_1)^{-1/3} + (K_1^{2/3}/6C_0^{1/3})t$$

将上式这一直线方程，按不同时间对 $(t/y)^{1/3}$ 作图（图 4-4）。

图中：$a = (C_0 K_1)^{-1/3}$

$b = K_1^{2/3}/6C_0^{1/3}$

所以：$K_1 = 6b/a$

$C_0 = 1/K_1 \alpha^3$

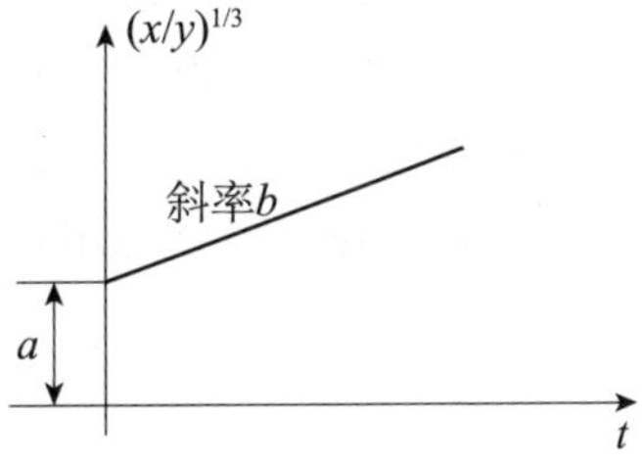

② 用野外实验数据估算 K_1

a. 内梅罗（Nemerow）法。根据 BOD—DO 模型（S—P 模型）的氧亏方程

图 4-4　Thomas 图解法求 K_1

$$dD/dt = K_1 C_0 - K_2 D_c$$

来推求 K_1 值。

在临界氧亏，$dD/dt = 0$，故可推出：

$$D_c = K_1/K_2 C_0 \exp(-K_1 t_c)$$
$$所以 \ln D_c = \ln K_1 + \ln C_0/K_2 - K_1 t_c \quad t_c > 0$$

上式中，D_c 和 t_c 可从有关公式和氧垂曲线求得，C_0 为 $t = 0$ 时的 BOD 值，K_2 值要用其他方法求出，在这里是已知的。于是上式就只含有一个未知量 K_1，它是一个一元一次方程，这样，K_1 值就可以通过以下牛顿迭代试算公式求解。

$$K_{1(n+1)} = K_{1(n)} - K_{1(n)} \times [\ln K_{1(n)} + \ln(C_0/K_2 D_c) - t_c K_{1(n)}]/(1 - t_c K_{1(n)})$$

b. 始末两点法。只要实测到河段上、下游断面的各自平均 BOD$_5$ 浓度，以及该河段平均流速 u，河段长度 x，就可按下式求算 K_1：

$$K_1 = u/x \times \ln C_1/C_2 \tag{4-81}$$

式中，C_1——河段上游断面 BOD$_5$ 的平均浓度；

$\qquad$ C_2——河段下游断面 BOD$_5$ 的平均浓度。

此方法计算简单，但误差较大。

（3）大气复氧系数 K_2 的估算。

流动的水体从大气中吸收氧气的过程称为复氧过程，也称再曝气过程。这种空气中的氧溶解到水体中的现象，是一种气—液之间的对流扩散过程，也是气体的传输过程。天然河流中引起水中溶解气体浓度的变化率可表达为

$$dO/dt = K_2(O_s - O) = K_2 D \tag{4-82}$$

式中，K_2——复氧系数，1/d；

$\qquad$ O_s——饱和溶解氧浓度，mg/L；

$\qquad$ O——溶解氧浓度，mg/L；

$\qquad$ D——溶解氧的饱和差，mg/L。

①实测法

a. 霍恩伯格（Hormberger）法

Hormberger 通过测定河水夜间溶解氧的浓度变化求算 K_2，他在该方法中做了如下三点基本假设：所测定的河段状态是稳定的；水生植物在白天和夜间呼吸速率是不变的；水生植物在夜间不进行光合作用。

根据上述假设，他用式（4-83）描述夜间 DO 浓度的变化速度。

$$dC/dt = K_2(C_s - C) - R \tag{4-83}$$

式中，R——藻类呼吸系数，假定为常数 R_0。

令 $\delta = t_{i+1} - t_i$，从 t_i 到 t_{i+1} 积分上式得：

$$C_{i+1} - C_i = [(C_{si} - C_i) - R_0/K_2](1 - e^{-K_2\delta}) \tag{4-84}$$

式中，C_{i+1}——时间 t_{i+1} 时的 DO 浓度；

$\qquad$ C_i——时间 t_i 时的 DO 浓度；

$\qquad$ C_{si}——饱和 DO 浓度的平均值。

令 $d_i = C_{i+1} - C_i$

$$a_i = C_{si} - C_i$$

$$\xi_1 = 1 - e^{-K_2\delta}$$

$$\xi_2 = R_0/K_2$$

则上式变为：
$$d_i = a_i\xi_1 + \xi_2\xi_1 \tag{4-85}$$

根据最小二乘法原理，可求出：

$$\xi_2 = -(\sum a_i^2 \sum d_i - \sum a_i \sum a_i d_i)/(N \sum a_i d_i - \sum a_i \sum d_i)$$

$$\xi_1 = \sum d_i/(\sum a_i - N\xi_2) \tag{4-86}$$

式中，N——测量时间间隔数。

从 $\xi_1 = 1 - e^{-K_2 \delta}$ 可求出：

$$K_2 = -1/\delta \times \ln(1 - \xi_1) \tag{4-87}$$

从 $\xi_2 = R_0/K_2$ 可求出：

$$R_0 = K_2 \xi_2 \tag{4-88}$$

b. 示踪剂法

ⓐ放射性同位素示踪法。此方法使用萤光染料，氚水和氪—85（Kr85）作示踪剂，在河流上游投放，示踪剂在水中分散，并随水流带向下游。氪—85 和氚水以溶解状态存在于水中，一边扩散，一边沿程消失在大气中。根据萤光染料（常用 Rhodamine B）的指示，在河流沿程取样测定氪—85 的浓度，可精确地得到氪—85 的 K_2 值，再由氪与氧的相对转移量换算出同一条件下 DO 的 K_2 值。

ⓑ低分子烃类示踪法。该方法是用低分子烃类气体（乙烯、丙烷）作示踪剂。其优点是：无放射性污染、价格低廉、对自然环境危害小、投入量易控制。但此方法可能存在烃类气体，在河流中会被分散、稀释、吸附及生物降解的问题。

②公式估算法

实测法对于特定河流是比较精确的，但必须要实验室和现场进行大量工作，要耗费大量人力和物力进行测定，有时这种测定是不可能的，因此往往要借助于文献中的经验公式估算 K_2 值，应用较普遍的公式有：

a. 机理公式

奥康纳和杜宾斯对低速河流和各向同性条件下，根据液膜理论建立的公式为

$$K_2 = (D_m u)^{0.5}/H^{1.5} \tag{4-89}$$

式中，D_m——分子扩散系数，m^2/d；

　　　u——平均流速，m/d；

　　　H——平均水深，m。

D_m 随温度变化

$$D_m = D_m(20) \cdot 1.037^{(t-20)} \tag{4-90}$$

式中，$D_m(20)$——20℃时的分子扩散系数；

　　$D_m(20) = 2.037 \times 10^{-5} cm^2/s = 1.762 \times 10^{-4} m^2/d$；

　　$K_2(t) = K_2(20) \cdot 1.025^{(t-20)}$；

　　$K_2(20) = 1.32 \cdot u^{0.5}/H^{1.5}$。

对于高速和非各向同性河流使用式（4-91）：

$$K_2 = 4.80D_m^{0.5}S^{0.05}/H^{1.25} \times 2.31 \tag{4-91}$$

式中，S——河床斜率，其他符号含义同上。

b. 常用的经验公式

$$K_2 = Cu^m/H^n \tag{4-92}$$

式中，u——平均流速，m/d；

H——平均水深，m；

C、m、n——经验常数，文献中常见的 C、m、n 值见表 4-11。

表 4-11　文献中常见的 C、m、n 值

C	m	n	C	m	n
12.93	0.50	1.5	7.03	1.00	1.50
11.57	0.969	1.673	10.93	0.85	0.85
25.10	0.73	1.75	6.87	0.73	1.05
21.67	0.67	1.85	5.63	1.00	1.50
7.60	1.00	1.50	20.17	0.607	1.689

（4）国内外确定的 K_1 和 K_2 值。

①前苏联对多种废水和天然水进行了测定，规定了不同的 K_1 值。对于污水，K_1 值取值如表 4-12 所示，对于清洁水 $K_1 = 0.051/d$。

表 4-12　前苏联测定的不同温度下 K_1 值

温度/℃	0	5	10	15	20	25	30
$K_1/$ (1/d)	0.04	0.05	0.063	0.08	0.10	0.126	0.158

②日本通过实测，统计得出河流的 K_1 值如表 4-13 所示。

表 4-13　日本测定的 K_1 值

河流状况	未污染河流	污染浅河流	污染深河流
$K_1/$ (1/d)	0.04～0.10	0.06～0.24	0.12～0.24

③美国规定在 20℃ 时取 K_1 值为 0.231/d，然后利用下式推算实际水温下的 K_1 值。

$$K_1 = K_{20}\theta^{(t-20)} = 0.23 \times (1.047)^{(t-20)}$$

④中国通过实测，获得一些河流的 K_1、K_2 值，见表 4-14。

表 4-14　中国某些河流的 K_1、K_2 值

河流名称	$K_1/$ (1/d)	$K_2/$ (1/d)	河流名称	$K_1/$ (1/d)	$K_2/$ (1/d)
第一松花江（黑龙江）	0.015~0.13	0.0006~0.07	黄河（兰州段）	0.41~0.87	0.82~1.9
第二松花江（吉林）	0.14~0.26	0.008~0.18	渭河（咸阳）	1.0	1.7
图们江（吉林）	0.20~3.45	1~4.20	清安江（江苏）	0.88~2.52	—
丹东大沙河（辽宁）	0.5~1.4	7~9.6	漓江（象山）	0.1~0.13	0.3~0.52

四、地表水环境影响评价

水环境影响评价是在工程分析和影响预测的基础上，以法规、标准为依据，解释拟建项目引起水环境变化的重大性，同时辨识敏感对象对污染物排放的反应；对拟建项目的生产工艺、水污染防治与废水排放方案等提出意见。提出避免、消除和减少水体影响的措施、对策建议；最后做出评价结论。如果判断拟议项目的排污量对水域水质、水生生物和周围人群的影响，是不能接纳的，则项目需考虑替代方案或者是受到否定。

1. 所有预测点和所有预测的水质参数均应进行各建设阶段和运行生产阶段不同情况的环境影响重大性评价，但应抓住重点。空间方面，水文（或水文地质）要素和水质急剧变化处、水域功能改变处、取水口附近等应作为重点；水质方面，影响较重的水质参数应作为重点。多项水质参数综合评价的方法和评价的水区参数应与环境现状综合评价相对应。

2. 进行评价的水质参数浓度应是其预测浓度和基线浓度之和。

3. 了解水域功能，包括现状的功能和规划功能。

4. 评价建设项目的地面水环境影响所采用的水质标准应与环境现状评价相同。河道断流时应由环保部门规定功能，并据此选择标准，进行评价。

5. 向已超标的水体排污时，应结合环境规划酌情处理或由环保部门事先规定排污要求。

（一）在 HJ 2.3—2018 的导则中，具体的评价内容

1. 一级、二级、水污染影响型三级 A 及水文要素影响型三级评价的主要评价内容

（1）水污染控制和水环境影响减缓措施有效性评价；

（2）水环境影响评价。

2. 水污染影响型三级 B 评价的主要评价内容

（1）水污染控制和水环境影响减缓措施有效性评价；

（2）依托污水处理设施的环境可行性评价。

（二）在 HJ 2.3—2018 的导则中，具体的评价要求

1. 水污染控制和水环境影响减缓措施有效性评价应满足以下要求

（1）污染控制措施及各类排放口排放浓度限值等应满足国家和地方相关排放标准及符合有关标准规定的排水协议关于水污染物排放的条款要求；

（2）水动力影响、生态流量、水温影响减缓措施应满足水环境保护目标的要求；

（3）涉及面源污染的，应满足国家和地方有关面源污染控制治理要求；

（4）受纳水体环境质量达标区的建设项目选择废水处理措施或多方案比选时，应满足行业污染防治可行技术指南要求，确保废水稳定达标排放且环境影响可以接受；

（5）受纳水体环境质量不达标区的建设项目选择废水处理措施或多方案比选时，应满足区（流）域水环境质量限期达标规划和替代源的削减方案要求、区（流）域环境质量改善目标要求及行业污染防治可行技术指南中最佳可行技术要求，确保废水污染物达到最低排放强度和排放浓度，环境影响可以接受。

2. 水环境影响评价应满足以下要求

（1）排放口所在水域形成的混合区，应限制在达标控制（考核）断面以外水域，不得与已有排放口形成的混合区叠加，混合区外水域应满足水环境功能区或水功能区的水质目标要求；

（2）水环境功能区或水功能区、近岸海域环境功能区水质达标。说明建设项目对评价范围内的水环境功能区或水功能区、近岸海域环境功能区的水质影响特征，分析水环境功能区或水功能区、近岸海域环境功能区水质变化状况，在考虑叠加影响的情况下，评价建设项目建成以后各预测时期水环境功能区或水功能区、近岸海域环境功能区达标状况。涉及富营养化问题的，还应评价水温、水文要素、营养盐等变化特征与趋势，分析判断富营养化演变趋势；

（3）满足水环境保护目标水域水环境质量要求。评价水环境保护目标水域各预测时期的水质（包括水温）变化特征、影响程度与达标状况；

（4）水环境控制单元或断面水质达标。说明建设项目污染排放或水文要素变化对所在控制单元各预测时期的水质影响特征，在考虑叠加影响的情况下，分析水环境控制单元或断面的水质变化状况，评价建设项目建成以后水环境控制单元或断面在各预测时期的水质达标状况；

（5）满足重点水污染物排放总量控制指标要求，重点行业建设项目，主要污染物排放满足等量或减量替代要求；

（6）满足区（流）域水环境质量改善目标要求；

（7）水文要素影响型建设项目同时应包括水文情势变化评价、主要水文特征值影响评价、生态流量符合性评价；

（8）对于新设或调整入河（湖库、近岸海域）排放口的建设项目，应包括排放口设置的环境合理性评价；

（9）满足"三线一单"（生态保护红线、水环境质量底线、资源利用上线和环境准入清单）管理要求。

3.依托污水处理设施的环境可行性评价，主要从污水处理设施的日处理能力、处理工艺、设计进水水质、处理后的废水稳定达标排放情况及排放标准是否涵盖建设项目排放的有毒有害的特征水污染物等方面开展评价，满足依托的环境可行性要求。

五、编制地表水环境影响评价报告

1.报告书编写原则

（1）地面水环境影响评价总结报告应包括评价工作内容和评价结果，概要说明环境质量现状达标情况，提出超标因子的污染程度和范围，把建设项目对评价水域的污染影响程度和范围讲清楚，说明建设项目的主要污染因子及其排放总量和必需的控制要求，提出防治对策和建议，做出评价结论，为建设单位和主管部门提供管理和决策依据。

（2）报告的内容和深度应满足评价大纲要求，有的项目需要提交专题报告，有的不要求提交专题报告，评价内容直接反映在总报告的相应部分中。

（3）评价报告除用文字叙述外，还应附以必要的图表和照片，使资料能够得以清楚表达，以便阅读和审查。对用数据说明的问题须说明数据的出处、计算方法和采用的模式，计算过程和原始数据可不列入正文，必要时可编制附录。

2.项目可行性结论

项目可行性结论是评价的核心部分，要在全面计算分析的基础上，客观反映建设项目的地面水环境影响，对项目可行性做出明确回答。

（1）满足要求，可以立项。建设项目对受纳水体污染较重的范围只局限于排污口附近很小的水域范围或只有个别水质参数超标，但采取相应环保措施后能够达到预定水质要求时，可以得出此结论。

（2）不能满足要求，不能立项。在评价水域的水质现状已经超标，或污染负荷需要削减的数量过大，所用削减措施在技术和经济上明显不合理时，应做出不能达到预期水质要求的结论。

（3）提出方案建议。在某种情况下（如不能达到预定水质要求但影响很少、且发生几率不多时，或者建设项目对受纳水体有污染的一方面，但也有改善的一方面时，或者在其他尚有讨论余地的问题时）有些建设项目不宜做出明确结论，可以针对具体问题做具体分析，提出方案建议或分析意见，并说明原因。

3. 在 HJ 2.3—2018 的导则中，水环境影响评价结论

（1）根据水污染控制和水环境影响减缓措施有效性评价、地表水环境影响评价的结果，明确给出地表水环境影响是否可接受的结论。

（2）达标区的建设项目环境影响评价，依据相应要求，同时满足水污染控制和水环境影响减缓措施有效性评价、水环境影响评价的情况下，认为地表水环境影响可以接受，否则认为地表水环境影响不可接受。

（3）不达标区的建设项目环境影响评价，依据相应要求，在考虑区（流）域环境质量改善目标要求、削减替代源的基础上，同时满足水污染控制和水环境影响减缓措施有效性评价、水环境影响评价的情况下，认为地表水环境影响可以接受，否则认为地表水环境影响不可接受。

第四节　地下水环境影响评价

地下水环境影响评价应对建设项目在建设期、运营期和服务期满后对地下水水质可能造成的直接影响进行分析、预测和评估，提出预防、保护或者减轻不良影响的对策和措施，制定地下水环境影响跟踪监测计划，为建设项目地下水环境保护提供科学依据。

一、术语与定义

地下水环境影响评价过程中涉及的专业术语如下：

地下水：地面以下饱和含水层中的重力水。

水文地质条件：地下水埋藏和分布、含水介质和含水构造等条件的总称。

包气带：地面与地下水面之间与大气相通的，含有气体的地带。

饱水带：地下水面以下，岩层的空隙全部被水充满的地带。

潜水：地面以下，第一个稳定隔水层以上具有自由水面的地下水。

承压水：充满于上、下两个相对隔水层间的具有承压性质的地下水。

地下水补给区：含水层的地下水向外部排泄的范围。

地下水径流区：含水层的地下水从补给区至排泄区的流经范围。

集中式饮用水水源：进入输水管网送到用户的且具有一定供水规模（供水人口一般不少于 1 000 人）的现用、备用和规划的地下水饮用水源。

分散式饮用水水源地：供水小于一定规模（供水人口一般不少于 1 000 人）的地下水饮用水水源地。

地下水环境现状值：建设项目实施前的地下水环境质量监测值。

地下水污染对照值：调查评价区内有历史记录的地下水水质指标统计值，或评价区内受人类活动影响程度较小的地下水水质指标统计值。

地下水污染：人为原因直接导致地下水化学、物理、生物性质改变，使地下水水质恶化的现象。

正常状况：建设项目的工艺设备和地下水环境保护措施均达到设计要求条件下的运行状况，如防渗系统的防渗能力达到了设计要求，防渗系统完好，验收合格。

非正常状况：建设项目的工艺或地下水环境保护措施因系统老化、腐蚀等原因不能正常运行或保护效果达不到设计要求时的运行状况。

地下水环境保护目标：潜水含水层和可能接受建设项目影响且具有饮用水开发利用价值的含水层，集中式饮用水水源地和分散式饮用水水源地，以及《建设项目环境影响评价分类管理名录》中所界定的涉及地下水的环境敏感区。

二、常用地下水预测计算方法

（一）地下水溶质运移解析法

应用条件：求解复杂的水动力弥散方程定解问题非常困难，实际问题中多靠数值方法求解。但可以用解析解对照数值解法进行检验和比较，并用解析解去拟合观测资料以求得水动力弥散系数。

预测模型如下。

1. 一维稳定流动一维水动力弥散问题

（1）一维无限长多孔介质柱体，示踪剂瞬时注入。

$$C(x,t) = \frac{m/w}{2\,n_e\,\sqrt{\pi\,D_L t}}\,e^{-\frac{(x-ut)^2}{4D_L t}} \tag{4-93}$$

式中，x——距注入点的距离，m；

$\quad\quad t$——时间，d；

$C\,(x,\,t)$——t 时刻 x 处的示踪剂浓度，g/L；

$\quad\quad m$——注入的示踪剂质量，kg；

$\quad\quad w$——横截面面积，m²；

$\quad\quad u$——水流速度，m/d；

$\quad\quad n_e$——有效孔隙度，量纲一；

$\quad\quad D_L$——纵向弥散系数，m²/d；

$\quad\quad \pi$——圆周率。

（2）一维半无限长多孔介质柱体，一端为定浓度边界。

$$\frac{C}{C_0} = \frac{1}{2}\,\text{erfc}\left(\frac{x-ut}{2\sqrt{D_L t}}\right) + \frac{1}{2}\,e^{\frac{ux}{D_L}}\,\text{erfc}\left(\frac{x+ut}{2\sqrt{D_L t}}\right) \tag{4-94}$$

式中，x——距注入点的距离，m；

t——时间，d；

C_0——注入的示踪剂浓度，g/L；

u——水流速度，m/d；

D_L——纵向弥散系数，m²/d；

erfc（）——余误差函数。

2. 一维稳定流动二维水动力弥散问题

（1）瞬时注入示踪剂——平面瞬时点源。

$$C(x,y,t) = \frac{m_M/M}{4\pi nt \sqrt{D_L D_T}} e^{-\left[\frac{(x-ut)^2}{4D_L t} + \frac{y^2}{4D_T t}\right]} \tag{4-95}$$

式中，x，y——计算点处的位置坐标；

t——时间，d；

C（x，y，t）——t 时刻 x、y 处的示踪剂浓度，g/L；

M——承压含水层的厚度，m；

m_M——长度为 M 的线源瞬时注入的示踪剂质量，kg；

u——水流速度，m/d；

D_L——纵向弥散系数，m²/d；

D_T——横向 y 方向的弥散系数，m²/d；

π——圆周率。

（2）连续注入示踪剂——平面连续点源。

$$C(x,y,t) = \frac{m_t}{4\pi Mn \sqrt{D_L D_T}} e^{\frac{xu}{2D_L}} \left[\partial K_0(\beta) - W\left(\frac{u^2 t}{4D_L}, \beta\right)\right]$$

$$\beta = \sqrt{\frac{u^2 x^2}{4 D_L^2} + \frac{u^2 y^2}{4 D_L D_T}} \tag{4-96}$$

式中，x，y——计算点处的位置坐标；

t——时间，d；

C（x，y，t）——t 时刻 x、y 处的示踪剂浓度，g/L；

M——承压含水层的厚度，m；

m_t——单位时间注入的示踪剂质量，kg/d；

u——水流速度，m/d；

D_L——纵向弥散系数，m²/d；

D_T——横向 y 方向的弥散系数，m²/d；

$K_0(\beta)$——第二类零阶修正贝塞尔函数；

π——圆周率；

$W\left(\frac{u^2 t}{4 D_L}, \beta\right)$——第一类越流系统井函数。

（二）地下水数值模型

应用条件：数值法可以解决许多复杂水文地质条件和地下水开发利用条件下的地下水资源评价问题，并可以预测各种开采方案条件下地下水位的变化，即预报各种条件下的地下水状态。但不适用于管道流（如岩溶暗河系统等）的模拟评价。

预测模型如下。

1. 地下水水流模型

对于非均质、各向异性、空间三维结构、非稳定地下水流系统：

控制方程：

$$\mu_s \frac{\partial h}{\partial t} = \frac{\partial}{\partial x}\left(K_x \frac{\partial h}{\partial x}\right) + \frac{\partial}{\partial y}\left(K_y \frac{\partial h}{\partial y}\right) + \frac{\partial}{\partial z}\left(K_z \frac{\partial h}{\partial z}\right) + W \qquad (4\text{-}97)$$

式中，　　　μ_s——贮水率，1/m；

　　　　　　h——水位，m；

K_x，K_y，K_z，——分别为 x、y、z 方向上的渗透系数，m/d；

　　　　　　t——时间，d；

　　　　　　W——源汇项，m^3/d。

初始条件

$$h(x,y,z,t) = h_0(x,y,z) \quad (x,y,z) \in \Omega, t = 0 \qquad (4\text{-}98)$$

式中，$h_0(x, y, z)$——已知水位分布；

　　　　　　Ω——模型模拟区。

（1）第一类边界条件。

$$h(x,y,z,t)\big|_{\Gamma_1} = h(x,y,z,t) \quad (x,y,z) \in \Gamma_1, t \geqslant 0 \qquad (4\text{-}99)$$

式中，　　　Γ_1——一类边界；

　$h(x, y, z, t)$——一类边界上的已知水位函数。

（2）第二类边界条件。

$$k\frac{\partial h}{\partial \bar{n}}\bigg|_{\Gamma_2} = q(x,y,z,t) \qquad (x,y,z) \in \Gamma_2, t > 0 \qquad (4\text{-}100)$$

式中，　　　Γ_2——二类边界；

　　　　　　k——三维空间上的渗透系数张量；

　　　　　　$\bar{n}$——边界 Γ_2 的外法线方向；

$q(x, y, z, t)$——二类边界上已知流量函数。

（3）第三类边界条件。

$$\left(k(h-z)\frac{\partial h}{\partial \bar{n}} + \alpha h\right)\bigg|_{\Gamma_3} = q(x,y,z) \qquad (4\text{-}101)$$

式中，　　　α——已知函数；

　　　　　　Γ_3——三类边界；

　　　　　　k——三维空间上的渗透系数张量；

$\vec{n}$——边界 Γ_3 的外法线方向；

q (x, y, z)——三类边界上已知流量函数。

2. 地下水水质模型

水是溶质运移的载体，地下水溶质运移数值模拟应在地下水流场模拟基础上进行。因此，地下水溶质运移数值模型包括水流模型和溶质运移模型两部分。

$$R\theta \frac{\partial C}{\partial t} = \frac{\partial}{\partial x_j}\left(\theta D_{ij}\frac{\partial C}{\partial x_j}\right) - \frac{\partial}{\partial x_i}(\theta v_i C) - WC_s - WC - \lambda_1 \theta C - \lambda_2 \rho_b \bar{C}$$

$$(4\text{-}102)$$

式中，R——迟滞系数，量纲一，$R = 1 + \dfrac{\rho_b}{\theta}\dfrac{\partial \bar{C}}{\partial C}$；

$\quad\quad \rho_b$——介质密度，$kg/(dm)^3$；

$\quad\quad \theta$——介质孔隙度，量纲一；

$\quad\quad C$——组分的浓度，g/L；

$\quad\quad \bar{C}$——介质骨架吸附的溶质浓度，g/kg；

$\quad\quad t$——时间，d；

x, y, z——空间位置坐标，m；

$\quad\quad D_{ij}$——水动力弥散系数张量，m^2/d；

$\quad\quad v_i$——地下水渗流速度张量，m/d；

$\quad\quad W$——水流的源和汇，$1/d$；

$\quad\quad C_s$——组分的浓度，g/L；

$\quad\quad \lambda_1$——溶解相一级反应速率，$1/d$；

$\quad\quad \lambda_2$——吸附相反应速率，$1/d$。

（1）初始条件：

$$C(x,y,z,t) = C_0(x,y,z) \quad (x,y,z) \in \Omega, t = 0 \quad\quad (4\text{-}103)$$

式中，C_0 (x, y, z)——已知水位分布；

$\quad\quad\quad\quad\quad \Omega$——模型模拟区。

（2）第一类边界——给定浓度边界：

$$C(x,y,z,t)\big|_{\Gamma_1} = c(x,y,z,t) \quad\quad (x,y,z) \in \Gamma_1, t \geqslant 0 \quad\quad (4\text{-}104)$$

式中，$\quad\quad \Gamma_1$——给定浓度边界；

C (x, y, z, t)——一定浓度边界上的浓度分布。

（3）第二类边界——给定弥散通量边界：

$$\theta D_{ij}\frac{\partial C}{\partial x_j}\bigg|_{\Gamma_2} = f_i(x,y,z,t) \quad\quad (x,y,z) \in \Gamma_2, t > 0 \quad\quad (4\text{-}105)$$

式中，$\quad\quad \Gamma_2$——通量边界；

f_i (x, y, z, t)——边界 Γ_2 上已知的弥散通量函数。

（4）第三类边界——给定溶质通量边界：

$$(\theta D_{ij} \frac{\partial C}{\partial x_j} - q_i C)\Big|_{\Gamma_3} = g_i(x,y,z,t) \qquad (x,y,z) \in \Gamma_3, t > 0 \quad (4\text{-}106)$$

式中，　　　　Γ_3——混合边界；

$g_i(x, y, z, t)$——边界 Γ_3 已知的对流－弥散总的通量函数。

三、地下水评价工作步骤

根据建设项目对地下水环境影响的程度，结合《建设项目环境影响评价分类管理名录》，将建设项目分为四类。Ⅰ类、Ⅱ类、Ⅲ类建设项目应进行不同深度的地下水环境影响评价，Ⅳ类项目不开展地下水环境影响评价。

地下水环境影响评价基本任务包括：识别地下水环境影响，确定地下水环境影响评价工作等级；开展地下水环境现状调查，完成地下水环境现状监测与评价；预测和评价建设项目对地下水水质可能造成的直接影响，提出有针对性的地下水污染防控措施与对策，制定地下水环境影响跟踪监测计划和应急预案。

地下水环境影响评价工作可划分为准备阶段、现状调查与评价阶段、影响预测与评价阶段和结论阶段。

（一）准备阶段

搜集和分析有关国家和地方地下水环境保护的法律、法规、政策、标准及相关规划等资料；了解建设项目工程概况，进行初步工程分析，识别建设项目对地下水环境可能产生的直接影响；开展现场踏勘工作，识别地下水环境敏感程度；确定评价工作等级、评价范围、评价重点。

（二）现状调查与评价阶段

开展现场调查、勘探、地下水监测、取样、分析、室内外试验和室内资料分析等工作，进行现状评价。

（三）影响预测与评价阶段

进行地下水环境影响预测，依据国家、地方有关地下水环境的法规及标准，评价建设项目对地下水环境的直接影响。

（四）结论阶段

综合分析各阶段成果，提出地下水环境保护措施与防控措施，制定地下水环境影响跟踪监测计划，完成地下水环境影响评价。

四、地下水评价工作分级与技术要求

评价工作等级的划分应依据建设项目行业分类和地下水环境敏感程度分级进

行判定，可划分为一、二、三级。建设项目的地下水环境敏感程度可分为敏感、较敏感、不敏感三级，分级原则见表 4-15。

表 4-15　建设项目的地下水环境敏感程度分级表

敏感程度	地下水环境敏感特征
敏感	集中式饮用水水源（包括已建成的在用、备用、应急水源，在建和规划的饮用水水源）准保护区；除集中式饮用水水源以外的国家或地方政府设定的与地下水环境相关的其他保护区，如热水、矿泉水、温泉等特殊地下水资源保护区
较敏感	集中式饮用水水源（包括已建成的在用、备用、应急水源，在建和规划的饮用水水源）准保护区以外的补给径流区；未划定准保护区的集中式饮用水水源，其保护区以外的补给径流区；分散式饮用水水源地；特殊地下水资源（如矿泉水、温泉等）保护区以外的分布区等其他未列入上述敏感分级的环境敏感区
不敏感	上述地区之外的其他地区

注：a "环境敏感区" 是指《建设项目环境影响评价分类管理名录》中所界定的涉及地下水的环境敏感区。

建设项目地下水环境影响评价工作等级划分见表 4-16。

表 4-16　建设项目评价工作等级分级表

环境敏感程度	I 类项目	II 类项目	III 类项目
敏感	一	一	一
较敏感	一	二	三
不敏感	二	三	三

对于利用废弃盐岩矿井洞穴或人工专制盐岩洞穴、废弃矿井巷道加水幕系统、人工硬岩洞库加水幕系统、地质条件较好的含水层储油、枯竭的油气层储油等形式的地下储油库，危险废物填埋场应进行一级评价，不按表 4-16 划分评价工作等级。

当同一建设项目涉及两个或两个以上场地时，各场地应分别判定评价工作等级，并按相应等级开展评价工作。

线性工程根据所涉地下水环境敏感程度和主要站场位置（如输油站、泵站、加油站、机务段、服务站等）进行分段判定评价等级，并按相应等级分别开展评价工作。

地下水环境影响评价应充分利用已有资料和数据，当已有资料和数据不能满足评价要求时，应开展相应评价等级要求的补充调查，必要时进行勘察试验。当确定评价工作等级后，需按照不同评价级别的要求开展工作。

（一）地下水环境影响一级评价要求

1. 详细掌握调查评价区环境水文地质条件，主要包括含（隔）水层结构及分布特征、地下水补径排条件、地下水流场、地下水动态变化特征、各含水层之间以及地表水与地下水之间的水力联系等，详细掌握调查评价区内地下水开发利用现状与规划。

2. 开展地下水环境现状监测，详细掌握调查评价区地下水环境质量现状和地下水动态监测信息，进行地下水环境现状评价。

3. 基本查清场地环境水文地质条件，有针对性地开展现场勘察试验，确定场地包气带特征及其防污性能。

4. 采用数值法进行地下水环境影响预测，对于不宜概化为等效多孔介质的地区，可根据自身特点选择适宜的预测方法。

5. 预测评价应结合相应环保措施，针对可能的污染情景预测污染物运移趋势，评价建设项目对地下水环境保护目标的影响。

6. 根据预测评价结果和场地包气带特征及其防污性能，提出切实可行的地下水环境保护措施与地下水环境影响跟踪监测计划，制定应急预案。

（二）地下水环境影响二级评价要求

1. 基本掌握调查评价区的环境水文地质条件，主要包括含（隔）水层结构及其分布特征、地下水补径排条件、地下水流场等。了解调查评价区地下水开发利用现状与规划。

2. 开展地下水环境现状监测，基本掌握调查评价区地下水环境质量现状，进行地下水环境现状评价。

3. 根据场地环境水文地质条件的掌握情况，有针对性地补充必要的现场勘察试验。

4. 根据建设项目特征、水文地质条件及资料掌握情况，选择采用数值法或解析法进行影响预测，预测污染物运移趋势和对地下水环境保护目标的影响。

5. 提出切实可行的环境保护措施与地下水环境影响跟踪监测计划。

（三）地下水环境影响三级评价要求

1. 了解调查评价区和场地环境水文地质条件。

2. 基本掌握调查评价区的地下水补径排条件和地下水环境质量现状。

3. 采用解析法或类比分析法进行地下水影响分析与评价。

4. 提出切实可行的环境保护措施与地下水环境影响跟踪监测计划。

（四）其他技术要求

1. 一级评价要求场地环境水文地质资料的调查精度应不低于 1∶10 000 比例尺，评价区的环境水文地质资料的调查精度应不低于 1∶50 000 比例尺。

2. 二级评价环境水文地质资料的调查精度要求能够清晰反映建设项目与环境敏感区、地下水环境保护目标的位置关系，并根据建设项目特点和水文地质条件复杂程度确定调查精度，建议一般以不低于 1：50 000 比例尺为宜。

五、地下水环境影响识别

地下水环境影响的识别应在初步工程分析和确定地下水环境保护目标的基础上进行，根据建设项目建设期、运营期和服务期满后三个阶段的工程特征，识别其"正常状况"和"非正常状况"下的地下水环境影响。对于随着生产运行时间的推移对地下水环境影响有可能加剧的建设项目，还应按运营期的变化特征分为初期、中期和后期分别进行环境影响识别。

识别建设项目所属的行业类别（I～III 类项目）。根据建设项目的地下水环境敏感特征，识别建设项目的地下水环境敏感程度。识别可能造成地下水污染的装置和设施（位置、规模、材质等）及建设项目在建设期、运营期、服务期满后可能的地下水污染途径。识别建设项目可能导致地下水污染的特征因子。特征因子应根据建设项目污废水成分、液体物料成分、固废浸出液成分等确定。

六、地下水环境现状调查与评价

（一）调查与评价原则

地下水环境现状调查与评价工作应遵循资料搜集与现场调查相结合、项目所在场地调查（勘察）与类比考察相结合、现状监测与长期动态资料分析相结合的原则。

地下水环境现状调查与评价工作的深度应满足相应的工作级别要求。当现有资料不能满足要求时，应通过组织现场监测或环境水文地质勘察与试验等方法获取。

对于一、二级评价的改、扩建类建设项目，应开展现有工业场地的包气带污染现状调查。

对于长输油品、化学品管线等线性工程，调查评价工作应重点针对场站、服务站等可能对地下水产生污染的地区开展。

（二）调查评价范围

地下水环境现状调查评价范围应包括与建设项目相关的地下水环境保护目标，以能说明地下水环境的现状，反映调查评价区地下水基本流场特征，满足地下水环境影响预测和评价为基本原则。

污染场地修复工程项目的地下水环境影响现状调查参照《饮用水水源保护区划分技术规范》执行。

建设项目（除线性工程外）地下水环境影响现状调查评价范围可采用公式计算法、查表法和自定义法确定。

1. 当建设项目所在地水文地质条件相对简单，且所掌握的资料能够满足公式计算法的要求时，应采用公式计算法确定。

$$L = \alpha \times K \times I \times T / n_e \qquad (4\text{-}107)$$

式中，L——下游迁移距离，m；

α——变化系数，$\alpha \geqslant 1$ 一般取 2；

K——渗透系数，m/d；

I——水力坡度，量纲一；

T——质点迁移天数，取值不小于 5 000 d；

n_e——有效孔隙度，量纲一。

采用该方法时应包含重要的地下水环境保护目标，所得的调查评价范围如图 4-5 所示。

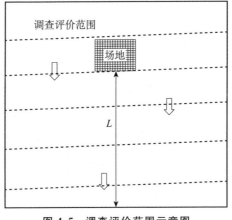

图 4-5　调查评价范围示意图

2. 当不满足公式计算法的要求时，可采用查表法确定。

表 4-17　建设项目地下水环境现状调查评价范围参照表

评价等级	调查评价面积/km²	备注
一级	$\geqslant 20$	
二级	$6 \sim 20$	应包括重要的地下水环境保护目标，必要时适当扩大范围
三级	$\leqslant 6$	

3. 根据建设项目所在地水文地质条件自行确定，需给出理由。当计算或查表范围超出所处水文地质单元边界时，应以所处水文地质单元边界为宜。

（三）调查评价内容

地下水现状调查的内容主要包括水文地质条件和地下水污染调查，在充分收集资料的基础上，根据建设项目特点和水文地质条件复杂程度，开展调查工作，调查内容主要包括水文地质条件、地下水污染源和地下水环境现状。

表 4-18　地下水基本资料调查评价内容

类别	调查内容
水文地质条件调查	①气象、水文、土壤和植被状况； ②地层岩性、地质构造、地貌特征与矿产资源； ③包气带岩性、结构、厚度、分布及垂向渗透系数等； ④含水层岩性、分布、结构、厚度、埋藏条件、渗透性、富水程度等；隔水层（弱水层）的岩性、厚度、渗透性等； ⑤地下水类型、地下水补径排条件；地下水水位、水质、水温、地下水化学类型； ⑥泉的成因类型，出露位置、形成条件及泉水流量、水质、水温，开发利用情况；集中供水水源地和水源井的分布情况（包括开采层的成井密度、水井结构、深度以及开采历史）； ⑦地下水现状监测井的深度、结构以及成井历史、使用功能；地下水环境现状值（或地下水污染对照值）
地下水污染源	①调查评价区内具有与建设项目产生或排放同种特征因子的地下水污染源； ②对于一、二级的改、扩建项目，应在可能造成地下水污染的主要装置或设施附近开展包气带污染现状调查，对包气带进行分层取样，一般在 0～20 cm 埋深范围内取一个样品，其他取样深度应根据污染源特征和包气带岩性、结构特征等确定，并说明理由。样品进行浸溶试验，测试分析浸溶液成分
地下水环境现状	对地下水水质、水位监测，掌握或了解调查评价区地下水水质现状及地下水流场

在充分收集已有资料和地下水环境现状调查的基础上，为进一步查明含水层特征和获取预测评价中必要的水文地质参数还需要进行环境水文地质勘察与试验。除一级评价要进行必要的环境水文地质勘察与试验外，对环境水文地质条件复杂且资料缺少的地区，二级、三级评价也应在区域水文地质调查的基础上对场地进行必要的水文地质勘察。

环境水文地质勘察可采用钻探、物探和水土化学分析以及室内外测试、试验等手段开展。环境水文地质试验项目通常有抽水试验、注水试验、渗水试验、浸溶试验及土柱淋滤试验等。在评价工作过程中可根据评价工作等级和资料掌握情况选用。进行环境水文地质勘察时，除采用常规方法外，还可采用其他辅助方法配合勘察。

（四）地下水环境现状监测

建设项目地下水环境现状监测应通过对地下水水质、水位的监测，掌握或了解调查评价区地下水水质现状及地下水流场，为地下水环境现状评价提供基础资料。

1. 现状监测点的布设原则

采用控制性布点与功能性布点相结合的布设原则。监测点应主要布设在建设项目场地、周围环境敏感点、地下水污染源以及对于确定边界条件有控制意义的地点。当现有监测点不能满足监测位置和监测深度要求时，应布设新的地下水现状监测井，现状监测井的布设应兼顾地下水环境影响跟踪监测计划；监测层位应包括潜水含水层、可能受建设项目影响且具有饮用水开发利用价值的含水层；一般情况下，地下水水位监测点数以不小于相应评价级别地下水水质监测点数的 2 倍为宜。

管道型岩溶区等水文地质条件复杂的地区，地下水现状监测点应视情况确定，并说明布设理由；在包气带厚度超过 100 m 的地区或监测井较难布置的基岩山区，当地下水质监测点数无法满足要求时，可视情况调整数量，并说明调整理由。一般情况下，该类地区一级、二级评价项目应至少设置 3 个监测点，三级评价项目可根据需要设置一定数量的监测点。

表 4-19　地下水环境监测点位布设要求

评价级别	评价要求
一级	潜水含水层的水质监测点应不少于 7 个，可能受建设项目影响且具有饮用水开发利用价值的含水层 3~5 个。原则上建设项目场地上游和两侧的地下水水质监测点均不得少于 1 个，建设项目场地及其下游影响区的地下水水质监测点不得少于 3 个
二级	潜水含水层的水质监测点应不少于 5 个，可能受建设项目影响且具有饮用水开发利用价值的含水层 2~4 个。原则上建设项目场地上游和两侧的地下水水质监测点均不得少于 1 个，建设项目场地及其下游影响区的地下水水质监测点不得少于 2 个
三级	潜水含水层水质监测点应不少于 3 个，可能受建设项目影响且具有饮用水开发利用价值的含水层 1~2 个。原则上建设项目场地上游及下游影响区的地下水水质监测点各不得少 1 个

2. 地下水水质现状监测取样要求

应根据特征因子在地下水中的迁移特性选取适当的取样方法；一般情况下，只取一个水质样品，取样点深度宜在地下水位以下 1.0 m 左右；建设项目为改、扩建项目，且特征因子为 DNAPLs（重质非水相液体）时，应至少在含水层底部取一个样品。

3. 地下水水质现状监测因子

地下水水质现状监测因子原则上应包括两类：基本水质因子以 pH、氨氮、硝酸盐、亚硝酸盐、挥发性酚类、氰化物、砷、汞、铬（六价）、总硬度、铅、氟、镉、铁、锰、溶解性总固体、高锰酸盐指数、硫酸盐、氯化物、总大肠菌群、细菌总数等以及背景值超标的水质因子为基础，可根据区域地下水水质状况、污染源状况适当调整；特征因子根据环境污染因子识别结果确定，可根据区域地下水水质状况、污染源状况适当调整。

4. 地下水环境现状监测频率要求

根据地下水环境评价的等级要求进行相应频次的地下水环境监测。

表 4-20　地下水环境监测频次要求

评价级别	评价要求
一级	近 3 年内至少一个连续水文年的枯水期、平水期、丰水期地下水水位动态监测资料，评价期内应至少开展一期地下水水位监测
二级	近 3 年内至少一个连续水文年的枯水期、丰水期地下水水位动态监测资料，评价期可不再开展地下水水位现状监测
三级	近 3 年内至少一期的监测资料，评价期内可不再进行地下水水位现状监测

一级评价项目和缺少 3 年内基本水文资料的评价项目，基本水质因子的水质监测频率应参照表 4-21。

表 4-21　地下水环境现状监测频率参照表

分类	水位监测频率			水质监测频率		
	一级	二级	三级	一级	二级	三级
山前冲（洪）积	枯平丰	枯丰	一期	丰枯	枯	一期
滨海（含填海区）	二期[a]	一期	一期	一期	一期	一期
其他平原区	枯丰	一期	一期	一期	一期	一期
黄土地区	枯平丰	一期	一期	二期	一期	一期
沙漠地区	枯丰	一期	一期	一期	一期	一期
丘陵山区	枯丰	一期	一期	一期	一期	一期
岩溶裂隙	枯丰	一期	一期	枯丰	一期	一期
岩溶管道	二期	一期	一期	二期	一期	一期

a "二期" 的间隔有明显水位变化，其变化幅度接近年内变幅。

　　地下水样品应采用自动式采样泵或人工活塞闭合式与敞口式定深采样器进行采集；样品采集前，应先测量井孔地下水水位（或地下水位埋深）并做好记录，然后采用潜水泵或离心泵对采样井（孔）进行全井孔清洗，抽汲的水量不得小于3倍的井筒水（量）体积；pH、E_h、DO、水温等不稳定项目应在现场测定。

七、地下水环境影响预测

（一）预测原则

　　考虑到地下水环境污染的复杂性、隐蔽性和难恢复性，还应遵循保护优先、预防为主的原则，预测应为评价各方案的环境安全和环境保护措施的合理性提供依据。

　　预测的范围、时段、内容和方法均应根据评价工作等级、工程特征与环境特征，结合当地环境功能和环保要求确定，应预测建设项目对地下水水质产生的直接影响，重点预测对地下水环境保护目标的影响。

　　在结合地下水污染防控措施的基础上，对工程设计方案或可行性研究报告推荐的选址（选线）方案可能引起的地下水环境影响进行预测。

（二）预测范围

　　地下水环境影响预测范围一般与调查评价范围一致。预测层位应以潜水含水层或污染物直接进入的含水层为主，兼顾与其水力联系密切且具有饮用水开发利用价值的含水层。当建设项目场地天然包气带垂向渗透系数小于 1×10^{-6} cm/s 或厚度超过 100 m 时，预测范围应扩展至包气带。

（三）预测时段

　　地下水环境影响预测时段应选取可能产生地下水污染的关键时段，至少包括污染发生后 100 d、1 000 d，服务年限或能反映特征因子迁移规律的其他重要的时间节点。

（四）情景设置

　　一般情况下，建设项目须对正常状况和非正常状况的情景分别进行预测。已依据相关标准和规范设计地下水污染防渗措施的建设项目，可不进行正常状况情景下的预测。

（五）预测因子

　　预测因子应包括：根据前述工作识别出的特征因子，按照重金属、持久性有机污染物和其他类别进行分类，并对每一类别中的各项因子采用标准指数法进行排序，分别取标准指数最大的因子作为预测因子；现有工程已经产生的且改、扩建后将继续产生的特征因子，改、扩建后新增加的特征因子；污染场地已查明的主要污染物；国家或地方要求控制的污染物。

（六）预测源强

地下水环境影响预测源强的确定应充分结合工程分析。正常状况下，预测源强应结合建设项目工程分析和相关设计规范确定。非正常状况下，预测源强可根据工艺设备或地下水环境保护措施因系统老化或腐蚀程度等设定。

（七）预测方法

建设项目地下水环境影响预测方法包括数学模型法和类比分析法。其中，数学模型法包括数值法、解析法等方法，如前文所述。

预测方法的选取应根据建设项目工程特征、水文地质条件及资料掌握程度来确定，当数值方法不适用时，可用解析法或其他方法预测。一般情况下，一级评价应采用数值法，不宜概化为等效多孔介质的地区除外；二级评价中水文地质条件复杂且适宜采用数值法时，建议优先采用数值法；三级评价可采用解析法或类比分析法。

采用数值法预测前，应先进行参数识别和模型验证。采用解析模型预测污染物在含水层中的扩散时，一般应满足以下条件：

1. 污染物的排放对地下水流场没有明显的影响；

2. 评价区内含水层的基本参数（如渗透系数、有效孔隙度等）不变或变化很小。

采用类比分析法时，应给出类比条件。类比分析对象与拟预测对象之间应满足以下要求：

（1）二者的环境水文地质条件、水动力场条件相似；

（2）二者的工程类型、规模及特征因子对地下水环境的影响具有相似性。

地下水环境影响预测过程中，对于采用自选模式进行预测评价时，须明确所采用模式适用条件，给出模型中的各参数物理意义及参数取值，并尽可能地采用相关模式进行验证。

（八）预测模型概化

根据调查评价区和场地环境水文地质条件，对边界性质、介质特征、水流特征和补给排等条件进行概化。

污染源概化包括排放形式与排放规律的概化。根据污染源的具体情况，排放形式可以概化为点源、线源、面源；排放规律可以简化为连续恒定排放或非连续恒定排放以及瞬时排放。

预测所需的包气带垂向渗透系数、含水层渗透系数、给水度等参数初始值的获取应以收集评价范围内已有水文地质资料为主，不满足预测要求时需通过现场试验获取。

（九）预测内容

1. 给出特征因子不同时段的影响范围程度，最大迁移距离；

2. 给出预测期内场地边界或地下水环境保护目标处特征因子随时间的变化

规律；

3. 当建设项目场地天然包气带垂向渗透系数小于 1×10^{-6} cm/s 或厚度超过 100 m 时，须考虑包气带阻滞作用，预测特征因子在包气带中迁移；

4. 污染场地修复治理工程项目应给出污染物变化趋势或污染控制的范围。

八、地下水环境影响评价

（一）评价原则

评价应以地下水环境现状调查和地下水环境影响预测结果为依据，对建设项目各实施阶段（建设期、运营期及服务期满后）不同环节及不同污染防控措施下的地下水环境影响进行评价。地下水环境影响预测未包括环境质量现状值时，应叠加环境质量现状值后再进行评价。应评价建设项目对地下水水质的直接影响，重点评价建设项目对地下水环境保护目标的影响。

（二）评价范围

地下水环境影响评价范围一般与调查评价范围一致。

（三）评价方法

采用标准指数法对建设项目地下水水质影响进行评价，具体方法同前文。

对属于《地下水质量标准》（GB/T 14848—2017）水质指标的评价因子，应按其规定的水质分类标准值进行评价；对于不属于《地下水质量标准》（GB/T 14848—2017）水质指标的评价因子可参照国家（行业、地方）相关标准的水质标准值进行评价。

（四）评价结论

建设项目各个不同阶段，除场界内小范围以外地区，均能满足《地下水质量标准》（GB/T 14848—2017）或国家（行业、地方）相关标准要求的；在建设项目实施的某个阶段，有个别评价因子出现较大范围超标，但采取环保措施后，可满足《地下水质量标准》（GB/T 14848—2017）、国家（行业、地方）相关标准要求的，得出可以满足标准要求的结论。

新建项目排放的主要污染物，改、扩建项目已经排放的及将要排放的主要污染物在评价范围内地下水中已经超标的；环保措施在技术上不可行，或在经济上明显不合理的，应得出不能满足标准要求的结论。

九、地下水环境保护措施与对策

（一）基本要求

地下水环境保护措施与对策应符合《中华人民共和国水污染防治法》和《中

华人民共和国环境影响评价法》的相关规定，按照"源头控制、分区防控、污染监控、应急响应"，重点突出饮用水水质安全的原则确定。

地下水环境环保对策措施建议应根据建设项目特点、调查评价区和场地环境水文地质条件，在建设项目可行性研究提出的污染防控对策的基础上，根据环境影响预测与评价结果，提出需要增加或完善的地下水环境保护措施和对策。

改、扩建项目应针对现有工程引起的地下水污染问题，提出"以新带老"的对策和措施，有效减轻污染程度或控制污染范围，防止地下水污染加剧。

给出各项地下水环境保护措施与对策的实施效果，列表给出初步估算各措施的投资概算，并分析其技术、经济可行性。

提出合理、可行、操作性强的地下水污染防控的环境管理体系，包括地下水环境跟踪监测方案和定期信息公开等。

（二）建设项目污染防控对策

源头控制措施：主要包括提出各类废物循环利用的具体方案，减少污染物的排放量；提出工艺、管道、设备、污水储存及处理构筑物应采取的污染控制措施，将污染物跑、冒、滴、漏降到最低限度。

分区防控措施：结合地下水环境影响评价结果，对工程设计或可行性研究报告提出的地下水污染防控方案提出优化调整的建议，给出不同分区的具体防渗技术要求。一般情况下，应以水平防渗为主，防控措施应满足以下要求：

1. 已颁布污染控制国家标准或防渗技术规范的行业，水平防渗技术要求按照相应标准或规范执行；

2. 未颁布相关标准的行业，根据预测结果和场地包气带特征及其防污性能，提出防渗技术要求；或根据建设项目场地天然包气带防污性能、污染控制难易程度和污染物特性，参照表 4-22 提出防渗技术要求。其中污染控制难易程度分级和天然包气带防污性能分级分别参照表 4-23 和表 4-24 进行相关等级的确定。

表 4-22　污染控制难易程度分级参照表

污染控制难易程度	主要特征
难	对地下水环境有污染的物料或污染物泄漏后，不能及时发现和处理
易	对地下水环境有污染的物料或污染物泄漏后，可及时发现

表 4-23　天然包气带防污性能分级参照表

污染控制难易程度	包气带岩土的渗透性能
强	岩（土）层单层厚度 Mb≥1.0 m，渗透系数 $K{\leqslant}1{\times}10^{-6}$ cm/s，且分布连续、稳定
中	岩（土）层单层厚 0.5 m≤Mb<1.0 m，渗透系数 $K{\leqslant}1{\times}10^{-6}$ cm/s，且分布连续、稳定。岩（土）层单层厚度 Mb≥10 m，渗透系数 $1{\times}10^{-6}$ cm/s$<K{\leqslant}1{\times}10^{-4}$ cm/s，且分布连续、稳定
弱	岩（土）层不满足上述"强"和"中"条件

表 4-24　地下水污染防渗分区参照表

防渗分区	天然包气带防污性能	污染控制难易程度	污染物类型	防渗技术要求
重点防渗区	弱	难	重金属、持久性有机物污染物	等效黏土防渗层 Mb≥6.0 m，$K{\leqslant}1{\times}10^{-7}$ cm/；或参照 GB 18598 执行
	中—强	难		
	弱	易		
一般防渗区	弱	易—难	其他类型	等效黏土防渗层 Mb≥1.5 m，$K{\leqslant}1{\times}10^{-7}$ cm/s 或参照 GB 16889 执行
	中—强	难		
	中	易	重金属、持久性有机物污染物	
	弱	易		
简单防渗区	中—强	易	其他类型	一般地面硬化

对难以采取水平防渗的场地，可采用垂向防渗为主，局部水平防渗为辅的防控措施。

根据非正常状况下的预测评价结果，在建设项目服务年限内个别评价因子超标范围超出厂界时，应提出优化总图布置的建议或地基处理方案。

（三）地下水环境监测与管理

建立地下水环境监测管理体系，包括制定地下水环境影响跟踪监测计划、建立地下水环境影响跟踪监测制度、配备先进的监测仪器和设备，以便及时发现问题采取措施。

跟踪监测计划应根据环境水文地质条件和建设项目特点设置跟踪监测点，跟踪监测点应明确与建设项目的位置关系，给出点位、坐标、井深、井结构、监测层位、监测因子及监测频率等相关参数。跟踪监测点数量要求如下：

1. 一、二级评价的建设项目，一般不少于 3 个，应至少在建设项目场地，上、下游各布设 1 个。一级评价的建设项目，应在建设项目总图布置基础之上，结合预测评价结果和应急响应时间要求，在重点污染风险源处增设监测点；

2. 三级评价的建设项目，一般不少于 1 个，应至少在建设项目场地下游布置 1 个。

明确跟踪监测点的基本功能，如背景值监测点、地下水环境影响跟踪监测点、污染扩散监测点等，必要时，明确跟踪监测点兼具的污染控制功能。根据环境管理对监测工作的需要，提出有关监测机构、人员及装备的建议。

（四）制定地下水环境跟踪监测与信息公开计划

落实跟踪监测报告编制的责任主体，明确地下水环境跟踪监测报告的内容，一般应包括：建设项目所在场地及其影响区地下水环境跟踪监测数据，排放污染物的种类、数量、浓度；生产设备、管廊或管线、贮存与运输装置、污染物贮存与处理装置、事故应急装置等设施的运行状况、跑冒滴漏记录、维护记录。

信息公开计划应至少包括建设项目特征因子的地下水环境监测值。

（五）应急响应

制定地下水污染应急响应预案，明确污染状况下应采取的控制污染源、切断污染途径等措施。

习 题

1. 某监测断面三天水质监测得到一组 COD 数据：21 mg/L、28 mg/L、23 mg/L、24 mg/L、18 mg/L、23 mg/L，计算监测断面内梅罗平均值并评价水体 COD 污染状况。

2. 某河流 DO 浓度为 4 mg/L，BOD_5 的浓度 5 mg/L，挥发酚浓度为 0.0074 mg/L，CN^- 浓度为 0.06 mg/L，试用教材中介绍的评价指数和方法评价水环境质量（评价标准试用 GB 3838—2002）。

参考文献

［1］周国强．环境影响评价（第二版）［M］．武汉理工大学出版社，2009.

［2］张宝莉．农业环境保护［M］．化学工业出版社，2002.

［3］环境影响评价技术导则　地表水环境（HJ 2.3—2018）［S］.

［4］环境影响评价技术导则　地下水环境（HJ 610—2016）［S］.

［5］严煦世，范瑾初．给水工程（第四版）［M］．北京：中国建筑工业出版社，1999.

［6］张智．排水工程（上册）（第五版）［M］．北京：中国建筑工业出版社，2015.

［7］张自杰．排水工程（下册）（第五版）［M］．北京：中国建筑工业出版

社，2015.

　　[8]（美）施瓦茨，等．地表水质模型—理论方法与应用指南［M］．吴文俊，等，译．北京：中国环境出版社，2012.

　　[9] 陈凯麟，江春波．地表水环境影响评价数值模拟方法及应用［M］．北京：中国环境出版集团，2018.

　　[10] 陈崇希，成建梅．地下水溶质运移理论与水质模型［M］．北京：科学出版社，2021.

　　[11] 郑春苗，贝聂特．地下水污染物迁移模拟（第二版）［M］．孙晋玉，等，译．北京：高等教育出版社，2009.

第五章　土壤环境影响评价

　　土壤是一种宝贵的自然资源，是环境的重要组成部分，也是地球陆地表面具有肥力、能生长植物的疏松表层。它是由岩石风化而成的矿物质、动植物残体腐解产生的有机质以及水分、空气等组成。在环境系统中，土壤与水、空气、岩石和生物之间，以及土壤子系统内部，都不断地进行着物质与能量的交换。可以说，土壤是万物生长和立足的重要基础，也是人类生存、发展、工作和生活的重要场所。一个区域栖息和生长的动植物物种类型和土壤性质往往有密切联系，而土壤的侵蚀式样是历史上人类活动和自然过程——包括农业上施用的化肥及农药等累积效应产生的后果。土地开发、资源开采和废物处置等项目对土壤和地下水会造成不同形式的定性和定量的变化，主要有土壤的侵蚀和污染。所以，要提高土壤环境质量和使用价值，保护环境和土壤资源，必须系统全面地进行土壤环境质量的现状评价和影响评价，为制定环境管理政策和综合防治污染提供科学决策和依据。

第一节　土壤环境影响评价概述

一、土壤环境质量评价的概念及分类

　　土壤是指由矿物质、有机质、水、大气及生物有机体组成的地球陆地表面上能生长植物的疏松层。土壤是环境的重要组成要素，和大气、水、生物等环境要素之间经常互为外在条件，相互作用，相互影响。土壤既能生长植物，为人类和其他动物提供食物，又是一切地上物（包括建筑）的载体，直接影响农产品的质量和人居环境的安全。土壤环境质量是指土壤环境（或土壤生态系统）的组成、结构、功能特性及其所处状态的综合体现与定性、定量的表述。它包括在自然环境因素影响下的自然过程及其所形成的土壤环境的组成、结构、功能特性、环境地球化学背景值与元素背景值、净化功能、自我调节功能与抗逆性能、土壤环境

容量等相对稳定而仍在不断变化中的环境基本属性以及在人类活动影响下的土壤环境污染和土壤生态状态的变化。其中人类活动的影响是土壤环境质量变化的主要标志，是影响现代土壤环境质量变化与发展的最积极而活跃的因素。广义的土壤环境质量评价是指在研究土壤环境质量变化规律的基础上，按一定的原则、标准和方法，对土壤污染程度进行评定，或是土壤对人类健康适宜程度进行评定。狭义的土壤环境质量评价即只是评价土壤污染物含量水平，而对于影响土壤质量的肥力指标和盐分含量等不做考虑。对土壤环境质量进行评价的目的，在于提高和改善土壤环境质量，并提出控制和减缓对土壤环境不利变化的对策和措施。本书中所指的土壤环境质量评价主要是指狭义的土壤环境质量评价。

土壤环境质量评价主要分为土壤环境质量现状评价和土壤环境影响评价。依据评价的土地用途又可以分为农用地土壤环境质量评价、建设用地土壤环境质量评价和未利用地的土壤环境质量评价。

二、土壤环境质量评价的主要原则

（一）整体性原则

建设项目与区域经济发展对人类生态系统是整体影响，所以评价时不仅要分别对各环境要素进行预测，尤其应注重分析其综合效应，才能正确估计对环境的全面影响。

（二）相关性原则

人类生态系统是个大的网络系统，而环境影响很多是继发性的，通过研究不同层次各子系统间的联系性质、方式及联系的程度，判别环境影响的传递性，逐层逐级传递的方式、速度和强度。

（三）主导性原则

在土壤环境影响评价中，必须抓住建设项目与区域经济发展中引起的主要土壤环境问题。

（四）动态性原则

土壤环境影响是一个不断变化着的动态过程。如项目的不同建设阶段的环境影响、环境影响的叠加性和累积性、影响的短期性与长期性、影响的可逆性与不可逆性等都是不断变化的。

（五）随机性原则

人类生态系统是个复杂多变的随机系统，建设项目与投产过程中可能产生随机事件（自然的和人为的），可能会造成出乎意料的严重环境后果，为了避免严重公害事件的产生，需视具体情况，增加新的评价内容，如土壤环境风险评价等。

三、土壤环境质量评价程序

土壤环境质量评价包括现状评价和影响评价。不同的评价目的，选取不同的评价方式。当进行一个省或一个地区的土壤环境质量普查时，可以选择现状评价的方式。当进行一个大的拟建工程对土壤可能产生的影响时，不但要做现状评价的工作，而且要做影响评价工作。只有在了解现状的基础上，才能做好影响评价工作。

我国的土壤环境质量现状评价程序，一般分为土壤污染评价和土壤风险评价两个阶段进行。首先进行土壤污染状况调查，获得基础数据和资料，判断是否满足评价要求，如果满足则可以进行评价，如不满足则需要进行进一步的详查；之后通过土壤污染状况调查和土壤污染风险调查对土壤环境质量进行评价。但由于农用地和建设用地的不同，在调查中又略有不同。

四、土壤环境质量评价等级划分和工作内容

（一）评价等级划分

按照《环境影响评价技术导则　土壤环境（试行）》的规定原则，也可以根据判断环境影响重大性的原则确定评价等级和要求。确定评价等级时宜遵循以下依据：

（1）项目占地面积、地形条件和土壤类型，可能会被破坏的植被种类、面积以及对当地生态系统影响的程度；

（2）侵入土壤的污染物主要种类、数量，对土壤和植物的毒性及其在土壤中降解的难易程度，以及受影响的土壤面积；

（3）土壤能容纳侵入的各种污染物的能力，以及现有的环境容量；

（4）项目所在地的土壤环境功能区划要求。充分考虑每个土壤环境质量分区内不同的污染机制和环境质量特征以及未来的演化趋势来确定评价等级。

（二）评价内容

土壤环境质量评价的基本工作内容有以下方面：

（1）收集和分析拟建项目工程分析的成果以及与土壤侵蚀和污染有关的地表水、地下水、大气和生物等专题评价的资料。

（2）调查、监测项目所在地区土壤环境资料，包括土壤类型、形态，土壤中污染物的背景值和基线值；植物的产量、生长情况及体内污染物的基线值；土壤中有关污染物的环境标准和卫生标准以及土壤利用现状。

（3）调查、监测评价区内现有土壤污染源排污情况。

（4）描述土壤环境现状，包括现有的土壤侵蚀和污染状况，可采用环境指数法加以归纳，并作图表示。

（5）根据土壤中进入的污染物的种类、数量、方式、区域环境特点、土壤理化特性、净化能力以及污染物在土壤环境中迁移、转化和累积规律，分析污染物累积趋势，预测土壤环境质量的变化和发展。

（6）运用土壤侵蚀和沉积模型预测项目可能造成的侵蚀和沉积。

（7）评价拟建项目对土壤环境影响的重大性，并提出消除和减轻负面影响的对策以及监测措施。

（8）如果由于时间限制或特殊原因，不可能详细、准确地收集到评价区土壤的背景值和基线值以及植物体内污染物含量等资料，可以采用类比调查；必要时应做盆栽、小区乃至田间试验，确定植物体内的污染物含量或者开展污染物在土壤中累积过程的模拟试验，以确定各种系数值。

（三）评价范围

按照评价的土地用途，可以将土壤环境质量评价分为农用地土壤环境质量评价、建设用地土壤环境质量评价。土壤环境质量评价的对象可分为地块（或场地）土壤环境质量和区域土壤环境质量。地块（或场地）土壤环境质量评价的范围通常较小，一般用于场地环境（备案）调查、农产品产地环境质量认证、土壤污染事故调查等。区域土壤环境质量评价的范围通常较大，可以是一个行政单元（乡镇、县、省或全国），也可以是较大的流域范围，一般用于土壤环境质量监测、土壤污染状况调查等。

五、土壤环境质量评价标准体系

（一）土壤环境背景值

环境背景值的概念是在 20 世纪 70 年代提出来的。是指未受人类活动影响的条件下，各种环境要素本身所固有的物质组成与特征，能表征一个地区环境的原有状态。土壤环境背景值含量是指在一定时间条件下，仅受地球化学过程和非点源输入影响的土壤中元素或化合物的含量。土壤环境背景值就是对土壤环境背景值按照统计学的要求进行采样设计和采集，分析后获得的一定置信度表达的元素背景值的范围。尽管时至今日，地球上已很难找到未受人类活动影响而致使污染的地方，但是，只要我们能够正确地遵循某些客观规律，用科学的方法，还是能够获得土壤环境背景值的。土壤环境背景值是环境科学的一项重要科学依据，它的大小，影响着土壤中污染物的可容纳量。因此，它对制定环境质量标准和土壤环境等都有着重要意义。

国外对土壤环境背景值研究工作开展较早，最早开始于 20 世纪 60 年代，至 20 世纪 80 年代，美国、英国、日本等相继完成土壤环境背景值的研究。我国土壤环境背景值的研究开始于 20 世纪 70 年代中期，到 1990 年，基本完成了全国土壤环境背景值调查工作，共涉及了我国除台湾省以外的 30 个省（区、市），采集了 4 095 个剖面，测定了 69 个项目的基本统计量，并出版了《中国土壤元素背景值》一书。书中对 41 个行政地区、41 种土壤类型、11 种母质下的土壤元素平均值、中位值、频数分布都进行了详细的描述。然而由于我国幅员辽阔，土壤类型多样，不同地区土壤环境背景值差异较大，因此全国范围的土壤环境背景值并不能用于区域土壤环境质量评价，因此在进行评价时应使用区域土壤环境背景值，其数值需要通过区域土壤环境背景值调查获得。

目前，新一轮区域土壤环境背景值调查工作在全国各地也相继开展，如已经颁布的《土壤环境背景值》（DB4403/T 68—20）中就对深圳市赤红壤、红壤和黄壤的土壤中 20 种无机污染物和有机污染物的背景含量进行了说明，其他地区的区域土壤环境背景值也即将公布。

1. 区域土壤环境背景值的数据统计

通过对土壤样品的化验分析，得到若干个测定值，用同一项目的各个测定值的算术平均值加减一个标准差表示该项目的土壤现状值（背景值）。它不仅包括土壤内某物质的平均含量，同时还包括该物质在一定保证率下的含量范围。土壤环境质量中某一物质的现状值（背景值）的表达式如下：

$$X_i = \overline{X}_I \pm S_i \tag{5-1}$$

$$S_i = \sqrt{\frac{1}{N-1} \sum_{i=1}^{N} (X_{ij} - \overline{X}_i)^2} \tag{5-2}$$

式中，X_i——土壤中 i 物质的现状值（背景值）；

$\overline{X}_I$——土壤中 i 物质的平均含量；

S_i——土壤中 i 物质的标准差；

N——统计样品数；

X_{ij}——第 j 个样品中 i 物质的实测含量。

2. 区域土壤环境背景值统计数据的检验

为减少误差，对样品的各个分析数据应做必要的检验，以保证土壤现状值（背景值）的真实性。常用的方法有下列几种：

（1）格拉布斯（Grubbs）检验法。

根据公式计算 G 值

$$G = \frac{(X_k - \overline{X})}{S} \tag{5-3}$$

式中，X_k——被怀疑的异常值；

$\overline{X}$——样本的算术平均值；

G——格拉布斯值；

S——样本的标准差。

查格拉布斯值检验临界值（g_a）表，如果 $G \geqslant g_a$，则 X_k 为异常值；如果 $G < g_a$，则 X_k 不是异常值。

（2）狄克逊（Dixon）检验法。

与格拉布斯检验类似，根据样本容量 n 的值进行狄克逊值 D 的计算，计算出 D 值后查狄克逊检验临界值（D_a）表，如果 $D \geqslant D_a$，则 X_k 为异常值；如果 $D < D_a$，则 X_k 不是异常值。

（3）T（Thompson）检验法。

根据公式计算 T 值

$$T = \frac{|X_k - \overline{X}|}{S\sqrt{\dfrac{n}{n-1}}} \tag{5-4}$$

式中，X_k——被怀疑的异常值；

　　　$\overline{X}$——样本的算术平均值；

　　　T——T 检验法；

　　　S——样本的标准差；

　　　n——样本容量。

根据自由度 $df = n - 2$ 查 T 检验临界值（t_a）表，如果 $T \geqslant t_a$，则 X_k 为异常值；若如果 $T < t_a$，则 X_k 不是异常值。

（4）箱线图法。

使用箱线图（Boxplot），利用数据统计中的最小值；第一四分数（Q_1）；中位数（X_m）；第三四分数（Q_3）和最大值来描述数据。处于箱线图内限以外的数据都是异常值，处于内限外限之间的异常值为温和异常值，处于外限以外的为极端异常值。

（5）富集系数法。

在风化过程中，有些元素会淋失，有些元素会富集，所以表土中重金属含量高于母质或底土，不一定都是污染造成的。因此，需要有一种稳定的元素作为内参比元素，进行富集系数检验。

土壤中元素的富集系数可根据 Mcheal 公式计算：

$$富集系数 = \frac{\dfrac{土壤中元素含量}{土壤中 TiO_2 含量}}{\dfrac{母质中元素含量}{母质中 TiO_2 含量}} \tag{5-5}$$

富集系数大于 1，表示该元素有外来污染，应将该土样弃去。若富集系数明显小于 1，则元素富集已受淋溶；若富集系数近似等于 1，则元素未受淋溶和污染。

（二）土壤环境基准值

土壤环境基准是指保障生态安全、人体健康和农产品质量安全的土壤环境中污染物的最大允许值。土壤环境基准是制定土壤环境质量标准的基础，也是土壤环境质量评价、环境风险评价、土壤环境管理和相关政策的重要依据。土壤环境基准根据污染物受体不同又可以分为生态安全土壤环境基准、农产品安全土壤环境基准、人体健康土壤环境基准等。

土壤环境基准值通常通过实验室或野外的生态毒性学测试和生物学测试获得。大多数国家制定土壤基准值的目的是对土壤污染风险进行识别和筛选，但由于不同国家制定的风险水平不同，因此宽松程度不同。例如，丹麦由于其土壤很少存在历史污染问题，政府对土壤的保护政策就是要防止未来发生污染，因此其土壤质量指导值接近甚至低于元素的自然发生背景浓度。美国、英国、澳大利亚等国家的土壤筛选值主要是用于风险筛选。结合我国国情，我国环境基准值的制定主要是以风险筛选为首要目的。

（三）土壤环境质量标准

土壤环境背景值、土壤环境容量和土壤环境基准值主要用于基础科学研究，在进行土壤环境质量评价时则主要选用土壤环境质量标准。由于土壤污染物不像大气和水污染那样，可以直接进入人体、危害健康，土壤中的污染物是通过食物链，主要通过粮食、蔬菜、水果、奶、蛋、肉进入人体。土壤和人体之间的物质平衡关系比较复杂，制定土壤污染物的环境质量标准难度很大，限制了土壤环境质量标准的制定工作的开展。因此，目前德国、英国、芬兰、瑞典、丹麦、挪威、俄罗斯、日本、美国等分别给出了几项重金属、非金属毒物和放射性元素的土壤污染标准。重金属有汞、镉、铬、铅、锌、铜、镍、锰、钴、钼、钒。非金属毒物有砷、硒、硼。放射性元素有铯、铀。

我国于 1995 年发布、1996 年实施了《土壤环境质量标准》（GB 15618—1995），根据土壤应用功能、保护目标和土壤主要性质，规定了土壤污染物的最高允许浓度指标值及相应的检测方法。但由于时代的局限，标准中还存在着许多不足，如污染物较少、土壤类型及土地利用方式划分不够全面等问题。因此环境保护部及原国家环保总局从 2006 年起组织开展对标准进行修订工作。2016 年 5 月，国务院印发了《土壤污染防治行动计划》，2018 年 6 月 22 日，生态环境部颁布了《土壤环境质量　农用地土壤污染风险管控标准（试行）》（GB 15168—2018）和《土壤环境质量　建设用地土壤污染风险管控标准（试行）》（GB 36600—2018），标准于 2018 年 8 月 1 日起正式实施。修订后的《土壤环境质量标准》继续以农用地土壤环境质量评价为主，与建设用地土壤环境风险评估标准共同构成土壤环境质量评价标准体系，不再规定全国统一的土壤环境自然背景值。

第二节　土壤环境质量现状评价

土壤环境质量现状评价的目的是为了解一个地区土壤环境现时污染水平，为保护土壤，制定土壤保护规划和地方土壤保护法规提供科学依据；为拟建工程进行土壤环境影响评价提供土壤背景资料，提高土壤环境影响预测的可信度；为提出减少拟建工程对土壤环境污染的措施服务，使拟建工程对土壤的污染控制到评价标准允许的范围内。

一、农用地土壤环境质量评价

随着我国经济高速发展，工业"三废"不断进入农田，农用地环境遭受严重威胁，污染事故频发，尤其是农产品产地环境污染受到了社会普遍关注；另一方面，土壤重金属含量与农产品质量之间不是简单的对应关系，并非土壤中某些指标超过限量值，农产品就一定超标不安全。例如北方碱性土壤镉含量即使远大于筛选值，稻米中镉含量也不会超标。因此，为了保护农用地土壤，管控土壤污染风险，同时也为农用地土壤分类管理措施的精准实施，是农用地土壤环境质量调查及评价的主要目的。农用地土壤环境质量评价主要分为农用地土壤污染状况调查和农用地土壤风险评价两个阶段。

（一）农用地土壤污染状况调查

农用地土壤污染状况调查，主要对农用地土壤和农产品点位超标区域和污染事故区域开展取样检测，重点关注已有调查发现的超标因子，根据不同区域土壤污染程度和污染特征，有针对性地确定调查精度，进行差异化布点监测，以确定土壤污染程度、污染范围及对农产品质量安全的影响等，为农用地土壤分类管理措施精准实施提供基础数据和信息。

1. 工作程序

第一阶段调查：以资料收集、现场踏勘和人员访谈为主，原则上不进行现场采样分析。通过第一阶段调查，在对收集资料进行汇总的基础上，结合现场踏勘及人员访谈情况，分析调查区域污染的成因和来源。判断已有资料能否满足分类管理措施实施。如现有资料满足调查报告编制要求，可直接进行报告编制。

第二阶段调查：主要包括确定调查范围、监测单元划定、监测点位布设、监测项目确定、采样分析、结果评价与分析等步骤。通过第二阶段检测及结果分析，明确土壤污染特征、污染程度、污染范围，调查结果不能满足分析要求的，则应当补充调查，直至满足要求。

第三阶段：根据评价结果编制调查报告，如果调查结果存在环境风险，则还需要进行风险评价。

2. 资料收集、现场踏勘和人员访谈

农用地土壤环境质量评价时应收集土壤环境和农产品质量资料；土壤污染源

信息；区域农业生产状况；区域自然环境特征；汇总收集经济资料和其他相关资料，如行政区划、土地利用现状、矢量数据及高分遥感影像数据等。

现场踏勘主要是通过拍照、录像、制作现场勘查笔记等方法记录踏勘情况，必要时可使用快速测定仪器进行现场取样检测，并根据现场的具体情况采取相应的防护措施。调查区域的位置、范围、道路交通状况、地形地貌、自然环境与农业生产现状等情况，对已有资料中存疑和不完善处进行现场核实和补充。同时现场踏勘调查区域内土壤或农产品的超标点位、曾发生泄漏或环境污染事故的区域、其他存在明显污染痕迹或农作物生长异常的区域。现场踏勘、观察和记录区域土壤污染源情况。现场踏勘污染事故发生区域位置、范围、周边环境及已采取的应急措施等，必要时可对污染物及土壤进行初步采样及实验室分析。

人员访谈内容主要包括资料收集和现场踏勘所涉及的疑问，以及信息补充和已有资料的考证等。受访者包括：调查区域农用地的承包经营人；工矿企业的生产经营人员以及熟悉企业的第三方；当地行政主管部门的政府工作人员；污染事故责任单位有关人员、参与应急处置工作的知情人员。

对已有资料、现场踏勘及人员访谈内容进行系统整理，在此基础上对现有资料进行汇总，分析农用地土壤污染的可能成因和来源。判断现有资料是否足以确定调查区域土壤污染特征、污染程度、污染范围及对农产品质量安全的影响等，是否满足调查报告编制的要求。如果满足，可以直接编制调查报告，如果不能满足则需要开展第二阶段的调查。

3. 现状调查采样及布点

现状调查内容包括布点、采样、确定监测项目等。

（1）调查范围的确定。

农用地安全利用、严格管控等区域土壤污染状况调查范围为任务范围，并可根据调查需要进行适当调整。土壤或农产品超标点位区域土壤污染状况调查范围应根据污染的可能成因和来源，综合考虑污染源影响范围、污染途径、污染物特点、农用地分布等情况确定调查范围。污染事故农用地土壤污染状况调查，应考虑事故类型、影响范围、污染物种类、污染途径、地势、风向等因素，结合现场检测结果，综合确定调查范围。污染事故农用地土壤污染状况调查，应考虑事故类型、影响范围、污染物种类、污染途径、地势、风向等因素，结合现场检测结果，综合确定调查范围。

（2）监测单元划分。

在确定的调查范围内按受污染的途径可以将农用地划分为大气污染型、灌溉水污染型、固体废物污染型、农用固体废物污染型、农用化学物质污染型及其他污染型监测单元。污染事故农用地土壤污染状况调查，可直接开展点位布设，不再设置监测单元。监测单元按土壤接纳污染物的途径划分为基本单元，综合考虑农用地土壤类型、农作物种类、耕作制度、行政区划、污染类型和特征、地形地貌等因素进行划定，同一单元的差别应尽可能缩小。

（3）点位的布设。

采样点的布置要考虑调查区内土壤类型及其分布、土地利用及地形地貌条件，按不同情况各布置一定数量采样点，使其在空间分布上均匀并有一定的密度，以保证土壤环境质量调查的代表性和精度。

不同的污染监测单元采用不同的布点方法：大气污染型布点以大气污染源为中心，采用放射状布点法，布点密度由中心起由密渐稀，在同一密度圈内均匀布点；灌溉水污染型在纳污灌溉水体两侧按水流方向采用带状布点法，布点密度自灌溉水体纳污口起由密渐稀；固体废物污染型布点时应结合地表产流和当地常年主导风向，采用放射布点法和带状布点法；农用固体废物污染型布点时采用均匀布点法；其他污染型监测单元布点方法按照实际情况综合采用放射布点法、带状布点法及均匀布点法等多种形式的布点法，采样点数不少于 3 个。通常只需采集 20 cm 左右耕层土和耕层以下 20～40 cm 土样。若要了解土壤污染的纵向变化，则可选择部分测点，按土壤剖面层次分层取样。

点位的布设位置要根据农用地实际情况进行布设，选择有代表性的农用地地块中间的开阔地带进行布点。如果网格内农用地地块间面积差异明显，优先选择面积最大地块；当网格内高程差别十分明显（如沟谷、丘陵、梯田等），则优先选择地势较低的地块。当调查范围内已有监测点位且满足调查要求时，优先选择已有监测点位。监测点布设应坚持哪里有污染就在哪里布点的原则，已有超标点位和怀疑有污染的地方应布设监测点。当农产品监测和土壤监测同时进行时，农产品样品应与土壤样品同步采集，农产品采样点就是土壤采样点。

布设点位时每个监测单元最少设 3 个监测点位。如果污染物含量超过农用地土壤污染风险管制值或食用农产品超过 GB 2762 等质量安全标准要求的点位区域，原则上 1 hm² 需布设 1 个点位。土壤中污染物含量超过农用地土壤污染风险筛选值但未超过管制值，且食用农产品满足 GB 2762 等质量安全标准限值要求的点位区，原则上按 10 hm² 布设 1 个点位。在风险较高、污染物含量空间变异较大、地势起伏较大区域要适度增加布设密度。

4. 样品的采集和制备

参见第二章第三节之六。

（二）评价标准的选择

农用地环境质量评价选择《土壤环境质量　农用地土壤污染风险管控标准（试行）》（GB 15168—2018），在标准中规定了农用地土壤污染风险值和农用地土壤污染风险管制值。选择了 8 个重金属和非金属污染项目以及 3 个有机污染物污染项目。农用地土壤污染风险筛选值，指农用地土壤中污染物含量低于或者等于该值的，对农产品质量安全、农作物生长或土壤生态环境的风险低于该值，一般情况下可以忽略；超过筛选值，对农产品质量安全、农作物生长或土壤生态环境可能存在风险，应当进行土壤环境质量详查，并加强土壤环境监测和农产品协同监测，原则上应当采取安全利用措施。农用地土壤污染风险管制值是指当农用地土壤中污染物含量超过该值的，使用农产品不符合质量安全标准等，农用地土壤污染风险高，原则上要采取严格管控措施。

表 5-1　农用地土壤污染风险筛选值

污染项目[a,b]		风险筛选值 C_i/(mg/kg)			
		pH≤5.5	5.5<pH≤6.5	6.5<pH≤7.5	pH>7.5
镉	水田	0.3	0.4	0.6	0.8
	其他	0.3	0.3	0.3	0.6
汞	水田	0.5	0.5	0.6	1.0
	其他	1.3	1.8	2.4	3.4
砷	水田	30	30	25	20
	其他	40	40	30	25
铅	水田	80	100	140	240
	其他	70	90	120	170
铬	水田	250	250	300	350
	其他	150	150	200	250
铜	果园	150	150	200	200
	其他	50	50	100	100
镍		60	70	100	190
锌		200	200	250	300
其他项目					
六六六总量[c]		0.10			
滴滴涕总量[d]		0.10			
苯并［a］芘		0.55			

注：a 重金属和类金属砷均按元素总量计。

b 对于水旱轮作地，采用其中较严格的风险筛选值。

c 六六六总量为 α－六六六、β－六六六、γ－六六六、ζ－六六六四种异构体的含量总和。

d 滴滴涕总量为 p,p'－滴滴伊、p,p'－滴滴滴、o,p'－滴滴涕、p,p'－滴滴涕四种衍生物的含量总和。

农用地土壤风险管控值只对镉、汞、砷、铅、铬做了规定，而未对其他污染物进行规定。

表 5-2 农用地土壤污染风险管控值

污染项目[a,b]	风险管制值 G_i / (mg/kg)			
	pH≤5.5	5.5<pH≤6.5	6.5<pH≤7.5	pH>7.5
镉	1.5	2.0	3.0	4.0
汞	2.0	2.5	4.0	6.0
砷	200	150	120	100
铅	400	500	700	1 000
铬	800	850	1 000	1 300

注：a 重金属和类金属砷均按元素总量计。

b 对于水旱轮作地，采用其中较严格的风险筛选值。

农用地土壤评价按 GB 15618—2018 中的污染物风险筛选值及风险管制值要求，并分别给出样品超标率。GB 15618 中未规定的项目，可参照其他土壤质量相关标准。食用农产品评价按 GB 2762、GB 2763 等相关食用农产品质量安全标准要求。在评价土壤污染物累积情况时，评价依据优先采用该区域的土壤环境背景值。评价依据也可选用该土地前期调查确定的土壤环境本底值。如果未确定土壤环境本底值，可根据土壤类型、耕作制度等相同而且相对不受污染的周边土壤污染物本底含量，或者调查区内无污染的、同母质的下层土壤的污染物含量值，确定土壤环境本底值，作为评价依据。一般情况下，确定土壤环境本底值应至少获取 5 个点的含量数据，取均值与两倍标准差之和作为评价依据，根据调查评估的具体情况及要求也可适当调整本底值调查点位的数量。

（三）农用地土壤环境质量评价方法

早期的土壤环境质量现状评价方法主要是采用与大气、水质相类似的评价方法，是通过污染指数进行计算的。无论是单因子评价法还是多因子评价法，其核心内容都是将实测值与标准值进行比较，通过计算污染物与标准值之间的超标倍数 P_i 来对土壤的污染程度进行评价，P_i 值越大表示土壤污染的程度越高。

如土壤污染指数法、内梅罗综合污染指数法、土壤—作物系统污染指数法等。

1. 单因子评价——污染指数法

逐一计算土壤中各污染物的污染分指数，确定土壤的污染程度，土壤污染分指数计算式为：

$$P_i = \frac{C_i}{S_i} \tag{5-6}$$

式中，P_i——土壤中 i 污染物的污染分指数，量纲一；

C_i——土壤中 i 污染物实测含量；

S_i——i 污染物的评价标准。

当 $P_i \leqslant 1$ 时，表示土壤未受污染，$P_i > 1$ 表示土壤受到了不同程度的污染，P_i 值越大污染越严重。

2. 多因子评价

（1）以土壤中各污染物指数叠加作为土壤污染综合指数。

该土壤污染综合指数计算模式如下：

$$P = \sum_{i=1}^{n} P_i \tag{5-7}$$

式中，P——土壤污染综合指数；

P_i——土壤中 i 污染物的污染指数；

n——土壤中参与评价的污染物种类数。

这种模式计算简便，但是它对各种污染物的作用是等量齐观的，没有强调严重超标的污染物在土壤总体质量中的作用。

根据综合污染指数的大小，可把土壤环境质量进行分级，以表征污染的程度。北京西郊的土壤环境质量评价中曾用过此法，并根据综合指数 P 的数值把土壤环境质量分为 4 级，见表 5-3。

表 5-3　北京西郊土壤质量分级表

级别	土壤污染综合指数	主要区域
I 清洁	<0.2	广大清水灌溉区
II 微污染	$0.2\sim0.5$	北灰水管区、莲花河系污灌区外 47.5 km²
III 轻污染	$0.5\sim1$	莲花河灌区附近土壤 18 km²
IV 中度污染	>1	莲花河上游主河道两侧污灌区 1.5 km²

（2）内梅罗（N. L. Nemerow）综合污染指数。

内梅罗综合污染指数计算式为：

$$P = \sqrt{\frac{1}{2}\left[(1/n\sum_{i=1}^{n}C_i/S_i)^2 + (C_i/S_i)_{\max}^2\right]} \tag{5-8}$$

式中，$(C_i/S_i)_{\max}^2$——土壤中各污染物污染指数的最大值的平方；其他符号同前。

（3）均方根综合污染指数。

均方根综合污染指数计算式为：

$$P = \sqrt{\frac{1}{n}\sum_{i=1}^{n} P_i^{\,2}} \qquad\qquad (5-9)$$

式中所有符号同前。

（4）加权综合污染指数。

加权综合污染指数计算式为：

$$P = \sum_{i=1}^{n} P_i W_i \qquad\qquad (5-10)$$

式中，W_i——i 污染物的权重；其他符号同前。

上述方法得出的结论是：不超标即安全，超标即污染，应当采取修复等相应措施。然而，我国土壤类型多样，无论是土壤环境背景值还是土地利用方式都各不相同，因此采用同一评价标准一刀切的方式并不能对土壤环境质量进行科学的评价，尤其是土壤重金属含量与农产品质量之间并非简单的直接对应关系，不能简单地认为耕地某些指标超过限量值，农产品就一定超标、不安全。土壤环境质量评价方法往往是随着土壤环境质量标准的变化而变化的，自 2018 年《土壤环境质量　农用地土壤污染风险管控标准（试行）》（GB 15168—2018）和《土壤环境质量　建设用地土壤污染风险管控标准（试行）》（GB 36600—2018）的颁布，标志着土壤环境质量评价已经由原来的超标评价模式进入健康风险评估模式。

根据《中华人民共和国土壤污染防治法》第五十二条规定，对土壤污染状况调查表明污染物含量超过土壤污染风险管控标准的农用地地块，地方人民政府农业农村、林业草原主管部门应当会同生态环境、自然资源主管部门组织进行土壤污染风险评估，并按照农用地分类管理制度管理。

3. 农用地表层土壤环境质量评级

（1）单因子评价。

①农用地土壤详查点表层土壤环境质量评价。

根据《土壤环境质量　农用地土壤污染风险管控标准（试行）》（GB 15168—2018）中的农用地土壤筛选值（S_i）和农用地土壤污染风险管制值（G_i），基于表层土壤中 Cd、Hg、As、Pb、Cr 的实测值 C_i，评价农用地土壤污染的风险，并将土壤环境质量类别分为三类。

Ⅰ类：若 $C_i \leqslant S_i$，农用地土壤污染风险低，可以忽略，划为优先保护类；

Ⅱ类：$S_i \leqslant C_i \leqslant G_i$，可能存在农用地土壤污染，但风险可控，应划为安全利用类；

Ⅲ类：$C_i > G_i$，农用地土壤存在较高污染风险，应划为严格管控类。

②依据 GB 15168—2018 中 Cu、Ni、Zn、苯并［a］芘、六六六、滴滴涕的

筛选值（S_i），评价农用地土壤污染的风险，并将其土壤环境质量类别分为两类。

I类：若 $C_i \leqslant S_i$，农用地土壤污染风险低，可以忽略，划为优先保护类；

II类：$C_i > S_i$，可能存在农用地土壤污染，但风险可控，应划为安全利用类。

③其他增测项目由各地依据评价参考值 S_i（表5-4），并可对相关行业企业周边污染农用地的情况进行综合分析。

表5-4　农用地土壤其他增测项目评价参考值

污染物项目	评价参考值/（mg/kg）
总锰	1 200
总钴	24
总硒	3.0
总钒	150
总锑	10
总铊	1.0
总钼	6.0
氟化物（水溶性氟）	5.0
石油烃总量（$C_{10} - C_{40}$）	500

（2）多因子评价。

①Cd、Hg、As、Pb、Cr 五因子综合评价。

按照表层土壤的 Cd、Hg、As、Pb、Cr 中类别最差的因子评价结果即为该点位综合评价结果。

②Cu、Ni、Zn 三因子综合评价。

按照表层土壤的 Cu、Ni、Zn 中类别最差的因子评价结果即为该点位综合评价结果。

③苯并［a］芘、六六六、滴滴涕三因子综合评价。

按照表层土壤的苯并［a］芘、六六六、滴滴涕中类别最差的因子评价结果即为该点位综合评价结果。

4. 农产品安全性评价

根据农产品重金属超标的程度，采用单因子指数法进行评价，其计算公式为：

$$E_{ij} = \frac{C_{ij}}{L_{ij}} \tag{5-11}$$

式中，E_{ij}——农产品 i（水稻或小麦）中重金属 j 的单因子超标指数；

　　　　L_{ij}——农产品 i（水稻或小麦）中重金属 j 的食品安全国家标准限量
　　　　　　值（表 5-6）；

　　　　C_{ij}——农产品 i（水稻或小麦）中重金属 j 的含量测定值。

根据 E_{ij} 的大小，可以将农产品超标程度分为以下三级。

表 5-5　农产品超标程度分级

超标等级	I 级 未超标	II 级 轻度超标	III 级 重度超标
E_{ij} 值	$E_{ij} \leqslant 1.0$	$1.0 < E_{ij} \leqslant 2.0$	$E_{ij} > 2.0$

表 5-6　主要食用农产品中 5 种重金属国家标准限量值

污染项目	农产品种类	标准限量值/（mg/kg）
Cd	水稻	0.2
	小麦	0.1
Hg	水稻、小麦	0.02
As	小麦	0.5
	水稻	0.5
Pb	水稻、小麦	0.2
Cr	水稻、小麦	1.0

5. 表层土壤重金属活性评价

表层土壤重金属活性评价仅对表层土壤中 Cd 的活性来进行评价，评价结果
主要作为土壤 Cd 背景较高地区土壤环境质量类别判定的依据。

土壤 Cd 的活性评价阈值为：土壤 pH$\leqslant$6.5 时，0.01 mol/LCaCl$_2$ 可提取态
Cd 含量阈值为 0.04 mg/kg；土壤 pH$>$6.5 时，0.01 mol/L CaCl$_2$ 可提取态 Cd
含量阈值为 0.01 mg/kg，小于等于阈值，表示土壤 Cd 的活性低；大于阈值，表
示土壤 Cd 的活性高。

6. 表层土壤重金属累积性分析

采用累积系数法对表层土壤重金属累积性进行评价。

其计算公式为：

$$A_i = \frac{C_i}{B_i} \tag{5-12}$$

式中，A_i——土壤中重金属 i 的单因子累积系数；

　　　　C_i——表层土壤中重金属 i 的测定值；

　　　　B_i——深层土壤（一般为 100 cm 以下）中重金属 i 的测定值。

根据 A_i 的大小，进行点位单项重金属累积性分析（表 5-7）。

表 5-7　土壤单项重金属累积程度分级

分级	无明显累积	轻度累积	中度累积	重度累积
A_i 值	$A_i \leqslant 1.5$	$1.5 < A_i \leqslant 3.0$	$3.0 < A_i \leqslant 6$	$A_i > 6$

（四）农用地土壤环境质量类别判定

1. 根据单因子评价单元初步判定土壤类别

如果详查单元内点位土壤质量类别一致，评价单元就是调查单元；如果不一致，要根据聚类原则采用空间插值法结合人工经验判断将详查单元分为不同的评价单元，尽量使每个评价单元内土壤环境质量保持一致。每个评价单元类参与土壤质量划分的土壤点位数原则上不少于 3 个。

（1）如果评价单元内点位土壤污染物类型一致，则该点位的土壤环境质量类别即为评价单元的类别，即一致性原则。当点位污染物分类全部低于或等于筛选值时，划分为优先保护类；全部介于筛选值和管制值之间的，划分为安全利用类。全部高于或等于管制值的，划分为严格管控类。

（2）如果评价单元内各个点位单项污染物分类结果不一致，存在 2 种或 2 种以上情况时，可按照以下 2 种方法进行判定。如果点位数小于 10 个，按照方法一进行判定；如果点位数大于或等于 10 个，按照方法二进行判定。

方法一：按照主导性原则，若每项污染物单元数量超过 80%，其他点位（非严格管控类）不连续分布，则采用该结果判定该项污染物所代表的评价单元类别。

方法二：计算该评价单元内各土壤点位污染物浓度均值的 95% 置信区间。对周边无污染源且历史上未发生土壤污染事件的，取置信区间下限；对周边存在污染源或历史上曾发生土壤污染事件的，取置信区间上限。

用置信区间值与筛选值和管制值进行比较，判定该项污染物所代表的评价单元类型。低于或等于筛选值，为优先保护类；介于筛选值和管制值之间的，划分为安全利用类。高于或等于管制值的，划分为严格管控类。

（3）对于孤立的严格管控类点位，根据影像及实地踏查情况划分出严格管控范围；无法判断边界的则按照靠近的地物边界划出合理较小的范围。

（4）当评价单元存在不连续分布的优先保护类和安全利用类点位且无优势点位时，可将该评价单元划为安全利用类。

2. 根据多因子综合评价结果初步判定农用地土壤环境质量类别

在单因子评价单元划分农用地土壤环境质量类别初步判定的基础上，多因子叠合形成新的评价单元，评价单元内部农用地土壤环境质量综合类别按最差类别确定。可以根据管理需要分别形成 5 项重金属（Cd、Hg、As、Pb、Cr）、3 项重金属（Cu、Ni、Zn）、3 项有机污染物（苯并［a］芘、六六六、滴滴涕）的农用地土壤环境质量初步判别。

3. 农用地土壤环境质量类别的辅助判定

对于一些重金属高背景、低活性（仅限于 Cd）地区，可以根据农产品安全性评价结果或表层土壤 Cd 活性评价结果，按照谨慎性原则，对初步判定为安全利用类或严格管控类的评价单元进行辅助判定。

（1）利用农产品安全性评价结果进行辅助判定。

根据评价单元内农产品安全评价结果辅助判定单元内土壤环境质量类别，如果初步判定优先保护类，则直接判定为优先保护类（I_1）；如果初步判定结果为安全利用类，但评价单元内农产品（点位数≥3 个）含量不超标或评价单元内农产品（点位数＜3 个）含量不超标且相邻单元农产品重金属含量不超标，则辅助判定结果为优先保护类 I_2，如果上述条件都不满足的情形，则辅助判定结果为安全利用类 II_1；如果初步判定结果为严格管控类，但未超标点数（点位数≥3 个）占比≥65%，且无重度超标点位或评价单元内农产品点位（点位数＜3 个）均未超标且相邻单元农产品点位不超标，则辅助判定结果为优先保护类 I_2，如果评价单元内或相邻单元农产品重金属含量有超标情形，则辅助判定结果为安全利用类 II_1。

（2）利用土壤 Cd 活性评价结果进行辅助判定。

如果严格管控类单元内没有农产品协同调查点位，则按照评价单元内农用地土壤 Cd 的活性评价结果辅助判定土壤 Cd 环境质量类别。当土壤 pH≤6.5，单元内所有点位土壤可提取态 Cd 均≤0.04 mg/kg 或当土壤 pH＞6.5，单元内所有点位土壤可提取态 Cd 均≤0.01 mg/kg，则风险可控，辅助判定结果为安全利用类 II_2；其他情形则污染风险较高，应判定为严格管控类 III_3。

（3）单因子辅助判定后的单元综合类别。

单因子辅助判定后的单元农用地土壤环境质量类别仍需进行 5 因子（Cd、Hg、As、Pb、Cr）综合，单元类别按类别最差的因子计。

（五）报告编制

调查工作完成后，以电子和书面方式提交相关工作成果，提交土壤污染状况调查报告、图件、附件材料等。编制《耕地土壤环境质量类别划分技术报告》，划分结果报省级人民政府审定，并根据评价结果进行进一步的土壤污染修复等工作。

二、建设用地土壤环境质量评价

建设用地是指建造建筑物、构筑物的土地，既包括城乡住宅和公共设施用地，也包括工矿用地、交通水体设施用地、旅游用地和军事用地。为贯彻落实《中华人民共和国环境保护法》《中华人民共和国土壤污染防治法》等法律法规，保障人体健康，保护生态环境，加强建设用地环境保护监督管理，规范建设用地土壤污染状况调查、土壤污染风险评估、风险管控、修复等相关工作，2019年12月5日生态环境部发布了《建设用地土壤污染状况调查技术导则》（HJ 25.1—2019）；《建设用地土壤污染风险管控和修复监测技术导则》（HJ 25.2—2019）；《建设用地土壤污染风险评估技术导则》（HJ 25.3—2019）；《建设用地土壤污染风险管控和修复术语》（HJ 682—2019）等标准，为建设用地土壤环境质量评价提供了技术指导。

建设用地土壤污染状况调查分为四个阶段：污染识别阶段、污染初步调查阶段、污染详细调查阶段和风险评价阶段。建设用地选择《土壤环境质量　建设用地土壤污染风险管控标准（试行）》（GB 36600—2018），标准根据城市建设用地中保护对象暴露情况，将建设用地划分为两类：第一类用地主要包括居住用地、中小学用地、医疗卫生用地和社会福利设施用地、公园绿地中的社会公园或儿童公园用地等；第二类用地包括工业用地、物流仓储用地、商业服务业设施用地、道路与交通设施用地、公用设施用地、公共管理与公共服务用地、除社区公园和儿童公园外的绿地与广场用地等。

建设用地土壤污染的风险值和筛选值较农田土壤较多，增加了挥发性有机物、半挥发性有机物，共设基本项目45项，其他项目40项，详见表5-8和表5-9。建设用地规划用途为第一类用地的，适用于表5-8中第一类用地的筛选值和管制值；建设用地规划用途为第二类用地的，则适用于表5-8第二类用地的筛选值和管制值。建设用地的风险筛选值主要用于初查，若建设用地土壤中污染物含量等于或低于风险筛选值，风险可以忽略；如果高于风险筛选值则需要进行详查。详查后如果土壤污染物含量等于或低于管制值，需要开展风险评估；如果高于风险管制值，要采取风险管控或修复措施。

表5-8　建设用地土壤污染风险筛选值和管制值（基本项目）　　单位：mg/kg

序号	污染物项目	筛选值 C_i		管制值 G_i	
		第一类用地	第二类用地	第一类用地	第二类用地
	重金属和无机物				
1	砷	20	60	120	140

续表

序号	污染物项目	筛选值 C_i		管制值 G_i	
		第一类用地	第二类用地	第一类用地	第二类用地
2	镉	20	65	47	172
3	铬（六价）	3.0	5.7	30	78
4	铜	2 000	18 000	8 000	36 000
5	铅	400	800	800	2 500
6	汞	8	38	33	82
7	镍	150	900	600	2 000
	挥发性有机物				
8	四氯化碳	0.9	2.8	9	36
9	氯仿	0.3	0.9	5	10
10	氯甲烷	12	37	21	120
11	1,1－二氯乙烷	3	9	20	100
12	1,2－二氯乙烷	0.52	5	6	21
13	1,1－二氯乙烯	12	66	40	200
14	顺－1,2－二氯乙烯	66	596	200	2 000
15	反－1,2－二氯乙烯	10	54	31	163
16	二氯甲烷	94	616	300	2 000
17	1,2－二氯丙烷	1	5	5	47
18	1,1,1,2－四氯乙烷	2.6	10	26	100
19	1,1,2,2－四氯乙烷	1.6	6.8	14	50
20	四氯乙烯	11	53	34	183
21	1,1,1－三氯乙烷	701	840	840	840
22	1,1,2－三氯乙烷	0.6	2.8	5	15
23	三氯乙烯	0.7	2.8	7	20
24	1,2,3－三氯乙烷	0.05	0.5	0.5	5
25	氯乙烯	0.12	0.43	1.2	4.3
26	苯	1	4	10	40
27	氯苯	68	270	200	1 000

续表

序号	污染物项目	筛选值 C_i		管制值 G_i	
		第一类用地	第二类用地	第一类用地	第二类用地
28	1,2-二氯苯	560	560	560	560
29	1,4-二氯苯	5.6	20	56	200
30	乙苯	7.2	28	72	280
31	苯乙烯	1 290	1 290	1 290	1 290
32	甲苯	1 200	1 200	1 200	1 200
33	间-二甲苯＋对-二甲苯	163	570	500	570
34	邻-二甲苯	222	640	640	640
	半挥发性有机物				
35	硝基苯	34	76	190	760
36	苯胺	92	260	211	663
37	2-氯酚	250	2 256	500	4 500
38	苯并 [a] 蒽	5.5	15	55	151
39	苯并 [a] 芘	0.55	1.5	5.5	15
40	苯并 [b] 荧蒽	5.5	15	55	151
41	苯并 [k] 荧蒽	55	151	550	1 500
42	䓛	490	1 293	4 900	12 900
43	二苯 [a,b] 并蒽	0.55	1.5	5.5	15
44	茚并 [1,2,3-cd] 芘	5.5	15	55	151
45	萘	25	70	255	700

表 5-9　建设用地土壤污染风险筛选值和管制值（其他项目）　　单位：mg/kg

序号	污染物项目	筛选值 C_i		管制值 G_i	
		第一类用地	第二类用地	第一类用地	第二类用地
	重金属和无机物				
1	锑	20	180	40	360
2	铍	15	29	98	290
3	钴	20	70	190	350

续表

序号	污染物项目	筛选值 C_i		管制值 G_i	
		第一类用地	第二类用地	第一类用地	第二类用地
4	甲基汞	5.0	45	20	120
5	钒	165	752	330	1 500
6	氰化物	22	135	44	270
	挥发性有机物				
7	一溴二氯甲烷	0.29	1.2	2.9	12
8	溴仿	32	103	320	1 030
9	二溴氯甲烷	9.3	33	93	330
10	1,2-二溴乙烷	0.07	0.24	0.7	2.4
	半挥发性有机物				
11	六氯环戊二烯	1.1	5.2	2.3	10
12	2,4-二硝基甲苯	1.8	5.2	18	52
13	2,4-二氯酚	117	843	234	1 690
14	2,4,6-三氯酚	39	137	78	560
15	2,4-二硝基酚	78	562	156	1 130
16	五氯酚	1.1	2.7	12	27
17	邻苯二甲酸二（2-乙基己基）酯	42	121	420	1 210
18	邻苯二甲酸丁基苄酯	312	900	3 120	9 000

由于土壤污染物种类繁多，在进行评价时标准中规定项目可能不能满足实际需要，因此在评价工作中也可以选用区域土壤环境背景值作为评价标准。

（一）布点

建设用地土壤污染调查不同阶段，布点方法略有不同，但基本常用的布点方法见表5-10。采样点垂直方向的土壤采样深度可根据污染源的位置、迁移和地层结构以及水文地质等进行判断设置。若对地块信息了解不足，难以合理判断采样深度，可按 0.5～2 m 等间距设置采样位置。对于地下水，一般情况下应在调查地块附近选择清洁对照点。地下水采样点的布设应考虑地下水的流向、水力坡降、含水层渗透性、埋深和厚度等水文地质条件及污染源和污染物迁移转化等因素；对于地块内或临近区域内的现有地下水监测井，如果符合地下水环境监测技术规范，则可以作为地下水的取样点或对照点。

表 5-10 几种常见的布点方法及适用条件

布点方法	适用条件
系统随机布点法	适用于污染分布均匀的地块
系统布点法	适用于污染分布不均匀，并获得污染分布情况的地块
分区布点法	适用于各类地块，特别是污染分布不明确和污染分布范围大的情况

1. 采样

根据初步采样分析的结果，结合地块分区，制定采样方案。应采用系统布点法加密布设采样点。对于需要划定污染边界范围的区域，采样单元面积不大于 1 600 m² （40 m×40 m 网格）。垂直方向采样深度和间隔根据初步采样的结果判断。

现场采样应准备的材料和设备包括：定位仪器、现场探测设备、调查信息记录装备、监测井的建井材料、土壤和地下水取样设备、样品的保存装置和安全防护装备等。土壤样品分表层土壤和下层土壤。下层土壤的采样深度应考虑污染物可能释放和迁移的深度（如地下管线和储槽埋深）、污染物性质、土壤的质地和孔隙度、地下水位和回填土等因素。可利用现场探测设备辅助判断采样深度。采集含挥发性有机物的样品时，应尽量减少对样品的扰动，严禁对样品进行均质化处理。土壤样品采集后，应根据污染物理化性质等，选用合适的容器保存。汞或有机污染的土壤样品应在 4 ℃ 以下的温度条件下保存和运输。地下水水样采集一般应建地下水监测井。监测井的建设过程分为设计、钻孔、过滤管和井管的选择和安装、滤料的选择和装填，以及封闭和固定等。所用的设备和材料应清洗除污，建设结束后需及时进行洗井。现场采样时，应避免采样设备及外部环境等因素污染样品，采取必要措施避免污染物在环境中扩散。

2. 检测项目

检测项目应根据保守性原则，按照第一阶段调查确定的地块内外潜在污染源和污染物，依据国家和地方相关标准中的基本项目要求，同时考虑污染物的迁移转化，判断样品的检测分析项目；对于不能确定的项目，可选取潜在典型污染样品进行筛选分析。一般工业地块可选择的检测项目有：重金属、挥发性有机物、半挥发性有机物、氰化物和石棉等。如土壤和地下水明显异常而常规检测项目无法识别时，可进一步结合色谱-质谱定性分析等手段对污染物进行分析，筛选判断非常规的特征污染物，必要时可采用生物毒性测试方法进行筛选判断。

（二）工作内容

1. 污染识别阶段

以资料收集、现场踏勘和人员访谈为主的污染识别。根据资料收集与文件审核、现场踏勘、人员访谈所掌握的地块信息，分析判断地块受到污染的可能性，分析地块内可能存在的污染物种类、地块内潜在污染区域和周边地块污染物迁移至地块内的可能性。通过识别判断地块未受到污染时，可以终止调查工作并编制建设用地土壤污染状况调查报告。

若污染识别阶段确认地块内及周围区域当前和历史上均无可能的污染源，则认为地块的环境状况可以接受，调查活动可以结束。如果存在下列情况则需要进行土壤污染状况初步调查。

①从事过有色金属冶炼、石油加工、化工、焦化、电镀、制革等行业生产经营活动及从事过危险废物贮存、利用、处置活动的用地；

②污染识别阶段现场踏勘过程中发现污染痕迹，或已有证据（如已有地块土壤、地下水监测数据等）表明土壤/地下水已受到污染的地块；

③未发现污染痕迹，但生产过程涉及有毒有害物质且不能排除其对土壤、地下水已产生影响的地块；

④有证据表明周边工业企业可能对地块内土壤、地下水已造成污染的地块；

⑤地块及周边地块用地历史资料缺失，不能排除土壤、地下水已受污染的地块。

2. 初步调查阶段

若第一阶段土壤污染状况调查表明地块内或周围区域存在可能的污染源，如化工厂、农药厂、冶炼厂、加油站、化学品储罐、固体废物处理等可能产生有毒有害物质的设施或活动，以及由于资料缺失等原因造成无法排除地块内外存在污染源时，进行第二阶段土壤污染状况调查，确定污染物种类、浓度（程度）和空间分布。根据初步调查结果进行地块土壤污染风险筛选，筛选时应以人体健康风险筛选为主，将污染状况调查过程中所采集样品的检测结果与基于保护人体健康的土壤风险筛选值进行比较。土壤气体中污染物检出浓度与土壤气体健康风险筛选值进行比较，地下水的土壤样品的检测结果与基于保护地下水的土壤风险筛选值进行比较。若检出浓度低于对应筛选值时，地块不存在污染，调查可终止并应编制建设用地土壤污染状况调查报告。否则，应进一步开展污染状况详细调查。

3. 详细调查阶段

以补充采样和测试为主，获得满足风险评估及土壤和地下水修复所需的参数，对建设用地的健康风险和环境风险进行评估。本阶段的调查工作可单独进行，也可在第二阶段调查过程中同时开展。初步和详细调查阶段所获所有样品检测数据，对地块内土壤和地下水的污染状况进行全面分析评估。根据土壤污染状况调查和监测结果，将对人群等敏感受体具有潜在风险需要进行风险评估的污染物，确定为关注污染物，进行建设用地土壤风险评价。

4. 风险评价

主要进行暴露评估、毒性评估、风险表征以及地块土壤风险控制值、地下水风险控制值等进行计算，提出地下水和土壤风险控制值。建设用地风险评价较为复杂，这里就不展开叙述，详细内容可参考《建设用地土壤污染风险评估技术导则》（HJ 25.3—2019）。

第三节　土壤环境影响预测

土壤环境影响预测的主要任务，是根据建设项目所在地区的土壤环境现状，拟建项目可能造成的土壤侵蚀、退化，以及由于排放的污染物在土壤中迁移与积累，应用预测模型计算土壤的侵蚀量以及主要污染物在土壤中的累积或残留数量，预测未来的土壤环境质量状况和变化趋势。

一、土壤退化预测

开发建设项目对土壤退化的影响，主要有土壤盐碱化、土壤酸化、土壤侵蚀及沙化等。影响土壤退化的因素比较复杂，土壤退化的预测工作尚处于探索阶段。

（一）土壤盐碱化预测

土壤盐碱化又称土壤盐渍化。这里提的土壤盐碱化是指次生盐碱化。它是指人类在农业生产过程中，由于发展灌溉和农业措施不当而引起的土壤盐化和碱化的总称。

人们为解决干旱问题，使农业增产，发展了灌溉事业。灌溉使农业增产了，但也产生了一些问题。由于灌溉技术不合理，出现了有灌水无排水，只蓄水不泄水或重灌轻排的情况，大大地抬高了灌区的地下水水位。当地下水水位高于地下水临界水位时，将发生土壤次生盐碱化。

当开发建设项目对外排水量很大，排水中含有大量盐、碱物质时，如用这种污水进行灌溉，土壤将发生次生盐碱化。

灌溉水质是发生次生盐碱化的主要原因。此外，还有许多影响因素，如降水量、蒸发量、地下水径流、地下水盐量及盐分种类、地下水临界深度、土壤质地、盐碱度等。下面仅介绍美国盐渍土实验室提出的钠吸附比法。

美国盐渍土实验室提出的钠吸附比（SAR）可用下式计算：

$$SAR = \frac{Na^+}{\sqrt{\dfrac{Ca^{2+} + Mg^{2+}}{2}}}$$ (5-13)

式中，Na^+——钠离子浓度，mmol/L；

$\quad\quad Ca^{2+}$——钙离子浓度，mmol/L；

$\quad\quad Mg^{2+}$——镁离子浓度，mmol/L。

可以用钠吸附比（SAR）划分水质等级。当土壤溶液的电导率（ES）为 10 mS/m 时，SAR 值在 0～10 为低钠水，可用于灌溉各种土壤而不发生盐碱化；SAR 值在 10～18 为中钠水，对具有高阳离子交换量的细质土壤会造成碱化；SAR 在 18～26 为高钠水，对大多数土壤都可产生有害的交换性钠，造成碱化；SAR 值在 26～30 为极高钠水，一般不适用于灌溉。如果土壤溶液电导率大于 5 mS/m，SAR 值在 0～6 为低钠水；在 6～10 为中钠水；在 10～18 为高钠水；大于 18 为极高钠水。

（二）土壤酸化预测

土壤酸化有自然酸化过程和人类活动影响下的酸化过程两种。

自然酸化过程，是在土壤物质转化过程中，产生出各种酸性和碱性物质，使土壤溶液中含有一定数量的 H^+ 和 OH^-，二者的浓度比例决定着土壤溶液的酸碱性。土壤酸碱性一般用 pH 的大小表示。按土壤溶液的 pH 大小可把土壤分为九级，见表 5-11。

表 5-11 土壤酸碱度分级

pH	酸碱度分级	pH	酸碱度分级
＜4.5	极强酸性	7.0～7.5	弱碱性
4.5～5.5	强酸性	7.5～8.5	碱性
5.5～6.0	酸性	8.5～9.5	强碱性
6.0～6.5	弱酸性	＞9.5	极强碱性
6.5～7.0	中性		

资料来源：引自李天杰等，《土壤环境学》。

我国土壤的 pH，大多数在 4.5～8.5 范围内。由南方到北方，土壤 pH 逐渐增加。长江以南（如华南、西南地区）土壤 pH 大多数在 4.5～5.5，有少数在 3.6～3.8；华中地区土壤 pH 在 5.0～6.5；长江以北的土壤多为中性和碱性。华北、西北地区土壤 pH 一般在 7.5～8.5，少数强碱性土壤 pH 高达 10.5。

人类活动影响下的土壤酸化过程，主要是人类活动产生的酸性物质进入土壤造成的。如人类活动向大气中排放酸性物质，经过降水的淋洗使其变成酸雨降落地面，造成土壤酸化；硫化矿床的开发，产生大量的酸性水进入土壤；开发建设项目排放大量酸性废水，通过灌溉进入土壤，使土壤酸化。

土壤酸化有许多不良后果，如土壤对钾、铵、钙、镁等养分离子的吸附能力显著降低，导致这些养分随水流失。土壤酸化还可使某些金属离子的活动性增加，某些毒害性阳离子毒性增加。

土壤酸化的预测还处于探索阶段。土壤酸化预测大体上应考虑如下问题。

要掌握开发项目排放到大气中酸性污染物的浓度、总质量、酸性污染物的时空分布，它在大气中的迁移转化规律等，还要掌握评价区的气象条件，如降水量、降水的时空分布等。了解外区域输送到评价区的污染物浓度、总质量情况。要进行土壤对酸性物质缓冲能力的模拟实验，还要进行酸性水淋滤土壤的模拟实验，以便建立数学模型，进行土壤酸化趋势预测。

（三）土壤侵蚀和沉积预测

土壤侵蚀一般是指在风、水和重力作用下，土壤被剥蚀、迁移或沉积的过程。在自然状态下，由纯自然因素引起的土壤侵蚀因植被的不同而差异很大，侵蚀速度较缓慢。人类的开发活动，往往引起植被破坏，造成土壤流失。尤其是矿产开发，特别是露天矿开发引起大面积的植被破坏，造成的水土流失非常严重。土壤侵蚀强弱常以土壤侵蚀模数大小表示。土壤侵蚀模数是在一定时间内在一定土地面积上被带走的泥沙量与时间、面积的比值。数学定义式为：

$$A = \frac{VR}{Ft} \tag{5-14}$$

式中，A——土壤侵蚀模数，t/（hm² · a）；

　　　V——土壤侵蚀泥沙量（淤积量），m³；

　　　R——泥沙容重，常取 $R = 1.4$ t/m³；

　　　F——土壤侵蚀面积，hm²；

　　　t——土壤侵蚀时间，a。

对于土壤侵蚀的面蚀、片蚀和细沟侵蚀的土壤侵蚀模数也可以用式（5-15）通用土壤流失方程推算：

$$E = RKLSCP \tag{5-15}$$

式中，E——平均土壤损失量，t/（hm² · a）；

　　　R——区域平均降雨量的侵蚀潜力系数；

　　　K——土壤可侵蚀性系数，t/（hm² · a）；

　　　L——坡度系数为 S 的斜坡长度；

　　　S——坡度系数；

　　　C——作物管理系数；

　　　P——实际侵蚀控制系数。

R 有很多计算方法，在美国，有人测绘了等侵蚀线图，从图上可查出 R 值。

土壤可侵蚀性系数 K，其定义是对一块长为 22.13 m，坡度为 9%，经过多年连续种植过的休耕地上每单位降雨系数的侵蚀率。不同的土壤有不同的 K 值，表 5-12 给出一般土壤 K 的平均值。

表 5-12 土壤可侵蚀性系数 (K)

土壤类型	有机质含量		
	<0.5%	2%	4%
砂	0.05	0.03	0.02
细砂	0.16	0.14	0.10
特细砂土	0.42	0.36	0.28
壤性砂土	0.12	0.10	0.08
壤性细砂土	0.24	0.20	0.16
壤性特细的砂土	0.44	0.38	0.30
砂壤土	0.27	0.24	0.19
细砂壤土	0.35	0.30	0.24
很细砂壤土	0.47	0.41	0.33
壤土	0.60	0.52	0.42
粉砂壤土	0.48	0.42	0.33
粉砂	0.60	0.52	0.42
砂性黏壤土	0.27	0.25	0.21
黏壤土	0.28	0.25	0.21
粉砂黏壤土	0.37	0.32	0.26
砂性黏土	0.14	0.13	0.12
粉砂黏土	0.25	0.23	0.19
黏土		0.13	0.28

注：据美国农业部 Agricultural Research Service 出版的 "Control of Water Pollution from Cropland"

坡度系数为 S 的斜坡长度 L 可按下式求算：

$$L = (\lambda/72.6)^m \tag{5-16}$$

式中，λ——斜坡长度，m；

m——常数，一般取 0.5，但当坡度大于 10% 时，采用 0.6，坡度小于 0.5% 时，m 减为 0.3。

坡度系数 S 按下式计算：

$$S = \frac{0.43 + 0.30S_i + 0.043S_i^2}{6.613} \tag{5-17}$$

式中，S_i——坡度，%。

将坡度系数与坡长度放在一起，设 $m=0.5$ 时，则可合并计算：

$$LS = (0.007\,61 + 0.005\,375\,S_i + 0.000\,761\,S_i^2)\,\lambda^{1/2} \tag{5-18}$$

作物管理系数 C 反映一块土地种植不同的庄稼可控蚀的程度，表 5-13 给出了各种农作物和种植类型的 C 值。

实际侵蚀控制系数 P 反映了不同的管理系数，例如构筑梯田对侵蚀的影响。表 5-14 列出不同管理技术对 P 值的影响。

表 5-13　典型的种植系数（C）

作物	种植方式	C
裸土		1.0
草和豆科植物	全年平均	0.004~0.01
苜蓿属植物	全年平均	0.01~0.02
胡枝子	全年平均	0.015~0.025
谷物连作	休耕期清除残根	0.60~0.85
	种子田，残根已清除	0.70~0.90
	残留生长作物已清除	0.60~0.85
	种子田保留残根	0.25~0.40
	保留生长作物残留物	0.25~0.50
	未翻耕的休耕地	0.30~0.45
棉花连作	苗田	0.50~0.80
	生长作物	0.45~0.55
	残根、残梗	0.20~0.50
青草覆盖	—	0.01
土地被火烧裸	—	1.00
种子和施肥	18~20 个月的建设周期	0.60
种子、施肥和干草覆盖	18~20 个月的建设周期	0.30

表 5-14 实际侵蚀控制系数 （P）

实际情况	土地坡度/%	P	实际情况	土地坡度/%	P
无措施	—	1.00	直行耕作		1.00
等高耕作	1.1~2.0	0.60	隔坡梯田	1.1~2.0	0.45
	2.1~7.0	0.50		2.1~7.0	0.40
	7.1~12.0	0.60		7.1~12.0	0.45
	12.1~18.0	0.80		12.1~18.0	0.60
	18.1~24.0	0.90		18.1~24.0	0.70
带状间作	1.1~2.0	0.45	带状间作	7.1~12.0	0.45
	2.1~7.0	0.40		12.1~18.0	0.60
				18.1~24.0	0.70

【例 5-1】   估算一块在砂壤上开垦出来的草地的年平均侵蚀率。已知：土壤含有机物 2%，坡度为 10%，斜坡长为 150 m，降雨系数 R 为 300，作物沿等高线成行播种。

解 查表 5-12，$K=0.24$；

按公式计算或查坡长与 LS 关系曲线，$LS=1.65$；

查表 5-13，苜蓿项 $C=0.02$；

查表 5-14，$P=0.60$。

则 $E=RKLSCP=300 \times 0.24 \times 1.65 \times 0.02 \times 0.60=1.43$ t/（hm² · a）。

【例 5-2】   如果上例的地区是一块裸土，则预测的是侵蚀率发生变化，其中：

$$R=300, \quad K=0.24, \quad LS=1.65, \quad C=1.00, \quad P=1.00。$$

$$E=119t/（hm^2 · a）。$$

二、废（污）水灌溉的土壤影响预测

当利用拟议项目排放各种污染物的废（污）水灌溉时，污染物在土层中被土壤吸附，被微生物分解和被植物吸收，同时还可能发生一系列化学变化；此外，地表径流及渗透也将使之迁移。土壤灌溉几年后，污染物 i 在土壤中的累积残留量 W_i（mg/kg）有式（5-19）的关系。

$$W_i = \varphi_i + X_i K_i \frac{1-K_i^n}{1-K_i} \tag{5-19}$$

式中，φ_i ——灌溉前污染物 i（mg/kg）在土壤中的背景值；

X_i ——单位重量被灌溉土壤每年接纳该污染物的量，mg/（kg · a）；

K_i——污染物 i 在被灌溉土壤中的年残留率；

n——污灌年限。

$$X_i = \frac{Q}{M} C_i \tag{5-20}$$

式中，Q——污灌水量，$m^3/(hm^2 \cdot a)$；

　　　M——每公顷地耕作层土壤重，kg/hm^2；

　　　C_i——灌溉水中 i 污染物的浓度，mg/L。

根据北京西郊实地调查结果：$K_{酚}=0.6\%$；$K_{氰}=0.9\%$；$K_{镉}=0.82\%$；$\varphi_{酚}=0.038\ mg/kg$；$\varphi_{氰}=0.05\ mg/kg$。

三、土壤中农药残留量预测

农药输入土壤后，在各种因素作用下，会产生降解或转化，其最终残留量可以按式（5-21）计算：

$$R = C\,e^{-kt} \tag{5-21}$$

式中，R——农药残留量，mg/kg；

　　　C——农药施用量；

　　　k——降解常数；

　　　t——时间。

从式（5-21）可以看出，连续施用农药，如果农药能不断降解，土壤中的农药累积量有所增加，但达到一定值后便趋于平衡。

假定一次施用农药时，土壤中农药的浓度为 C_0，一年后的残留量为 C，则农药残留率（f）可以用式（5-22）表示：

$$f = \frac{C}{C_0} \tag{5-22}$$

如果每年一次连续施用，则数年后农药在土壤中的残留总量为：

$$R_n = (1 + f + f^2 + f^3 + \cdots + f^{n+1})C_0 \tag{5-23}$$

式中，R_n——残留总量，mg/kg；

　　　f——残留率，$\%$；

　　　C_0——一次施用农药在土壤中的浓度，mg/kg；

　　　n——连续施用年数。

当 $n \to \infty$ 时，则

$$R_a = \left(\frac{1}{1-f}\right)C_0 \tag{5-24}$$

式中，R_a 为农药在土壤中达到平衡时的残留量。

四、土壤污染物残留量预测

（一）土壤污染物残留量计算模式

污染物在土壤中年残留量（年累积量）计算模式为：

$$W = K(B + R) \tag{5-25}$$

式中，W——污染物在土壤中年残留量，10^{-6}（体积比）；

　　　　B——区域土壤背景值，10^{-6}（体积比）；

　　　　R——土壤污染物对单位（kg）土壤的年输入量，10^{-6}（体积比）；

　　　　K——土壤污染物年残留率（年累积率），%。

若污染年限为 n，每年的 K 和 R 不变，则污染物在土壤中 n 年内的累积量为：

$$W_n = BK^n + RK\frac{1-K^n}{1-K} \tag{5-26}$$

从式（5-26）可知，年残留率（K 值）对污染物在土壤中年残留量的影响很大，而 K 值的大小因土壤特性而异。

（二）年残留率的推求

年残留率的推求一般是通过盆栽实验进行的。在盆中加入某区域土壤 m kg，厚度为 20 cm 左右，先测定出土壤中实验污染物的背景值，然后向土壤中加入该污染物 n mg，其输入量为 $n/m \times 10^{-6}$（体积比）。栽上作物，以淋灌模拟天然降雨，灌溉用水及施用的肥料均不应含该污染物，倘若含有，需测定其含量，计算在输入量当中，经过一年时间，抽样测定土壤中该污染物的残留含量（实测值减背景值求得），该区域土壤的年残留率按下式计算：

$$K = \frac{残留含量（\times 10^{-6}\,体积比）}{年输入量（mg/kg）} \times 100 \tag{5-27}$$

（三）年残留量计算模式的应用

根据式（5-26），只需掌握 5 个参数中的 4 个，进行平衡计算，即可求得任一未知项。

【例 5-3】　重金属残留量的计算

计算某污灌区灌溉 20 年来土壤中镉（Cd）的残留量。土壤中镉的背景值为 0.19×10^{-6}（体积比），年残留率（K）为 0.9，年输入土壤中镉的量为 630 g/hm²。

设每公顷耕作土层重 2 250 g/hm²，将上述数据代入式（5-26）中，得：

$$W_{20} = 0.19 \times 0.9^{20} + \frac{6.3 \times 10^5}{2.25 \times 10^6} \times 0.9 \times \frac{1 - 0.9^{20}}{1 - 0.9} = 2.236 \times 10^{-6}（体积比）$$

【例 5-4】　有机污染物残留量的计算

若土壤中石油类污染物背景值为 250×10^{-6}（体积比），年残留率为 0.7，年输入量为 100×10^{-6}（体积比），试计算石油类污染物在土壤中的残留量。

将上述数据代入式（5-26）中，得：

$$W_{20} = 250 \times 0.7^{20} + 100 \times 0.7 \times \frac{1 - 0.7^{20}}{1 - 0.7} = 233.5 \times 10^{-6}（体积比）$$

根据式（5-26）有关调查资料和土壤环境质量标准，还可以计算土壤污染物达到土壤环境质量标准时所需的污染年限，也可以求出污水灌溉的安全污水浓度和施用污泥中污染物的最高允许浓度。

【例 5-5】 施用污泥中重金属的最高允许浓度计算

将式（5-26）稍加改变，可计算施用污泥中重金属的最高允许浓度，计算公式如下：

$$W = B K^n + \frac{X}{G} M \times K \times \frac{1 - K^n}{1 - K} \qquad (5\text{-}28)$$

$$X = \frac{W - B K^n}{\dfrac{M}{G} \times K \times \dfrac{1 - K^n}{1 - K}} \qquad (5\text{-}29)$$

式中，W——土壤中污染物残留总量（累积总量），10^{-6}（体积比）；

　　　B——土壤中污染物的背景值，10^{-6}（体积比）；

　　　X——污泥中污染物最高允许含量，10^{-6}（体积比）；

　　　G——耕作层单位（hm^2）土壤质量，kg/hm^2；

　　　M——污泥施用量，$kg/（hm^2 \cdot a）$；

　　　K——污染物年残留率；

　　　n——污泥施用年限。

（四）土壤环境容量

普遍认为，土壤环境容量就是土壤的环境承载能力，是指一个特定的土壤环境单元，达到环境质量标准时，土壤可以容纳的最大污染物的负荷能力。但这一概念仅反映了土壤污染物生态效应和环境效应所容许的水平，而没有考虑到污染物在土壤中的自净过程以及作物对污染物的吸收转运及耐受能力。因此这个概念一般被称为土壤环境静容量，后者被称为土壤环境动容量。土壤环境容量即要考虑到土壤环境静容量也应该包括土壤环境的动容量。因此土壤环境容量是指一定环境单元，一定时限内遵循环境质量标准，既保证农产品产量和生物学质量，同时也不使环境污染时，土壤所能容纳污染物的最大负荷量。

目前关于土壤环境静容量的计算主要采用下式计算：

$$C_s = (S - C_{0i})M \times 10^{-6} \qquad (5\text{-}30)$$

式中，C_s ——土壤环境静容量；

　　　S ——污染物 i 的土壤环境安全阈值（土壤环境基准值）；

　　　C_{0i} ——区域土壤中 i 污染物的环境背景值；

　　　M ——每公顷耕层土壤的质量。

从式（5-30）可见，在一定区域的土壤特征和环境条件下，C_{0i} 的数值是一定的，C_s 的大小取决于 S 的大小。决定土壤环境静容量的因素是土壤环境基准值和背景值。

由于土壤的自净能力以及作物的吸收、淋溶渗滤，因此土壤动态容量需要建立数学模型才能更好的研究。例如重金属污染土壤的模型为：

$$S = C_{0i} K^n + 10^6 \frac{Q_{\min}}{M} K \frac{1-K^n}{1-K}　　　(5-31)$$

将公式变形后得到：

$$Q_{\min} = 10^{-6} M [S - C_{0i} K^n] \frac{1-K}{K(1-K^n)}　　　(5-32)$$

式中，$Q_{\min}$——土壤环境静容量；

　　　S——污染物 i 的土壤环境安全阈值（土壤环境基准值）；

　　　C_{0i}——区域土壤中 i 污染物的环境背景值；

　　　M——每公顷耕层土壤的质量；

　　　K——污染物 i 在土壤中的年残留率；

　　　n——控制年限。

目前土壤环境背景值和土壤环境容量的研究主要应用于：①制定土壤环境质量标准、农田灌溉水质标准、农用污泥施用标准等；②进行土壤污染预测；③土壤污染健康风险评价等方面的基础理论研究。

第四节　土壤环境影响评价

开发行动或建设项目的土壤环境影响评价是从预防性环境保护目的出发，依据建设项目的特征与开发区域土壤环境条件，对建设项目建设期、运营期和服务期满后对土壤环境理化特性可能造成的影响进行分析、预测，提出预防或减轻不良影响的措施和对策，为行动方案的优化决策提供依据。为了规范和指导土壤环境影响评价工作，防治或减缓土壤环境退化，保护土壤环境，依据《中华人民共和国环境影响评价法》，2018 年 9 月 13 日生态环境部颁布了《环境影响评价技术导则　土壤环境（试行）》（HJ 964—2018），该技术导则对土壤环境影响评价的原则、工作程序、评价内容、评价方法和评价要求都做出了详细的规定。2019 年 1 月 1 日开始实施的《中华人民共和国土壤污染防治法》也为土壤环境影响评价制定了具体的工作方向。

根据建设项目对土壤环境可能产生的影响，将其划分为生态影响型与污染影响型两种类型。土壤环境生态影响是指由于认为因素引起土壤环境特征变化导致其生态功能变化的过程或状态，重点是指土壤环境的盐化、酸化、简化等。土壤环境污染影响是指因认为因素导致某种物质进入土壤环境，引起土壤物理、化学、生物等方面特性的改变，导致土壤质量恶化的过程或状态。

按照行业特征、工艺特点或规模大小等可以将建设项目类别分为 I 类、II 类、III 类、IV 类，详见表 5-15，其中 IV 类项目可以不开展土壤环境影响评价。

表 5-15　土壤环境影响项目类别

行业类别	项目类别			
	I 类	II 类	III 类	IV 类
农林牧渔业	灌溉面积大于 50 万亩的灌区工程	新建 5 万亩至 50 万亩的、改造 30 万亩及以上的灌区工程；年出栏生猪 10 万头及以上的畜禽养殖场或养殖小区	年出栏生猪 5 000 头及以上的畜禽养殖场或养殖小区	其他
水利	库容 1 亿 m^3 的灌区工程	库容 1 000 万至 1 亿 m^3 的水库；跨流域调水的饮水工程	其他	
采矿业	金属矿、石油、页岩油开采	化学矿采选；石棉矿采选；煤矿采选、天然气开采、砂岩气开采、煤层气开采	其他	
制造业	纺织、化纤、皮革等及服装、鞋制造	制革、毛皮鞣制	化学纤维制造；有洗毛、染整、脱胶工段及产生缫丝废水、精炼废水的纺织品；有湿法印花、染色、水洗工艺的服装制造；使用有机溶剂的制鞋业	其他	—
	造纸和纸制品	—	纸浆、溶解浆、纤维浆等制造；渣纸	其他	—
	设备制造、金属制品、汽车制造及其他用品制造	有电镀工艺的；金属制品表面处理及热处理加工的；使用有机涂层的；有钝化工艺的热镀锌	有化学处理工艺的	其他	—

续表

行业类别	项目类别			
	I 类	II 类	III 类	IV 类
制造业 石油化工	石油加工、炼焦；化学原料和化学制品制造；农药制造；涂料、染料、颜料、油墨及其类似产品制造；合成材料制造；炸药、火工及焰火产品制造；水处理剂等制造；化学药品制造；生物、生化制品制造	半导体材料、日用化学品制造；化学肥料制造	其他	—
金属冶炼和压延加工及非金属矿物制品	有色金属冶炼	有色金属铸造及合金制造；炼铁；球团；烧结炼钢；冷轧压延加工；铬铁合金制造；水泥制造；石棉制品；含焙烧的石墨、碳素制品	其他	—
电力热力燃气及水生产和供应业	生活垃圾及污泥发电	水力发电；火力发电；矸石、油页岩、石油焦等综合利用发电、工业废水处理；燃气生产	生活污水处理；燃煤锅炉总容量 65 t/h 以上的热力生产工程；燃油锅炉总容量 65 t/h 以上的热力生产工程	其他
交通运输仓储邮政业	—	油库；机场的供油工程及油库；涉及危险品、化学品、石油、成品油储罐区的码头及仓储；石油及成品油的输送管线	公路的加油站；铁路的维修场所	其他

续表

行业类别	项目类别			
	I 类	II 类	III 类	IV 类
环境和公共设施管理业	危险废物利用及处置	采取填埋和焚烧方式的一般工业固体废弃物处置及综合利用；城镇生活垃圾集中处置	一般工业固体废物处置及综合利用；废旧资源加工、再生利用	其他
社会事业与服务业	—	—	高尔夫球场；加油站；赛车场	其他
其他行业	—	—	—	全部

　　土壤环境影响评价工作主要按照准备阶段、现状调查与评价、预测分析与评价和结论等几个步骤开展。环评准备阶段，应了解工程概况，结合建设项目的工程分析，判断建设项目对土壤环境可能造成的影响，识别其可能的影响途径，如大气沉降、地面漫流和垂直入渗等途径，分析项目建设期、运营期、服务期满后几个不同时段可能产生的影响；开展项目现场踏勘工作，识别并统计项目周围的土壤环境保护敏感目标；根据导则确定项目土壤环境影响评价的等级、范围与内容。土壤环境现状调查与评价阶段，主要进行现场调查、布点与采样、土壤样品检测和监测数据的分析与处理，并根据监测结果进行土壤环境质量现状评价。污染影响型土壤的环境影响评价需要预测评价项目各实施阶段、不同环节、不同环境影响防控措施下对土壤环境的不同影响，给出各预测因子的影响范围与影响程度，明确项目建设对土壤环境的影响结果。其预测的重点不仅包括项目对占地范围内的土壤环境的影响，还应包括项目对占地范围以外的土壤环境敏感目标（评价范围内的）的累积影响。

　　污染影响型项目土壤环境影响预测与评价采取的方法应根据项目的土壤环境影响类型与评价工作等级来确定。当评价工作等级为一级评价和二级评价时，预测方法可参考《环境影响评价技术导则　土壤环境（试行）》（HJ 964—2018）附录 E 中的推荐方法或进行类比分析；当评价工作等级为三级评价时，预测方法可采用定性描述或类比分析法

一、环境影响识别与监测调查

（一）开发活动对土壤环境影响的识别

1. 对土壤环境有重大影响的人类活动

土壤系统是在成千上万的地球演变过程中形成的，它受自然和人类行动的双

重影响，特别是近百年来人类的影响是巨大的。

（1）全球气候变暖和人工改变局地小气候。如人工降雨、改变风向、农田灌溉补水和排水等对土壤的影响是有利的；而气温升高、使土壤过分曝晒和风蚀影响加大则是不利的。

（2）改变植被和生物分布状况。如合理控制土地上动植物种群，松土犁田增加土壤中的氧，施加粪便和各种有机肥，休耕和有控制烧田去除有害的昆虫和杂草等的影响是有利的；过度放牧和种植减少土壤有机物含量，施用化学农药杀虫、除草，用含有害污染物的废水灌溉则产生不利影响。

（3）改变地形。如土地平整并重铺植被，营造梯田，在裸土上覆盖或铺砌植被等是有利的；湿地排水和开矿及地下水过量开采引起地面沉降和加速土壤侵蚀，以及开山、挖地生产建筑材料则是不利的。

（4）改变成土母质。如在土壤中加入水产和食品加工厂的贝壳粉、动物骨骸，清水冲洗盐渍土等是有利的；将含有害元素矿石和碱性粉煤灰混入土壤，农业收割带走的矿物营养超过了补给量等则有不利影响。

（5）改变土壤自然演化的时间。如通过水流的沉积作用将上游的肥沃母质带到下游，对下游土壤是有利的；过度放牧和种植作物会快速移走成土母质中的矿物营养，造成土壤退化，将土壤埋于固体废物之下则其影响很不利。

在考虑土壤影响时，必须与地区的地质信息联系起来。

2. 各种建设项目对土壤环境的影响

多种建设项目会对土壤和地质环境造成破坏性影响，而这些影响又能反过来影响项目功能的正常发挥。主要影响如下：

（1）地下水过量开采，油或天然气资源开采或者是露天或地下采掘等活动，都会造成当地的地面沉降。

（2）大型工程施工需要大量的建筑材料，供应这些材料的地区由于砂、石开采会引起地表水的水力条件和土壤的侵蚀样式的改变。

（3）在工程施工区域一般会引发或提高当地土壤侵蚀程度。为了防止或减少侵蚀，需要采取建泥沙沉淀池、种植速生的树种和植被等措施。沉淀池内的淤泥应返回原来的土地上。

（4）在一些地貌特别的地区，土方过量或不适当开挖，会引起滑坡、塌方。例如有人在陡坡的台地上建造厂房极易造成滑坡。

（5）在地震不稳定性和地震频发地区建核电厂、化工厂、废物处理设施和大型的油品与溶剂贮槽，可能会在地震时造成大面积的土壤污染灾害。在这些项目选址、建设和运行阶段，必须考虑其影响大小。

（6）露天采矿时，表土被剥离并被移至别处，在矿山服务期满后应恢复原来的地形，否则会造成大面积水土流失和风蚀。

（7）沿海岸线建防波堤以控制岸线侵蚀和漂移，会改变沿岸土壤环境条件。

（8）与军事训练相关的项目。例如在坦克驾驶训练时会造成土壤过度压实，不利植被恢复，然后会使土壤遭受侵蚀和排水样式变坏。

（9）可能产生局地酸雨的项目。例如，燃烧高含硫煤的发电厂，会对土壤的化学组分造成影响，并对地下水资源造成潜在影响。

（10）那些把选址地土壤和地貌作为选址条件的项目，如城市废物和污泥填埋场，河、港的疏浚淤泥堆放场等项目，会造成场地及周围土壤及地下水污染。

（11）沿海岸区域开发的项目可能增加海岸线侵蚀，也可能因海岸线侵蚀影响项目本身。这类项目如海边空地开发和与此相关联的后续发展，与港口和船舶锚地设施相关的项目，以及与港口和码头发展有关的项目。

（12）单一蓄洪或多目标拦蓄水资源（蓄洪、供水、发电等）等项目的建设和运行期，对土壤和地质环境会造成两大影响：泥沙沉积，蓄水后库区底下的地下水层、土壤和地貌等将发生变化。

（13）在合同承包或租用的土地上种植庄稼或放牧，往往缺少对土壤的保养，造成土壤化学性质和侵蚀程度加大。

（14）大型管道工程在施工中用重型设备会将土壤压结实，降低土壤透气性和渗水性，使植物不易生长，造成强的地表径流和侵蚀作用；施工机械使土壤颗粒破碎和除去表面植被，使土壤易被水流侵蚀。土壤侵蚀的速度和数量与坡度、土质的易侵蚀性、植被恢复的时间以及降雨强度有关。在管沟中特别容易侵蚀，因为回填土一般较松散，管沟会成为天然的排水沟，管沟上的堆土会不断沉降，在表层形成一个径流的天然流道。管道施工造成土壤侵蚀的后果有两个方面，一是表土肥分的流失，二是受纳地表径流的河水中悬浮物浓度的提高和底泥沉积量增加。迅速恢复植被是最有效缓解侵蚀的措施。

（二）评价工作分级

建设项目在进行土壤环境影响评价时，要进行评价等级的划分，生态影响型和污染影响型都分为一级、二级和三级。级别不同，之后进行现状调查的范围也不同。

1. 生态影响型

首先根据建设项目所在地土壤环境退化情况进行敏感度分级，详见表 5-16，如果同一建设项目涉及两个或两个以上场地或地区，应分别判定其敏感程度；产生两种或两种以上生态影响后果的，敏感程度按相对最高级别判定。

根据表 5-15 土壤环境影响项目类别和表 5-16 的敏感度分级进行生态影响型评价工作的划分（表 5-17）。

表 5-16　生态影响型敏感程度分级表

敏感程度	盐化	酸化	碱化
敏感	建设项目所在地干燥度＞2.5、常年地下水位平均埋深＜1.5 m的地势平坦区域；或土壤含盐量＞4 g/kg的区域	pH≤4.5	pH≥9
较敏感	建设项目所在地干燥度＞2.5且常年地下水位平均埋深≥1.5 m的，或 1.8＜干燥度≤2.5且常年地下水位平均埋深＜1.5 m的平原区；或 2 g/kg＜土壤含盐量≤4 g/kg的区域	4.5＜pH≤45.5	8.5≤pH＜9
不敏感	其他	5.5＜pH＜8.5	

表 5-17　生态影响型评价工作等级划分表

评价工作等级 敏感程度	项目类别		
	Ⅰ类	Ⅱ类	Ⅲ类
敏感	一级	二级	三级
较敏感	二级	二级	三级
不敏感	二级	三级	—

注："—"表示可不开展土壤环境影响评价工作

2. 污染影响型

污染影响型建设项目占地主要为永久占地，根据项目所在地周边的土壤敏感程度同样可以划分为敏感、较敏感和不敏感三种类型。

表 5-18　污染影响型敏感程度分级表

敏感程度	判别依据
敏感	建设项目周边存在耕地、原地、牧草地、饮用水水源地或居民区、学校、医院、疗养院、养老院等土壤环境敏感目标的
较敏感	建设项目周边存在其他土壤环境敏感目标的
不敏感	其他情况

根据土壤环境影响项目类别（表 5-15）、占地情况与敏感程度划分评价工作等级见表 5-19。

表 5-19　污染影响型评价工作等级划分表

评价工作等级 敏感程度	项目类别								
	I 类			II 类			III 类		
	大	中	小	大	中	小	大	中	小
敏感	一级	一级	一级	二级	二级	二级	三级	三级	三级
较敏感	一级	一级	二级	二级	二级	三级	三级	三级	—
不敏感	一级	二级	二级	二级	三级	三级	三级	—	—

注：①占地规模≥50 hm² 为大型、5~50 hm² 为中型、≤5 hm² 为小型。
②"—"表示可不开展土壤环境影响评价工作。

如果建设项目同时涉及土壤环境生态影响型和污染影响型时或者涉及两个或两个以上场地时，要分别进行评价。

（三）土壤环境现状调查与评价

1. 调查评价范围

调查评价范围应包括建设项目可能影响的范围，能满足土壤环境影响预测和评价要求。改扩建类建设项目的现状调查评价范围还应兼顾现有工程可能影响的范围。建设项目土壤环境影响现状调查评价范围可根据建设项目影响类型、污染途径、气象条件、地形地貌、水文地质条件等确定并说明。土壤现状评价调查范围如表 5-20 所示，涉及大气沉降途径影响的，可根据主导风向下风向最大落地浓度点适当调整。

表 5-20　现状调查范围及监测布点类型与数量

评价工作等级		占地范围内		占地范围外	
		调查范围	布点数	调查范围	布点数
一级	生态影响型	全部	5 个表层样点	5 km 范围内	6 个表层样点
	污染影响型		5 个柱状样点，2 个表层样点	1 km 范围内	4 个表层样点
二级	生态影响型		3 个表层样点	2 km 范围内	4 个表层样点
	污染影响型		3 个柱状样点，1 个表层样点	0.2 km 范围内	2 个表层样点
三级	生态影响型		1 个表层样点	1 km 范围内	2 个表层样点
	污染影响型		3 个表层样点	0.05 km 范围内	—

建设项目同时涉及土壤环境生态影响型与污染影响型时，应各自确定调查评

价范围。危险品、化学品输送管线等要以工程边界向外延伸 0.2 km 作为调查评价的范围。

2. 调查内容

调查资料可从有关管理、研究和行业信息中心以及图书馆和情报所收集，内容包括：

①土地利用现状图、土地利用规划图、土壤类型分布图；

②气象资料、地形地貌特征资料、水文及水文地质资料等；

③土地利用历史情况；

④与建设项目土壤环境影响评价相关的其他资料；

⑤理化特性调查主要包括土体构型、土壤结构、土壤质地、CEC、E_h、饱和导水率、土壤容重、孔隙度等；土壤环境生态影响评价项目要调查植被、地下水埋深、地下水溶解总固体等。如果评价工作等级为一级的项目还应填写土壤剖面调查表；

⑥调查与建设项目产生同种特征因子或造成相同土壤环境影响后果的影响源。

3. 现状监测

（1）监测范围。

与土壤环境的调查相同。

（2）监测布点。

土壤环境现状监测应根据建设项目的影响类型、影响途径，有针对性地开展监测工作，原则上应因时、因地而定。一般情况下，应考虑下列原则：

①土壤环境现状监测布点要根据土壤影响类型、评价工作等级、土地利用类型确定。为了保证工作的精度，应合理确定监测布点的密度及均匀性。对于一、二级评价，因为需要制作污染影响评价图，所以多采用网络布点法；对于三级评价，可按要求散点布设，现场监测布点数量应不少于见表 5-20 要求；

②调查评价范围内的每种土壤类型应至少设置 1 个表层样监测点，应尽量设置在未受人为污染或相对未受污染的区域；

③生态影响型建设项目应根据建设项目所在地的地形特征、地面径流方向设置表层样监测点；

④涉及入渗途径影响的，主要产污装置区应设置柱状样监测点，采样深度需至装置底部与土壤接触面以下，根据可能影响的深度适当调整；

⑤涉及大气沉降影响的，应在占地范围外主导风向的上、下风向各设置 1 个表层样监测点，可在最大落地浓度点增设表层样监测点；

⑥涉及地面漫流途径影响的，应结合地形地貌，在占地范围外的上、下游各设置 1 个表层样监测点；

⑦线性工程应重点在站场位置（如输油站、泵站、阀室、加油站及维修场所等）设置监测点，涉及危险品、化学品或石油等输送管线的应根据评价范围内土壤环境敏感目标或厂区内的平面布局情况确定监测点布设位置；

⑧评价工作等级为一级、二级的改、扩建项目，应在现有工程厂界外可能产生影响的土壤环境敏感目标处设置监测点；

⑨涉及大气沉降影响的改、扩建项目，可在主导风向下风向适当增加监测点位，以反映降尘对土壤环境的影响；

⑩建设项目占地范围及其可能影响区域的土壤环境已存在污染风险的，应结合用地历史资料和现状调查情况，在可能受影响最重的区域布设监测点；取样深度根据其可能影响的情况确定。

4. 现状评价

通过上述监测调查，可以对土壤环境现状定性描述和定量评价，详细方法及步骤见本章第二节。

二、土壤环境影响评价

（一）评价拟建项目对土壤影响的重大性和可接受性

（1）将影响预测的结果与法规和标准进行比较，以下情况可得出建设项目土壤环境影响可接受的结论：

①建设项目各不同阶段，土壤环境敏感目标处且占地范围内各评价因子均满足 GB 15168 和 GB 36600 中相关标准要求的；

②生态影响型建设项目各不同阶段，出现或加重土壤盐化、酸化、碱化等问题，但采取防控措施后，可满足相关标准要求的；

③污染影响型建设项目各不同阶段，土壤环境敏感目标处或占地范围内有个别点位、层位或评价因子出现超标，但采取必要措施后，可满足 GB 15618、GB 36600 或其他土壤污染防治相关管理规定的。

（2）以下情况不能得出建设项目土壤环境影响可接受的结论：

①生态影响型建设项目：土壤盐化、酸化、碱化等对预测评价范围内土壤原有生态功能造成重大不可逆影响的；

②污染影响型建设项目各不同阶段，土壤环境敏感目标处或占地范围内多个点位、层位或评价因子出现超标，采取必要措施后，仍无法满足 GB 15618、GB 36600 或其他土壤污染防治相关管理规定的。

（二）避免、消除和减轻负面影响的对策

1. 土壤环境质量现状保障措施

对于建设项目占地范围内的土壤环境质量存在点位超标的，应依据土壤污染防治相关管理办法、规定和标准，采取有关土壤污染防治措施。

2. 源头控制措施

生态影响型建设项目应结合项目的生态影响特征、按照生态系统功能优化的理念、坚持高效适用的原则提出源头防控措施。污染影响型建设项目应针对关键污染源、污染物的迁移途径提出源头控制措施。

3. 过程防控措施

建设项目根据行业特点与占地范围内的土壤特性，按照相关技术要求采取过程阻断、污染物削减和分区防控措施。

（1）生态影响型：①涉及酸化、碱化影响的可采取相应措施调节土壤 pH，以减轻土壤酸化、碱化的程度；②涉及盐化影响的，可采取排水排盐或降低地下水位等措施，以减轻土壤盐化的程度。

（2）污染影响型：①涉及大气沉降影响的，占地范围内应采取绿化措施，以种植具有较强吸附能力的植物为主；②涉及地面漫流影响的，应根据建设项目所在地的地形特点优化地面布局，必要时设置地面硬化、围堰或围墙，以防止土壤环境污染；③涉及入渗途径影响的，应根据相关标准规范要求，对设备设施采取相应的防渗措施，以防止土壤环境污染。

4. 跟踪监测

提出针对受污染影响的土壤的监测方案，作为受拟建工程影响的土壤环境管理的依据。土壤环境跟踪监测措施包括制定跟踪监测计划、建立跟踪监测制度，以便及时发现问题，采取措施。

土壤环境跟踪监测计划应明确监测点位、监测指标、监测频次以及执行标准等。

（1）监测点位应布设在重点影响区和土壤环境敏感目标附近；

（2）监测指标应选择建设项目特征因子；

（3）评价工作等级为一级的建设项目一般每 3 年内开展 1 次监测工作，二级的每 5 年内开展 1 次，三级的必要时可开展跟踪监测；

（4）生态影响型建设项目跟踪监测应尽量在农作物收割后开展；

（5）监测计划应包括向社会公开的信息内容。

（三）评价结论

概括建设项目的土壤环境现状、预测评价结果、防控措施及跟踪监测计划等内容，从土壤环境影响的角度，总结项目建设的可行性，并给出土壤污染防治对策和已被污染土壤修复方案建议。

习　题

1. 什么是土壤环境质量评价？为什么要进行土壤环境质量评价？

2. 土壤环境质量评价的主要原则是什么？

3. 土壤环境质量评价的基本内容有哪些？

4. 土壤环境背景值和土壤环境基准值之间有何区别？

5. 如何进行农用地土壤环境质量类别判定？

6. 土壤环境影响预测包括哪些内容？

7. 人类的哪些活动对土壤环境会造成影响？如何避免或减轻负面的影响？

参考文献

[1] 土壤环境质量 农用地土壤污染风险管控标准（试行）（GB 15618—2018）[S].

[2] 土壤环境质量 建设用地土壤污染风险管控标准（试行）（GB 36600—2018）[S].

[3] 农用地土壤环境风险评价技术规定（试行）（环办土壤函〔2018〕1479号）[S].

[4] 农用地土壤环境质量类别划分技术指南（试行）（环办土壤〔2017〕第97号）[S].

[5] 农用地土壤污染状况调查技术规范（DB41/T 1948—2020）[S].

[6] 食品安全国家标准 食品中污染物限量（GB 2762—2017）[S].

[7] 建设用地土壤污染状况调查技术导则（HJ 25.1—2019）[S].

[8] 建设用地土壤污染风险管控和修复监测技术导则（HJ 25.2—2019）[S].

[9] 建设用地土壤污染风险评估技术导则（HJ 25.3—2019）[S].

[10] 建设用地土壤污染状况调查与风险评估技术导则（DB11/T 656—2019）[S].

[11] 环境影响评价技术导则 土壤环境（试行）（HJ 964—2018）[S].

第六章 声环境影响评价

第一节 声环境影响评价概述

一、噪声源及分类

物理学上的噪声指不规则的声音，从环境角度看噪声是指人们不需要的声音。噪声是物理污染（也称能量污染），是感觉公害，受害程度取决于受害人的生理、心理及所处的环境等因素。

声音是由振动产生的，振动的一切物体称为声源，产生噪声的声源称为噪声源。声源、介质、接收器称为噪声传播过程中的三要素。

噪声按产生的机理可划分为机械噪声、空气动力性噪声和电磁性噪声三大类；噪声按其随时间变化可分为稳态噪声和非稳态噪声两大类；按噪声的来源又可分为交通噪声、工业噪声、社会生活噪声、施工噪声和自然噪声五类。噪声源按几何形状特点可分为点声源、线声源与面声源三类。

二、噪声的影响

噪声作用于人体，对人体的影响是多方面的，它会干扰睡眠，引发神经系统、心血管系统、消化系统等的疾病。长时间遭受较大噪声侵害的人，可以导致耳聋——噪声性耳聋。

听力在接触强噪声后短时间暂时下降现象称为听觉疲劳或叫作"暂时性听阈偏移"。人耳长期暴露在较高噪声环境中，听觉器官会发生器质性病变，发展成永久性听力损失，当对 500 Hz、1 000 Hz、2 000 Hz 三个频率听力损失的平均值超过 25 dB 时，就称为噪声性耳聋。

噪声对睡眠有直接影响。人的睡眠状态一般分为四个阶段：第一阶段是从清醒到昏沉欲睡状态，再到逐渐入睡；第二阶段为入睡深化；第三阶段为睡着；第四阶段为熟睡。噪声对睡眠的干扰一是影响睡眠的深度，二是将睡眠者完全唤醒，即"被吵醒"。据资料，当噪声声级为 50 dB（A）时，所有的人睡眠深度都会减弱，其中被吵醒的比例增加到 50%。

噪声作用于人的中枢神经系统，能使人的大脑皮层兴奋或抑制，平衡失调，导致条件反射异常，大脑功能受损，以致产生头疼、头晕、耳鸣、多梦、失眠、心悸、记忆力减退、全身疲乏无力等症状。

噪声对心血管系统也会造成影响，影响分暂时性效应和持久性效应两类情况。暂时性效应一般表现为脉频和血液的波动，持久性效应则是心血管系统功能的损害。

还有不少资料报道了噪声对消化系统、内分泌系统、视觉器官的影响，对胎儿发育的影响，对儿童智力发育的影响等。

噪声对脑力劳动的影响更明显。在嘈杂的环境中，精力不易集中，难以进行深入的思维活动，心情烦躁，工作效率低。噪声除了降低工作效率外，还可能导致工伤事故的发生。

150 dB 以上的强噪声，会使金属结构疲劳，如一块 0.6 mm 厚的不锈钢板，在 168 dB 无规噪声作用下，只要 15 min，就会断裂。由于声疲劳，可能造成飞机或导弹飞行事故。

三、噪声标准

噪声对人的影响与声源的物理特性、暴露时间和个体差异等因素有关。噪声标准的制定是在大量实验基础上进行统计分析的，主要考虑因素是保护听力、噪声对人体健康的影响、人们对噪声的主观烦恼度和目前的经济、技术条件等方面。

从保护听力而言，一般认为每天 8 h 长期工作在 80 dB 以下听力不会损失，而在声级分别为 85 dB 和 90 dB 的环境中工作 30 年，根据国际标准化组织（ISO）的调查，耳聋的可能性分别为 8% 和 18%。在声级 70 dB 环境中，谈话就感到困难。而干扰睡眠和休息的噪声级阈值白天为 50 dB，夜间为 45 dB，我国提出的环境噪声允许范围见表 6-1。

表 6-1　我国环境噪声允许范围　　　　　　　　　　单位：dB

人的活动	最高值	理想值
体力劳动（保护听力）	90	70
脑力劳动（保证语言清晰度）	60	40
睡眠	50	30

为了保护环境，保障人体健康和防治噪声污染，我国发布了《声环境质量标准》（GB 3096—2008），见表6-2。

表 6-2　环境噪声限值　　　　　　　　　　单位：dB（A）

类别		昼间	夜间
0 类		50	40
1 类		55	45
2 类		60	50
3 类		65	55
4 类	4a 类	70	55
	4b 类	70	60

按区域的使用功能特点和环境质量要求，将声环境功能区分为以下五种类型：

0 类声环境功能区：指康复疗养区等特别需要安静的区域。

1 类声环境功能区：指以居民住宅、医疗卫生、文化教育、科研设计、行政办公为主要功能，需要保持安静的区域。

2 类声环境功能区：指以商业金融、集市贸易为主要功能，或者居住、商业、工业混杂，需要维护住宅安静的区域。

3 类声环境功能区：指以工业生产、仓储物流为主要功能，需要防止工业噪声对周围环境产生严重影响的区域。

4 类声环境功能区：指交通干线两侧一定距离之内，需要防止交通噪声对周围环境产生严重影响的区域，包括 4a 类和 4b 类两种类型。4a 类为高速公路、一级公路、二级公路、城市快速路、城市主干路、城市次干路、城市轨道交通（地面段）、内河航道两侧区域；4b 类为铁路干线两侧区域。

此外，噪声还有如下相关标准：

《工业企业厂界环境噪声排放标准》（GB 12348—2008）

《社会生活环境噪声排放标准》（GB 22337—2008）

《建筑施工场界环境噪声排放标准》（GB 12523—2011）

《铁路边界噪声限值及其测量方法》（GB 12525—90）及修改方案

《声环境功能区划分技术规范》（GB/T 15190—2014）

《民用建筑隔声设计规范》（GB 50118—2010）

《工业企业噪声控制设计规范》（GB/T 50087—2013）

《声屏障声学设计和测量规范》（HJ/T 90—2004）

《环境噪声监测技术规范　城市声环境常规监测》（HJ 640—2012）

《环境噪声监测技术规范　噪声测量值修正》（HJ 706—2014）

第二节　声环境影响评价基础

一、基本概念

声音的本质是振动。受作用的空气发生振动，当振动频率在 20～20 000 Hz 时，作用于人的耳鼓膜而产生的感觉称为声音。声源可以是固体，也可以是流体（液体和气体）的振动。声音的传媒介质有空气、液体和固体，它们分别称为空气声、液体声和固体声等。

（一）声音的物理特性和量度

1. 波长、声速和频率

当物体在空气中振动，使周围空气发生疏、密交替变化并向外传递，且这种振动频率在 20～20 000 Hz，人耳可以感觉，称为可听声，简称声音。频率低于 20 Hz 的称为次声，高于 20 000 Hz 的称为超声。声源在一秒钟内振动的次数称为频率，记作 f，单位为 Hz。

声源振动一次所经历的时间称为周期，记作 T，单位为 s。频率和周期互为倒数：

$$T = \frac{1}{f} \tag{6-1}$$

沿声波传播方向，振动一个周期所传播的距离，或在波形上相位相同的相邻两点间的距离称作波长，记为 λ，单位为 m。

1 s 时间内声波传播的距离叫声波速度，简称声速，记作 c，单位为 m/s。频率、波长和声速三者的关系是

$$c = \lambda f \tag{6-2}$$

声速与传播声音的媒质和温度有关。在空气中，声速（c）和温度（t，单位℃）的关系可简写为

$$c = 331.4 + 0.607t \tag{6-3}$$

常温下，空气中的声速约为 344 m/s。

2. 声功率、声强和声压

声功率（W）是指单位时间内，声源所发出的总声能量。在噪声监测中，声功率是指声源总声功率，单位为 W。

声强（I）是指单位时间内，声波通过垂直于声波传播方向单位面积的声能量，单位为 W/m^2。声强与声功率之间的关系为：

$$I = \frac{W}{S} \tag{6-4}$$

S 是声波所垂直通过的面积，m^2。

声强和声功率不同。声功率是描述声源所发噪声能量大小，与接收噪声地点无关。而声强则是描述空间各处噪声的强弱，与所研究地点的位置有关。

例　一个点声源 S（声源大小可不考虑），声功率为 W，位于没有反射的空间（自由声场），求距声源 r 远处 M 点的声强。

解：以 S 为球心，r 为半径，作一个球面，则此球面垂直于声波传播方向。单位时间内通过球面的总声能就等于声源声功率 W。球面面积为 $4\pi r^2$，由于声源均匀向四周辐射声能，因此球面上各处声强值相等，按照定义得：

$$I = \frac{W}{4\pi r^2} \tag{6-5}$$

可见，I 与 r 的平方成反比，随距离 r 增加，声强 I 衰减很快。如离声源 8 m 处的声强值只有 2 m 处的 1/16。因此在噪声控制设计中，应注意将要求安静的地方尽量远离噪声源。

若其他条件不变，只是将点声源置于坚硬地面上，这时声波仅可向上半个空间均匀传播，为半自由声场。类似前面分析与做法，作出半个球面，并得：

$$I = \frac{W}{\left[\left(\frac{1}{2}\right) \times 4\pi r^2\right]} = \frac{2W}{4\pi r^2} \tag{6-6}$$

声强值比自由声场大 1 倍。

上面两个式子可合写成一个式子，并应用到 1/4、1/8 个自由空间。

$$I = \frac{QW}{4\pi r^2} \tag{6-7}$$

Q 为声源指向性因数。

上述讨论亦适用于房间内直达声的计算，分别相应于声源置于房中央、地面（墙）中央、两墙交线、房角，相应的 Q 分别等于 1、2、4、8。

声压（P）是由于声波的存在而引起的空气压力的增值。声波是空气分子有指向、有节律的运动，声压单位为 Pa [1 Pa ＝ 1 N/m^2，1 atm（大气压）＝ 10^5 Pa]。声波在空气中传播时形成压缩和稀疏交替变化，所以压力增值是正负交替的。但通常讲的声压是取均方根值，为有效声压，故实际上总是正值，对于球面波和平面波，声压与声强的关系是：

$$I = \frac{P^2}{\rho c} \tag{6-8}$$

式中，ρ——空气密度，如以标准大气压与 20℃时的空气密度和声速代入，得到 $\rho c = 408$ 国际单位值，也叫瑞利，称为空气对声波的特性阻抗。

（二）分贝、声功率级、声强级和声压级

1. 分贝

人们日常生活中遇到的声音，若以声压值表示，变化范围非常大，可以达 6 个数量级以上，同时由于人体听觉对声信号强弱刺激反应不是线性的，而是成对数比例关系，所以采用分贝来表达声学量值。

所谓分贝是指两个相同的物理量（如 A_1 和 A_0）之比除以 10 为底的对数并乘以 10（或 20）。

$$N = 10\lg \frac{A_1}{A_0} \tag{6-9}$$

分贝符号为"dB"，它是无量纲的。在噪声测量中是很重要的参量。式中 A_0 是基准量（或参考量），A 是被量度量。被量度量和基准量之比取对数，这对数值称为被量度量的"级"。亦即用对数标度时，所得到的比值，它代表被量度量比基准量高出多少"级"。

2. 声功率级

$$L_W = 10\lg \frac{W}{W_0} \tag{6-10}$$

式中，L_W——声功率级，dB；

$\quad W$——声功率，W；

$\quad W_0$——基准声功率，为 10^{-12} W。

3. 声强级

$$L_I = 10\lg \frac{I}{I_0} \tag{6-11}$$

式中，L_I——声强级，dB；

$\quad I$——声强，W/m²；

$\quad I_0$——基准声强，为 10^{-12} W/m²。

4. 声压级

$$L_P = 10\lg \frac{P^2}{P_0^2} = 20\lg \frac{P^2}{P_0} \tag{6-12}$$

式中，L_P——声压级，dB；

$\quad P$——声压，Pa；

$\quad P_0$——基准声压，为 2×10^{-5} Pa，该值是对 1 000 Hz 声音人耳刚能听到的最低声压。

5. 噪声的叠加

声能量是可以代数相加的，设两个声源的声功率分别为 W_1 和 W_2，那么总

声功率 $W_总 = W_1 + W_2$；两个声源在某点的声强为 I_1 和 I_2 时，叠加后的总声强 $I_总 = I_1 + I_2$。声压不能直接相加，而是采用能量相加的方法。

由于

$$I_1 = \frac{P_1^2}{\rho c} \qquad I_2 = \frac{P_2^2}{\rho c}$$

故

$$P_总^2 = P_1^2 + P_2^2$$

又

$$\left[\frac{P_1}{P_0}\right]^2 = 10^{\frac{L_{P1}}{10}} \qquad \left[\frac{P_2}{P_0}\right]^2 = 10^{\frac{L_{P2}}{10}}$$

$$L_P = 10\lg\left[\frac{P_1^2 + P_2^2}{P_0^2}\right] = 10\lg\left[10^{\frac{L_{P1}}{10}} + 10^{\frac{L_{P2}}{10}}\right] \tag{6-13}$$

对于有多个噪声源作用于一点的噪声的叠加，按下式计算：

$$L_{PT} = 10\lg\left[\frac{P_T^2}{P_0^2}\right] = 10\lg\left[\sum_{i=1}^{n} 10^{\frac{L_{Pi}}{10}}\right] \tag{6-14}$$

如果 $L_{P1} = L_{P2}$，即两个声源的声压级相等，则总声压级：

$$L_P = L_{P1} + 10\lg 2 \approx L_{P1} + 3 \quad (\text{dB}) \tag{6-15}$$

也就是说，作用于某一点的两个声源声压级相等，其合成的总声压级比一个声源的声压级增加 3 dB。

例　两声源作用于某一点的声压级分别为 $L_{P1} = 96$ dB，$L_{P2} = 93$ dB。由于 $L_{P1} - L_{P2} = 3$ dB，由公式或查有关曲线得 $L_{P总} = 97.8$ dB。

噪声测量中经常碰到如何扣除背景噪声问题，这就是噪声相减的问题。通常是指噪声源的声级比背景噪声高，但由于后者的存在使测量读数增高，需要减去背景噪声。

例　为测定某车间中一台机器的噪声大小，从声级计上测得声级为 104 dB，当机器停止工作，测得背景噪声为 100 dB，求该机器噪声的实际大小。

解：由题可知 104 dB 是指机器噪声和背景噪声之和（L_P），而背景噪声是 100 dB（L_{P1}），机器噪声 L_{P2}。

该机器的实际噪声声级 L_{P2} 为：$L_{P2} = 10\lg\left(10^{0.1L_P} - 10^{0.1L_{P1}}\right)$ dB。也可以查有关图表求出 L_{P2}。

二、噪声评价量

为了能用仪器直接反映人的主观响度感觉的评价量，有关人员在噪声测量仪器——声级计中设计了一种特殊滤波器，叫计权网络。通过计权网络测得的声压级，已不再是客观物理量的声压级，而叫计权声压级或计权声级，简称声级。通常有 A、B、C 和 D 计权声级。

计权网络是一种特殊滤波器，当含有各种频率的声波通过时，它对不同频率成分有不同的衰减程度，A、B、C 计权网络的主要差别是在于对频率成分衰减程度，A 衰减最多，B 其次，C 最少。A 计权声级是模拟人耳对 55 dB 以下低强度噪声的频率特性而设计的。A 计权声级以 L_{PA} 或 L_A 表示，其单位用 dB（A）表示。

（一）等效连续声级

A 计权声级能够较好地反映人耳对噪声的强度与频率的主观感觉，因此对一个连续的稳态噪声，它是一种较好的评价方法，但不适合起伏的或不连续的噪声。因此提出了一个用噪声能量按时间平均方法来评价噪声对人影响的问题，即等效连续声级，符号"L_{eq}"。它是用一个相同时间内声能与之相等的连续稳定的 A 声级来表示该段时间内的噪声的大小。例如，有两台声级为 85 dB 的机器，第一台连续工作 8 h，第二台间歇工作，其有效工作时间之和为 4 h。显然作用于操作工人的平均能量是前者比后者大一倍，因此，等效连续声级反映在声级不稳定的情况下，人实际所接受的噪声能量的大小，它是一个用来表达随时间变化的噪声的等效量。

$$L_{eq} = 10\lg\left(\frac{1}{T}\int_0^T 10^{0.1L_A}\,\mathrm{d}t\right) \tag{6-16}$$

式中，L_A——某时刻的瞬时 A 声级，dB；

　　　　T——规定的测量时间，s。

如果数据符合正态分布，其累积分布在正态概率纸上为一直线，则可用下面近似公式计算：

$$L_{eq} \approx L_{50} + \frac{d^2}{60}, \quad d = L_{10} - L_{90} \tag{6-17}$$

式中，L_{10}，L_{50}，L_{90} 为累积百分声级，也称统计噪声级，其定义是：

L_{10}——测量时间内，10% 的时间超过的噪声级，相当于噪声的平均峰值；

L_{50}——测量时间内，50% 的时间超过的噪声级，相当于噪声的平均中值；

L_{90}——测量时间内，90% 的时间超过的噪声级，相当于噪声的背景值。

累积百分声级 L_{10}、L_{50} 和 L_{90} 的计算方法有两种：一种是在正态概率纸上画出累积分布曲线，然后从图中求得；另一种简便方法是将测定的一组数据（如100 个），从大到小排列，第 10 个数据为 L_{10}，第 50 个数据为 L_{50}，第 90 个数据即为 L_{90}。

（二）噪声污染级

许多非稳态噪声的实践表明，涨落的噪声所引起人的烦恼程度比等能量的稳态噪声要大，并且与噪声暴露的变化率和平均强度有关。试验证明，在等效连续声级的基础上加上一项表示噪声变化幅度的量，更能反映实际污染程度。用这种噪声污染级评价航空或道路的交通噪声比较恰当。故噪声污染级（L_{NP}）公式为：

$$L_{NP} = L_{eq} + K\delta \tag{6-18}$$

式中，K——常数，对交通道路和飞机噪声取值 2.56；

δ——测定过程中瞬时声级的标准偏差。

$$\delta = \left[\frac{1}{(n-1)} \sum_{i=1}^{n} (\overline{L}_{PA} - L_{PAi})^2 \right]^{\frac{1}{2}} \tag{6-19}$$

式中，L_{PAi}——测得第 i 个瞬时 A 声级；

$\overline{L}_{PA}$——所测声级的算术平均值，即 $\overline{L}_{PA} = \frac{1}{n} \sum_{i=1}^{n} L_{PAi}$；

n——测得总数。

对于许多重要的公共噪声，噪声污染级也可写成：

$$L_{NP} = L_{eq} + d \text{ 或 } L_{NP} = L_{50} + \frac{d^2}{60} + d \tag{6-20}$$

式中，$d = L_{10} - L_{90}$

（三）昼夜等效声级

考虑到夜间噪声具有更大的烦扰程度，故提出一个新的评价指标——昼夜等效声级（也称日夜平均声级），符号"L_{dn}"。它是表达社会噪声昼夜间的变化情况，表达式为：

$$L_{dn} = 10 \lg \left[\frac{(16 \times 10^{0.1 L_d} + 8 \times 10^{0.1(L_n + 10)})}{24} \right] \tag{6-21}$$

式中，L_d——白天的等效声级，时间是从 6：00—22：00，共 16 小时；

L_n——夜间的等效声级，时间是从 22：00 至次日的 6：00，共 8 小时。昼间和夜间的时间，可依地区和季节不同而稍有变更。

为了表明夜间噪声对人的烦扰更大，故计算夜间等效声级这一项时应加上 10 dB 的计权。

为了表征噪声的物理量和主观听觉的关系，除了上述评价指标外，还有语言干扰级（SIL）、感觉噪声级（PNL）、交通噪声指数（TN_1）和噪声次数指数（NN_1）等。

三、噪声的频谱分析

一般声源所发出的声音，不会是单一频率的纯音，而是由许许多多不同频率、不同强度的纯音组合而成。将噪声的强度（声压级）按频率顺序展开，使噪声的强度成为频率的函数，并考察其波形，叫作噪声的频率分析（或频谱分析）。

频谱分析的方法是使噪声信号通过一定带宽的滤波器，通带越窄，频率展开越详细；反之通带越宽，展开越粗略。以频率为横坐标，相应的强度（如声压级）为纵坐标作图。经过滤波后各通带对应的声压级的包络线（即轮廓）称为噪声谱。

滤波器有等带宽滤波器、等百分比带宽滤波器和等比带宽滤波器。等带宽滤波器是指任何频段上的滤波，通常都是固定的频率间隔，即含有相等的频率数；等百分比带宽滤波器具有固定的中心频率百分数间隔，故它所含有频率数随滤波通带的频率升高而增加，例如，等百分比为 3‰ 的滤波器，100 Hz 的通带为 (100 ± 3) Hz；1 000 Hz 的通带为 $(1\ 000\pm30)$ Hz，而 10 000 Hz 的通带为 $(10\ 000\pm300)$ Hz。噪声监测中所用的滤波器是等比带宽滤波器，它是指滤波器的上、下截止频率（f_2 和 f_1）之比以 2 为底的对数为某一常数，常用的有倍频程滤波器和 1/3 倍频程滤波器等。它们的具体定义是：

$$1 \text{ 倍频程：} \log_2 \frac{f_2}{f_1} = 1 \tag{6-22}$$

$$1/3 \text{ 倍频程：} \log_2 \frac{f_2}{f_1} = \frac{1}{3} \tag{6-23}$$

$$\text{其通式为：} \frac{f_2}{f_1} = 2^n \tag{6-24}$$

1 倍频程常简称为倍频程，在音乐上称为一个八度，是最常用的。表 6-3 列出了 1 倍频程滤波器最常用的中心频率值（f_0）以及上、下截止频率。这是经国际标准化组织认定并作为各国滤波器产品的标准值。

表 6-3　常用 1 倍频程滤波器的中心频率和截止频率　　　　单位：Hz

中心频率 f_m	上截止频率 f_2	下截止频率 f_1	中心频率 f_m	上截止频率 f_2	下截止频率 f_1
31.5	44.5	22.3	1 000	1 414	707
63	89	44.5	2 000	2 828	1 414
125	177	89	4 000	5 656	2 828
250	354	177	8 000	11 312	5 656
500	707	354	16 000	22 624	11 312

数据来源：《注册环保工程师专业考试复习教材　物理污染控制工程技术与实践》。

中心频率（f_0）的定义是：$f_0 = (f_2 \cdot f_1)^{\frac{1}{2}}$ $\tag{6-25}$

第三节　声环境现状评价

一、噪声测量仪器

噪声测量仪器的测量内容有噪声的强度，主要是声场中的声压，至于声强、声功率的直接测量较麻烦，故较少直接测量；其次是测量噪声的特征，即声压的各种频率组成成分。

噪声测量仪器主要有：声级计、噪声频谱分析仪、记录仪和实时分析仪器。

（一）声级计

声级计是最基本的噪声测量仪器，它是一种电子仪器，但又不同于电压表等客观电子仪表。在把声信号转换成电信号时，可以模拟人耳对声波反应速度的时间特性；对高低频有不同灵敏度的频率特性以及不同响度时改变频率特性的强度特性。因此，声级计是一种主观性的电子仪器。

1. 声级计的工作原理

声压由传声器膜片接收后，将声压信号转换成电信号，经前置放大器作阻抗变换后送到输入衰减器，由于表头指示范围一般只有 20 dB，而声音范围变化可高达 140 dB，甚至更高，所以必须使用衰减器来衰减较强的信号，再由输入放大器进行定量放大。放大后的信号由计权网络进行计权，它的设计是模拟人耳对不同频率有不同灵敏度的听觉响应。在计权网络处可外接滤波器，这样可做频谱分析。输出的信号由输出衰减器减到额定值，随即送到输出放大器放大。使信号达到相应的功率输出，输出信号经 RMS 检波后（均方根检波电路）送出有效值电压，推动电表，显示所测的声压级分贝值。

2. 声级计的分类

声级计整机灵敏度是指在标准条件下测量 1 000 Hz 纯音所表现出的精度。

根据该精度声级计可分为两类：一类是普通声级计，它对传声器要求不太高。另一类是精密声级计，其传声器要求频响宽，灵敏度高，长期稳定性好，且能与各种滤波器配合使用，放大器输出可直接和电平计录器、录音机相连接，可将噪声信号显示或贮存起来。如将精密声级计的传声器取下，换以输入转换器并接加速度计就成为振动计可作振动测量。

目前，声级计有 1 级、2 级两类，精度分别为 ±0.7 dB、±1.0 dB。仪器快档 "F" 用于测量起伏不大的稳定噪声。如噪声起伏较大可利用慢档 "S"，有的仪器还有读取脉冲噪声的 "脉冲" 档。

（二）其他噪声测量仪器

1. 噪声频谱分析仪

噪声测量中如需进行频谱分析，通常是精密声级配用倍频程滤波器。常用的中心频率为 31.5 Hz、63 Hz、125 Hz、250 Hz、500 Hz、1 kHz、2 kHz、4 kHz、8 kHz、16 kHz。

2. 记录仪

记录仪是将测量的噪声声频信号随时间变化记录下来，从而对环境噪声做出准确评价，记录仪仅能将交变的声谱电信号作对数转换，整流后将噪声的峰值、均方根值（有效值）和平均值表示出来。

3. 实时分析仪

实时分析仪是一种数字式谱线显示仪，能把测量范围的输入信号在短时间内同时反映在一系列信号通道示屏上，通常用于较高要求的研究、测量。

二、噪声测量

1. 噪声敏感建筑物环境噪声

（1）方法来源。

《声环境质量标准》（GB 3096—2008）。

（2）测量仪器。

测量仪器的精度为 2 级及 2 级以上的积分平均声级计或环境噪声自动监测仪器，其性能需符合 GB/T 3785.1 的规定，并定期校验。测量前后使用声校准器校准测量仪器的示值偏差不得大于 0.5 dB，否则测量无效。声校准器应满足 GB/T 15173 对 1 级或 2 级声校准器的要求。测量时传声器应加防风罩。

（3）气象条件。

测量应在无雨雪、无雷电天气，风速 5 m/s 以下时进行。

（4）测点位置。

根据监测对象和目的，可选择以下三种测点条件（指传声器所置位置）进行环境噪声的测量：①一般户外：距离任何反射物（地面除外）至少 3.5 m 外测量，距地面高度 1.2 m 以上。必要时可置于高层建筑上，以扩大监测受声范围。使用监测车辆测量，传声器应固定在车顶部 1.2 m 高度处；②噪声敏感建筑物户外：在噪声敏感建筑物外，距墙壁或窗户 1 m 处，距地面高度 1.2 m 以上；③噪声敏感建筑物室内：距离墙面和其他反射面至少 1 m，距窗约 1.5 m 处，距地面 1.2～1.5 m 高。

对敏感建筑物的监测点一般设于噪声敏感建筑物户外。不得不在噪声敏感建筑物室内监测时，应在门窗全打开状况下进行室内噪声测量，并采用较该噪声敏感建筑物所在声环境功能区对应环境噪声限值低 10 dB 的值作为评价依据。

（5）测量时间。

对敏感建筑物的环境噪声监测应在周围环境噪声源正常工作条件下测量，视噪声源的运行工况，分昼、夜两个时段连续进行。根据环境噪声源的特征，可按以下情形优化测量时间：①受固定噪声源的噪声影响：稳态噪声测量 1 min 的等效声级 L_{eq}，非稳态噪声测量整个正常工作时间（或代表性时段）的等效声级 L_{eq}；②受交通噪声源的噪声影响：对于铁路、城市轨道交通（地面段）、内河航道，昼、夜各测量不低于平均运行密度的 1 h 等效声级 L_{eq}，若城市轨道交通

（地面段）的运行车次密集，测量时间可缩短至 20 min。对于道路交通，昼、夜各测量不低于平均运行密度的 20 min 等效声级 L_{eq}；③受突发噪声的影响：以上监测对象夜间存在突发噪声的，应同时监测测量时段内的最大声级 L_{max}。

（6）噪声评价结果。

以昼间、夜间环境噪声源正常工作时段的 L_{eq} 和夜间突发噪声 L_{max} 作为评价噪声敏感建筑物户外（或室内）环境噪声水平，是否符合所处声环境功能区的环境质量要求的依据。

（7）测量记录。

测量记录内容应主要包括：日期、时间、地点及测定人员；使用仪器型号、编号及其校准记录；测定时间内的气象条件（风向、风速、雨雪等天气状况）；测量项目及测定结果；测量依据的标准；测点示意图；声源及运行工况说明（如交通噪声测量的交通流量等）；其他应记录的事项。

2. 工业企业噪声

（1）方法来源。

《工业企业厂界环境噪声排放标准》（GB 12348—2008）。

（2）测量仪器。

测量仪器的精度为 2 级及 2 级以上的积分平均声级计或环境噪声自动监测仪器，其性能需符合 GB/T 3785.1 的规定，并定期校验。测量前后使用声校准器校准测量仪器的示值偏差不得大于 0.5 dB，否则测量无效。声校准器应满足 GB/T 15173 对 1 级或 2 级声校准器的要求。测量时传声器应加防风罩。

（3）气象条件。

测量应在无雨雪、无雷电天气，风速为 5 m/s 以下时进行。不得不在特殊气象条件下测量时，应采取必要措施保证测量准确性，同时注明当时采取的措施及气象条件。

（4）测量工况。

测量应在被测声源正常工作时间进行，同时注明当时的工况。

（5）测点位置。

根据工业企业声源、周围噪声敏感建筑物的布局以及毗邻的区域类别，在工业企业厂界布设多个测点，其中包括距噪声敏感建筑物较近以及受被测声源影响大的位置；一般情况下，测点选在工业企业厂界外 1 m、高度 1.2 m 以上、距任一反射面距离不小于 1 m 的位置；当厂界有围墙且周围有受影响的噪声敏感建筑物时，测点应选在厂界外 1 m、高于围墙 0.5 m 以上的位置；当厂界无法测量到声源的实际排放状况时（如声源位于高空、厂界设有声屏障等），应在厂界外 1 m、高度 1.2 m 以上、距任一反射面距离不小于 1 m 的位置设置测点，同时在受影响的噪声敏感建筑物户外 1 m 处另设测点；室内噪声测量时，室内测量点位设在距任一反射面至少 0.5 m 以上、距地面 1.2 m 高度处，在受噪声影响方向的窗户开启状态下测量；固定设备结构传声至噪声敏感建筑物室内，在噪声敏感建筑物室内测量时，测点应距任一反射面至少 0.5 m 以上、距地面 1.2 m、距外窗 1 m 以上，窗户关闭状态下测量。被测房间内的其他可能干扰测量的声源（如电视机、空调机、排气扇以及镇流器较响的日光灯、运转时出声的时钟等）应关闭。

（6）测量时间。

分别在昼间、夜间两个时段测量。夜间有频发、偶发噪声影响时同时测量最大声级；被测声源是稳态噪声，采用 1 min 的等效声级；被测声源是非稳态噪声，测量被测声源有代表性时段的等效声级，必要时测量被测声源整个正常工作时段的等效声级。

（7）背景噪声测量。

不受被测声源影响且其他声环境与测量被测声源时保持一致；被测声源测量的时间长度相同。

（8）测量结果修正。

噪声测量结果按照《环境噪声监测技术规范　噪声测量值修正》（HJ 706—2014）。

（9）测量结果评价。

各个测点的测量结果应单独评价。同一测点每天的测量结果按昼间、夜间进行评价。最大声级 L_{max} 直接评价。

（10）测量记录。

测量记录内容应主要包括：被测量单位名称、地址、厂界所处声环境功能区类别、测量时气象条件、测量仪器、校准仪器、测点位置、测量时间、测量时段、仪器校准值（测前、测后）、主要声源、测量工况、示意图（厂界、声源、噪声敏感建筑物、测点等位置）、噪声测量值、背景值、测量人员、校对人、审核人等相关信息。

3. 建筑施工场界噪声

（1）方法来源。

《建筑施工场界环境噪声排放标准》（GB 12523—2011）。

（2）测量仪器。

测量仪器为积分平均声级计或噪声自动监测仪，其性能应不低于 GB/T 3785.1 对 2 级仪器的要求。校准所用仪器应符合 GB/T 15173 对 1 级或 2 级声校准器的要求。测量时传声器应加防风罩。测量仪器时间特性设为"F"档。

（3）气象条件。

测量应在无雨雪、无雷电天气，风速为 5 m/s 以下时进行。不得不在特殊气象条件下测量时，应采取必要措施保证测量准确性，同时注明当时采取的措施及气象条件。

（4）测点位置。

根据施工场地周围噪声敏感建筑物位置和声源位置的布局，测点应设在对噪声敏感建筑物影响较大、距离较近的位置。一般情况测点设在建筑施工场界外 1 m，高度 1.2 m 以上的位置。当场界有围墙且周围有噪声敏感建筑物时，测点应设在场界外 1 m，高于围墙 0.5 m 以上的位置，且位于施工噪声影响的声照射区域。当场界无法测量到声源的实际排放时，例如，声源位于高空、场界有声屏障、噪声敏感建筑物高于场界围墙等情况，测点可设在噪声敏感建筑物户外 1 m 处的位置。在噪声敏感建筑物室内测量时，测点设在室内中央、距室内任一反射面 0.5 m 以上、距地面 1.2 m 高度以上，在受噪声影响方向的窗户开启状态下测量。

（5）测量时间。

施工期间，测量连续 20 min 的等效声级，夜间同时测量最大声级。

（6）背景噪声测量。

不受被测声源影响且其他声环境与测量被测声源时保持一致；稳态噪声测量 1 min 的等效声级，非稳态噪声测量 20 min 的等效声级。

（7）测量结果修正。

噪声测量结果按照《环境噪声监测技术规范　噪声测量值修正》（HJ 706—2014）。

（8）测量结果评价。

以昼间、夜间环境噪声源正常工作时段的 L_{eq} 和夜间突发噪声 L_{max} 作为评价噪声敏感建筑物户外（或室内）环境噪声水平，是否符合所处声环境功能区的环境质量要求的依据。

（9）测量记录。

记录内容主要包括被测量单位名称、地址、测量时气象条件、测量仪器、校准仪器、测点位置、测量时间、仪器校准值（测前、测后）、主要声源、示意图（场界、声源、噪声敏感建筑物、场界与噪声敏感建筑物间的距离、测点位置等）、噪声测量值、最大声级值（夜间时段）、背景噪声值、测量人员、校对人员、审核人员等相关信息。

4. 道路交通噪声现状评价

（1）方法来源。

《声环境质量标准》（GB 3096—2008）和《环境噪声监测技术规范　城市声环境常规监测》（HJ 640—2012）。

（2）测量仪器。

测量仪器精度为 2 级及 2 级以上的积分平均声级计或环境噪声自动监测仪器，其性能需符合 GB/T 3785.1 的规定，并定期校验。测量前后使用声校准器校准测量仪器的示值偏差不得大于 0.5 dB，否则测量无效。声校准器应满足 GB/T 15173 对 1 级或 2 级声校准器的要求。测量时传声器应加防风罩。

（3）气象条件。

测量应在无雨雪、无雷电天气，风速为 5 m/s 以下时进行。

（4）测点位置。

测点选在路段两路口之间，距任一路口的距离大于 50 m，路段不足 100 m 的选路段中点，测点位于人行道上距路面（含慢车道）20 cm 处，监测点位高度距地面 1.2～6.0 m。测点应避开非道路交通源的干扰，传声器指向被测声源。

（5）测量时间。

测量时避开节假日及非正常工作时间。昼、夜各测量不低于平均运行密度的 20 min 等效声级 L_{eq}。

（6）测量的量。

每个测点测量 20 min 等效声级 L_{eq}；记录累积百分声级 L_{10}、L_{50}、L_{90}、L_{max}、L_{min} 和标准偏差（SD），分类（大型车、中小型车）记录车流量。

（7）测量结果评价。

以昼间、夜间等效声级 L_{eq} 作为评价道路交通噪声水平，是否符合所处声环境功能区的环境质量要求的依据。

（8）测量记录。

记录内容主要包括日期、时间、地点及测定人员；使用仪器型号、编号及其校准记录；测定时间内的气象条件（风向、风速、雨雪等天气状况）；测量项目及测定结果；测量依据的标准；测点示意图；声源及运行工况说明（如交通噪声测量的交通流量等）；其他应记录的事项。

第四节　噪声的传播衰减

噪声在户外传播时发生反射、折射和衍射等现象，其声压或声强将随着传播距离的增加而逐渐衰减。这些衰减通常包括声能随传播距离增加引起的衰减 A_d、空气吸收引起的衰减 A_a、地面吸收引起的衰减 A_g、屏障引起的衰减 A_b 和气象条件引起的衰减 A_m 等，总衰减量 A 可表示为

$$A = A_d + A_a + A_g + A_b + A_m \tag{6-26}$$

一、随传播距离衰减

噪声在传播过程中由于距离的增加而引起的发散衰减与噪声固有的频率无关。

1. 点声源随传播距离增加引起的衰减

$$A_d = 10\lg\left[1/\left(4\pi r^2\right)\right] \tag{6-27}$$

式中，A_d——距离增加产生的衰减值，dB；

　　　　r——点声源至受声点的距离，m。

在距离点声源 r_1 处至 r_2 处的衰减值：$\Delta A_d = 20\lg\left(r_1/r_2\right)$

即点声源声传播距离增加一倍，衰减值是 6 dB。

2. 线声源随传播距离增加引起的衰减

$$A_d = 10\lg\left[1/\left(2\pi r\right)\right] \tag{6-28}$$

式中，A_d——距离增加产生的衰减值，dB；

　　　　r——线声源至受声点的垂直距离，m。

在距离无限长线声源 r_1 至 r_2 处的衰减值：$\Delta A_d = 10\lg\left(r_1/r_2\right)$

即线声源声传播距离增加 1 倍，衰减值是 3 dB。

3. 面声源随传播距离增加引起的衰减

面声源随传播距离的增加引起的衰减值与面源形状有关，例如，一个有许多建筑机械的施工场地：

设面声源短边是 a，长边是 b，随着距离的增加，其引起的衰减值与距离 r 的关系为：

当 $r < a/\pi$，在 r 处 $A_d = 0$ dB；

当 $a/\pi < r < b/\pi$，在 r 处，距离 r 每增加一倍，A_d 约衰减 3 dB；

当 $r > b/\pi$，在 r 处，距离 r 每增加一倍，A_d 约衰减 6 dB。

二、随空气吸收衰减

噪声随空气吸收衰减值与声波频率、大气压、温度、湿度有关，可由下列公式计算：

$$A_a = a\left(r - r_0\right)/1\,000 \tag{6-29}$$

式中，r——预测点距声源的距离，m；

　　　　r_0——参考位置距离，m；

　　　　a——空气吸收衰减系数，dB/km。

三、地面吸收衰减

地面类型可分为：

（1）坚实地面，包括铺筑过的路面、水面、冰面以及夯实地面。

（2）疏松地面，包括被草或其他植物覆盖的地面，以及农田等适于植物生长的地面。

（3）混合地面，由坚实地面和疏松地面组成。

声波越过不同地面时，其衰减量是不一样的。在距地 $30\sim70$ m 时，地面效应引起的衰减可以忽略；在距地 $70\sim700$ m 时，可以用声波衰减（dB/100 m）来描述。

四、屏障引起的衰减

屏障引起的衰减包括：

（1）室内墙壁屏障效应。室内建筑物的墙壁隔声与墙壁的阻挡面积和投射系数密切相关，当室内屏障是由墙壁、门、窗组成的组合墙时，应基于墙壁、门、窗的透射系数计算组合墙的平均透射系数。

（2）户外建筑的声屏障效应。对铁路列车、公路上的汽车，在近场条件下，可当作无限长线声源处理；当预测点与声屏障的距离小于声屏障的长度时，屏障可当作无限长处理。声屏障的隔声效应与声源和接收点及屏障的位置、高度、长度、结构性质有关。

（3）植物吸收的屏障效应。声波通过高于 1 m 以上的密集植物丛时，即会因植物阻挡而产生声衰减。在一般情况下，松树林能使频率为 1 000 Hz 的声音衰减 3 dB/10 m，杉树林带为 2.8 dB/10 m，槐树林带为 3.5 dB/10 m，高 30 cm 的草地为 0.7 dB/10 m。

五、气象条件引起的衰减

气象条件对声传播引起的衰减有：

（1）雪、雨、雾的影响。

在雪、雨、雾或风等气象条件下，介质的湿度、密度等条件发生变化，将对声传播产生影响。风一般有利于声音的传播，其综合效应引起的逾量衰减可忽略。由雪、雨、雾的影响所引起的衰减一般小于 0.5 dB/100 m。

（2）温度梯度的影响。

声波在介质属性不均匀的大气层中传播时，声线的形状取决于声速的分布，理想气体中声速仅与温度有关。晴天阳光充足的午后，地面上方存在显著的温度负梯度，即温度随高度增加而降低，使声速随高度增加而减小。如忽略大气水平方向温度梯度，大气中除垂直向上传播的声波外，所有声线向上弯曲；夜间则相反，地面上方温度随高度增加而升高，分层大气温度向上递增，声线在一定高度上的入射角达到临界值，于是发生全反射，此后又折向下方。

（3）风场的影响。

大气中气流的存在会影响声传播。若气流是水平的，其速度为恒量，则对声场影响不大。地面对运动的空气有摩擦作用，近地的风有梯度，使顺风和逆风传播的声速也存在梯度。如果风速随高度增加而增加，则声线向地面弯曲。如声波有和风向相反的速度分量，则随着声线向上弯曲，声波向上传播而不返回地面。因此声波传播顺风方向比逆风方向更有利。

第五节　声环境影响预测与评价

一、声环境影响预测

1. 声环境影响预测的方法

（1）收集预测需要掌握的基础资料，主要包括：建设项目的建筑布局和声源有关资料、声波传播条件、有关气象参数等。

（2）确定预测范围和预测点：一般预测范围与所确定的评价范围相同，也可稍大于评价范围。建设项目厂界（或场界、边界）和评价范围内的敏感目标应作为预测点。

（3）预测时要说明噪声源噪声级数据的具体来源，包括类比测量的条件和相应的声学修正，或是直接引用的已有数据资料。

（4）选用恰当的预测模式和参数进行影响预测计算，说明具体参数选取的依据、计算结果的可靠性及误差范围。

（5）按工作等级要求绘制等声级线图。

2. 预测点噪声级计算的基本步骤和方法

选择一个坐标系，确定出各声源位置和预测点位置（坐标），并根据预测点与声源之间的距离把声源简化成点声源或线状声源、面声源。

根据已获得的声源噪声级数据和声波从各声源到预测点的传播条件，计算出噪声从各声源传播到预测点的声衰减量，由此计算出各声源单独作用时在预测点产生的 A 声级 L_{Ai}。

确定预测计算的时段 T，并确定各声源的发声持续时间 t_i。

按式（6-30）计算出建设项目声源在预测点产生的等效连续 A 声级贡献值：

$$L_{Aeqg} = 10\lg\left[\frac{\sum_{i=1}^{n} t_i 10^{0.1L_{Ai}}}{T}\right] \tag{6-30}$$

然后计算预测点的等效声级（L_{eq}）：

$$L_{eq} = 10\lg\ (10^{0.1L_{eqg}} + 10^{0.1L_{eqb}}) \tag{6-31}$$

式中，L_{eq}——预测点的等效声级，dB；

$\qquad$ L_{eqg}——建设项目声源在预测点的等效声级贡献值，dB；

$\qquad$ L_{eqb}——预测点的背景值，dB。

在噪声环境影响评价中，因为声源较多，预测点数量比较大，因此常用电脑完成计算工作。各类声源的预测模型见《环境影响评价技术导则　声环境》有关附录。

3. 等声级线图的绘制

计算出各网格点上的噪声级（如 L_{eq}、L_{WECPN}）后，再采用某种数学方法（如双三次拟合法、按距离加权平均法、按距离加权最小二乘法）计算并绘制出等声级线。

等声级线的间隔应不大于 5 dB（一般选 5 dB），对于 L_{eq}，等声级线最低值应与相应功能区夜间标准值一致，最高值可为 75 dB，对于 L_{WECPN}，一般应有 70 dB、75 dB、80 dB、85 dB、90 dB 的等声级线。

等声级线图可以直观地表明项目的噪声级分布，为分析功能区噪声超标状况提供方便，同时为城市规划、城市环境噪声管理提供依据。

二、声环境影响评价

1. 声环境影响评价的基本任务

声环境影响评价的基本任务主要有三个方面。

（1）评价建设项目引起的声环境变化和外界噪声对需要安静建设项目的影响程度。

要评价建设项目建设前后声环境变化情况，就需要做好声环境现状调查监测评价工作和声环境影响预测评价工作。声环境变化影响既要说明该建设项目对外界环境的影响，对于噪声敏感的项目（如居住小区开发项目），还应说明周边环境对敏感建筑物的声环境影响，如周边工业噪声、交通噪声等对其的影响。

（2）提出合理可行的防治措施，把噪声污染降低到允许水平。

针对声环境评价结果，提出有针对性的具体噪声防治对策是声环境影响评价工作的重要内容。噪声防治措施应进行可行性论证，做到技术可行、经济合理与达标排放。

（3）为建设项目优化选址、选线、合理布局以及城市规划提供科学依据。

要结合当地城镇或地区总体规划开展声环境评价工作，为建设项目优化选址、合理布局以及城市规划提供科学依据。在声环境影响评价及环保措施论证分析的基础上，从环境保护角度分析建设项目的可行性。

2. 声环境影响评价工作等级划分

声环境影响评价工作等级一般分为三级，其中一级为详细评价，二级为一般评价，三级为简要评价。

（1）声环境影响评价工作等级划分依据。

①建设项目所在区域的声环境功能区类别；

②建设项目建设前后所在区域的声环境质量变化程度；

③受建设项目影响的人口数量。

针对具体建设项目，综合分析上述声环境影响评价工作等级划分的依据，可确定建设项目声环境影响评价工作等级。

（2）声环境影响评价工作等级划分的基本原则。

①一级评价：评价范围内有适用于 GB 3096 规定的 0 类声环境功能区域，以及对噪声有特别限制要求的保护区等敏感目标，或建设项目建设前后评价范围内敏感目标噪声级增高量达 5 dB 以上（不含 5 dB），或受影响人口数量显著增多时；

②二级评价：建设项目所处声环境功能区为 GB 3096 规定的 1 类、2 类地区，或建设项目建设前后评价范围内敏感目标噪声级增高量达 3～5 dB（含 5 dB），或受噪声影响人口数量增加较多时；

③三级评价：建设项目所处声环境功能区为 GB 3096 规定的 3 类、4 类地区，或建设项目建设前后评价范围内敏感目标噪声级增高量在 3 dB 以下（不含 3 dB），且受影响人口数量变化不大时。

需要注意的是，在确定评价工作等级时，如建设项目符合两个以上级别的划分原则，按较高级别的评价等级评价。

3. 声环境影响评价范围

声环境影响评价范围依据评价工作等级确定。

（1）对于以固定声源为主的建设项目（如工厂、港口、施工工地、铁路站场等）。

①满足一级评价的要求，一般以建设项目边界向外 200 m 为评价范围；

②二级、三级评价范围可根据建设项目所在区域和相邻区域的声环境功能区类别及敏感目标等实际情况适当缩小；

③如依据建设项目声源计算得到的贡献值，到 200 m 处仍不能满足相应功能区标准值时，应将评价范围扩大到满足标准值的距离。

（2）城市道路、公路、铁路、城市轨道交通地上线路和水运线路等建设项目。

①满足一级评价的要求，一般以道路中心线外两侧 200 m 以内为评价范围；

②二级、三级评价范围可根据建设项目所在区域和相邻区域的声环境功能区类别及敏感目标等实际情况适当缩小；

③如依据建设项目声源计算得到的贡献值，到 200 m 处仍不能满足相应功能区标准值时，应将评价范围扩大到满足标准值的距离。

（3）机场周围飞机噪声评价范围。

①应根据飞行量计算到 L_{WECPN} 为 70 dB 的区域；

②满足一级评价的要求，一般以主要航迹离跑道两端各 6～12 km、侧向各 1～2 km 的范围为评价范围；

③二级、三级评价范围可根据建设项目所处区域的声环境功能区类别及敏感目标等实际情况适当缩小。

4. 评价基本方法和要求

（1）评价项目建设前环境噪声现状。

（2）根据噪声预测结果和相关环境噪声标准，评价建设项目在建设期（施工期）、运行期（或运行不同阶段）噪声影响的程度，超标范围及超标状况（以敏感目标为主）。

（3）分析受影响人口的分布状况（以受到超标影响的为主）。

（4）分析建设项目的噪声源分布和引起超标的主要噪声源或主要超标原因。

（5）分析建设项目的选址（选线）、设备布置和选型（或工程布置）的合理性，分析项目设计中已有的噪声防治措施的适用性和防治效果。

（6）为使环境噪声达标，评价必须增加或调整适用于本工程的噪声防治措施（或对策），分析其经济、技术的可行性。

（7）提出针对该项工程的有关环境噪声监督管理、环境监测计划和城市规划方面的建议。

5. 工矿企业噪声环境影响评价

除上述评价基本内容和要求外，工矿企业声环境影响评价应着重分析说明以下问题：

（1）按厂区周围敏感目标所处的环境功能区类别评价噪声影响的范围和程度，说明受影响人口情况。

（2）分析主要影响的噪声源，说明厂界和功能区超标原因。

（3）评价厂区总图布置和控制噪声措施方案的合理性与可行性，提出必要的替代方案。

（4）明确必须增加的噪声控制措施及其降噪效果。

6. 工程施工噪声环境影响评价

除上述评价基本内容和要求外，工程施工声环境影响评价还需着重分析说明以下问题：

（1）分析不同种类施工机械设备的噪声源和特点，说明施工场界和功能区超标原因。

（2）针对不同施工阶段计算出不同施工设备的噪声影响范围，估算出施工噪声可能影响的居民点数，以便施工单位在施工时结合实际情况采取适当的噪声污染防治措施。

（3）评价场界控制噪声措施方案的合理性与可行性，以及其降噪效果。

7. 公路、铁路声环境影响评价

除上述评价基本内容和要求外，公路、铁路声环境影响评价还需着重分析说明以下问题：

（1）针对项目建设期和不同运行阶段，评价沿线评价范围内各敏感目标（包括城镇、学校、医院、集中生活区等）按标准要求预测声级的达标及超标状况，并分析受影响人口的分布情况。

（2）对工程沿线两侧的城镇规划受到噪声影响的范围绘制等声级曲线，明确合理的噪声控制距离和规划建设控制要求。

（3）结合工程选线和建设方案布局，评述其合理性和可行性，必要时提出环境替代方案。

（4）对提出的各种噪声防治措施需要进行经济技术论证，在多方案比选后规定应采取的措施并说明措施的降噪效果。

8. 机场飞机噪声环境影响评价

除上述评价基本内容和要求外，机场飞机噪声环境影响评价还需着重分析说明以下问题：

（1）针对项目不同运行阶段，依据 GB 9660 评价 L_{WECPN}，评价 70 dB、75 dB、80 dB、85 dB、90 dB 等值线范围内各敏感目标（城镇、学校、医院、集中生活区等）的数目，受影响人口的分布情况。

（2）结合工程选址和机场跑道方案布局，评述其合理性和可行性，必要时提出环境替代方案。

（3）对超过标准的环境敏感地区，按照等值线范围的不同提出不同的降噪措施，并进行经济技术论证。

第六节 环境噪声污染防治对策

确定环境噪声污染防治对策的一般原则：从声音的三要素为出发点控制环境噪声的影响；以城市规划为先，避免产生环境噪声污染影响；关注环境敏感人群的保护，体现"以人为本"管理手段和技术手段相结合控制环境噪声污染；依据针对性、具体性、经济合理、技术可行的原则。

从声音三要素考虑噪声防治对策，应从声源、声传播途径和受声敏感目标三个环节上降低噪声。

1. 从声源上降低噪声

从声源上降低噪声是指将发声大的设备改造成发声小的或者不发声的设备，有以下几种方法：

（1）改进机械设计以降低噪声：如在设计和制造过程中选用发声小的材料来制造机件，改进设备结构和形状、改进传动装置及选用已有的低噪声设备都可以降低声源的噪声。

（2）改革工艺和操作方法以降低噪声：如用压力式打桩机代替柴油打桩机，把铆接改用焊接，用液压代替锻压等。

（3）维持设备处于良好的运转状态：因设备运转不正常时噪声往往增高，所以要使设备处于良好的运转状态。

2. 在噪声传播途径上降低噪声

在噪声传播途径上降低噪声是常用的一种以使噪声敏感区达标为目的的噪声防治手段，具体做法如下：

（1）采用"闹静分开"和"合理布局"的设计原则，使高噪声设备尽可能远离噪声敏感区。

（2）利用自然地形物（如位于噪声源和噪声敏感区之间的山丘、土坡、地堑、围墙等）降低噪声。

（3）合理布局噪声敏感区中的建筑物功能和合理调整建筑物平面布局，即把非噪声敏感建筑或非噪声敏感房间靠近或朝向噪声源。

（4）采用声学控制措施，如对声源采用消声、隔振和减振措施，在传播途径上增设吸声、隔声等措施。由振动、摩擦、撞击等引发的机械噪声，一般采用减振、隔声措施，一般材料隔声效果可达 $15\sim40$ dB。

3. 从受声敏感目标自身降低噪声

（1）敏感目标安装隔声门窗或隔声通风窗。

（2）置换改变敏感目标使用功能。

（3）敏感目标搬迁远离高噪声建设项目。

习　题

1. 噪声源分哪几种？
2. 声环境功能区分为哪几种类型？
3. 声压级与声强级、声功率级有何关系？
4. 噪声评价量主要有哪些？
5. 简述噪声敏感建筑物环境噪声的测量气象条件、测点位置和测量时间。
6. 简述噪声随传播距离的衰减规律。
7. 声环境影响评价工作等级划分的依据和基本要求是什么？
8. 怎样确定公路声环境影响评价的范围和重点？
9. 简述环境噪声污染防治对策的一般原则。

参考文献

[1] 吴春山，成岳．环境影响评价（第三版）[M]．武汉：华中科技大学出版社，2021.

[2] 生态环境部环境工程评估中心．环境影响评价导则与标准 [M]．北京：中国环境出版集团，2021.

[3] 生态环境部环境工程评估中心．环境影响评价技术方法 [M]．北京：中国环境出版集团，2021.

[4] 全国勘察设计注册工程师环保专业管理委员会，中国环境保护产业协会．物理污染控制工程技术与实践（第四版）[M]．北京：中国环境出版社，2017.

[5] 吴琼，张晓峰，陈兵，等．城市道路声环境影响评价关键参数研究报告 [R]．交通运输部科学研究院，2019.

[6] 环境影响评价技术导则　声环境（HJ 2.4—2021）[S].

第七章　生态影响评价

第一节　生态影响评价概述

一、基本概念

（一）生态环境

我们知道，环境是指以人类为中心的外部世界的总和，生态学是研究生物有机体及其与周围环境之间关系的科学。传统生态学所称的环境是从生物的生存与发展角度考察的环境。以人类为中心进行考察，生物圈是人类环境的一个组成部分，而且是与人类生存和发展关系极其密切的环境。这就是通常所称的生态环境。因此，生态环境主要是指人类的生物圈环境。由于环境科学从控制污染发端，其工作亦以控制工业污染和保护环境为主，因而赋予生态环境有别于环境的含义，使其成为生物圈这一自然环境的代名词，也成为一个独立的研究体系。从人类的长远生存与发展历程来看，生态环境具有特殊重要性和决定性意义。

（二）生态影响

生态影响指经济社会活动对物种（种群）及其生境、生物群落、生态系统所产生的任何不利的或有利的作用。按照作用性质的不同可以划分为直接影响、间接影响和累积影响。直接影响是指由经济社会活动所导致的、同时同地发生的影响。间接影响则是由社会经济活动及其直接生态影响所诱发的、与该活动不在同一地点或不在同一时间发生的生态影响。累积影响则是指一项社会经济活动的生态影响与过去、现在及将来可预见活动的生态影响的叠加后果。

（三）生态影响评价

与环境评价一样，生态影响评价一般也可分为生态环境质量评价和生态影响评价。生态环境质量评价是根据选定的指标体系，运用综合的指标和方法评定某区域生态环境的优劣，作为生态环境现状分析和影响评价的基础，为生态保护规划和生态环境建设提供基本依据。

生态影响评价是在生态质量评价的基础上，通过对人类开发建设活动可能导致的影响进行分析与预测，以评价建设项目对区域生态系统及其主要生态因子的影响，提出减少影响或改善生态环境的策略和措施。生态影响评价是环境影响评价的重要组成部分。与污染型环境影响评价不同，生态影响评价强调人类开发建设活动对所在区域的生物、生态系统、生态因子及区域生态服务功能发展趋势的影响。

（四）生态敏感区

生态敏感区是指依法设立的各级各类自然保护区、风景名胜区、世界文化和自然遗产地、饮用水水源保护区等，以及对开发建设活动的生态影响特别敏感的基本农田保护区、基本草原、森林公园、地质公园、重要湿地、天然林、珍稀濒危野生动植物天然集中分布区、重要水生生物的自然产卵场及索饵场、越冬场和洄游通道、天然渔场、资源性缺水地区、水土流失重点防治区、沙化土地封禁保护区、封闭及半封闭海域、富营养化水域等。

生态敏感区根据自身特性又可分为特殊生态敏感区和重要生态敏感区。特殊生态敏感区指具有极重要的生态服务功能，生态系统极为脆弱或已有较为严重的生态问题，如遭到占用、损失或破坏后所造成的生态影响后果严重且生态功能难以恢复和替代的区域。重要生态敏感区是指具有相对重要的生态服务功能或生态系统较为脆弱，如遭到占用、损失或破坏后所造成的生态影响后果较严重，但可以通过一定措施加以预防、修复和替代的区域。

（五）生态保护红线

生态保护红线顾名思义就是生态环境安全的底线，指在生态空间范围内具有特殊重要生态功能、必须强制性严格保护的区域，是保障和维护国家生态安全的底线和生命线，通常包括具有重要水源涵养、生物多样性维护、水土保持、防风固沙、海岸生态稳定等功能的生态功能重要区域，以及水土流失、土地沙化、石漠化、盐渍化等生态环境敏感脆弱区域。

二、生态影响评价的任务

生态影响评价的工作任务主要包括识别、预测和评价建设项目在施工期、运行期和退役期等不同阶段对物种（种群）及其生境、生物群落、生态系统可能造成的影响，提出预防或减缓不利影响的对策和措施，制定相应的环境管理和生态监测计划，明确给出建设项目生态影响是否可接受的结论。

三、生态影响评价的基本原则

生态影响评价是一个综合分析生态环境和开发建设活动特点以及二者相互作用的过程，并依据国家的政策和法规提出对受影响生态环境实施有效保护的途径和措施，遵循生态学和生态环境保护基本原理进行生态系统的恢复和重建的设计。在进行生态影响评价时，应遵循下述基本原则。

（一）坚持重点与全面相结合的原则

建设项目对生态系统的影响包括直接影响、间接影响和时间、空间上的累积影响，影响的受体包括物种、生境、群落到生态系统等多个层次。生态影响评价既要突出评价项目所涉及的重点区域、关键时段和主导生态因子，又要从整体上兼顾生态系统和生态因子在不同时空尺度上的结构与功能完整性。

（二）坚持预防与恢复相结合的原则

建设项目可能对生态系统产生长期、累积甚至不可逆的不利影响，影响一旦产生可能很难修复。因此生态影响评价要坚持以预防为主、恢复和补偿为辅的原则设置减缓措施。且恢复、补偿等措施必须与项目所在地的生态功能区划的要求相适应。

（三）坚持定量与定性相结合的原则

生态影响评价应尽量采用定量方法，当现有科学方法不能满足定量需要，或因其他原因无法实现定量测定时，可通过定性或类比的方法进行描述和分析。

第二节　生态影响评价程序与内容

生态影响评价应遵循环境影响评价的一般程序，评价范围、内容、标准、评价等级和评价方法等，需根据建设项目的影响性质、影响程度和生态环境条件进行具体的分析和确定。

生态影响评价的主要目的是认识区域的生态环境特点与功能，明确人类活动对生态环境影响的性质、程度和生态系统对影响的敏感程度，确定应采取的减缓措施以维持区域生态环境功能和自然资源的可持续利用。通过评价，可明确开发建设者的生态保护责任，同时为区域生态环境管理提供科学依据，也为改善区域生态环境提供建设性意见。

人类活动对生态环境的影响，无论是项目建设还是区域开发，都具有区域性和累积性特点。因此，影响评价应从区域着眼认识生态环境的特点与规律，从项目着手实施生态环境保护与建设。

由于生态系统结构功能的地域性特征，相同的建设项目所产生的生态影响可能显著不同。因此，生态影响评价应以实地调查为依据，评价结论应符合项目所在地的生态环境特点，避免和减轻不良影响的对策和措施应做到因地制宜，因害设防，重点建设，讲求效益。

一、生态影响评价的程序

生态影响评价的对象一般为农林水利类、自然资源开发利用类以及交通运输类建设项目，所产生的生态影响以利用自然资源、对区域生态环境造成干扰为主。影响评价工作一般分为三个阶段，即生态影响识别阶段，生态现状调查与影响预测和分析评价阶段，生态影响减缓措施制定阶段。

（一）生态影响识别阶段

收集、整理建设项目工程技术文件，包括主体工程、辅助工程的区位、规模、工程类型、设计文件、工程布置图等基础资料和图件。收集区域生态环境状况、周边分布的各类自然保护地、生态红线、重要生境等相关自然生态环境的数据资料。开展初步的工程方案分析和野外调查，识别主要的生态影响，筛选生态保护目标，确定评价等级和评价范围。

工程分析应涵盖建设项目的全生命周期，即项目设计及选址选线期、施工期、运营期和退役期，以施工期和运营期为调查分析的重点。分析的主要内容包括可能产生重大生态影响的工程行为，与特殊生态敏感区和重要生态敏感区有关的工程行为，可能产生间接、累积生态影响的工程行为以及可能造成重大资源占用的工程行为。

当建设项目占用或跨越（穿越）自然保护地、生态保护红线、重要生境或产生显著不利影响时，应提出替代方案并进行环境比选论证。替代方案主要包括项目选址、选线替代方案，项目组成、建设内容和平面布局替代方案，工艺和生产技术的替代方案，施工和运营方案的替代方案，以及无建设项目的零方案等。

（二）生态现状调查与影响预测和分析评价阶段

在进行充分的资料收集、专家和公众咨询基础上，综合利用遥感、野外调查等方法，对生态保护目标开展详细调查，评价生态现状。结合建设项目特征，选择合适的评价方法和指标，预测和评价工程建设和运行对区域生态功能、保护目标的影响。

（三）生态影响减缓措施制定阶段

应根据生态影响预测和评价结果、保护对象的要求，有针对性地提出避让、减缓、补偿和重建的减缓措施，绘制减缓措施平面布置示意图和典型措施工艺图。进行减缓措施有效性论证，确保所采取的措施应有利于恢复和增强区域生态功能。

二、生态影响识别

生态影响识别是评价的重要步骤，是将建设项目的影响和生态环境的响应进行系统分析的第一步。生态影响识别的目的是明确主要影响因素，主要受影响的生态系统和生态因子，从而筛选评价重点。影响识别主要包括影响因素的识别，影响对象的识别和影响性质与程度的识别。

（一）影响因素的识别

这是对作用主体（即建设项目）的识别。建设项目应包括主体工程（或主设施、主装置）和全部辅助工程在内，如为工程建设开通的施工道路，集中的工业作业场地，重要原材料的生产（造纸原料生产、采石场、取土场）、储运设施建设、拆迁居民安置地等。

建设项目所处地理位置、规模、总平面及现场布置，不同阶段各种工程行为及其发生的地点、时间、方式和持续时间，设计方案中的生态保护措施等，是进行影响因素识别所需要关注的项目信息。替代方案的相关信息也需要进行同步调查和分析。

建设项目的生态影响在不同阶段可能存在显著差异，影响识别应涵盖施工期、运行期和运行期满（如矿山闭矿、渣场封闭与复垦）等不同阶段。此外，还应识别集中开发建设地（如主体工程所在地）和分散的影响点（如取土场、弃土弃渣场等），永久占地与临时占地（如施工营地、料场）等影响因素。

（二）影响对象的识别

指对生态影响受体的识别，包括对生态系统组成要素的影响、对区域主要生态功能的影响、对生态保护目标的影响。明确脆弱、敏感、重要的或具有显著价值的生态因子或保护目标，并在更为宏观的层面将生物多样性、生态系统服务功能纳入保护范畴。根据生态系统层次结构可以将保护目标分为物种、生境、生态系统以及特殊保护区域四种类型。

保护物种的确定应综合考虑特定物种的保护地位、濒危程度、稀有程度、经济价值、公众关注度、对特定影响的敏感性、维持生态系统功能的作用等因素。通常来讲，建设项目影响范围内的重点保护野生动植物、受威胁物种、极小种群野生动物，特有种，有重要生态、科学、社会价值的陆生野生动物，重要经济水生生物，特定群落中的旗舰种、关键种、伞护种，以及依据我国法律法规或国际公约约定的保护物种等，应筛选为生态保护目标。

生境是指生物个体或种群自然生存的地方。受建设项目影响的，具有维持物种生存、繁衍、迁徙（或洄游）、扩散、种群交流等作用的生境应纳入生态保护目标。例如重点保护野生动植物的天然集中分布区、重要栖息地，珍稀濒危水生生物的产卵场，候鸟的繁殖地，已明确作为栖息地保护的区域以及生态廊道等。

当建设项目生态影响范围达到区域或流域水平，应将生态系统结构、功能及过程纳入生态保护目标。特殊的保护区域包括生态保护红线、生物多样性保护优先区域、自然保护地等。

生态保护红线是指在生态空间范围内具有特殊重要生态功能、必须强制性严格保护的区域，是保障和维护国家生态安全的底线和生命线。生态保护红线原则上按禁止开发区域的要求进行管理。严禁不符合主体功能定位的各类开发活动，严禁任意改变用途，确保生态功能不降低、面积不减少、性质不改变。

2010 年国务院批准发布《中国生物多样性保护战略与行动计划》（2011—2030 年）（以下简称《战略与行动计划》），划定 35 个生物多样性保护优先区域，包括大兴安岭区、三江平原区、祁连山区、秦岭区等 32 个内陆陆地及水域生物多样性保护优先区域，以及黄渤海保护区域、东海及台湾海峡保护区域和南海保护区域等 3 个海洋与海岸生物多样性保护优先区域。要求优先区域内新增规划和建设项目的环境影响评价要将生物多样性影响评价作为重要内容。新增各类开发建设利用规划应与优先区域保护规划相协调。新增项目选址要尽可能避开生态敏感区及重要物种栖息地，针对可能对生物多样性造成的不利影响，提出相关保护与恢复措施。

自然保护地是由各级政府依法划定或确认，对重要的自然生态系统、自然遗迹、自然景观及其所承载的自然资源、生态功能和文化价值实施长期保护的陆域或海域。2019 年中共中央办公厅、国务院办公厅印发的《关于建立以国家公园为主体的自然保护地体系的指导意见》中，按照自然生态系统原真性、整体性、系统性及其内在规律，依据管理目标与效能并借鉴国际经验，将自然保护地按生态价值和保护强度高低依次分为 3 类，逐步形成以国家公园为主体、自然保护区为基础、各类自然公园为补充的自然保护地分类系统。

国家公园是指以保护具有国家代表性的自然生态系统为主要目的，实现自然资源科学保护和合理利用的特定陆域或海域，是我国自然生态系统中最重要、自然景观最独特、自然遗产最精华、生物多样性最富集的部分，保护范围大，生态过程完整，具有全球价值、国家象征，国民认同度高。自然保护区是指保护典型的自然生态系统、珍稀濒危野生动植物种的天然集中分布区、有特殊意义的自然遗迹的区域。具有较大面积，确保主要保护对象安全，维持和恢复珍稀濒危野生动植物种群数量及赖以生存的栖息环境。自然公园是指保护重要的自然生态系统、自然遗迹和自然景观，具有生态、观赏、文化和科学价值，可持续利用的区域。

（三）生态影响性质与程度的识别

生态影响的性质是指正影响还是负影响，是可逆影响还是不可逆影响，是否可恢复或补偿，有无替代，是长期影响还是短期影响，是累积性影响还是非累积性影响。生态影响的程度包括影响发生的范围大小，持续时间的长短，影响发生的剧烈程度，是否影响到生态系统的主要组成因素等。

生态影响识别涵盖与某一特定活动相关的所有影响，以及生态影响间的相互作用。在影响的识别中，常可通过识别生态系统的敏感性来宏观地判别影响的性质和程度。

三、评价工作等级与评价范围

（一）评价等级划分

评价等级的划分是为了确定评价工作的深度和广度，体现对人类活动的生态环境影响的关切程度和保护生态环境的要求程度。按照建设项目所产生的生态影响的方式、受影响区域的生态敏感性，可以将生态影响评价工作分为三级。

项目所产生生态影响的方式，包括施工临时占用、工程构筑物或建筑物永久占用（含水域）、水库淹没占用，矿山开采引起的地表沉陷，工程线路穿越或跨越，建设项目通过改变土壤、地下水、地表水等环境条件间接影响等。受影响区域的生态敏感性，指项目所影响区域是否包含自然保护地、生态保护红线以及其他区域中的重要生境等。除此之外的区域则称为一般区域。

根据评价等级划分原则，凡是对国家公园、自然保护区、世界自然遗产等重要自然保护地，生态保护红线，以及未纳入现有自然保护地范围内，也未纳入生态保护红线范围内，但通过资料收集、专家咨询、初步野外调查等手段识别的重要生境产生占用、破坏等直接影响的，一般需要进行一级评价。对于通过改变土壤、地下水、地表水等环境条件，对自然保护地、生态保护红线区、重要生境产生间接影响的，一般要进行二级评价。建设项目的生态影响发生在一般区域的，一般进行三级评价。

一级评价为深入全面的调查与评价，生态环境保护要求严格，必须进行技术经济分析和编制生态环境保护实施方案或行动计划。二级评价为一般评价与重点因子评价相结合，生态环境保护要求较严格，必须针对重点问题编制生态环境保护计划和进行相应的技术经济分析。三级评价为重点因子评价或一般性分析，生态环境保护要求一般，必须按规定完成绿化指标和其他保护与恢复措施。

（二）评价范围确定

生态影响评价应能够充分体现生态完整性，涵盖建设项目全部活动的直接影响和间接影响区域。评价范围应依据建设项目对生态因子的影响方式、影响程度和生态因子之间的相互影响和相互依存关系确定。可以综合考虑建设项目与项目区的气候过程、水文过程、生物过程等生物地球化学循环过程的相互作用关系，以建设项目影响区域所涉及的完整气候单元、水文单元、生态单元、地理单元界限为参照边界。

具体评价范围应结合不同行业特征和所在区域的环境特点确定，评价范围应不小于工程占用范围。项目涉及通过土壤、地下水、地表水等环境要素间接影响生态保护目标的，其评价范围不小于土壤、地下水、地表水等环境要素的评价范围。涉及具有迁徙（或洄游）习性物种的，其评价范围应涵盖工程影响范围内的迁徙路线或洄游通道。

四、生态影响评价标准

环境评价以污染控制为宗旨，其评价标准主要包括环境质量标准和污染物排放标准。生态影响评价也需要一定的判别基准。但生态系统类型和结构多样性高、地域性强，其影响变化包括生态系统内部结构的变化和外在表征即生态系统功能的变化，既有数量也有质量变化，因而评价的标准体系不仅复杂，而且因地而异。

此外，生态影响评价是分层次进行的，评价标准也要分层次决定，即系统整体评价有整体评价的标准，单因子评价有单因子评价的标准。

（一）生态影响评价标准的基本要求

生态影响评价的标准应能满足如下要求：

（1）能反映生态环境质量的优劣，特别是能够衡量生态环境功能的变化；

（2）能反映生态环境受影响的范围和程度，尽可能定量化；

（3）能用于约束开发建设活动的行为方式，即具有可操作性。

目前生态影响评价的标准大多数尚处于探索阶段。

（二）生态影响评价的标准

生态影响评价标准可从以下几方面选取：

（1）国家、行业和地方规定的标准。

国家、行业和地方已颁布的资源环境保护等相关法规、政策、标准。地方政府颁布的标准和规划区目标，河流水系保护要求，特别地域的保护要求，如绿化率要求、水土流失防治要求等，均是可选择的评价标准。

（2）背景值或本底值。

以人类活动所在的区域生态环境的背景值或本底值作为评价标准，如区域植被覆盖率、区域水土流失本底值等。有时，也可选人类活动进行前所在地的生态环境背景值作为评价标准，如植被覆盖率、生物量、生物种丰度和生物多样性等。

（3）类比标准。

以未受人类严重干扰的相似生态环境或以相似自然条件下的原生自然生态系统作为类比标准。以类似条件的生态因子和功能作为类比标准，如类似生境的生物多样性、植被覆盖率、蓄水功能、防风固沙能力等。以已有性质、规模及区域生态敏感性相似项目的实际生态影响作为评价参考标准。

（4）科学研究已判定的生态效应。

通过当地或相似条件下科学研究已判定的生态效应、保障生态安全的绿化率要求、污染物在生物体内的最高允许量、特别敏感生物的环境质量要求等，也可作为生态影响评价中的参考标准。

（三）生态影响评价标准的指标值选取的基本原则

（1）可计量。

特别是能通过数量化计量和能反映生态系统结构及运行特征或其环境功能。

（2）先进性和超前性。

特别是能满足区域可持续发展对生态环境的要求。例如，选取区域背景绿化率作指标时，应考虑未来的环境功能需求，在植被覆盖率不高而且生态环境质量较差或在生态脆弱带地区，其指标值应高于背景值。

（3）地域性。

生态系统的地域性特征使得生态环境影响评价不宜采取统一的指标和标准值，而应根据地域特点科学地选取。如山区的植被覆盖率应高于平原区，才能有效地防止水土流失。

（四）标准的应用

建设项目对生态环境的影响除了以不正常的方式和浓度输入物质或能量，进而影响其质量外，还常常随着土地利用方式的改变、生态系统结构或功能的改变，甚至形成新的生态系统。所以，仅从结构上无法定量地说明生态系统的变化。同时，生态系统结构与其所具有的生态系统服务功能相对应，如粮食生产、涵养水源、调节气候、文化服务等功能。因此，可以通过建设项目实施前后生态系统服务功能的变化来衡量生态环境的变化。

在生态影响评价中，所有能反映生态环境功能和表征生态因子状态的标准和其指标值，可以直接用作判别基准。大量反映生态系统结构和运行状态的指标，需要按照功能与结构对应性原理，根据生态环境具体性状，借助于一些相关关系经适当计算而转化为反映生态系统服务功能的指标，方可用作判别基准。生态影响评价关键指标和标准的选择可参照表 7-1。

表 7-1　生态影响评价关键指标及其标准

评价对象/指标	评价标准
物种/种群规模	最小可存活种群（阈值）
群落/群落组成、空间格局和群落演替	区域现状背景状况
生态系统/生产力、物种丰富度、生物多样性指数、生物完整性指数、生态系统服务功能	区域现状背景状况或目标值
生境破碎化程度/最小可存活生境（阈值）	生境适宜度（根据物种的生态学特征和需求确定）

五、生态现状调查与评价

（一）生态现状调查的基本要求

生态现状调查是进行现状评价、影响预测的基础和依据，生态现状调查的主要内容和指标应能满足生态系统结构与功能分析的要求，能反映评价工作范围内的生态背景特征和现存的主要生态问题。调查对象一般包括组成生态系统的主要生物要素和非生物要素。调查结果应能明确认识区域的主要生态环境问题和影响生态环境的主要因素，能分析区域自然资源优势和资源利用情况。

调查方法应遵循资料收集、专家和公众咨询与野外调查相结合的原则。所引用资料应能真实反映生态现状背景情况，明确引用资料的来源、时间及其有效性。现状调查应依据国家正式发布的生物多样性调查与观测相关标准、技术规范，针对生态保护目标制定具体的调查方案。

现状调查的范围应不小于评价工作的范围。一级评价应给出采样地样方实测、遥感等方法测定的生物量、生物多样性等数据，给出主要生物物种名录、受保护的野生动植物物种等调查资料。二级评价的生物量和生物多样性调查可依据已有资料推断，或实测一定数量的、有代表性的样方予以验证。三级评价可充分借鉴已有资料进行说明。

（二）自然生态系统调查内容

根据建设项目生态影响的空间和时间尺度，现状调查影响区域内涉及的生态系统类型、结构、功能和过程，以及相关的非生物因子特征，重点调查受保护的珍稀濒危物种、关键种、土著种、建群种和特有种，天然的重要经济物种等。一般陆地生态系统的调查包括气候与气象调查、地理地质与水土条件调查、生物因子调查等，主要内容如表 7-2 所示。

表 7-2　陆地生态系统调查主要内容

调查内容		指标	评价作用
气候与气象调查	降水	量及时间分布	确定生态类型、分析蓄水泄洪功能需求等
	蒸发	蒸发量土壤湿度	分析生态特点、脆弱性或稳定程度
	光、温	年日照时数、年积温	分析生态类型、生物生产潜力等
	风	风向、风力、风频	分析侵蚀、风灾害、污染影响
	极端气候	台风、沙尘暴、霜冻、暴雨等	分析系统稳定性和气候灾害，减灾功能需求
地理地质与水土条件调查	地形地貌	类型、分布、比例、相对关系	分析生态系统特点、稳定性、主要生态问题、物流等
	土壤	成土母质、演化类型、性状、理化性质、厚度，物质循环速度、肥分、有机质、土壤生物特点、外力影响	分析生产力，生态环境功能（如持水性、保肥力、生产潜力）等
	土地资源	类型、面积、分布、生产力、利用情况	分析景观特点、系统相互关系，生产力与生态承载力等
	耕地	面积、肥力、生产力、人均量等，水利状况	生产力、区域人口承载力与可持续发展能力
	地面水	水系径流特点，水资源量、水质、功能、利用等	分析生态类型、水生生态、水源保护目标等
	地下水	流向、资源量、水位、补排、水质、利用等	分析采水生态影响、确定水源保护范围
	地质	构造、结构、特点	生态类型与稳定性
	地质灾害	方位、面积、历史变迁	分析生态建设需求，确定防护区域
生物因子调查	植被	类型、分布、面积、盖度、建群种与优势种，生长情况，生物量，利用情况	分析生态结构、类型，计算环境功能。分析生态因子相关关系，明确主要生态问题
	植物资源	种类、生产力、利用情况	计算社会经济损失，明确保护目标与措施
	动物	类型、分布、种群量、食性与习性、生殖与居栖地等	分析生物多样性影响，明确敏感保护目标
	动物资源	类型、分布、生消规律、利用情况	分析资源保护途径与措施

1. 植被调查

植被尤其自然植被是陆生生态系统调查的重点。在现场踏勘以及样方调查的基础上，不仅获取植被类型、分布、面积，建群种与优势种等数量信息，也要掌握植被盖度、生长情况、净初级生产力等质量信息。

植物群落调查主要采用样方法，样方形状、大小、数量以及取样策略是样方法的关键要素。根据取样形状的不同，取样单位可以分为样方、样圆、样点和样带等。由于方形的边与面积比较小，边际影响的误差小，且易于应用，因此取样单位一般选择样方。

一般用群落的最小取样面积作为样方的大小。群落最小取样面积定义为群落中大多数种类都能出现的最小样方面积，通常用种数—面积曲线，或者优势种的重要值——面积曲线法来确定。不同的植物群落类型对应不同的最小取样面积，如低矮草本用 $0.25\ m^2$ 的样方，高草本群落或低灌丛群落用 $1\sim4\ m^2$ 的样方，高灌丛用 $4\sim25\ m^2$ 的样方，温带森林用 $200\sim500\ m^2$ 的样方。

样方数目确定的客观方法包括样方成效曲线法、方差法、面积比法等，与此同时观测者的经验在确定样方数的过程中往往也起到重要的作用。

取样策略：一般有主观取样、随机取样、系统取样、分层取样和集群取样等方法。其中系统取样的规则由观测者自行确定，主要依据研究的植被类型及其分布特点、变异程度等来确定。分层取样是将调查区域按自然的界线或生态学标准分成一些小地段，然后在小地段内进行随机或系统取样。集群取样是一种二水平取样，即首先随机选取样点，在每一样点取一些样方。集群取样可根据研究对象的不同而采取多种取样设计。

2. 动物调查

动物调查的主要任务包括确定研究区域内动物的种类、分布、数量、受威胁因素等。根据调查对象、内容和区域具体情况，选择合适的调查时间、频次和调查方法。

动物调查方法包括全体计数法、鸣声计数法、卵块或窝巢计数法、陷阱法等，标志重捕法和去除取样法，是动物种群调查的常用方法。也可以利用有关资料、访问调查，或采用放置红外相机进行调查。标志重捕法是指在调查区域中，捕获某动物种群的一部分个体进行标志，然后放回，经过一定时间后进行重捕；根据重捕个体中标志个体的比例，估算该区域种群个体的总数。去除取样法是估计小型啮齿动物种群大小的常用方法。在一个封闭种群中，随着连续捕捉，种群数量逐渐减少，单位努力捕获量逐渐降低，同时，逐次捕获的累积数逐渐增大，当单位努力的捕获数为零时，捕获累积数就是种群数量的估计值。

3. 水生生物调查

水生生物调查点的设置应在对调查水体进行现场考察的基础上，根据环境条件、水文特征和具体工作需要布设。宜结合现有水质、水文断面进行布设，兼顾支流、闸坝等人工构筑物的影响。调查频率宜在春、夏、秋季各一次。调查过程中现场同步测定水深、水温、透明度、pH、溶解氧等指标。浮游植物、浮游动物、大型底栖动物调查，包括定性样品采集、品种鉴定，以及定量采集样品，计算密度、生物量。大型水生植物调查还需进行植被覆盖率调查。鱼类调查需进行多年的持续、系统调查。可以在与其他水生生物一起调查过程中，观察、采样、鉴定、记录其种类组成和生长情况，并结合文献查阅、部分访谈等方法，积累特定水域鱼类的基础资料，以探讨鱼类种群、数量与水质、水环境的关系。湿地鸟类调查一般采用定位观测与路线调查相结合的方法。选择典型生境作定位观测，确定合理的路线作线路调查。通过直接计数法，记录调查水域观察到的鸟类的种类与数量。

　　除此之外，生态现状调查还包括两类重要的内容：一是区域生态环境问题调查，二是生态保护目标调查。生态环境问题主要指受建设项目影响的区域内已经存在的制约本区域可持续发展的主要生态问题，如水土流失、沙漠化、盐渍化以及环境污染的生态影响（表 7-3）等，明确其类型、成因、空间分布、发生特点等。生态保护目标调查是确认项目评价范围内是否存在需要实施保护的物种、生境、生态系统等。如涉及国家和省级保护物种、珍稀濒危物种和地方特有物种时，应逐个说明其类型、分布、保护级别、保护状况等。涉及特殊生态敏感区和重要生态敏感区时，应逐个说明其类型、等级、分布、保护对象、功能区划、保护要求等。

表 7-3　一般生态环境问题调查主要内容

生态问题	指标	评价作用
水土流失	历史演变，流失面积与分布、侵蚀类型，侵蚀模数，水分肥分流失量，泥沙去向，原因与影响	分析生态系统动态变化、环境功能保护需求，控制措施与实施地
沙漠化	历史演变，面积与分布，侵蚀类型，侵蚀量，侵蚀原因与影响	分析生态系统动态变化，环境功能需求，改善措施方向
盐渍化	历史演变，面积与分布，程度、原因与影响途径	分析生态系统敏感性。水土关系，寻求减少危害和改善
污染影响	污染来源，主要影响对象，影响途径，影响后果	寻求防止污染、恢复生态系统的措施

（三）相关社会经济状况调查

　　社会经济状况调查主要目的是了解社会经济发展与生态环境的相互作用，其主要内容包括：

　　（1）区域经济发展水平，产业结构、项目区的产业发展情况，毗邻的工矿企业（相对位置，相互关系）。

（2）区域总人口、城乡比例、人口密度、人均耕地与水资源，收入水平与主要来源，居住特点与村镇分布，占地拆迁问题及安置办法，如安置区环境容量等。

（3）项目区域有无流行性疾病或地方病、疫源、危害途径等。

（4）区域社会文化特点，有无特别民俗，教育普及程度，人口文化素质，人文景观与历史文化保护目标。

（四）生态现状评价

在区域生态现状调查的基础上，对所得到的重要数据信息、基础资料进行分析，定量或定性地评估生态环境的质量状况和存在的问题。生态系统结构的层次性决定了生态现状评价也可按两个层次进行：一是生态因子层次上的因子状况评价；二是生态系统层次上的整体质量评价。

建设项目的生态影响评价中，一般对可控因子，如土地占用、植被覆盖度等，要做较详细的评价，以便采取保护或恢复性措施；对人力难以控制的因子，如气候因子，一般只作为生态系统存在的条件和影响因素看待，不作为评价的对象。

1. 生态因子现状评价

大多数人类活动的生态现状评价是在生态因子的层次上进行。分析和评价受影响区域内动植物等生态因子的现状组成、分布；当评价区域涉及受保护的敏感物种时，应重点分析该敏感物种的生态系特征；当评价区域涉及特殊生态敏感区或重要生态敏感区时，应分析其生态现状、保护现状和存在的问题等。

（1）植被。

应阐明植被的类型、分布、面积和覆盖率、历史变迁及原因、植物群系及优势植物种，植被的主要环境功能，珍稀植物的种、分布及其存在的问题等。

（2）动物。

应阐明野生动物生境现状，破坏与干扰，野生动物的种类、数量、分布特点，珍稀动物种类与分布等。动物的有关信息可从动物地理区划资料、动物资源收获（如皮毛收购）、实地考察与走访、调查，从生境与动物习性相关性等获得。

（3）土壤。

应阐明土壤的成土母质，形成过程，理化性质，土壤类型、性状与质量（有机质含量，全氮、有效磷、钾含量，并与选定的标准比较而评定其优劣），物质循环速度，土壤厚度与容重，受外环境影响（淋溶、侵蚀）以及土壤生物丰度、保水蓄水性能和土壤碳氮比（保肥能力）等以及污染水平。

（4）水资源。

包括地面水资源与地下水评价两大领域。生态环评中水环境的评价有两个方面：一是评价水的资源量，如供需平衡、用水竞争状况和生态用水需求等；二是与水质和水量都有紧密联系的水生生态影响评价。在有养殖和捕捞渔业的水环境影响评价中，需评价水生生态状况。

2. 生态系统结构与功能现状评价

不同类型的生态系统很难进行结构上的优劣比较，但可对不同时期的生态系统的空间结构和运行情况进行对比分析，也可借助景观生态学的评价方法进行结构的描述，还可通过类比分析定性地认识系统的结构是否受到影响等。

生态环境功能是可以定量或半定量地评价的。例如，生物量、植被生产力和种群量都可定量地表达；生物多样性亦可量化相比较。运用综合评价方法，进行层次分析，设定指标和赋值，可以综合地评价生态系统的整体结构和功能。

3. 区域生态环境问题评价

在阐明生态系统现状的基础上，分析影响区域内生态系统状况的主要原因。评价生态系统的结构和功能状况（如水源涵养、防风固沙、生物多样性保护等主导生态功能）、生态系统面临的压力和存在的问题、生态系统的总体变化趋势等。

一般区域生态环境问题是指水土流失、沙漠化、自然灾害和污染危害等几大类。这类问题亦可以进行定性与定量相结合的评价。用通用土壤流失方程可计算工程建设导致的水土流失量。用侵蚀模数、水土流失面积和土壤流失量指标，可定量地评价区域的水土流失状况。测算流动沙丘、半固定沙丘和固定沙丘的相对比例，结合荒漠化指示生物，可以半定量地评价土地沙漠化程度。通过类比，可以定性地评价生态系统防灾减灾（削减洪水，防止海岸侵蚀，防止泥石流、滑坡等地质灾害）功能。

（五）生态现状调查方法

生态现状调查包括自然生态调查、社会经济发展调查两个部分，常用方法包括历史资料收集、文献查阅法，专家和公众咨询法，生态监测法，遥感调查法等。

1. 资料收集、文献查阅法

通过收集、整理现有的能反映区域生态现状或生态背景的资料，了解和评估区域生态环境现状、发展历程、演变趋势。历史资料、文献包括区域生态环境资料、调查报告、规划报告、文献资料、统计数据等，从表现形式上分为文字资料、图形资料和影像资料，从时间上可分为历史资料和现状资料。使用资料收集法时，应保证资料的时效性，引用资料必须建立在现场校验的基础上。

2. 专家和公众咨询法

专家和公众咨询法是对现场勘察的有益补充。通过座谈访问、问卷调查等途径，咨询有关专家，了解公众、社会团体和相关管理部门对建设项目所产生影响的意见和关切，发现现场踏勘可能遗漏的生态问题。座谈访问能够把调查与讨论相结合，提出问题的同时探讨、解决问题，座谈访问可以分为结构性访谈和半结构性访谈两种方式。问卷是生态调查中常用的手段，参与性强，调查对象是评价范围内可能受到建设项目直接或间接影响的公众，调查结果能够反映公众对当地生态环境问题、建设方案、生态影响的看法与建议。

3. 现场踏勘与生态监测法

现场踏勘应遵循整体与重点相结合的原则，在综合考虑主导生态因子结构与功能的完整性的同时，突出重点区域和关键时段的调查，并通过对影响区域的实际踏勘，核实收集资料的准确性，以获取实际资料和数据。

当资料收集、现场踏勘、专家和公众咨询提供的数据无法满足评价的定量需要，或项目可能产生潜在的或长期累积效应时，可考虑选用生态监测法，围绕重点地区或重点因子开展观测、采样和调查。监测位置和频次的布设应该根据监测因子的生态学特性和干扰活动的特点确定，并按照国家现行的有关生态监测规范和监测标准分析方法进行现场采样和分析。

4. 遥感调查法

包括卫星遥感、无人机遥感等方法。当涉及区域范围较大或主导生态因子的空间尺度较大，通过人力踏勘较为困难或难以完成评价时，可采用遥感调查法。遥感调查可以用于水环境、大气环境、生态状况、土壤环境等领域的监测、调查和评估。例如利用遥感数据识别黑臭水体、湖库蓝藻水华和营养状况，基于遥感获取大范围连续观测数据以计算植被覆盖度、叶面积指数，量化净初级生产力，评估生态系统结构、生态系统服务功能的变化。

利用无人机获取高空间分辨率的可见光影像，具有低成本、高时效等优点，已广泛用于植被调查、林业资源调查、病虫害监测、生态监测领域。利用无人机影像结合相关模型算法可以获取植被高度、植被类型、植被覆盖度、面积等信息。

六、生态影响预测与评价

（一）影响预测的基本步骤

建设项目生态环境影响预测是在生态环境现状调查、分析和影响识别的基础上，有选择、有重点地对某些受影响生态系统做深入研究，对某些主要生态因子的变化和生态环境功能变化做定量或半定量预测计算，以评估因开发建设活动而导致的生态系统结构和功能的变化程度以及相关的环境后果，由此进一步明确开发建设者应负的环境责任，提出为保护生态环境和维持区域生态环境功能不被削弱而应采取的措施及要求。

生态环境影响预测的基本程序是：

（1）选定影响预测的主要对象和主要预测因子。

（2）根据预测对象和因子选择预测方法、模式、参数，并进行计算。

（3）确定评价标准，进行主要生态系统和主要环境功能的预测评价。

（4）进行社会、经济和生态环境相关影响的综合评价与分析。

（二）影响预测与评价的内容

生态影响预测与评价阶段主要针对影响预测的对象（生态系统和因子），选择代表性指标，并通过资料查询、实地调查等途径获取定量计算所必需的参数，进行定量或半定量的预测分析，评估建设项目所产生的生态影响，主要包括对区域基本生态状况变化趋势、重要物种及生境的影响、区域内群落及生态系统的影响、自然保护地影响和累积影响等。

1. 基本生态状况变化趋势分析

应给出项目施工及建成后评价范围内的土地利用类型、植被类型、野生动植物的种类组成和分布区域的总体变化趋势。水生生态影响分析应给出项目施工及建成后影响区域内水生生物种类组成、数量（或密度）、空间分布的总体变化趋势，预测生物资源变化量。

2. 重要物种及生境影响预测与评价

对于保护物种，应分析其种群规模、分布及生境状况的变化趋势，分析项目施工和运行阶段对保护物种所产生的干扰；分析项目建设对物种迁徙、扩散、种群交流等产生的生态阻隔；预测项目建设前后重要物种的种群分布或迁徙路线的变化。预测项目临时或永久占地对生境的破坏以及造成生境破碎化的情况；分析污染物排放对生境质量的影响。

3. 群落及生态系统影响预测与评价

依据生态影响作用的方式、范围、持续时间，分析项目建设前后群落组成、空间格局和群落演替的变化趋势，预测群落中的关键种、建群种、优势种变化。分析生态系统类型、面积、质量、结构、功能以及景观格局的变化趋势，分析区域生产力、物种丰富度、生物多样性水平的变化趋势。

明确敏感生态保护目标的性质、特点、法律地位和保护要求的情况下，分析建设项目的影响途径、影响方式和影响程度，预测潜在的后果。

4. 区域现有生态问题及累积影响分析

结合现状分析所识别的区域已有生态问题和相关生态环境影响源，分析项目建设的累积生态影响，预测评价项目对区域现有主要生态问题的影响。

七、生态影响减缓措施与替代方案

（一）生态影响减缓措施的制定原则

（1）应按照避让、减缓、补偿和重建的次序提出生态影响防护与恢复的措施；所采取措施的效果应有利于修复和增强区域生态系统功能、维持物种种群生存和发展。

（2）凡涉及不可替代、极具价值、极敏感、被破坏后很难恢复的敏感生态保护目标（如特殊生态敏感区、珍稀濒危物种）时，必须提出可靠的避让措施或生境替代方案。

（3）涉及采取措施后可恢复或修复的生态目标时，也应尽可能提出避让措施；否则，应制定恢复、修复和补偿措施。各项生态保护措施应按照建设项目实施阶段分别提出，并提出实施时限和估算经费。

（二）生态保护措施的主要内容

（1）生态保护措施应根据保护对象和保护目标要求，结合建设项目的生态影响特点，有针对性地提出。包括保护措施的内容、规模及工艺，实施空间和顺序，保障措施和预期效果分析，绘制生态保护措施平面布置示意图和典型措施设施工艺图。明确生态保护措施相关工程在施工期和运营期的管理原则与技术要求。

（2）根据生态保护措施的具体内容，估算（概算）环境保护投资，给出预期效果、实施地点、时间和责任主体。

（三）替代方案

替代方案主要指项目中的选线、选址替代方案，项目的组成和内容替代方案，工艺和生产技术的替代方案，施工和运营方案的替代方案，生态保护措施的替代方案。

评价应对替代方案进行生态可行性论证，优先选择生态影响最小的替代方案，优先采取避让方案，包括通过选线、选址调整或局部方案优化避让关键区域，施工作业避让关键时期，取消或改变产生显著不利影响的施工方式等。最终选定的方案至少应该是生态保护可行的方案。

第三节　生态影响预测与评价方法

生态影响预测与评价方法应根据评价对象的生态学特性，在调查、判定该区域主要的生态功能及重要保护目标、关键生态过程的基础上，采用定量与定性分析相结合的方法进行预测与评价。常用的评价方法包括类比分析法、列表清单法、叠图法、生境适宜度分析法、景观生态学方法、生物生产力评价法等。对于尚无标准的评价指标，可用生态背景状况、阈值、目标值进行评价。

一、类比分析法

类比分析法是一种比较常用的定性和半定量评价方法，一般有生态环境整体类比、生态因子类比、生态环境问题类比等。

类比分析是根据已有的开发建设活动对生态环境产生的影响来分析或预测拟进行的开发建设活动可能产生的生态环境影响。选择好类比对象是进行类比分析或预测评价的基础，也是该方法成败的关键。

类比对象的选择条件是：工程性质、工艺和规模基本相当，生态环境条件（地理、地质、气候、生物因素等）基本相似，所产生的影响已基本全部显现。

类比对象确定后则需选择和确定类比因子及指标，并对类比对象开展调查与评价，再分析拟建项目与类比对象的差异。根据类比对象与拟建项目的比较，给出类比分析结论。

类比方法主要应用于生态环境影响识别和评价因子筛选；将原始生态系统作类比对象，可评价生态环境的质量；进行生态环境影响的定性分析与评价；进行某一个或几个生态环境因子的影响评价；预测生态环境问题的发生与发展趋势及其危害；确定环保目标和寻求最有效的、可行的环境保护措施。

二、列表清单法

列表清单法是 Little 等于 1971 年提出的一种定性分析方法。该法的特点是简单明了，针对性强。其基本做法是，将拟实施的开发建设活动的影响因素与可能受影响的环境因子分别列在同一张表格的行与列内，逐点进行分析，并以正负符号、数字、其他符号表示影响的性质、强度等，由此分析开发建设活动的生态环境影响。

列表清单法主要应用于影响识别和评价因子筛选；进行生态环境因子相关性分析（行、列均为生态因子）；进行开发建设活动对生态环境因子的影响分析。

三、叠图法

叠图法是把两个以上的生态信息叠合到一张图上，构成复合图，用以表示生态环境变化的方向和程度。本法的特点是直观、形象，简单明了，但不能做精确的定量评价。

编制生态图有指标法和"3S"叠图法两种基本手段。指标法先确定评价区域范围，进行生态调查，收集评价范围与周边地区自然的和生态的信息，同时收集社会经济和环境污染及环境质量信息；然后进行影响识别和筛选拟评价因子，其中包括识别和分析主要生态环境问题；研究拟评价生态系统或生态因子的地域分异特点与规律，对拟评价的生态系统、生态因子或生态环境问题建立表征其特性的指标体系，并通过定性分析或定量方法对指标赋值或分级，再依据指标值进行区域划分；最后将上述区划信息绘制在生态图上。

"3S"叠图法主要应用于区域环境影响评价，用于具有区域性影响的特大型建设项目评价中，如大型水利枢纽工程、新能源基地建设等；还可用于土地利用规划和农业开发规划中。

四、生境适宜度分析法

生境适宜度分析是基于生境选择、生态位分化和限制因子等生态学理论，依据特定物种与生境变量间的函数关系，构建生境适宜度指数评估生境质量的过程。通过分析目标物种的生境要求及其与当地自然环境的匹配关系，明确影响其分布范围的因素，建立适合的生境评价模型，对某一区域的生境条件对目标物种的适宜程度进行量化分析。生境适宜度评价的工作步骤如下。

（一）目标物种和生境要求分析

识别可能受建设项目影响的珍稀濒危野生动物等。分析物种的生境条件，厘清影响种群分布及行为的限制因素或主导因素，划分资源与环境要素的适宜性等级。影响物种潜在分布的生境因子一般可以细分为：物理环境因子（温度、光照、水分、海拔、坡度坡向等）、生物环境因子（食物、植被类型、种内和种间竞争等）和人类活动干扰（施工、交通、放牧、采伐等）。因子的选择将直接影响适宜度分析结果。要遵循科学性、针对性、可操作性和代表性的原则筛选生境因子，着重考虑对生态环境变化以及物种分布起主导作用的限制性因子。

（二）单因子适宜度分析

收集、准备生境要素数据，进行数据的空间分析处理和单要素的适宜度评价。单要素适宜度分级一般根据生态保护目标确定，一般有定性和定量两种方法。定性法包括文献调研、专家咨询等。定量法是在因子初步筛选并量化的基础上，通过逐步回归分析、主成分分析等方法定量确定因子分级。

（三）生境适宜度综合评价

生态适宜度综合评价是在单要素评价的基础上，借助叠图法等技术进行生境对特定物种适宜度的综合分析，整体法、因子叠加法、线性与非线性因子组合法、因子分析法及逻辑组合法是常用的综合评价方法。其中生态位模型是一种比较重要的评价模型，其基本原理是根据目标物种已知分布区，利用数学模型归纳或模拟其生态位需求，将其投射到目标地区即可得到目标物种的适生区分布。

（四）生境适宜度影响分析

在分析建设项目所在区域生境现状的基础上，叠加拟建项目的生态影响，对生境适宜度变化情况进行预测，进而提出优化选址选线方案以及生态保护措施。

五、景观生态学方法

景观生态学是研究景观单元的类型组成、空间格局及其与生态学过程相互作用的综合性学科。景观生态学方法通过两个方面评价生态环境质量状况：一是空间结构分析，二是功能与稳定性分析。这种评价方法可体现生态系统结构与功能匹配一致的基本原理。

空间结构分析认为，景观是由基质、斑块和廊道组成。其中，基质是区域景观的背景地块，是景观中一种可以控制环境质量的组分。因此，基质的判定是空间结构分析的重点。基质的判定有三个标准：相对面积、连通程度、动态控制功能。一般来说相对面积大、空间连接度高的景观组分最有可能成为基质，当利用这两个指标进行基质判定时，考察某种组分对景观生态流和动态的控制作用尤为重要。斑块的起源或成因一般可以分为干扰、环境资源的异质性、人类活动等。斑块在生态系统中的功能可分为栖息地、源和汇三种。斑块格局特征中大小、形状、走向和边界形状是最重要的参数，多样性指数和优势度指数是表征其结构和功能的指标。

景观生态学中的格局，往往是指空间格局，即基质、斑块和廊道的类型、数目以及空间分布与配置等，它是景观异质性的具体体现，又是各种生态过程在不同尺度上作用的结果。景观格局分析就是通过对景观的空间结构进行分解，识别对景观稳定性有重要作用的基本景观空间结构特征。景观格局的研究方法主要包括景观格局指数法、空间自相关法，以及景观模型分析法。

在景观镶嵌体中发生着一系列的生态过程。这些过程既包括同一景观单元或生态系统内部的垂直过程，也包括在不同景观单元或生态系统间的水平过程，还包括生物过程与非生物过程，生物过程包括种群动态、种子或生物体的传播、捕食作用、群落演替、干扰传播等；而非生物过程包括水循环、物质循环、能量流动、干扰等。

景观格局决定景观的生态过程与功能。一种景观格局的形成可能是多个生态过程综合作用的结果，同时一旦格局形成之后就会反过来对景观生态过程、功能产生影响，甚至改变原有的生态过程。

景观结构与功能分析包括组成因子的生态适宜性分析；生物的恢复能力分析；系统的抗干扰或抗退化能力分析；种群源的持久性和可达性分析（能流是否畅通无阻，物流能否畅通和循环）；景观开放性分析（与周边生态系统的交流渠道是否畅通）等。

景观变化的分析方法主要有三种：定性描述法、景观生态图叠置法和景观动态的定量化分析法。目前较常用的方法是景观动态的定量化分析法，通过计算景观格局指数，揭示景观的空间配置以及格局动态变化趋势。

景观多样性指数反映了斑块数目的多少以及斑块之间的大小变化，计算公式为：

$$H = -\sum_{i=1}^{m}(P_i \times \ln P_i) \tag{7-1}$$

式中，P_i——某类型景观所占百分比面积；

　　　　m——景观类型数。

景观均匀度指数反映了景观中各类斑块类型的分布平均程度，计算公式为：

$$E = \frac{H}{H_{max}} = \frac{-\sum(P_i \times \ln P_i)}{\ln n} \tag{7-2}$$

式中，E——景观均匀度指数，当 E 趋于 1 时，景观斑块分布的均匀程度也趋于最大；

　　　　H——景观多样性指数；

　　　　H_{max}——景观多样性指数最大值；

　　　　n——景观中最大可能的斑块类型数。

斑块破碎度指数的计算公式为：

$$F = \frac{(N_p - 1)}{N_C} \tag{7-3}$$

式中，F——破碎度指数，F 值在 $0 \sim 1$，F 值越大，景观破碎化程度越高；

　　　　N_p——评价区域中景观斑块总数量；

　　　　N_C——评价区域总面积与最小斑块面积的比值。

六、生物生产力评价法

生态系统的生物生产力是系统的首要功能表征。群落（或生态系统）初级生产力是单位面积、单位时间群落（或生态系统）中植物利用太阳能固定的能量或生产的有机质的量。衡量生态系统生物生产功能优劣有三个基本参数：生物生长量、生物量和物种量。如果在建项目可能导致区域生态系统结构和质量发生变化时，可采用生产力评价方法，定量评估建设项目对生态系统的影响。

生物生长量是生态系统在单位空间和单位时间所能生产的有机质的数量，即生产的速率，用 t/hm^2 表示，在评价过程中，一般不需要全面测定生物（全部动植物）的生长量，多以绿色植物的生长量代表。生物生长量既表征系统的生产能力，也在一定程度上表征系统受影响后的恢复能力。

生物量是指一定空间内某个时期全部活有机体的数量，又称现有量，在生态影响评价中，一般选用标定相对生物量作表征的指数。"标定"是指考虑了非生物学参数的作用（如土壤中的有机质和有效水分含量等）而得出的参数。

物种量是指单位空间（如单位面积）内的物种数量。物种量是生态系统稳定性以及系统与环境和谐程度的表征。生态影响评价中亦用标定物种量的概念，并且将物种量与标定物种量的比值，即标定相对物种量，作为评价的指标（P_s）。

生物生产力一般表达式为：

$$P_q = P_n + R \tag{7-4}$$

$$P_n = B_q + L + G \tag{7-5}$$

式中，P_q——总生物生产量；

　　　　P_n——净生物生产量；

　　　　R——生物呼吸作用消耗量；

　　　　B_q——活物质生产量；

　　　　L——枯枝落叶量；

　　　　G——被动物消耗掉的生物量。

由于生物生长量的变化极不稳定，因此生态评价中常选用标定生长系数作指数，即取生长量与标定生物量的比值：

$$P_a = \frac{B_q}{B_{mo}} \tag{7-6}$$

式中，P_a——标定生长系数，P_a 值增大，则生态环境质量趋好；

　　　　B_{mo}——标定生物量。

标定相对生物量（P_b）为：

$$P_b = \frac{B_m}{B_{mo}} \tag{7-7}$$

式中，B_m——生物量；

　　　　B_{mo}——标定生物量；

　　　　P_b——标定相对生物量，P_b 值增大，表示生态环境质量趋好。

标定相对物种量（P_s）为：

$$P_s = \frac{B_s}{B_{so}} \tag{7-8}$$

式中，B_s——物种量，种数/hm^2；

　　　　B_{so}——标定物种量，种数/hm^2；

　　　　P_s——标定相对物种量，P_s 越大，环境质量越好。

随着遥感技术的发展，生物量、初级生产力等的评估也陆续出现了新的方法、模型。基于植被指数的生物量统计法是通过实地测量的生物量数据和遥感植被指数建立统计模型，在遥感数据的基础上反演得到评价区域的生物量。

净初级生产力（NPP）是从固定的总能量或产生的有机质总量中减去植物呼吸所消耗的量，直接反映了植被群落在自然环境条件下的生产能力，表征陆地生态系统的质量状况。净初级生产力（NPP）可利用统计模型（如 Miami 模型）、过程模型（如 BIOM-BGC 模型、BEPS 模型）和光能利用率模型（如 CASA 模型）进行计算。

CASA 模型计算净初级生产力的公式：

$$NPP(x,t) = APAR(x,t) \times \varepsilon(x,t) \qquad (7\text{-}9)$$

式中，NPP——净初级生产力；

APAR——植被所吸收的光合有效辐射；

ε——光能转化率；

t——时间；

x——空间位置。

第四节　生物多样性评价和生态风险评价

一、生物多样性评价

生物多样性内涵丰富，包括物种多样性、遗传多样性和生态系统多样性三个层次，一般以物种多样性评价为基础。建设项目生态影响评价中的生物多样性评价是通过收集生物多样性状态、压力、驱动力、影响与响应等方面的信息，定量或定性分析建设项目实施后的生物多样性的变化和状态。

（一）生物多样性调查

生物多样性评价重在实地调查，包括生态系统和生物种类的现状调查、历史变迁调查及主要问题调查等。其中生态系统、生物种类的历史变迁，区域主要问题调查主要采用专家调查、资料收集等方法进行，根据《区域生物多样性评价标准》（HJ 623—2011），文献资料应以近 5 年或 10 年的文献为主。现状调查则主要借助样地调查完成，由具有一定资质的从事生物多样性调查的专业人员完成并由专家审定。

物种多样性研究的调查方法因调查目的而异。研究群落物种多样性的组成和结构多采用临时样地中的典型取样法；研究群落的功能和动态多样性则采用永久样地法，也称固定样地法；研究物种多样性的梯度变化特征，采用样带法或样线法。

1. 植物样地设置与调查

植物调查线路应覆盖区域内各种植被类型，并布设在植物生长旺盛的典型地段。重点物种详查采用样方法。调查样方按照典型取样原则，布设在重点调查物种及其群落的集中分布区，对于分布较广泛的种类每种目标物种调查的总样方数不少于 15 个。对于罕见、稀有、种群数量稀少的种类，在调查区域内发现到的所有分布点均应布设样方。

在样方调查的基础上可计算多样性指数、物种丰富度指数、均匀度指数、相对优势度、重要值等指标，分析样地内的植物种群特征，并用于物种多样性测度。

2. 动物调查

哺乳动物主要采用样线调查法、红外触发相机法和直接计数法等对网格进行调查。鸟类主要采用样线调查法、样点调查法、直接计数法、鸣声回放法等对网格进行调查。两栖爬行动物和昆虫主要采用样线法调查。根据调查对象栖息活动范围和生境，选择一定路线，调查一定面积上的动物种类、种群数量、年龄组成等信息。

3. 水生生物调查

水生生物调查的采样点应涵盖代表性生境类型，重要物种或珍稀种类的索饵、洄游及产卵场等重要栖息地。威胁因子发生地点应设置采样点。水生生物调查，主要包括浮游植物调查、浮游动物调查、底栖动物调查、大型水生植物调查、着生藻类调查、着生原生动物调查、鱼类调查等。一般根据调查对象的不同分别设置采样断面和采样点，进行样品采集、测定、生物量测算，为生物多样性相关指数计算提供基础数据。根据河流类型与环境条件，鱼类应在采样点布设样线，采用围网法、撒网法、刺笼法等方法进行直接采样，并通过鱼市调查作为补充。

（二）生物多样性指数

生物多样性评价常用的评价指标有 Margalef 物种丰富度指数、Shannon-Wiener 多样性指数、Pielou 均匀度指数、Simpson 优势度指数等。

1. Shannon-Wiener 多样性指数

是以各个物种的相对多度来反映调查群落（或样品）中物种丰富度。计算公式为

$$H = -\sum_{i=1}^{N} P_i \log_2 P_i \qquad (7\text{-}10)$$

式中，H——Shannon-Wiener 多样性指数；

　　　　N——群落（或样品）中的种类总数；

　　　　P_i——第 i 种的个体数 n_i 占总个体数 N 的比例。

一般来说，北温带地区木本植物 H 值多小于 2，草本植物 H 值在 $2.0 \sim 2.5$。本法亦可用于群落多样性、生态系统多样性的表达。

2. Margalef 物种丰富度指数

反映调查群落（或样品）中物种种类丰富程度的指数，计算公式为：

$$D = \frac{(S-1)}{\ln N} \tag{7-11}$$

式中，D——Margalef 物种丰富度指数；

　　S——群落（或样品）中的种类总数；

　　N——群落（或样品）中的物种个体总数。

3. Pielou 均匀度指数

反映调查群落（或样品）中各物种个体数目分配均匀程度的指数，计算公式为

$$J = -\sum_{i=1}^{s} \frac{(P_i \ln P_i)}{\ln S} \tag{7-12}$$

式中，J——Pielou 均匀度指数；

　　P_i——群落（或样品）中属于第 i 种的个体比例；

　　S——群落（或样品）中的种类总数。

4. Simpson 优势度指数

与均匀度指数相对应，计算公式为：

$$D = 1 - \sum_{i=1}^{s} P_i^2 \tag{7-13}$$

式中，D——Simpson 优势度指数；

　　S——群落（或样品）中的种类总数；

　　P_i——群落（或样品）中属于第 i 种的个体比例。

（三）区域生物多样性评价

《区域生物多样性评价标准》（HJ 623—2011）中，推荐利用野生动物丰富度、野生维管束植物丰富度、生态系统类型多样性、物种特有性、受威胁物种的丰富度、外来物种入侵度等六项指标进行区域生物多样性的综合评价。

1. 评价指标

野生动物丰富度指被评价区域记录的野生哺乳类、鸟类、爬行类、两栖类、淡水鱼类、蝶类的种数（含亚种），用于表征野生动物的多样性。

野生维管束植物丰富度指被评价区域内已记录的野生维管束植物的种数（含亚种、变种或变型），用于表征野生植物的多样性。

生态系统类型多样性指被评价区域内自然或半自然生态系统的类型数，用于表征生态系统的类型多样性，以群系为生态系统的类型划分单位。

物种特有性指被评价区域内中国特有的野生哺乳类、鸟类、爬行类、两栖类、淡水鱼类、蝶类和维管束植物的种数的相对数量，用于表征物种的特殊价值。

外来物种入侵度指在当地的自然或半自然生态系统中形成了自我再生能力，可能或已经对生态环境、生产或生活造成明显损害或不利影响的外来物种。外来

物种入侵度则是指评价区域内外来入侵种数与本地野生动物和维管束植物的种数和比值，用于表征生态系统受到外来入侵物种干扰的程度。

　　受威胁物种指"世界自然保护联盟濒危物种红色名录"中属于极危、濒危、易危的物种。

　　2. 评价方法与分级标准

　　首先利用各指标最大参考值对原始数据进行归一化处理，并根据各指标的相对重要性赋以相应的权重（表7-4），计算生物多样性指数（Biodiversity Index，BI）。根据生物多样性指数，将区域分为四级（表7-5）。

表7-4　生物多样性评价指标参考最大值及指标权重

生物多样性评价指标	指标最大参考值	指标权重
野生动物丰富度	635	0.2
野生维管束植物丰富度	3 662	0.2
生态系统类型多样性	124	0.2
物种特有性	0.307 0	0.2
受威胁物种的丰富度	0.157 2	0.1
外来物种入侵度	0.144 1	0.1

表7-5　生物多样性状况分级标准

生物多样性等级	生物多样性指数	生物多样性状况
高	$BI \geqslant 60$	物种丰富度高，特有属、种多，生态系统丰富多样
中	$30 \leqslant BI < 60$	物种较丰富，特有属、种较多，生态系统类型较多，局部地区生物多样性高度丰富
一般	$20 \leqslant BI < 30$	物种较少，特有属、种不多，局部地区生物多样性较丰富，但生物多样性总体水平一般
低	$BI < 20$	物种贫乏，生态系统类型单一、脆弱，生物多样性低

二、生态风险评价

（一）生态风险评价的基本概念

生态风险是生态系统及其组成所承受的风险，是根据受体对象进行的风险划分。生态风险的概念是由人体健康风险演进而来，将受体范围由人类转向包括人类在内的生态系统。即生态风险指一个种群、生态系统或整个景观的正常功能受到外界胁迫，从而在目前和将来减小该系统内部某些要素或本身的健康、生产力、遗传结构、经济价值和美学价值的可能性。

生态风险评价研究工作起步于20世纪80年代，由人体健康评价、环境风险评价发展而来，是从单一因素的风险评价向多因素复合评价的发展，从只关注人体健康向关注生态系统安全尺度的发展。

生态风险评价是以生态学、环境化学和环境毒理学为基础，基于一定时间节点和一定生态保护目标，预测、分析和评价具有不确定性的灾害或事件对生态系统及其组分可能造成的损伤。生态风险评价强调影响发生的不确定性，突出风险程度，而生态影响评价强调因果关系，突出必然性。

（二）生态风险评价的内容

生态风险评价的内容包括生态风险评价标准确定、生态风险识别、生态风险传递路径分析、生态风险受体分析、生态风险表征和决策、生态风险监测和风险管理。

生态风险识别是对可能影响生态系统的风险源进行定量化和结构化的辨识，即风险源的数量、组成、分布、特征、类型等。生态风险识别是生态风险管理和评价的基础。由于风险源的属性是时间的函数，因此风险识别是一个动态反复的过程，也会随生态系统的变化而变化。

生态风险传递路径分析是明确从生态风险源到生态风险受体传递路径的过程。这一路径可能是单一路径，也可能是多路径，当涉及多风险源时，路径之间可能还存在相互关联。

生态风险受体分析是分析和界定生态系统的边界、属性、对源的暴露和响应特征等。健康风险评价是以人类本身为受体，生态风险评价是以生态系统为受体。由于生态系统的外延扩展，在某些情况下，生态系统也可以理解为包括人类社会在内的社会—经济—自然复合生态系统。

生态风险表征是根据源—路径—受体—暴露分析和生态系统响应分析结果，确认面临的风险及进行风险解释，包括风险评估和风险描述两个部分。风险评估包括不确定性分析，估计不利效应的可能性等内容，风险描述则是对风险评估结果的归纳和解释。

生态风险决策和生态风险管理不属于生态风险评价的内容，但却是生态风险评价的最终目的。只有将生态风险评价结果应用于生态风险决策和管理，才能体现生态风险评价的价值。生态风险决策和生态风险管理包括优化产业布局、产业规模，增强污染控制和生态系统保护，设计和落实生态风险防范和生态风险管理方案，有时甚至需要进行生态风险相关的监测。生态风险管理的结果可返回进入下一轮的风险评价，以不断改进管理政策，将风险减小到最低。

（三）生态风险评价方法

生态风险评价的方法按照评价的内容可以分为生态风险评价终点的确定方法、生态风险识别方法、生态风险损失计算方法、生态风险路径分析方法、生态风险受体分析方法等。按照评价对象可以分为项目层次的生态风险评价方法和区域层次的生态风险评价方法。

1. 生态风险评价终点的确定方法

终点是指生态系统受危害性和不确定性因素的作用而导致的结果。评价终点的确定是生态风险评价的关键步骤。评价终点应反映干扰对生态系统的作用结果及趋势。终点必须具有生态学意义或社会意义，它应具有清晰的、可操作的定义，便于预测和评价，如特定种群增长率、致死率等。评价终点选择应注重生态相关性即对于所在生态系统属性具有决定性作用，对干扰具有高的暴露概率且对干扰敏感的物种。

从社会—经济—自然复合生态系统的角度看，生态风险评价终点不只是一个技术问题，也是一个社会问题。评价终点的选择是制定政策的基础，选择评价终点的过程，就是通过对生态系统某些特征的描述来表达或者阐述风险管理者想要达到的目标。生态风险评价终点的选择应注重政策目标和社会价值性。风险评价中要与风险管理者进行重复交流与沟通并达成一致，这是生态风险评价终点判断是否取得成效的标志。

对于一个建设项目而言，确认其生态风险的终点，要回答诸如底栖生物是否受到影响、生物繁殖及地球化学循环是否阻断等问题。需要在一系列生态毒理实验结果的基础上做出一个综合性的结论。但是以系统实验为基础的风险评价需要大量的人力和物力支撑，因此通常并不采用系统实验方法确定终点，而是采用文献研究与试验验证相结合的方法。

当存在多个潜在评价终点时，可以采用界定通用终点，通过与正在进行的评价进行比较以缩小终点范围。例如美国 EPA 通过总结其生态终点的相关政策和范例而给出了一套生态风险评价通用终点（表 7-6）。

表 7-6　美国国家环保局（2003c）生态风险评价通用终点[*]

终点	属性	美国国家环保局使用先例
生物体水平终点		
生物体（在被评价的种群或群落内）	死亡	脊柱动物
	个体异常	脊柱动物
		植物

续表

终点	属性	美国国家环保局使用先例
生物体（在被评价的种群或群落内）	生存、丰度、生长	濒危物种 海洋哺乳动物 脊椎动物 无脊椎动物 植物
种群水平终点 评价种群	灭绝 丰度 繁殖力	脊椎动物 脊椎动物 脊椎动物（猎物/资源物种） 植物（收获物种）
群落和生态系统水平终点 评价群落、种群、生态系统	分类丰度 丰度 繁殖力 面积 功能 自然结构	珊瑚礁 水体群落 植物群落 湿地 濒危或者稀少的生态系统 湿地 水生生态系统
官方设定的终点 濒危物种的重要栖息地	面积 质量 特定的或者法律上 具有保护地位的生 态属性	 国家公园，国家野生动 物保护区

　　* 改编自 G. W. Suter II, Ecological risk assessment (2nd Ed.).

　　2. 生态风险识别方法

　　生态风险识别是指可能对生态系统或其组分产生不利作用的干扰进行识别、分析和度量，根据评价的目的找出具有风险的因素。生态风险评价所涉及的风险源可能是自然或人为灾害，也可能是其他社会、经济、政治、文化等因素，只要它可能产生不利的生态影响并具有不确定性，即生态风险评价所应考虑并识别的。

　　生态风险识别的方法很多，常用方法包括问卷调查、德尔菲法、头脑风暴法、风险因素预先分析法、环境分析法等。

　　3. 生态风险测度方法

　　生态风险测度方法包括单因素生态风险的测度和多因素生态风险的测度方法。单因素生态风险的测度有两类指标：平均指标和变异指标。平均指标表示风险变量的集中趋势，变异指标表示风险变量的离散趋势。一般情况下，平均指标为风险变量的期望值，变异指标为风险变量的标准差或变异系数。

多因素生态风险可采用总体风险值来测度。总体风险值用来表示生态系统在不良事件或干扰下的整体损失。对于特定系统的生态风险需要考虑各类风险的联合分布。联合分布的标准差可以表征总体风险的绝对大小，但在无法判断各风险因子是否为独立随机变量或无法获得各风险因子比重时，只有借助蒙特卡洛法总体风险的标准差表示。对于景观尺度，可以考虑从景观组分所占的比例与该组分的风险强度两方面入手。

4. 区域生态风险评价方法

区域生态风险评价是在区域尺度上描述和评估环境污染、人为活动或自然灾害对生态系统及其组分产生不利作用的可能性和大小的过程。区域生态风险评价涉及的风险源和风险后果具有区域性，即区域生态风险评价主要研究大范围的区域中各生态系统所承受的风险。区域具有广泛的空间异质性，因此区域生态风险评价应充分考虑生态系统的空间异质性。区域性带来的风险评价尺度的扩大及多风险源、多压力因子、多风险后果的特征，使区域生态风险评价与项目层次的风险评价要求不同。常用的区域生态风险评价方法主要有因果分析法、等级动态框架法和生态等级风险评价法等。

因果分析法是以压力因子和可能影响之间的因果关系为基础的，它需要大量的历史数据构建因果关系，并以此为基础进行预测评价。由于区域尺度上多"因"和多"果"广泛存在，因此有时应用也面临较大的困难。

等级动态框架法是一个概念框架，假设等级存在于生态系统结构中，且等级间相互关系产生了标志生态系统特征的属性，从而将时空相互作用关系结合起来。

生态等级风险评价法是在缺乏大量野外观测数据的情况下进行风险评价的有效方法。它将生态风险评价分为三部分：初级评价、半定量的区域评价和定量的局地评价。

习 题

1. 生态影响评价应遵循哪些基本原则？

2. 什么是生态保护红线？划定生态保护红线的目的是什么？

3. 生态保护目标包括哪些基本类型？

4. 生态影响评价如何划分评价等级？评价范围确定依据有哪些？

5. 景观变化分析的方法和常用的判断指标有哪些？

6. 生境适宜度评价的依据和重要步骤有哪些？

7. 什么是生物多样性？区域生物多样性评价指标有哪些？

8. 生态风险评价与生态影响评价有哪些区别和联系？生态风险评价包括哪

些主要内容？

参考文献

［1］张征，等．环境评价学［M］．北京：高等教育出版社，2004.

［2］李爱贞，周兆驹，林国栋，等．环境影响评价实用技术指南（第二版）［M］．北京：机械工业出版社，2012.

［3］张娜．景观生态学［M］．北京：科学出版社，2014.

［4］中华人民共和国环境保护部．环境影响评价技术导则　生态影响（HJ 19—2011)[S]．北京：中国环境科学出版社，2011.

［5］生态环境部环境工程评估中心．环境影响评价技术方法（2021版)[M]．北京：中国环境出版集团，2021.

［6］S.E.约恩森．生态系统生态学［M］．曹建军，等，译．北京：科学出版社，2017.

［7］何德文．环境影响评价（第二版)[M]．北京：科学出版社，2018.

［8］Michael Begon et al.生态学——从个体到生态系统（第四版)[M]．李博，张大勇，王德华，主译．北京：高等教育出版社，2016.

［9］中华人民共和国环境保护部．区域生物多样性评价标准（HJ 623—2011)[S]．北京：中国环境科学出版社，2011.

［10］覃林．统计生态学［M］．北京：中国林业出版社，2009.

［11］G. W. Suter II. Ecological risk assessment（2nd Ed.)［M］. CRC Press，2007.

第八章 战略和规划环境影响评价

第一节 战略环境影响评价概述

一、战略环境影响评价

（一）战略环境影响评价的概念

战略环境影响评价（Strategic Environmental Assessment，SEA）是环境影响评价的新领域，是可持续发展战略决策的重要支持工具，近年来在我国和世界范围开始受到广泛的重视。

所谓战略环境影响评价是环境影响评价的原则与方法在战略层次上的应用，它是对国家或地区的发展战略、政策、法规和规划、计划的实施可能对环境造成的影响进行系统的综合的预测评价，并在不利影响的情况下，采取预防措施或其他补救措施，对该战略进行修正或寻求替代方案。

SEA 具有高层次性、系统性、综合性、区域性和不确定性等特点。战略环境影响评价的主要目的是保证在制定政策、计划和项目决策时，尽早考虑环境、社会的因素，通过 SEA 消除或降低因战略缺陷、失效或失误对未来环境造成的不良影响，从源头上控制环境污染与生态退化等环境问题的产生。

（二）实施 SEA 的战略层次、功能与类型

1. 复合型战略

（1）区域发展战略体系。

复合型 SEA 在横向上表现为区域 SEA，评价对象为区域的战略体系包括法律、政策、规划、计划等。

这里的区域可以是自然性区域（比如西部地区、长江流域等），也可以是省、市、县等行政区域及资源的分布区，如油田、煤田等，也可以是政策区域，如开发区、经济区。区域发展涉及该区域社会经济环境的复合型战略体系。因此，区

域 SEA 的评价对象应包括区域开发政策、产业政策、城市总体规划及各专项规划、土地与国土资源规划、区域经济与社会发展的中长期规划和五年计划及工业、农业等专项计划。

（2）部门性发展战略体系。

复合型 SEA 在纵向上表现为部门 SEA，评价对象为一个部门的战略体系，包括法律、政策、规划、计划直至项目决策。比如中国能源战略体系 SEA 的评价对象包括能源战略方针（或指导思想），法律法规层次的比如"电力法""煤炭法""能源节约法"，政策层次的"能源工业产业政策""电力工业产业政策""能源结构政策""新能源发展的鼓励性政策""节能技术与管理政策"，规划与计划层次的"电力工业发展'十三五'规划""林业发展'十三五'规划"等，项目层次的比如"西气东输"及"西电东送"的系列项目或具体项目、"三峡水利工程"等。

2. 具体战略

（1）按层次不同分。

法律法规 SEA、政策 SEA、规划 SEA、计划 SEA，以及重大项目或系列项目的 SEA 等类型。

（2）按涉及领域分。

①综合型及总体型战略，如国民经济与社会发展计划、城市总体规划等；

②部门型及专业型战略，如交通、能源、林业、农业等；

③特定型战略，如特定区域型战略（西部大开发、沿海开放城市发展），特定规模型战略（"十五小"企业管理战略），特定性质战略（乡镇企业发展战略、开发区战略）。

二、战略环境影响评价的提出和发展

从立法的角度讲，SEA 的发展最早可以追溯到 1969 年美国的《国家环境政策法》（NEPA）。该法案中的第 102 条款规定：任何对人类环境产生重要影响的立法建议政策及联邦机构所要确定的重要行动都要进行环境影响评价。20 世纪 70 年代中期，欧美一些国家开始将 SEA 应用到规划层次，到 80 年代，又将 SEA 扩展到政策层次。80 年代末，SEA 开始得到世界范围的接受，联合国、欧盟、世界银行等国际性组织都制定了相关的文件，启动了相应的研究计划，开始了 SEA 的探索与实践。美国、荷兰、加拿大等国在法律上对实施 SEA 有明确的要求，德国、英国等国家正在积极研究某些战略行为的宏观环境影响，并制定了一些部门的 SEA 程序。但总体上说，SEA 在世界范围内还处在研究和发展的阶段，尚未形成统一完整的理论体系。

我国从 20 世纪 80 年代中后期开始进行区域开发活动的 SEA，并在理论和实践方面取得一些经验和成果。但对政策、法规和行业的 SEA 的研究开始较晚，一些学者在概念、理论、方法学方面进行了初步探讨，并进行了实践尝试。如对 2001 年 9 月 1 日实施的《中华人民共和国大气污染防治法》和《中国汽车产业政策》进行了 SEA 的尝试。我国政府认识到开展 SEA 的重要性和紧迫性，《中国 21 世纪议程》《国务院关于环境保护若干问题的决定》等文件明确提出要开展对现行重大政策和法规的环境影响评价。2003 年 9 月 1 日起施行《中华人民共和国环境影响评价法》，该法首次将规划的环境影响评价列入环境影响评价范围，以法律的形式确定了 SEA 的地位。我国在实施西部大开发的战略中，对"西气东输""西电东送"和"青藏铁路"等重大规划也组织进行了环境影响评价。2005 年国家环保总局选择有关典型行政区、重点行业、重要专项规划开展了第一批规划环评试点工作；2009 年 8 月 17 日，国务院颁布了《规划环境影响评价条例》（国务院令　第 559 号），自 2009 年 10 月 1 日起施行。该条例的颁布实施是我国环境立法的重大进展，标志着环境保护参与综合决策进入了新阶段。该条例明确规定了规划环评的内容，细化了规划环评的责任主体、环评文件的编制主体及编制方式、公众参与、实施程序等，明确了专项规划环评的审查主体、程序和效力、确立了"区域限批"等责任追究和约束性制度、明确了各方的法律责任。之后环保部门对发展势头猛、影响范围广、环境影响复杂的重点领域切实加强管理，特别是城市轨道交通、高速公路、煤炭开发等领域的规划环评工作呈现出整体有序推进的态势。2014 年我国修订了《中华人民共和国环境保护法》，其中增加了政策环评的若干规定。2016 年我国对《中华人民共和国环境影响评价法》进行了修订，战略环境影响评价在政策、规划领域得到了法律法规进一步确认，战略环境影响评价法律制度实现了新的发展。同年，环保部发布了《"十三五"环境影响评价改革实施方案》，其中强调我国目前需推动战略环评和规划环评的"落地"工作。在确认开展战略环评工作后，同时制定落实"三线一单"的技术规范，通过完成京津冀、长三角、珠三角等三大地区战略环评，组织开展长江经济带和"一带一路"战略环评以及完成连云港、鄂尔多斯等市域环评示范工作。2017 年 12 月 21 日，我国第四轮大区域战略环评工作完成。两年时间经历了四轮的试点工作，战略环评工作不断进步。2019 年 12 月 13 日，生态环境部正式发布了修订后的《规划环境影响评价技术导则　总纲》，新增了与"三线一单"工作的衔接，加强了规划环评对建设项目环评的指导，以期更好地规范和指导规划环境影响评价工作。总体上说，中国内地的规划环评已经广泛开展，但是开展规划环评的规划数量比重仍较低，距离环境影响评价法和规划环境影响评价条例的要求尚远。可以说我国 SEA 仍处于探索阶段，政策 SEA 的理论、方法研究和实践经验较少，许多问题尚待进一步研究探讨。

三、开展战略环境影响评价的意义

（一）开展战略环境影响评价是可持续发展的需要

自 20 世纪末期，特别是里约联合国环境与发展大会以来，可持续发展的观念日益深入人心，各国政府纷纷制定 21 世纪议程和可持续发展的政策、规划等。我国在制定国民经济发展纲要和计划中也逐步增加了保护环境、经济建设与环境保护同步发展的内容。传统的环境影响评价主要限于建设项目和区域开发项目，显然已经不能适应形势的需要。在国家发展战略、政策法规和计划规划中增加环境影响评价的内容十分必要。环境影响评价进入这些领域必然对可持续发展起到有力的促进作用。

（二）战略环境影响评价是对项目环境影响评价的拓展、完善和提高

项目的环境影响评价已开展多年，技术逐步成熟，但受项目内容、地域、时间和经费的限制，往往缺乏广度和深度；同时项目的环境影响评价工作由于受业主委托，为项目服务，有时难免具有局限性，而缺乏全局性和客观性。战略环境影响评价是站在全局的角度，由政府部门组织进行，通过各个有关部门合作，吸收大批专家和公众参与，能够进行相对全面、客观的分析评价，在内容上、方法上都有新的发展，是对项目环境评价的拓展、完善和提高。

（三）战略环境影响评价的实施有助于提高政府政策法规的质量

政策、法律、法规等是社会经济发展的保障，也是环境保护工作的保证。SEA 的实施将环境保护的内容纳入政府的政策法规体系中，并广泛听取各方面专家和公众的意见，有利于政府在决策中充分考虑政策法规对环境的影响，帮助决策者制定既有利于社会经济发展又保护生态环境的政策法规，从而提高了政策法规的质量。

（四）战略环境影响评价是科学生态补偿的重要前提

生态补偿的标准和原则是生态补偿政策的重要环节，因此对其做出评价，是生态补偿政策能否达到目的的关键。战略环评的对象侧重于制定政策和规划本身，要建立生态补偿机制，战略环评是一个十分重要的前提。战略环评能够分析、判断补偿原则和标准的选择及地区的经济发展水平和财力状况，针对特定区域采取合适的生态补偿政策；同时战略环评能对生态补偿政策的有效性做出客观评价，通过对生态补偿主客体之间的利益分配变化等多种因素的分析，对这种利益格局的变化做出客观的评价，进而对生态补偿本身做出评价。

四、战略环境影响评价的实施程序

到目前为止，国内外 SEA 尚未形成一个成熟的评价实施程序体系。当决定对某一战略行为进行 SEA 时，应由政府有关部门或指定一个机构（项目组）承担此项工作，首先进行战略分析，战略分析类似于建设项目的工程分析，主要从战略的内容、组织和实施三个方面进行分析。由于 SEA 涉及面较广，应在大纲阶段就广泛征求政府有关部门和专家的意见，使评价指标体系的确定更加客观。对通过各种方法（查阅文献、实地监测、GPS、GIS、RS 技术应用等）收集到的自然资源、环境、社会经济等现状资料及对战略行为进行分析评价时，可参考建设项目的评价方法。但考虑到 SEA 的特殊性，有时需要引入其他方法进行分析评价。在 SEA 中，公众参与的程度应比一般的 EIA 更为广泛，应渗透在评价的各个环节中。评价报告书应对该战略行为有一个明确的结论，是可行还是否决，或寻找替代方案，并提供切实可行的环境不利影响的减缓措施供有关部门参考。与建设项目一样，也应有专门的机构对战略实施过程进行环保监督，必要时进行环境监测，以保证 SEA 提出的各项措施的落实，使战略行为的实施做到经济、社会、环境三方面协调发展。

五、战略环境影响评价的方法

（一）战略环境影响评价的方法概述

目前按来源，SEA 方法可以分为传统 EIA 方法、政策评价方法和新发展的 SEA 方法；SEA 方法按结果表述形式可分为定性方法、定量方法、半定量方法或定性与定量相结合的方法；按应用范围可以分为通用型 SEA 方法和专用型 SEA 方法。

1. 通用型 SEA 方法

通用型 SEA 方法，就是在 SEA 中的许多甚至是所有环节普遍适用的方法。这些方法一般以定性研究为主，同时具有较强的主观性和综合性。通用型 SEA 方法可进一步分为主观评价法、模拟模型法和综合集成法三类。

（1）主观评价法。

主观评价法是最基本、最简单易行的 SEA 方法。主观评价法是一种定性方法，主要依靠评价者的经验、知识和判断能力对战略环境影响进行识别、预测、评价以及 SEA 中的其他方面，包括个人判断法、头脑风暴法、德尔菲法等。

（2）模拟模型法。

应用于 SEA 中的模拟模型包括概念模型、空间结构模型、数学模型、系统仿真模型、物理模拟实验模型等不同类型，主要用于 SEA 中的定量分析和研究。SEA 中应用模拟模型法的关键问题有两个：一是模拟模型的建立，包括模型结构识别和参数估计两方面，主要取决于输入—响应关系的定量化分析和投入产出分析；二是模型检验，由于 SEA 研究中不确定性的存在，这一问题成为影响本类方案甚至是整个 SEA 工作有效性的中心环节。

（3）综合集成法。

综合集成法的实质就是将专家群体、数据、信息和计算机技术有机结合起来，把各学科科学理论和人的知识经验结合起来，发挥其整体优势和综合优势。综合集成法可以应用于战略环境影响识别、预测及综合评价等环节。

2. 专用型 SEA 方法

专用型 SEA 方法是指具体应用于 SEA 工作中某个方面或某个环节的方法。根据 SEA 工作的具体环节专用型 SEA 方法可以进一步分为以下九种。

（1）战略筛选方法。

包括定义法、列表法、阈值法、敏感区域分析法、战略相容性分析等。

（2）战略分析方法。

包括战略一般分析（包括战略内容分析、战略组织分析、战略过程分析）和战略缺陷分析（包括战略内容失误分析、战略执行失真分析、战略组织失效分析）。

（3）环境背景调查分析方法。

包括收集资料法、现场调查测试法、遥感与 GIS 技术方法、预测推测法等。

（4）环境影响识别方法。

包括叠图法、清单法、矩阵法、系统流程图法、网络法、灰色关联分析等。

（5）指标体系设计方法。

（6）战略环境影响预测方法。

包括直观预测法、约束外推预测法、模拟预测法以及新发展的预测方法，如灰色预测法、混沌预测法、模糊预测法、综合集成法等。

（7）战略环境影响评价方法。

包括加权比较法、逼近理想状态排列法、费用—效益分析法、可持续发展能力评价法、环境承载力评价法、对比分析法等。

（8）环境风险分析评价方法。

包括事故树分析法、事件树分析法、因果分析法、比较评价法、风险—效益分析法、费用—效益分析法、可接受性分析法等。

（9）公众参与方法。

包括调查问卷法、专家咨询、座谈会、论证会、听证会等。

总之，由于 SEA 的发展历史较短，且战略具有不确定性和复杂性，它的技术方法仍然不完善，需要在实践中进一步探索和发展。我国需要在借鉴国外

SEA 经验的基础上，结合本国的实际特点，不断开展 SEA 技术方法研究，完善适合我国国情的战略环境影响评价学，建立有中国特色的战略环境影响评价系统。

（二）战略环境影响评价方法的选择

由于 SEA 涉及社会、经济、环境等不同领域的许多因子，并且各领域内众多因子的特点、属性、运动规律复杂多样，这就决定了应该针对不同因子，甚至同一因子的不同环节，采用不同的 SEA 方法。

选择 SEA 方法时，首先要对 SEA 研究对象及其历史演变做出尽可能透彻的分析，把握方法选择的关键，选择成熟的、被经验证明行之有效的方法；其次必须仔细分析 SEA 研究对象的个性特点，选取能够满足个性特点需要的 SEA 方法；最后在实施时还要注意多种 SEA 方法的结合使用，以相互检验。

第二节　规划环境影响评价概述

一、规划环境影响评价的概念

2002 年 10 月 28 日通过、2003 年实施的《中华人民共和国环境影响评价法》对我国环境影响评价制度进行了重大的扩展，把过去仅对建设项目进行环境影响评价延伸至对规划进行环境影响评价，这对从决策源头上防治环境污染和生态破坏，全面实施可持续发展战略具有重大意义。

规划环境影响评价是指对规划实施后可能造成的环境影响进行分析、预测和评价，提出预防或者减轻不良环境影响的对策和措施，进行跟踪监测的方法与制度。

所谓规划，是指比较全面长远的发展计划。计划一词，是指人们对未来事业发展所做的预见、部署和安排，具有很大的决策性，一般具有明确的预期目标、规定具体的执行者及应采取的措施，以保证预定目标的实现。我国的一般情况是：凡调控期在五年或五年以上部署和安排，无论名称为计划还是规划，均属于规划。在国外，规划指的就是计划。随着社会生产力的发展，社会化程度的提高，经济生活和社会生活日趋复杂和多样化，计划和规划日益成为人类组织社会生产活动的重要管理方法，规划的实施往往会对经济、社会和环境带来广泛和深远的影响，因此规划的环境影响评价对促进社会、经济和环境协调发展具有重要的作用。

二、规划环境影响评价的目的、原则与评价范围

（一）规划环境影响评价的目的

以改善环境质量和保障生态安全为目标，论证规划方案的生态环境合理性和环境效益，提出规划优化调整建议；明确不良生态环境影响的减缓措施，提出生态环境保护建议和管控要求，为规划决策和规划实施过程中的生态环境管理提供依据。

（二）规划环境影响评价的原则

1. 早期介入、过程互动

评价应在规划编制的早期阶段介入，在规划前期研究和方案编制、论证、审定等关键环节和过程中充分互动，不断优化规划方案，提高环境合理性。

2. 统筹衔接、分类指导

评价工作应突出不同类型、不同层级规划及其环境影响特点，充分衔接"三线一单"（生态保护红线、环境质量底线、资源利用上线和生态环境准入清单）成果，分类指导规划所包含建设项目的布局和生态环境准入。

3. 客观评价、结论科学

依据现有知识水平和技术条件对规划实施可能产生的不良环境影响的范围和程度进行客观分析，评价方法应成熟可靠，数据资料应完整可信，结论建议应具体明确且具有可操作性。

（三）评价范围

规划环境影响评价应按照规划实施的时间维度和可能影响的空间尺度来界定评价范围。在时间维度上，应包括整个规划期，并根据规划方案的内容、年限等选择评价的重点时段；在空间尺度上，应包括规划空间范围以及可能受到规划实施影响的周边区域。周边区域确定应考虑各环境要素评价范围，兼顾区域流域污染物传输扩散特征、生态系统完整性和行政边界。

三、规划环境影响评价的适用范围及评价要求

（一）需进行环境影响评价的规划类别及评价要求

《中华人民共和国环境影响评价法》第七条规定："国务院有关部门、设区的市级以上地方人民政府及其有关部门，对其组织编制的土地利用的有关规划，区域、流域、海域的建设、开发利用规划，应当在规划编制过程中组织进行环境影响评价，编写该规划有关环境影响的篇章或者说明"。规划有关环境影响的篇章或者说明，应当对规划实施后可能造成的环境影响做出分析、预测和评估，提出

预防或者减轻不良环境影响的对策和措施，作为规划草案的组成部分一并报送规划审批机关。

《中华人民共和国环境影响评价法》第八条规定："国务院有关部门、设区的市级以上地方人民政府及其有关部门，对其组织编制的工业、农业、畜牧业、林业、能源、水利、交通、城市建设、旅游、自然资源开发的有关专项规划（以下简称专项规划），应当在该专项规划草案上报审批前，组织进行环境影响评价，并向审批该专项规划的机关提出环境影响报告书。"专项规划的环境影响报告书应当包括下列内容：①实施该规划对环境可能造成影响的分析、预测和评估；②预防或者减轻不良环境影响的对策和措施；③环境影响评价的结论。

专项规划中的指导性规划，按照《中华人民共和国环境影响评价法》第七条的规定进行环境影响评价。

对县级人民政府组织编制的规划是否应进行环境影响评价，法律没有强制要求。《中华人民共和国环境影响评价法》第三十五条规定："省、自治区、直辖市人民政府可以根据本地的实际情况，要求对本辖区的县级人民政府编制的规划进行环境影响评价。"

（二）编制规划环境影响评价的具体范围

经国务院批准，原国家环境保护总局 2004 年 7 月 3 日颁布了《关于印发〈编制环境影响报告书的规划的具体范围（试行）〉和〈编制环境影响篇章或说明的规划的具体范围（试行）〉的通知》（环发［2004］98 号），对编制环境影响报告书的规划和编制环境影响篇章或说明的规划划定了具体范围。

1. 编制环境影响报告书的规划的具体范围

（1）工业的有关专项规划。

省级及设区的市级工业各行业规划

（2）农业的有关专项规划。

①设区的市级以上种植业发展规划；

②省级及设区的市级渔业发展规划；

③省级及设区的市级乡镇企业发展规划。

（3）畜牧业的有关专项规划。

①省级及设区的市级畜牧业发展规划；

②省级及设区的市级草原建设、利用规划。

（4）能源的有关专项规划。

①油（气）田总体开发方案；

②设区的市级以上流域水电规划。

（5）水利的有关专项规划。

①流域、区域涉及江河、湖泊开发利用的水资源开发利用综合规划和供水、

水力发电等专业规划；

②设区的市级以上跨流域调水规划；

③设区的市级以上地下水资源开发利用规划。

（6）交通的有关专项规划。

①流域（区域）、省级内河航运规划；

②国道网、省道网及设区的市级交通规划；

③主要港口和地区性重要港口总体规划；

④城际铁路网建设规划；

⑤集装箱中心站布点规划；

⑥地方铁路建设规划。

（7）城市建设的有关专项规划。

直辖市及设区的市级城市专项规划。

（8）旅游的有关专项规划。

省及设区的市级旅游区的发展总体规划。

（9）自然资源开发的有关专项规划。

①矿产资源：设区的市级以上矿产资源开发利用规划；

②土地资源：设区的市级以上土地开发整理规划；

③海洋资源：设区的市级以上海洋自然资源开发利用规划；

④气候资源：气候资源开发利用规划。

2. 编制环境影响篇章或说明的规划的具体范围

（1）土地利用的有关规划。

设区的市级以上土地利用总体规划。

（2）区域的建设、开发利用规划。

国家经济区规划。

（3）流域的建设、开发利用规划。

①全国水资源战略规划；

②全国防洪规划；

③设区的市级以上防洪、治涝、灌溉规划。

（4）海域的建设、开发利用规划。

设区的市级以上海域建设、开发利用规划。

（5）工业指导性专项规划。

全国工业有关行业发展规划。

（6）农业指导性专项规划。

①设区的市级以上农业发展规划；

②全国乡镇企业发展规划；

③全国渔业发展规划。

（7）畜牧业指导性专项规划。

①全国畜牧业发展规划；

②全国草原建设、利用规划。

（8）林业指导性专项规划。

①设区的市级以上商品林造林规划（暂行）；

②设区的市级以上森林公园开发建设规划。

（9）能源指导性专项规划。

①设区的市级以上能源重点专项规划；

②设区的市级以上电力发展规划（流域水电规划除外）；

③设区的市级以上煤炭发展规划；

④油（气）发展规划。

（10）交通指导性专项规划。

①全国铁路建设规划；

②港口布局规划；

③民用机场总体规划。

（11）城市建设指导性专项规划。

①直辖市及设区的市级城市总体规划（暂行）；

②设区的市级以上城镇体系规划；

③设区的市级以上风景名胜区总体规划。

（12）旅游指导性专项规划。

全国旅游区的总体发展规划。

（13）自然资源开发指导性专项规划。

设区的市级以上矿产资源勘察规划。

四、规划环境影响评价的工作流程

规划环境影响评价应在规划编制的早期阶段介入，并与规划编制、论证及审定等关键环节和过程充分互动，互动内容一般包括：

（1）在规划前期阶段，同步开展规划环评工作。通过对规划内容的分析，收集与规划相关的法律法规、环境政策等，收集上层位规划和规划所在区域战略环评及"三线一单"成果，对规划区域及可能受影响的区域进行现场踏勘，收集相关基础数据资料，初步调查环境敏感区情况，识别规划实施的主要环境影响，分析提出规划实施的资源、生态、环境制约因素，反馈给规划编制机关。

（2）在规划方案编制阶段，完成现状调查与评价，提出环境影响评价指标体系，分析、预测和评价，拟定规划方案实施的资源、生态、环境影响，并将评价结果和结论反馈给规划编制机关，作为方案比选和优化的参考和依据。

（3）在规划的审定阶段，进一步论证拟推荐的规划方案的环境合理性，形成必要的优化调整建议，反馈给规划编制机关。针对推荐的规划方案提出不良环境影响减缓措施和环境影响跟踪评价计划，编制环境影响报告书。如果拟选定的规划方案在资源、生态、环境方面难以承载，或者可能造成重大不良生态环境影响且无法提出切实可行的预防或减缓对策和措施，或者根据现有的数据资料和专家知识对可能产生的不良生态环境影响的程度、范围等无法做出科学判断，应向规划编制机关提出对规划方案做出重大修改的建议并说明理由。

（4）规划环境影响报告书审查会后，应根据审查小组提出的修改意见和审查意见对报告书进行修改完善。

（5）在规划报送审批前，应将环境影响评价文件及其审查意见正式提交给规划编制机关。

五、规划环境影响评价的技术方法

规划环境影响评价各工作环节常用方法参见表 8-1。开展具体评价工作时可根据需要选用，也可选用其他已广泛应用、可验证的技术方法。

表 8-1　规划环境影响评价的常用方法

评价环节	可采用的主要方式和方法
规划分析	核查表、叠图分析、矩阵分析、专家咨询（如智暴法、德尔菲法等）、情景分析、类比分析、系统分析
现状调查与评价	现状调查：资料收集、现场踏勘、环境监测、生态调查、问卷调查、访谈、座谈会 现状分析与评价：专家咨询、指数法（单指数、综合指数）、类比分析、叠图分析、生态学分析法（生态系统健康评价法、生物多样性评价法、生态机理分析法、生态系统服务功能评价方法、生态环境敏感性评价方法、景观生态学法等，以下同）、灰色系统分析法
环境影响识别与评价指标确定	核查表、矩阵分析、网络分析、系统流图、叠图分析、灰色系统分析法、层次分析、情景分析、专家咨询、类比分析、压力－状态－响应分析
规划实施生态环境压力分析	专家咨询、情景分析、负荷分析（估算单位国内生产总值物耗、能耗和污染物排放量等）、趋势分析、弹性系数法、类比分析、对比分析、供需平衡分析

续表

评价环节	可采用的主要方式和方法
环境影响预测与评价	类比分析、对比分析、负荷分析（估算单位国内生产总值物耗、能耗和污染物排放量等）、弹性系数法、趋势分析、系统动力学法、投入产出分析、供需平衡分析、数值模拟、环境经济学分析（影子价格、支付意愿、费用—效益分析等）、综合指数法、生态学分析法、灰色系统分析法、叠图分析、情景分析、相关性分析、剂量—反应关系评价、环境承载力分析
环境风险评价	灰色系统分析法、模糊数学法、数值模拟、风险概率统计、事件树分析、生态学分析法、类比分析

第三节　规划环境影响评价的主要内容

规划环境影响评价主要内容包括：规划分析、环境影响现状调查与评价、环境影响识别与评价指标体系构建、环境影响预测与评价、规划方案综合论证和优化调整建议、环境影响减缓对策和措施、环境影响跟踪评价计划、公众参与、评价结论。规划环境影响评价的技术流程见图 8-1。

一、规划分析

规划分析包括规划概述和规划协调性分析。规划概述应明确可能对生态环境造成影响的规划内容；规划协调性分析应明确规划与相关法律、法规、政策的相符性，以及规划在空间布局、资源保护与利用、生态环境保护等方面的冲突和矛盾。

（一）规划概述

介绍规划编制背景和定位，结合图、表梳理分析规划的空间范围和布局，规划不同阶段目标、发展规模、布局、结构（包括产业结构、能源结构、资源利用结构等）、建设时序、配套基础设施等可能对生态环境造成影响的规划内容，梳理规划的环境目标、环境污染治理要求、环保基础设施建设、生态保护与建设等方面的内容。如规划方案包含的具体建设项目有明确的规划内容，应说明其建设时段、内容、规模、选址等。

（二）规划协调性分析

1. 筛选出与本规划相关的生态环境保护法律法规、环境经济政策、环境技术政策、资源利用和产业政策，分析本规划与其相关要求的符合性。

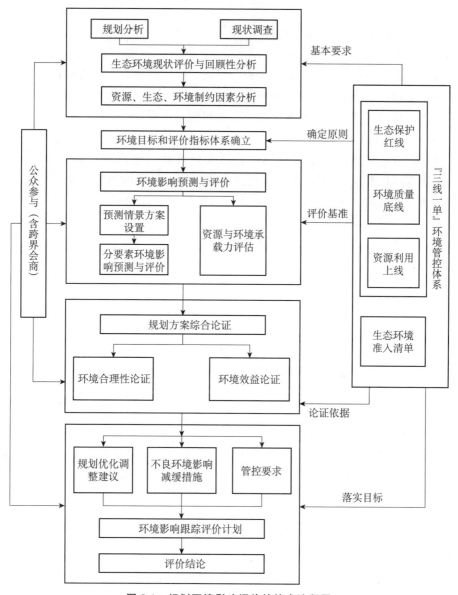

图 8-1 规划环境影响评价的技术流程图

2. 分析规划规模、布局、结构等规划内容与上层位规划、区域"三线一单"管控要求、战略或规划环评成果的符合性，识别并明确在空间布局以及资源保护与利用、生态环境保护等方面的冲突和矛盾。

3. 筛选出在评价范围内与本规划同层位的自然资源开发利用或生态环境保护相关规划，分析与同层位规划在关键资源利用和生态环境保护等方面的协调性，明确规划与同层位规划间的冲突和矛盾。

二、环境影响现状调查与评价

开展资源利用和生态环境现状调查、环境影响回顾性分析，明确评价区域资源利用水平和生态功能、环境质量现状、污染物排放状况，分析主要生态环境问题及成因，梳理规划实施的资源、生态、环境制约因素。

（一）现状调查

现状调查应包括自然地理状况、环境质量现状（地表水、地下水、大气、声、土壤等环境要素质量）、生态状况及生态功能、环境敏感区和重点生态功能区、资源利用现状（土地、能源、矿产、水等资源利用现状）、社会经济概况、环保基础设施建设及运行情况等内容。

现状调查应立足于收集和利用评价范围内已有的常规现状资料，并说明资料来源和有效性。当已有资料不能满足评价要求，或评价范围内有需要特别保护的环境敏感区时，可利用相关研究成果，必要时进行补充调查或监测，补充调查样点或监测点位应具有针对性和代表性。

（二）现状评价与回顾性分析

1. 资源利用现状评价

明确与规划实施相关的自然资源、能源种类，结合区域资源禀赋及其合理利用水平或上线要求，分析区域水资源、土地资源、能源等各类资源利用的现状水平和变化趋势。

2. 环境与生态现状评价

（1）结合各类环境功能区划及其目标质量要求，评价区域水、大气、土壤、声等环境要素的质量现状和演变趋势，明确主要和特征污染因子，并分析其主要来源；分析区域环境质量达标情况、主要环境敏感区保护等方面存在的问题及成因，明确需解决的主要环境问题。

（2）结合区域生态系统的结构与功能状况，评价生态系统的重要性和敏感性，分析生态状况和演变趋势及驱动因子。当评价区域涉及环境敏感区和重点生态功能区时，应分析其生态现状、保护现状和存在的问题等；当评价区域涉及受保护的关键物种时，应分析该物种种群与重要生境的保护现状和存在的问题。明确需解决的主要生态保护和修复问题。

3. 环境影响回顾性分析

结合上一轮规划实施情况或区域发展历程，分析区域生态环境演变趋势和生态环境问题现状与上一轮规划实施或发展历程的关系，调查分析上一轮规划环评及审查意见落实情况和环境保护措施的效果。提出本次评价应重点关注的生态环境问题及解决途径。

4. 制约因素分析

分析评价区域资源利用水平、生态状况、环境质量等现状与区域资源利用上线、生态保护红线、环境质量底线等管控要求之间的关系，明确提出规划实施的资源、生态、环境制约因素。

三、环境影响识别与评价指标体系构建

识别规划实施可能产生的资源、生态、环境影响，初步判断影响的性质、范围和程度，确定评价重点，明确环境目标，建立评价的指标体系。

（一）环境影响识别

1. 根据规划方案的内容、年限，识别和分析评价期内规划实施对资源、生态、环境造成影响的途径、方式，以及影响的性质、范围和程度。识别规划实施可能产生的主要生态环境影响和风险。

2. 对于可能产生具有易生物蓄积、长期接触对人群和生物产生危害作用的无机和有机污染物、放射性污染物、微生物等的规划，还应识别规划实施产生的污染物与人体接触的途径以及可能造成的人群健康风险。

3. 对资源、生态、环境要素的重大不良影响，可从规划实施是否导致区域环境质量下降和生态功能丧失、资源利用冲突加剧、人居环境明显恶化等三个方面进行分析与判断。

4. 通过环境影响识别，筛选出受规划实施影响显著的资源、生态、环境要素，作为环境影响预测与评价的重点。

（二）环境目标与评价指标确定

1. 确定环境目标

分析国家和区域可持续发展战略、生态环境保护法规与政策、资源利用法规与政策等的目标及要求，重点依据评价范围涉及的生态环境保护规划、生态建设规划以及其他相关生态环境保护管理规定，结合规划协调性分析结论，衔接区域"三线一单"成果，设定各评价时段有关生态功能保护、环境质量改善、污染防治、资源开发利用等的具体目标及要求。

2. 建立评价指标体系

结合规划实施的资源、生态、环境等制约因素，从环境质量、生态保护、资源利用、污染排放、风险防控、环境管理等方面构建评价指标体系。评价指标应符合评价区域生态环境特征，体现环境质量和生态功能不断改善的要求，体现规划的属性特点及其主要环境影响特征。

3. 确定评价指标值

评价指标应易于统计、比较和量化，指标值符合相关产业政策、生态环境保

护政策、相关标准中规定的限值要求，如果国内政策标准中没有相应的规定，也可参考国际标准来确定；对于不易量化的指标可参考相关研究成果或经过专家论证，给出半定量的指标值或定性说明。

四、环境影响预测与评价

环境影响预测与评价，一般包括预测情景设置、规划实施生态环境压力分析，环境质量、生态功能的影响预测与评价，对环境敏感区和重点生态功能区的影响预测与评价，环境风险预测与评价，资源与环境承载力评估等内容。应给出规划实施对评价区域资源、生态、环境的影响程度和范围，叠加环境质量、生态功能和资源利用现状，分析规划实施后能否满足环境目标要求，评估区域资源与环境承载能力。应充分考虑不同层级和属性规划的环境影响特征以及决策需求，采用定性和定量相结合的方式开展评价。

（一）预测情景设置

应结合规划所依托的资源环境和基础设施建设条件、区域生态功能维护和环境质量改善要求等，从规划规模、布局、结构、建设时序等方面，设置多种情景开展环境影响预测与评价。

（二）规划实施生态环境压力分析

1. 依据环境现状评价和回顾性分析结果，考虑技术进步等因素，估算不同情景下水、土地、能源等规划实施支撑性资源的需求量和主要污染物（包括常规污染物和特征污染物）的产生量、排放量。

2. 依据生态现状评价和回顾性分析结果，考虑生态系统演变规律及生态保护修复等因素，评估不同情景下主要生态因子（如生物量、植被覆盖度/率、重要生境面积等）的变化量。

（三）影响预测与评价

1. 水环境影响预测与评价

预测不同情景下规划实施导致的区域水资源、水文情势、海洋水文动力环境和冲淤环境、地下水补径排状况等的变化，分析主要污染物对地表水和地下水、近岸海域水环境质量的影响，明确影响的范围、程度，评价水环境质量的变化能否满足环境目标要求，绘制必要的预测与评价图件。

2. 大气环境影响预测与评价

预测不同情景下规划实施产生的大气污染物对环境空气质量的影响，明确影响范围、程度，评价大气环境质量的变化能否满足环境目标要求，绘制必要的预测与评价图件。

3. 土壤环境影响预测与评价

预测不同情景下规划实施的土壤环境风险，评价土壤环境的变化能否满足相应环境管控要求，绘制必要的预测与评价图件。

4. 声环境影响预测与评价

预测不同情景下规划实施对声环境质量的影响，明确影响范围、程度，评价声环境质量的变化能否满足相应的功能区目标，绘制必要的预测与评价图件。

5. 生态影响预测与评价

预测不同情景下规划实施对生态系统结构、功能的影响范围和程度，评价规划实施对生物多样性和生态系统完整性的影响，绘制必要的预测与评价图件。

6. 环境敏感区影响预测与评价

预测不同情景下规划实施对评价范围内生态保护红线、自然保护区等环境敏感区的影响，评价其是否符合相应的保护和管控要求，绘制必要的预测与评价图件。

7. 人群健康风险分析

对可能产生具有易生物蓄积、长期接触对人群和生物产生危害作用的无机和有机污染物、放射性污染物、微生物等的规划，根据上述特定污染物的环境影响范围，估算暴露人群数量和暴露水平，开展人群健康风险分析。

8. 环境风险预测与评价

对于涉及重大环境风险源的规划，应进行风险源及源强、风险源叠加、风险源与受体响应关系等方面的分析，开展环境风险评价。

（四）资源与环境承载力评估

人类赖以生产和发展的环境是一个巨大的复合系统，它为人类活动提供空间和载体，又为人类活动提供资源并容纳废弃物。但环境对人类活动的支持能力是有一定限度的，或者说存在一定的阈值，把这一阈值定义为环境承载力。即环境承载力是指在某一时期，某种状态或条件下，某区域环境所能承受的人类活动作用的阈值。要准确客观地反映区域环境承载力，必须有一套完整的指标体系，它是分析区域环境承载力的理论基础。一般包括自然资源供给类指标、社会条件支持类指标、污染承受能力类指标。

资源与环境承载力评估主要内容包括：

1. 资源与环境承载力分析

分析规划实施支撑性资源（水资源、土地资源、能源等）可利用（配置）上线和规划实施主要环境影响要素（大气、水等）污染物允许排放量，结合现状利用和排放量、区域削减量，分析各评价时段剩余可利用的资源量和剩余污染物允许排放量。

2. 资源与环境承载状态评估

根据规划实施新增资源消耗量和污染物排放量，分析规划实施对各评价时段剩余可利用资源量和剩余污染物允许排放量的占用情况，评估资源与环境对规划实施的承载状态。

五、规划方案综合论证和优化调整建议

以改善环境质量和保障生态安全为核心，综合环境影响预测与评价结果，论证规划目标、规模、布局、结构等规划内容的环境合理性以及评价设定的环境目标的可达性，分析判定规划实施的重大资源、生态、环境制约的程度、范围、方式等，提出规划方案的优化调整建议并推荐环境可行的规划方案。如果规划方案优化调整后资源、生态、环境仍难以承载，不能满足资源利用上线和环境质量底线要求，应提出规划方案的重大调整建议。

（一）规划方案综合论证

规划方案的综合论证包括环境合理性论证和环境效益论证两部分内容。前者从规划实施对资源、生态、环境综合影响的角度，论证规划内容的合理性；后者从规划实施对区域经济、社会与环境发挥的作用，以及协调当前利益与长远利益之间关系的角度，论证规划方案的合理性。

1. 规划方案的环境合理性论证

（1）基于区域环境保护目标以及"三线一单"要求，结合规划协调性分析结论，论证规划目标与发展定位的环境合理性。

（2）基于环境影响预测与评价和资源与环境承载力评估结论，结合资源利用上线和环境质量底线等要求，论证规划规模和建设时序的环境合理性。

（3）基于规划布局与生态保护红线、重点生态功能区、其他环境敏感区的空间位置关系和对以上区域的影响预测结果，结合环境风险评价的结论，论证规划布局的环境合理性。

（4）基于环境影响预测与评价和资源与环境承载力评估结论，结合区域环境管理和循环经济发展要求，以及规划重点产业的环境准入条件和清洁生产水平，论证规划用地结构、能源结构、产业结构的环境合理性。

（5）基于规划实施环境影响预测与评价结果，结合生态环境保护措施的经济技术可行性、有效性，论证环境目标的可达性。

2. 规划方案的环境效益论证

分析规划实施在维护生态功能、改善环境质量、提高资源利用效率、减少温室气体排放、保障人居安全、优化区域空间格局和产业结构等方面的环境效益。

3. 不同类型规划方案综合论证重点

进行综合论证时，应针对不同类型和不同层级规划的环境影响特点，选择论证方向，突出重点。

（1）对于资源能源消耗量大、污染物排放量高的行业规划，重点从流域和区域资源利用上线、环境质量底线对规划实施的约束、规划实施可能对环境质量的影响程度、环境风险、人群健康风险等方面，论述规划拟定的发展规模、布局（及选址）和产业结构的环境合理性。

（2）对于土地利用的有关规划和区域、流域、海域的建设、开发利用规划，农业、畜牧业、林业、能源、水利、旅游、自然资源开发专项规划，重点从流域或区域生态保护红线、资源利用上线对规划实施的约束，以及规划实施对生态系统及环境敏感区、重点生态功能区结构、功能的影响和生态风险等角度，论述规划方案的环境合理性。

（3）对于公路、铁路、城市轨道交通、航运等交通类规划，重点从规划实施对生态系统结构、功能所造成的影响，规划布局与评价区域生态保护红线、重点生态功能区、其他环境敏感区的协调性等方面，论述规划布局（及选线、选址）的环境合理性。

（4）对于产业园区等规划，重点从区域资源利用上线、环境质量底线对规划实施的约束、规划及包括的交通运输实施可能对环境质量的影响程度以及环境风险与人群健康风险等方面，综合论述规划规模、布局、结构、建设时序以及规划环境基础设施、重大建设项目的环境合理性。

（5）对于城市规划、国民经济与社会发展规划等综合类规划，重点从区域资源利用上线、生态保护红线、环境质量底线对规划实施的约束，城市环境基础设施对规划实施的支撑能力、规划及相关交通运输实施对改善环境质量、优化城市生态格局、提高资源利用效率的作用等方面，综合论述规划方案的环境合理性。

（二）规划方案的优化调整建议

（1）根据规划方案的环境合理性和环境效益论证结果，对规划内容提出明确的、具有可操作性的优化调整建议，特别是出现以下情形时：

①规划的主要目标、发展定位不符合上层位主体功能区规划、区域"三线一单"等要求。

②规划空间布局和包含的具体建设项目选址、选线不符合生态保护红线、重点生态功能区，以及其他环境敏感区的保护要求。

③规划开发活动或包含的具体建设项目不满足区域生态环境准入清单要求、属于国家明令禁止的产业类型或不符合国家产业政策、环境保护政策。

④规划方案中配套的生态保护、污染防治和风险防控措施实施后，区域的资源、生态、环境承载力仍无法支撑规划实施，环境质量无法满足评价目标，或仍

可能造成重大的生态破坏和环境污染，或仍存在显著的环境风险。

⑤规划方案中有依据现有科学水平和技术条件，无法或难以对其产生的不良环境影响的程度或范围做出科学、准确判断的内容。

（2）应明确优化调整后的规划布局、规模、结构、建设时序；给出相应的优化调整图、表，说明优化调整后的规划方案具备资源、生态和环境方面的可支撑性。

（3）将优化调整后的规划方案，作为评价推荐的规划方案。

（4）说明规划环评与规划编制的互动过程、互动内容和各时段向规划编制机关反馈的建议及其被采纳情况等互动结果。

六、环境影响减缓对策和措施

规划的环境影响减缓对策和措施是针对评价推荐的规划方案实施后可能产生的不良环境影响，在充分评估规划方案中已明确的环境污染防治、生态保护、资源能源增效等相关措施的基础上，提出的环境保护方案和管控要求。

环境影响减缓对策和措施应具有针对性和可操作性，能够指导规划实施中的生态环境保护工作，有效预防重大不良生态环境影响的产生，并促进环境目标在相应的规划期限内可以实现。

环境影响减缓对策和措施一般包括生态环境保护方案和管控要求。主要内容包括：

（一）提出现有生态环境问题解决方案，规划区域整体性污染治理、生态修复与建设、生态补偿等；环境保护方案，以及与周边区域开展联防联控等预防和减缓环境影响的对策措施。

（二）提出规划区域资源能源可持续开发利用、环境质量改善等目标、指标性管控要求。

（三）对于产业园区等规划，从空间布局约束、污染物排放管控、环境风险防控、资源开发利用等方面，以清单方式列出生态环境准入要求。

七、环境影响跟踪评价计划

应结合规划实施的主要生态环境影响，拟定跟踪评价计划，监测和调查规划实施对区域环境质量、生态功能、资源利用等的实际影响，以及不良生态环境影响减缓措施的有效性。

跟踪评价取得的数据、资料和结果应能够说明规划实施带来的生态环境质量实际变化，反映规划优化调整建议、环境管控要求和生态环境准入清单等对策措施的执行效果，并为后续规划实施、调整、修编，以及完善生态环境管理方案和加强相关建设项目环境管理等提供依据。跟踪评价计划应包括工作目的、监测方案、调查方法、评价重点、执行单位、实施安排等内容。

八、规划所包含建设项目环评要求

如规划方案中包含具体的建设项目，应针对建设项目所属行业特点及其环境影响特征，提出建设项目环境影响评价的重点内容和基本要求，并依据规划环评的主要评价结论提出建设项目的生态环境准入要求（包括选址或选线、规模、资源利用效率、污染物排放管控、环境风险防控和生态保护要求等）、污染防治措施建设要求等。

对符合规划环评环境管控要求和生态环境准入清单的具体建设项目，应将规划环评结论作为重要依据，其环评文件中选址选线、规模分析内容可适当简化。当规划环评资源、环境现状调查与评价结果仍具有时效性时，规划所包含的建设项目环评文件中现状调查与评价内容可适当简化。

九、公众参与和会商意见处理

收集整理公众意见和会商意见，对于已采纳的，应在环境影响评价文件中明确说明修改的具体内容；对于未采纳的，应说明理由。

十、评价结论

评价结论是对全部评价工作内容和成果的归纳总结，应文字简洁、观点鲜明、逻辑清晰、结论明确。在评价结论中应明确以下内容：①区域生态保护红线、环境质量底线、资源利用上线，区域环境质量现状和演变趋势，资源利用现状和演变趋势，生态状况和演变趋势，区域主要生态环境问题、资源利用和保护问题及成因，规划实施的资源、生态、环境制约因素。②规划实施对生态、环境影响的程度和范围，区域水、土地、能源等各类资源要素和大气、水等环境要素对规划实施的承载能力，规划实施可能产生的环境风险，规划实施环境目标可达性分析结论。③规划的协调性分析结论，规划方案的环境合理性和环境效益论证结论，规划优化调整建议等。④减缓不良环境影响的生态环境保护方案和管控要求。⑤规划包含的具体建设项目环境影响评价的重点内容和简化建议等。⑥规划实施环境影响跟踪评价计划的主要内容和要求。⑦公众意见、会商意见的回复和采纳情况。

第四节　规划环境影响评价文件编制要求

规划环境影响评价文件应图文并茂、数据翔实、论据充分、结构完整、重点突出、结论和建议明确。

一、规划环境影响报告书的主要内容

（一）总则
概述任务由来，明确评价依据、评价目的与原则、评价范围、评价重点、执行的环境标准、评价流程等。

（二）规划分析
介绍规划不同阶段目标、发展规模、布局、结构、建设时序，以及规划包含的具体建设项目的建设计划等可能对生态环境造成影响的规划内容；给出规划与法规政策、上层位规划、区域"三线一单"管控要求、同层位规划在环境目标、生态保护、资源利用等方面的符合性和协调性分析结论，重点明确规划之间的冲突与矛盾。

（三）现状调查与评价
通过调查评价区域资源利用状况、环境质量现状、生态状况及生态功能等，说明评价区域内的环境敏感区、重点生态功能区的分布情况及其保护要求，分析区域水资源、土地资源、能源等各类自然资源现状利用水平和变化趋势，评价区域环境质量达标情况和演变趋势，区域生态系统结构与功能状况和演变趋势，明确区域主要生态环境问题、资源利用和保护问题及成因。对已开发区域进行环境影响回顾性分析，说明区域生态环境问题与上一轮规划实施的关系。明确提出规划实施的资源、生态、环境制约因素。

（四）环境影响识别与评价指标体系构建
识别规划实施可能影响的资源、生态、环境要素及其范围和程度，确定不同规划时段的环境目标，建立评价指标体系，给出评价指标值。

（五）环境影响预测与评价
设置多种预测情景，估算不同情景下规划实施对各类支撑性资源的需求量和主要污染物的产生量、排放量，以及主要生态因子的变化量。预测与评价不同情景下规划实施对生态系统结构和功能、环境质量、环境敏感区的影响范围与程度，明确规划实施后能否满足环境目标的要求。根据不同类型规划及其环境影响特点，开展人群健康风险分析、环境风险预测与评价。评价区域资源与环境对规划实施的承载能力。

（六）规划方案综合论证和优化调整建议

根据规划环境目标可达性论证规划的目标、规模、布局、结构等规划内容的环境合理性，以及规划实施的环境效益。介绍规划环评与规划编制互动情况。明确规划方案的优化调整建议，并给出调整后的规划布局、结构、规模、建设时序。

（七）环境影响减缓对策和措施

给出减缓不良生态环境影响的环境保护方案和管控要求。

（八）如规划方案中包含具体的建设项目，应给出重大建设项目环境影响评价的重点内容要求和简化建议。

（九）环境影响跟踪评价计划

说明拟定的跟踪监测与评价计划。

（十）说明公众意见、会商意见回复和采纳情况。

（十一）评价结论

归纳总结评价工作成果，明确规划方案的环境合理性，以及优化调整建议和调整后的规划方案。

二、环境影响报告书中图件的要求

（一）规划环境影响评价文件中图件一般包括规划概述相关图件，环境现状和区域规划相关图件，现状评价、环境影响评价、规划优化调整、环境管控、跟踪评价计划等成果图件。

（二）成果图件应包含地理信息、数据信息，依法需要保密的除外。

（三）报告书应包含的成果图件及格式、内容要求见《规划环境影响评价技术导则 总纲》（HJ 130—2019）附录 F。实际工作中应根据规划环境影响特点和区域环境保护要求，选取提交相应图件。

三、规划环境影响篇章（或说明）的主要内容

（一）环境影响分析依据

重点明确与规划相关的法律法规、政策、规划和环境目标、标准。

（二）现状调查与评价

通过调查评价区域资源利用状况、环境质量现状、生态状况及生态功能等，分析区域水资源、土地资源、能源等各类资源现状利用水平，评价区域环境质量达标情况和演变趋势，区域生态系统结构与功能状况和演变趋势等，明确区域主要生态环境问题、资源利用和保护问题及成因。明确提出规划实施的资源、生态、环境制约因素。

（三）环境影响预测与评价

分析规划与相关法律法规、政策、上层位规划和同层位规划在环境目标、生态保护、资源利用等方面的符合性和协调性。预测与评价规划实施对生态系统结构和功能、环境质量、环境敏感区的影响范围与程度。根据规划类型及其环境影响特点，开展环境风险预测与评价。评价区域资源与环境对规划实施的承载能力，以及环境目标的可达性。给出规划方案的环境合理性论证结果。

（四）环境影响减缓措施

给出减缓不良生态环境影响的环境保护方案和环境管控要求。针对主要环境影响提出跟踪监测和评价计划。

（五）根据评价需要，在篇章（或说明）中附必要的图、表。

习　题

1. 分析战略环境影响评价与政策环境影响评价、规划环境影响评价的关系？

2. 战略环境影响评价有什么重要意义？

3. 开展规划环境影响评价的目的和意义是什么？哪些类别的规划要进行环境影响评价？

4. 哪些规划要编写环境影响报告书？哪些规划只需编写环境影响篇章或说明？

5. 规划环境影响评价的技术流程是什么？

6. 规划的环境影响报告书和环境影响篇章应包括哪些内容？

7. 规划环境影响评价的主要技术方法有哪些？

参考文献

[1] 何德文. 环境影响评价 [M]. 北京：科学出版社，2018.

[2] 包存宽，陆雍森，尚金城. 规划环境影响评价方法及实例 [M]. 北京：科学出版社，2004.

[3] 李爱贞，周兆驹，等. 环境影响评价实用技术技术指南（第二版）[M]. 北京：机械工业出版社，2011.

[4] 生态环境部. 规划环境影响评价技术导则　总纲（HJ 130—2019）[S]. 2019.

[5] 王珏，包存宽. 面向规划体制改革的规划环评升级 [J]. 环境保护，2019，47（22）：16-20.

[6] 郑欣璐，李志林，王珏，等. 我国规划环境影响评价制度评析——新制度经济学的视角 [J]. 环境保护，2017，45（19）：20-25.

第九章　环境风险评价

在现代工业高速发展的同时，世界环境史上曾发生几起震惊世界的重大污染事件，其中影响最大和后果最严重的当属20世纪80年代发生的印度博帕尔农药厂异氰酸酯毒气泄漏与苏联切尔诺贝利核电站事故以及2011年3月发生在日本福岛第一核电厂的放射性物质泄漏事故。因此人们逐渐认识并关心重大突发性事故造成的环境危害的评价问题。

这类风险评价常称事故风险评价。它主要考虑与项目连在一起的突发性灾难事故，包括易燃易爆和有毒物质、放射性物质失控状态下的泄漏，大型技术系统（如桥梁、水坝等）的故障。发生这种灾难性事故的概率虽然很小，但影响的程度往往是巨大的。

关于事故风险（或事故后果）评价，国际上是沿着三条线发展的。其一称为概率风险评价（PRA），它是在事故发生前，预测某设施（或项目）可能发生什么事故及其可能造成的环境（或健康）风险。其二为实时后果评价，其主要研究对象是在事故发生期间给出实时的有毒物质的迁移轨迹及实时浓度分布，以便做出正确的防护措施决策，减少事故的危害。其三称为事故后果评价，主要研究事故停止后对环境的影响。

目前国内外开展的环境风险评价属于第一类，即预测某设施（或项目）建成后可能造成的风险。1985年，世界银行颁布了关于"控制影响厂外人员和环境的重大危害事故"的导则和指南。1987年联合国环境规划署制订了阿佩尔（APELL）计划，即"地区性紧急事故的意识和防备"。同年，欧盟甚至立法，规定对可能发生化学事故危险的工厂必须进行环境风险评价。20世纪80年代，在美国的一些州环保局，风险评价成为环境影响评价的一个组成部分。亚洲开发银行于1990年出版了《环境风险管理》。在我国，80年代也开始了对事故风险的重视与研究工作。国家环保局于1990年下发第057号文，要求对重大环境污染事故隐患进行环境风险评价。90年代在我国的重大项目的环境影响报告中也普遍开展了环境风险的评价，尤其是世界银行和亚洲开发银行贷款项目的环境影响报告书中必须包含有环境风险评价的章节。

进入21世纪，我国加强了对环境风险的控制。为规范环境风险评价技术工作，2003 年 6 月国家环保总局决定编制环境风险评价技术导则，并委托环境工程评估中心负责起草，2004 年 12 月，《建设项目环境风险评价技术导则》（HJ/T 169—2004）正式颁布，规定了建设项目环境风险评价的目的、基本原则、内容、程序和方法。为适应环境影响评价体制改革、环保发展新要求和环境风险防控新形势，着力提升导则的科学性、实用性，生态环境部对导则进行了修订，于 2018 年 10 月发布了《建设项目环境风险评价技术导则》（HJ 169—2018），规定了建设项目环境风险评价的一般性原则、内容、程序和方法。修订后的风险导则提高了环境风险评价的科学性和可操作性，将对建设项目环境风险评价工作起到更好的指导作用。

第一节 环境风险评价概述

一、环境风险评价的基本概念

（一）风险的概念

"风险"一词在字典中的定义是："生命与财产损失或损伤的可能性"。有的作者定义风险为："用事故可能性与损失或损伤的幅度来表达的经济损失与人员伤害的度量"。也有定义风险为"不确定危害的度量"。比较通用与严格的定义如下：风险 R 是事故发生概率 P 与事故造成的环境（或健康）后果 C 的乘积，即：

$$R（危害/单位时间）＝P（事故/单位时间）\times C（危害/事故）$$

（二）环境风险

环境风险是指由人类活动引起的，或由人类活动与自然界的运动过程共同作用造成的，通过环境介质传播的，能对人类社会及其生存、发展的基础——环境产生破坏、损失乃至毁灭性作用等不利后果的事件的发生概率。

环境风险具有两个主要特点，即不确定性和危害性。不确定性是指人们对事件发生的地点、强度等事先难以准确预料；危害性指事件的后果而言，具有风险的事件对其承受者会造成威胁，并且一旦事件发生，就会对风险的承受者造成损失或危害，包括对人身健康、经济财产、社会福利乃至生态系统等带来程度不同的危害。

环境风险广泛存在于人们的生产和其他活动之中，而且表现方式纷繁复杂。根据产生原因的差异，可以将环境风险分为化学风险、物理风险以及自然灾害引发的风险。

化学风险是指对人类、动物和植物能产生毒害或其他不利作用的化学物品的排放、泄漏，或者是易燃易爆材料的泄漏而引发的风险。

物理风险是指机械设备或机械结构的故障所引发的风险。

自然灾害引发的风险是指地震、火山、洪水、台风等自然灾害带来的化学性和物理性的风险，显然，自然灾害引发的风险具有综合的特点。

另外，我们也可根据危害事件的承受对象的差异，将风险分为三类，即人群风险、设施风险以及生态风险。人群风险是指因危害性事件而致人病、伤、死、残的概率；设施风险是指危害性事件对人类社会的经济活动的依托——设施，如水库大坝、房屋等造成破坏的概率；生态风险是指危害性事件对生态系统中的某些要素或生态系统本身造成破坏的可能性，对生态系统的破坏作用可以使某种群落数量减少，乃至灭绝，导致生态系统的结构、功能发生变异。

（三）环境风险评价

环境风险评价，广义上讲是指对某建设项目的兴建、运转或是区域开发行为所引发的或面临的灾害（包括自然灾害）对人体健康、社会经济发展、生态系统等造成的风险，可能带来的损失进行评估，并以此进行管理和决策的过程。狭义上讲是指对有毒化学物质危害人体健康的可能程度进行概率估计，并提出减少环境风险的方案和决策。

人们已经逐渐认识到，环境风险与人类社会的经济发展往往是联系在一起的。对于人类社会的经济发展所带来的或面临的不确定性，特别是一些重大的不确定性影响进行分析、预测和评价，有助于决策者做出更为科学的决策。同时，从人类社会的开发行为的效益和风险两方面考察人类的行为，也反映了人们认识范围的扩大和水平的提高。

二、环境风险评价标准

环境风险评价标准是指可接受风险度，常用的标准有以下三类。

（一）补偿极限标准

风险所造成的损失包括事故造成的物质损失和事故造成的人员伤亡两类。物质损失可核算成经济损失，其相应的风险标准常用补偿极限标准，即随着安全防护投资增加，事故风险概率下降；但达到某点时，增加投资减少事故损失的补偿极微，此时的风险度可作为风险评价的标准。

（二）人员伤亡风险标准

风险随时随地都存在，但是各种原因造成的死亡率增加到 10^{-4} 以上是不可以接受的；而降低到 10^{-8} 以下所需费用太大不太现实；当风险概率在 $10^{-8} \sim 10^{-4}$ 范围内时，是人们可以接受的风险度，因此，可以此作为评价标准。

（三）恒定风险标准

当存在多种可能的事故，而每种事故不论其产生的后果强度如何，它的风险概率与风险后果强度的乘积规定为一个可接受的恒定值。当投资者有足够的资金去补偿事故的损失时，该恒定风险值作为评价和管理标准是最客观和合理的。但是，投资者往往只对其中某类事故更为关注，常常愿意花钱去降低低概率高强度的事故风险，而不愿意花钱去降低高概率低强度的事故风险，尽管二者的乘积（即可能的风险损失）无多大差异。

三、环境风险评价与其他环境评价的异同

（一）环境风险评价与环境影响评价的主要区别

表 9-1 列举了环境风险评价与环境影响评价的主要区别。二者的根本区别在于环境影响评价所考虑的是相对确定的事件，其影响程度也相对比较容易测量和预测；而环境风险评价所考虑的是不确定性的危害事件或潜在的危险事件，这类事件具有概率特征，危害后果发生的时间、范围、强度等都难以事先预测。可以说，环境风险评价应是特定条件下、特殊类型的环境影响评价，是涉及风险问题的环境影响评价。

表 9-1 环境风险评价与环境影响评价的主要不同点

序号	项目	环境风险评价	环境影响评价
1	分析重点	突发事故	正常运行工况
2	持续时间	很短	很长
3	应计算的物理效应	火、爆炸，向空气和地面释放污染物	向空气、地面水、地下水释放污染物、噪声、热污染等
4	释放类型	瞬时或短时间连续释放	长时间连续释放
5	应考虑的影响类型	突发性的激烈的效应以及事故后期的长远效应	连续的、累积的效应
6	主要危害受体	人和建筑、生态	人和生态
7	危害性质	急性受毒；灾难性的	慢性受毒
8	大气扩散模式	烟团模式、分段烟羽模式	连续烟羽模式
9	照射时间	很短	很长
10	源项确定	较大的不确定性	不确定性很小
11	评价方法	概率方法	确定论方法
12	防范措施与应急计划	需要	不需要

（二）环境风险评价与安全评价的主要区别

安全评价是以实现工程、系统安全为目的，应用安全系统工程原理和方法，对工程、系统中存在的危险、有害因素进行辨识与分析，判断工程、系统发生事故和职业危害的可能性及其严重程度，从而为制定防范措施和管理决策提供科学依据。表 9-2 列举了环境风险评价与安全评价的主要区别。

表 9-2　环境风险评价与安全评价的主要不同点

序号	项目	环境风险评价	安全评价
1	关注对象	厂界外环境、公众、生态环境	厂界内环境和员工安全与健康
2	风险类型	泄漏、火灾爆炸等	机械伤害、物体打击、高空坠落、起重伤害、电器伤害、火灾爆炸等
3	事故严重度	关注最大可信污染事故	关注各类职业伤害事故
4	危害因素	危险化学品、危险废物、工业废水、工业废气	物理性危险有害因素、化学性危险有害因素、生物学危险有害因素、行为性危险有害因素
5	危害后果	环境污染、生态灾难	工伤事故、职业病、灾难
6	评价方法	以定量评价为主，如概率法、指数法等，评价方法较少	侧重于定性评价，如安全检查表危险预先分析、危险和可操作性研究、人员可靠性分析等，评价方法种类多
7	主管部门	政府环境保护管理部门	政府安全生产监督管理部门

常见事故类型下环境风险评价和安全评价的内容如表 9-3 所示。从表中可以看出，环境风险评价侧重于通过自然环境如空气、水体和土壤等传递的突发性环境危害，而安全评价则主要针对人为因素和设备因素等引起的火灾、爆炸、中毒等重大安全危害。

表 9-3　常见事故类型下环境风险评价与安全评价的内容对比

序号	事故类型	环境风险评价	安全评价
1	石油化工厂输管线油品泄漏	土壤污染和生态破坏	火灾、爆炸
2	大型码头油品泄漏	海洋污染	火灾、爆炸
3	储罐、工艺设备有毒物质泄漏	空气污染、人员毒害	火灾、爆炸；人员急性中毒
4	油井井喷	土壤污染和生态破坏	火灾、爆炸
5	高硫化氢井井喷	空气污染、人员毒害	火灾、爆炸
6	石化工艺设备易燃烃类泄漏	空气污染、人员毒害	火灾、爆炸；人员急性中毒
7	炼化厂二氧化硫等事故排放	空气污染、人员毒害	人员急性中毒

综上所述，环境影响评价是属于大的方面，包含很多专题，这些专题需要根据项目的性质，对照环评技术导则逐一确立；风险评价属于环评中的一个专题，只要项目具有风险物质或者风险单元，就需要开展风险评价；安全评价则侧重于对人影响以及经济损失。

第二节　环境风险评价

一、环境风险评价工作程序

评价程序采用中华人民共和国国家环境保护标准《建设项目环境风险评价技术导则》（HJ 169—2018）中的环境风险评价流程框图，见图 9-1。首先对建设项目进行环境风险调查，确定风险源和环境敏感目标；根据建设项目涉及的物质和工艺系统的危险性及其所在地的环境敏感程度，结合事故情形下环境影响途径，对建设项目潜在环境危害程度进行概化分析；对环境风险进行识别，以确定环境风险因素和风险类型；在分析风险源项、确定最大可信事故及其概率的基础上，预测风险事故的后果，确定环境危害的程度和范围；对风险进行评价，确定风险值和风险可接受水平；提出切实可行的风险防范措施和应急预案。

二、环境风险评价工作等级和评价范围

（一）评价工作等级划分

环境风险评价工作等级划分为一级、二级、三级。根据建设项目涉及的物质及工艺系统危险性和所在地的环境敏感性确定环境风险潜势，按照表 9-4 确定评价工作等级。风险潜势为 IV 及以上，进行一级评价；风险潜势为 III，进行二级评价；风险潜势为 II，进行三级评价；风险潜势为 I，可开展简单分析。

表 9-4　评价工作等级划分

环境风险潜势	IV、IV⁺	III	II	I
评价工作等级	一	二	三	简单分析ᵃ

　ᵃ 是相对于详细评价工作内容而言，在描述危险物质、环境影响途径、环境危害后果、风险防范措施等方面给出定性的说明。见《建设项目环境风险评价技术导则》（HJ 169—2018）附录 A。

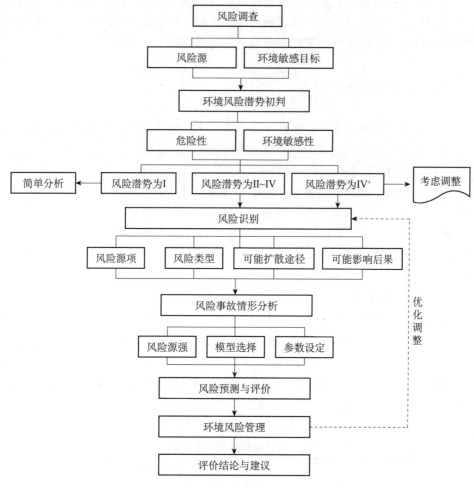

图 9-1 评价工作程序

（二）评价范围

大气环境风险评价范围：一级、二级评价距建设项目边界一般不低于 5 km；三级评价距建设项目边界一般不低于 3 km。油气、化学品输送管线项目一级、二级评价距管道中心线两侧一般均不低于 200 m；三级评价距管道中心线两侧一般均不低于 100 m。当大气毒性终点浓度预测到达距离超出评价范围时，应根据预测到达距离进一步调整评价范围。

地表水环境风险评价范围参照《环境影响评价技术导则 地表水环境》（HJ 2.3—2018）确定。

地下水环境风险评价范围参照《环境影响评价技术导则 地下水环境》（HJ 610—2016）确定。

环境风险评价范围应根据环境敏感目标分布情况、事故后果预测可能对环境产生危害的范围等综合确定。项目周边所在区域，评价范围外存在需要特别关注的环境敏感目标，评价范围需延伸至所关心的目标。

三、环境风险评价的基本内容

环境风险评价的基本内容包括风险调查、风险潜势初判、风险识别、风险事故情形分析、风险预测与评价、环境风险管理等。

（一）风险调查

包括建设项目风险源调查和环境敏感目标调查。其中，建设项目风险源调查是指调查建设项目危险物质数量和分布情况、生产工艺特点，收集危险物质安全技术说明书（MSDS）等基础资料。环境敏感目标调查是根据危险物质可能的影响途径，明确环境敏感目标，给出环境敏感目标区位分布图，列表明确调查对象、属性、相对方位及距离等信息。

（二）风险潜势初判

建设项目环境风险潜势划分为 I、II、III、IV/IV$^+$ 级。

根据建设项目涉及的物质和工艺系统的危险性（P）及其所在地的环境敏感程度（E），结合事故情形下的环境影响途径，对建设项目潜在环境危害程度进行概化分析，按照表 9-5 确定环境风险潜势。建设项目环境风险潜势综合等级取各要素等级的相对高值。

表 9-5　建设项目环境风险潜势划分

环境敏感程度（E）	危险物质及工艺系数危险性（P）			
	极高危害（$P1$）	高度危害（$P2$）	中度危害（$P3$）	轻度危害（$P4$）
环境高度敏感区（$E1$）	IV$^+$	IV	III	III
环境中度敏感区（$E2$）	IV	III	III	II
环境低度敏感区（$E3$）	III	III	II	I

注：IV$^+$ 为极高环境风险。

1. 危险物质及工艺系统危险性（P）的分级确定

分析建设项目生产、使用、储存过程中涉及的有毒有害、易燃易爆物质，参见《建设项目环境风险评价技术导则》（HJ 169—2018）附录 B 确定危险物质的临界量。定量分析危险物质数量与临界量的比值（Q）和所属行业及生产工艺特点（M），按《建设项目环境风险评价技术导则》（HJ 169—2018）附录 C 对危险物质及工艺系统危险性（P）等级进行判断。

2. E 的分级确定

分析危险物质在事故情形下的环境影响途径，如大气、地表水、地下水等，按照《建设项目环境风险评价技术导则》（HJ 169—2018）附录 D 对建设项目各要素环境敏感程度（E）等级进行判断。

（三）风险识别

环境风险识别又称危险识别，是进行环境风险评价时的首要工作。这是因为，引起环境风险的因素很多，其后果严重程度也各不相同；同时环境系统中各个因素间又错综复杂。忽略或遗漏某些重要因素对于决策的科学化是很危险的；然而面面俱到地考虑每个因素也会使问题复杂化。环境风险识别就是根据因果分析的原则，用筛选、监控和诊断的方法，把环境系统中能给人类社会、生态系统带来风险的因素识别出来的过程。它将对有哪些环境风险应当考虑、引起这些环境风险的主要原因是什么等问题做出回答。环境风险识别是整个评价过程的基础，包括：

（1）物质危险性识别，包括对主要原辅材料、燃料、中间产品、副产品、最终产品、污染物、火灾和爆炸伴生/次生物的危险性识别。

（2）生产系统危险性识别，包括对主要生产装置、储运设施、公用工程和辅助生产设施，以及环境保护设施等的危险性识别。

（3）危险物质向环境转移的途径识别，包括分析危险物质特性及可能的环境风险类型，识别危险物质影响环境的途径，分析可能影响的环境敏感目标。

（四）风险事故情形分析

在风险识别的基础上，选择对环境影响较大并具有代表性的事故类型，设定风险事故情形。风险事故情形设定内容应包括事故类型、风险源、危险单元、危险物质和影响途径等。

1. 风险事故情形设定原则

同一种危险物质，可能有火灾、爆炸、泄漏等多种事故类型。风险事故情形应当包括危险物质泄漏以及火灾、爆炸等引发的伴生/次生事故。对不同环境要素产生影响的事故情形，应分别进行设定，对于火灾、爆炸事故，需将事故中未完全燃烧的危险物质在高温下迅速挥发释放至大气以及燃烧过程中产生的伴生/次生污染物对环境的影响作为事故情形设定的内容。设定的事故情形发生的可能性应处于合理的区间，并与经济技术发展水平相适应。一般而言，发生频率小于 10^{-6} 次/a 事件是极小概率事件，可作为最大可信事故设定的参考。

2. 事故情形设定的不确定性与筛选

由于事故触发因素具有不确定性，因此事故情形的设定并不能包含全部可能的环境风险，但通过具有代表性的事故情形分析可为风险管理提供科学依据。事故情形的设定应在环境风险识别的基础上筛选，设定的事故情形应具有危险物质、环境危害、影响途径等方面的代表性。

（五）风险预测与评价

在风险事故情形分析基础上，选取各环境要素风险事故的预测模型，设定好模型参数，进行事故后果预测。在事故后果预测的基础上，分析说明建设项目环境风险的危害范围与程度，以避免急性伤害为重点，按大气、地表水等要素分别进行。大气环境风险的影响范围和程度由大气毒性终点浓度确定，地表水对照功能区质量标准浓度（或参考浓度）进行说明。大气毒性终点浓度是指人员短期暴露可能会导致出现健康影响或死亡的大气污染物浓度，用于判断周边环境风险影响程度。环境风险可采用后果分析法、概率分析法开展定性或定量评价，确定环境风险防范的基本要求。

后果计算的任务是确定最大可信事故发生后对环境质量、人群健康、生态系统等造成的影响范围和危害程度。

根据最大可信事故的发生概率、危害程度，计算项目风险的大小，并确定是否可以接受。风险大小多采用风险值作为表征量。

$$R = PC \tag{9-1}$$

式中，R——风险值，危害/时间，在具体环境评价中常以"死亡数/a"为单位；

　　　P——最大可信事故概率，事故数/时间；

　　　C——最大可信事故造成的危害，危害/事故次数。

风险评价需要从各功能单元的最大可信事故风险 R_i 中，选出风险最大的事故，作为本项目的最大可信灾害事故，并将其风险值 R_{max} 与同行业可接受水平 R_L 比较来确定是否需要采取措施降低项目风险。

（六）环境风险管理

具体内容见本章第六节。

第三节　环境风险识别与源项分析

一、风险识别

环境风险识别是指运用因果分析的原则，采用一定的方法（筛选、监控、诊断等）从纷繁复杂的环境系统中找出具有风险的因素的过程。环境风险识别是环境风险评价的首要步骤，它主要回答以下问题：

（1）有哪些风险是重大的，并需要进行评价？

（2）引起这些风险的主要因素和传播途径是什么？

在进行某个建设项目时，能引起的风险事件较多，存在许多不确定性。环境风险识别就是要合理地缩小这种不确定性。

常用于环境风险识别的主要方法，并不仅限用于环境风险评价，有些方法，如德尔菲法既可用于环境风险识别，又可用于环境质量预测等。

（一）专家调查法

由于在环境风险识别阶段的主要任务是找出各种潜在的危险并做出对其后果的定性估量，但不要求做定量的分析；又由于有些危险因素很难，或者说不可能在短时间内用统计方法、实验分析的方法或因果论证的方法得到证实，例如河流污染对附近居民的癌症发病率的影响等。在这种情况下，人们用于环境风险识别的常用方法是专家调查法。它是一种专家按照规定程序对有关问题进行调查的方法，能够尽量准确地反映出专家们的主观估计能力，是经验调查法中的一种比较可靠、具有一定科学性的方法。

1. 智力激励法

这是一种刺激创造性、产生新思想的方法。它可以由单个人完成，然后将他们的意见汇集起来。参加的人数一般为10人左右。如果将此法运用于环境风险识别中，就应提出类似于以下的问题：进行某项工程项目，将会遇到哪些危险？这些危险危害各个方面的程度如何？为避免重复，提高效率，应首先将已进行的分析结果向有关方面说明，使人们不必在一些简单问题上花费过多的时间和精力，这样，可使环境风险识别者打开思路，寻求危害事件。在使用这种方法时应注意如下规则：

（1）广开言路，对风险识别人员所发表的思想不得有任何非难。

（2）应将参与人所提意见进行分类、组合以及合理的改进。对风险识别提的意见越多，数量越大，出现有价值的意见的概率也就越大。

参加识别的人员应由环境风险评价的专家、某个相应专业领域内的专家和工程项目的设计者组成。这种方法适用于所研究或探讨的问题比较单纯、目标也比较明确的情况。如果问题牵涉面较广，包含因素太多，就应首先进行一下原则的分解，然后采用此法。

2. 德尔菲法

前面所讲的智力激励法是将专家们召集起来，同他们提出并交流各自对建设项目的观点以及对风险的判识。这种方法的优点是能发挥专家的智力、技能优势，然而也具有以下缺点：

（1）代表性不全。由于一个工程项目面临的潜在危险涉及面可能较宽，加上受专家本人专业知识及业务水平的限制，使得其中某些潜在危险可能未被识别出来。

（2）有口才善言辩的专家占上风，但观点不一定正确。

（3）有些人出于对权威的崇拜可能导致错误的认识。

德尔菲法是将问题分头送给专家，并将专家意见统计后再返回专家，经多次反复后得到最终识别结果的方法。由于该方法避免了智力激励法的弱点，因而更为有效。德尔菲法应用于环境风险识别中有以下几个主要用途。

①明确一些可以产生环境风险的因素。这些因素有人为的，也有自然的；有物理的，也有化学的；有技术性的，也有非技术性的。

②对环境风险的实现及其时间作概率估计。

③利用专家，评价环境风险的时间进程。

④检查某一危险在既定条件下的可能性。

⑤在缺乏客观数据和资料时，对工程项目引发的环境风险做出主观定量测量。

（二）幕景分析法

幕景分析法是一种能帮助识别关键因素的方法。其研究的重点是：当某种能够引起环境风险的因素发生变化时，会有什么危险发生？对整个工程项目又会发生什么作用？这正如电影上一幕又一幕的场景，供人们进行研究和比较。

幕景分析方法常用于以下几种情况：

（1）提醒决策者注意某种措施可能引发的风险或危害性后果。

（2）提供需要进行监控的风险的范围。

（3）研究某些关键性因素对环境以及未来的影响。

（4）处理各种相互矛盾的情形。

作为幕景分析方法的具体应用，筛选、监测和诊断常常用于环境风险识别之中。筛选是用某种程序将具有潜在性的危险及其后果，对产品、过程和现象进行分类选择的风险识别过程；监测是对应于某种危险及其后果，对产品、过程和现象进行监测、记录和分析的过程；而诊断则是根据症状或其后果，找出可疑的起因，并进行仔细分析和检查的过程。筛选、监测和诊断是紧密相连的，它们分别从不同的侧面进行环境风险的识别。Goodman 在 1976 年提出了一个描述筛选、监测和诊断关系的风险识别各元素的序列图。他认为以上三种过程均使用相同的元素——疑因估计、仔细检查和征兆鉴别，只是各过程顺序不尽相同：

（1）筛选　仔细检查—征兆鉴别—疑因估计；

（2）监测　疑因估计—仔细检查—征兆鉴别；

（3）诊断　征兆鉴别—疑因估计—仔细检查。

图 9-2 表示了风险识别三因素的顺序图。

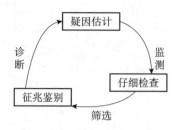

图 9-2 风险识别三因素的顺序图

1. 筛选

建设项目的环境风险的筛选是指找出项目具有哪些可能的危害，需要进行什么类型的风险评价。一般来说，根据建设项目可能存在的环境影响，可以把建设项目分为需要进行环境风险评价的项目和不需要进行环境风险评价的项目两类。对于前者，首先进行初步筛选，其目的是挑选出那些需要做环境风险评价的项目，如杀虫剂、石化产品、合成有机化合物的生产、加工；石油、天然气和有害废物的处理、存贮和运输；核电站、水库、大坝的兴建等，然后再进一步做化学性风险筛选和物理性风险筛选。物理性风险的筛选主要包括：

（1）交通风险。

是指有毒有害化学物品、易燃易爆物品的运输过程中发生泄漏、扩散等事故所造成的风险。对于工业项目而言，要考虑其原材料和产品的运输过程中是否可能发生的事故。如拟建项目是否会引起局部或区域性的公路、铁路、水路以及空中运输量的大量增加，拟建项目要使用的交通路线是否有反常的事故发生，交通系统是否受到拟建项目的不利影响等。

（2）水库和大坝项目中的洪水风险。

主要包括大坝或水库的建筑失事是否引发洪水，有没有采取一定防范措施防止洪水向潜在的受灾区域扩散。

（3）自然灾害引发的环境风险。

主要包括地震、台风、洪水、暴雨、泥石流、雪灾等对建设项目造成破坏而引发的环境风险。

（4）工程项目面临的风险常常与以下因素或条件有关。

该项目是否使用高气压、高电压、高温、微波辐射、离子辐射等；该项目的流程是否错综复杂，任何一部分的失事都将会引发一系列的事故；该项目是否需要工作人员执行潜在的危险性任务，操作人员的失误是否将产生不利的后果。

图 9-3 给出了化学性风险的筛选过程。其中：①是根据已有成果来确定的，一些手册上给出了某些有毒有害化学物品的清单；②在这个筛选过程中，把化学物品的量用三个水平来衡量：第一，该量比阈值低，不需要进行环境风险评价；第二，该量比阈值高，又低于阈值的 10 倍；第三，该量大于阈值的 10 倍。

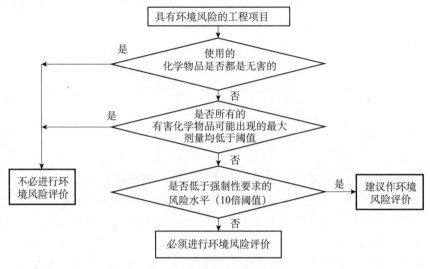

图 9-3　化学性风险筛选框图

2. 监测

尽管人们提出了越来越多的有助于筛选的方案，但人们仍然非常注意运用监测这一手段。这里所说的监测是指事故性监测，它不同于研究性监测和监视性监测。它的特定目的是将监测技术用于建设项目和大型设备中的事故、危险等的识别。

监测是一个极其复杂的过程。为了正确描述各危险因素，首先应使监测记录或数据具有时间上和空间上的代表性。科学地布置观测采样点、确定适当的采样频率是保证监测结果具有代表性的关键；其次应根据优先监测原则，确定优先监测的因素，即确定哪些是危害严重，而且出现频率高的因素。具体地说，优先监测的因素是：

（1）对环境和人体健康危害极大的污染物；

（2）已有可靠方法并能获得准确数据的污染物；

（3）对环境和人体健康的影响具有一定阈值的污染物。

监测技术有许多类型，目前使用较多的是化学、物理和生物监测。根据建设项目的性质，可采用一种或几种监测方法。例如对于核工业建设项目，放射性监测是主要内容，其中放射性化学分析技术是一种重要的手段。

无论采取自动、连续监测，还是采用简易、快速的监测手段，都必须保证监测过程的准确性和良好的监测质量，这是由环境风险的不确定性决定的。由于监测对象成分复杂，时间、空间、量级上的范围广泛，而且随机多变，难以准确测量，这就要求从采样到提供的数据都具有可比性，以便做出正确的结论。如果没有一个科学的监测质量保证程序，由于人员的技术水平、仪器差异，难免出现监测资料相互矛盾、数据不能利用的现象，造成大量人力、物力和财力的浪费。

3. 诊断

诊断是依据因果关系，从不利事件的后果中分析产生原因。

目前经常使用的化学性风险筛选过程实际上是一种诊断的筛选方式。由于某些化学物品所造成的后果是比较明确的，有些手册给出了有毒有害化学品清单。只要根据手册中绘出的阈值，就可以将某些产生环境风险的因素筛选出来。

诊断作为环境风险识别的一种方式，在环境风险管理过程中也是很有用的。依据风险可能造成的后果，查找产生的原因，制定减缓风险的措施。由于是逐步向初级查找，因此最终制定的减缓措施带有根本性。

（三）故障树—事件树分析法

故障树分析法是利用图解的形式将大的故障分解成各种小的故障，并对各种引起故障的原因进行分解。由于图的形状像树枝一样，越分越多，故得名故障树。这是环境风险分析的有力工具，最常用于直接经验很少的风险辨识中。

1. 故障树分析（FTA——fault tree analysis）

故障树分析是较适用于大型复杂系统（如应用于核电站、航天、导弹、化工厂等）安全性与可靠性的常用的有效方法，它是一个演绎分析工具，用以系统地描述导致工厂到达通常称为顶事件的某一特定危险状态的所有可能的故障。顶事件可以是一事故序列，也可以是风险定量分析中认为重要的任一状态。通过故障树的分析，能估算出某一特定事故（顶事件）的发生概率。

在应用故障树之前，先将复杂的环境风险系统分解成比较简单的、容易被识别的小系统。例如可以把建设化肥厂的环境风险分解为化学风险、物理风险等。化学风险可以分解为：有毒原料的输送和贮存，各条生产线上单元反应过程的控制和有毒物料的单元操作，有毒成品的贮存和外运等。分解的原则是将风险问题单元化、明确化。

（1）程序。

故障树分析的程序为：①调查原始资料，以满足系统分析的需要；②进行初始分析；③作 FT 图；④简化 FT 图；⑤估算底（基本）事件概率；⑥计算所分析事故（顶事件）的发生概率；⑦确定系统所需的修正范围。①～④为影响识别工作，⑤～⑦在风险变量中讨论。所谓基本事件，就是最基本的、不能再往下分析的事件。

（2）符号。

在 FTA 中常用□——顶事件或中间事件，○——基本事件，△——转移或输入，即由另一个过程转移过来的事，⌂与门——即几个事件同时发生时才构成继发事件；∧或门——即几个事件中只要有一件发生后即会继发的。

（3）示例。

挥发性毒物贮槽泄漏，造成空气污染的 FTA。为使一个容器挥发性有毒物质的贮存罐不发生泄漏，需通过一个水循环系统制冷，当贮存罐中的压力超过某一阈值，贮存罐的安全阀自动泄压，或者通过放空阀将有毒物质引入充满水的安全池内。在此例中，我们将有毒物质泄漏到大气中作为顶事件。

有毒物质泄漏到大气中有两种可能性：一种是贮存罐有裂缝或破裂；另一种是自动控制失效。造成贮存罐破裂的原因有正常操作条件下的破裂和非正常操作条件下的破裂两种情况，而保险控制失效主要由于自动制冷系统失灵。故障树见图 9-4。

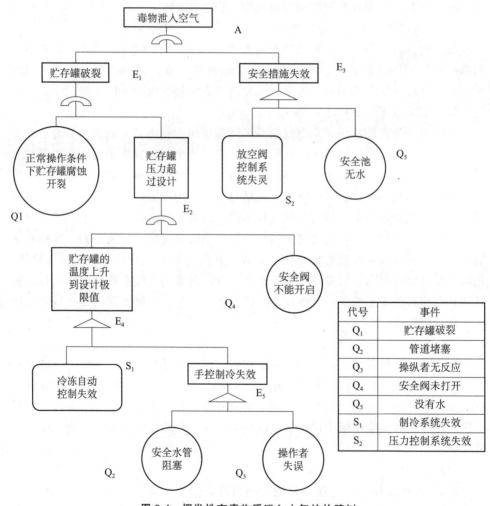

图 9-4　挥发性有毒物质泄入大气的故障树

2. 事件树分析

以污染系统向环境的事故排放为顶事件的故障树分析，给出了导致事故排放的故障原因事件及其发生概率，而事故排放的源强或事故后果的各种可能性需要结合事件树做进一步的分析。

事件树分析是从初因事件出发，按照事件发展的时序，分成阶段，对后继事件一步一步地进行分析；每一步都从成功和失败（可能与不可能）两种或多种可能的状态进行考虑（分支），最后直到用水平树状图表示其可能后果的一种分析方法，以定性、定量了解整个事故的动态变化过程及其各种状态的发生概率。

上述图 9-4 反应器的冷却系统失效后果的事件树见图 9-5。

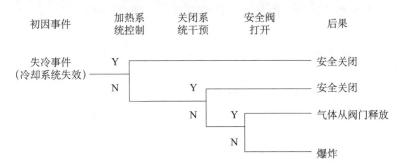

图 9-5　冷却系统失效后果的事件树

二、源项分析

源项分析应基于风险事故情形的设定，合理估算源强。对建设项目进行风险事故源项分析，首先需要搞清楚建设项目的哪些活动可能会导致环境风险，哪些功能单元可能是事故风险发生的潜在位置，这就需要进行潜在风险识别，然后进行事故发生概率计算，筛选出最大可信事故，估算危险品的泄漏量。在此基础上进行后果评估分析。因此，风险事故源项分析的目的，是希望通过对建设项目进行危害分析，确定最大可信事故、发生概率和危险性物质的泄漏量，为环境风险管理提供科学依据。

1. 分析内容

源项分析的内容是确定最大可信事故的发生概率、危险化学品的泄漏量。

2. 分析步骤

（1）划分各种功能单元。

通常按功能划分建设项目工程系统，一般建设项目有生产运行系统、公用工程系统、储运系统、生产辅助系统、环境保护系统、安全消防系统等。将各功能系统划分为功能单元，每一个功能单元至少应包括一个危险性物质的主要贮存容器或管道。并且每个功能单元与其他单元有分隔开的地方，即有单一信号控制的紧急自动切断阀。

（2）筛选危险物质、确定环境风险评价因子。

分析各功能单元涉及的有毒有害、易燃易爆物质的名称和贮量，主要列出各单元所有容器和管道中的危险物质清单，包括物料类型、相态、压力、温度、体积或重量。

（3）事故源项分析和最大可信事故筛选。

根据清单，采用事件树或事故树法，或类比分析法，分析各功能单元可能发生的事故，确定最大可信事故及其发生概率。

（4）估算各种功能单元的最大可信事故泄漏量和泄漏率。

三、事故源强的估算

事故源强是为事故后果预测提供分析模拟情形。事故源强设定可采用计算法和经验估算法。计算法适用于以腐蚀或应力作用等引起的泄漏型为主的事故；经验估算法适用于以火灾、爆炸等突发性事故伴生/次生的污染物释放。

（一）物质泄漏量的计算

1. 液体泄漏

液体泄漏速率 Q_L 用伯努利方程计算（限制条件为液体在喷口内不应有极骤蒸发）：

$$Q_L = C_d A \rho \sqrt{2gh + \frac{2(P - P_0)}{\rho}} \qquad (9\text{-}2)$$

式中，Q_L——液体泄漏速度，kg/s；

$\quad C_d$——液体泄漏系数，此值常用 $0.6 \sim 0.64$；

$\quad A$——裂口面积，m^2；

$\quad P$——容器内介质压力，Pa；

$\quad P_0$——环境压力，Pa；

$\quad g$——重力加速度，$9.81\ m/s^2$；

$\quad h$——裂口之上液位高度，m；

$\quad \rho$——泄漏液体密度，kg/m^3。

2. 气体泄漏

当式（9-3）成立时，气体流动属音速流动（临界流）：

$$\frac{P_0}{P} \leqslant \left(\frac{2}{\gamma + 1} \right)^{\frac{\gamma}{\gamma - 1}} \qquad (9\text{-}3)$$

当式（9-4）成立时，气体流动属于亚音速流动（次临界流）：

$$\frac{P_0}{P} > \left(\frac{2}{\gamma+1}\right)^{\frac{\gamma}{\gamma-1}} \tag{9-4}$$

式中，P——容器压力，Pa；

　　P_0——环境压力，Pa；

　　γ——气体的绝热指数（比热容比），即定压比热容 C_P 与定容比热容 C_V 之比。

假定气体特性为理想气体，气体泄漏速率 Q_G 按式（9-5）计算：

$$Q_G = YC_dAP\sqrt{\frac{M\gamma}{RT_G}\left(\frac{2}{\gamma+1}\right)^{\frac{\gamma+1}{\gamma-1}}} \tag{9-5}$$

式中，Q_G——气体泄漏速度，kg/s；

　　P——容器压力，Pa；

　　C_d——气体泄漏系数，当裂口形状为圆形时取 1.00，三角形时取 0.95，长方形时取 0.90；

　　A——裂口面积，m^2；

　　R——气体常数，J/（mol·K）；

　　T_G——气体温度，K；

　　Y——流出系数，对于临界流量 $Y=1.0$，对于次临界流按式（9-6）计算：

$$Y = \left(\frac{P_0}{P}\right)^{\frac{1}{\gamma}} \times \left[1-\left(\frac{P_0}{P}\right)^{\frac{\gamma-1}{\gamma}}\right]^{\frac{1}{2}} \times \left[\frac{2}{\gamma-1} \times \left(\frac{\gamma+1}{2}\right)^{\frac{\gamma+1}{\gamma-1}}\right]^{\frac{1}{2}} \tag{9-6}$$

3. 两相流泄漏

假定液相和气相是均匀的，且互相平衡，两相流泄漏速度 Q_{LG} 按下式计算：

$$Q_{LG} = C_dA\sqrt{2\rho_m(P-P_C)} \tag{9-7}$$

式中，Q_{LG}——两相流泄漏速度，kg/s；

　　C_d——两相流泄漏系数，可取 0.8；

　　A——裂口面积，m^2；

　　P——操作压力或容器压力，Pa；

　　P_C——临界压力，Pa，可取 $Pc=0.55$ Pa；

　　ρ_m——两相混合物的平均密度，kg/m^3，可由式（9-8）计算：

$$\rho_m = \frac{1}{\dfrac{F_V}{\rho_1}+\dfrac{1-F_V}{\rho_2}} \tag{9-8}$$

式中，ρ_1——液体蒸发的蒸汽密度，kg/m^3；

　　ρ_2——液体密度，kg/m^3；

　　F_V——蒸发的液体占液体总量的比例，由式（9-9）计算：

$$F_V = \frac{C_P(T_{LG} - T_C)}{H} \tag{9-9}$$

式中，C_P——两相混合物的定压比热容，J/（kg·K）；

T_{LG}——两相混合物的温度，K；

T_C——液体在临界压力下的沸点，K；

H——液体汽化热，J/kg。

当 $F_V > 1$ 时，表明液体将全部蒸发成气体，这时按气体泄漏计算；如果 F_V 很小，则可近似地按液体泄漏公式计算。

4. 泄漏液体蒸发速率

泄漏液体的蒸发分为闪蒸蒸发、热量蒸发和质量蒸发三种，其蒸发总量为这三种蒸发之和。

（1）闪蒸蒸发的估算。

液体中闪蒸部分：

$$F_V = \frac{C_p(T_T - T_b)}{H_V} \tag{9-10}$$

过热液体闪蒸蒸发速率可按式（9-11）估算：

$$Q_1 = Q_L \times F_V \tag{9-11}$$

式中，F_V——泄漏液体的闪蒸比例；

T_T——储存温度，K；

T_b——泄漏液体的沸点，K；

H_V——泄漏液体的蒸发热，J/kg；

C_p——泄漏液体的定压比热容，J/（kg·K）；

Q_1——过热液体闪蒸蒸发速率，kg/s；

Q_L——物质泄漏速率，kg/s。

（2）热量蒸发估算。

当液体闪蒸不完全，有一部分液体在地面形成液池，并吸收地面热量而汽化，其蒸发速率按式（9-12）计算，并应考虑对流传热系数。

$$Q_2 = \frac{\lambda S(T_0 - T_b)}{H\sqrt{\pi \alpha t}} \tag{9-12}$$

式中，Q_2——热量蒸发速率，kg/s；

T_0——环境温度，K；

T_b——泄漏液体沸点，K；

H——液体汽化热，J/kg；

t——蒸发时间，s；

λ——表面热导系数（见表9-6），W/（m·K）；

S——液池面积，m^2；

α——表面热扩散系数（表 9-6），m^2/s。

表 9-6　某些地面的热传递性质

地面情况	$\lambda/\left[W/(m\cdot K)\right]$	$\alpha/\left(m^2/s\right)$
水泥	1.1	1.29×10^{-7}
土地（含水 8%）	0.9	4.3×10^{-7}
干涸土地	0.3	2.3×10^{-7}
湿地	0.6	3.3×10^{-7}
沙砾地	2.5	11.0×10^{-7}

（3）质量蒸发估算。

当热量蒸发结束后，转由液池表面气流运动使液体蒸发，称为质量蒸发。其蒸发速率按式（9-13）计算：

$$Q_3 = \alpha p \frac{M}{RT_0} u^{\frac{(2-n)}{(2+n)}} r^{\frac{(4+n)}{(2+n)}} \tag{9-13}$$

式中，Q_3——质量蒸发速率，kg/s；

　　　p——液体表面蒸气压，Pa；

　　　R——气体常数，$J/(mol\cdot K)$；

　　　T_0——环境温度，K；

　　　M——物质的摩尔质量，kg/mol；

　　　u——风速，m/s；

　　　r——液池半径，m；

　α，n——大气稳定系数（表 9-7）。

表 9-7　液池蒸发模式参数

大气稳定度	n	α
不稳定（A，B）	0.2	3.846×10^{-3}
中性（D）	0.25	4.685×10^{-3}
稳定（E，F）	0.3	5.285×10^{-3}

液池最大直径取决于泄漏点附近的地域构型、泄漏的连续性或瞬时性。有围堰时，以围堰最大等效半径为液池半径；无围堰时，设定液体瞬间扩散到最小厚度时，推算液池等效半径。

（4）液体蒸发总量的计算。

液体蒸发总量按式（9-14）计算：

$$W_p = Q_1 t_1 + Q_2 t_2 + Q_3 t_3 \tag{9-14}$$

式中，W_p——液体蒸发总量，kg；

　　　Q_1——闪蒸液体蒸发速率，kg/s；

　　　Q_2——热量蒸发速率，kg/s；

　　　Q_3——质量蒸发速率，kg/s；

　　　t_1——闪蒸蒸发时间，s；

　　　t_2——热量蒸发时间，s；

　　　t_3——从液体泄漏到全部清理完毕的时间，s。

（二）火灾伴生/次生污染物产生量估算

1. 二氧化硫产生量

油品火灾伴生/次生二氧化硫产生量按式（9-15）计算：

$$G_{二氧化硫} = 2BS \tag{9-15}$$

式中，$G_{二氧化硫}$——二氧化硫排放速率，kg/h；

　　　B——物质燃烧量，kg/h；

　　　S——物质中硫的含量，%。

2. 一氧化碳产生量

油品火灾伴生/次生一氧化碳产生量按式（9-16）计算：

$$G_{一氧化碳} = 2\,330qCQ \tag{9-16}$$

式中，$G_{一氧化碳}$——一氧化碳的产生量，kg/s；

　　　C——物质中碳的含量，取 85%；

　　　q——化学不完全燃烧值，取 1.5%～6.0%；

　　　Q——参与燃烧的物质量，t/s。

第四节　环境风险事故后果及其计算模式

一、环境风险事故后果

后果计算是在风险分析和源项分析的基础上，针对最大可信事故对环境（或健康）造成的危害和影响进行预测分析。事故泄漏的有毒有害物释放入环境后，由于在水环境中和大气中扩散，从而引起环境污染，危害人群健康，影响生态环境。后果计算要对这类环境事故进行预测，确定影响范围和程度。

有毒有害、易燃、易爆危险物质因事故泄漏后，通常会向周围环境扩散。风险的后果计算主要就是根据相应的池火灾、爆炸冲击波模型以及污染物在大气、水体等中的扩散模型，分析事故危害的程度与范围。

二、池火灾

池火灾（pool fire）是一类以可（易）燃液体为燃料的火灾，主要是储罐泄漏形成液池，遇火发生池火，常见于石油、化工等行业。

池火灾的破坏主要是热辐射，若热辐射作用在容器和设备上，尤其是液化气体容器，其内部压力会迅速升高，引起容器和设备的破裂；若热辐射作用于可燃物，会引燃可燃物；若热辐射作用于人员，会引起人员烧伤甚至死亡。

池火灾的破坏半径：

（1）设危险单元为油罐时，根据防护堤所围池面积 S 计算池直径 D；

（2）当危险单元无防护堤时，假定泄漏的液体无蒸发并已充分蔓延，地面无渗透，则按式（9-17）计算最大可能的池面积：

$$S = \frac{W}{H_{min} \times \rho} \tag{9-17}$$

式中，S——液池面积，m^2；

　　　W——液体的泄漏量，kg；

　　　H_{min}——最小油层厚度（与地面性质和状态有关），m；

　　　ρ——液体的密度，kg/m^3。

三、有毒有害物质在大气中的扩散

（一）预测模型筛选

预测计算时，应区分重质气体与轻质气体的排放，选择合适的大气风险预测模型。其中重质气体和轻质气体的判断依据可采用理查德森数进行判断。依据排放类型，理查德森数（Ri）的计算分连续排放、瞬时排放两种形式。

连续排放：

$$Ri = \frac{\left[\frac{g\left(\frac{Q}{\rho_{rel}}\right)}{D_{rel}} \times \frac{\rho_{rel} - \rho_a}{\rho_a} \right]^{\frac{1}{3}}}{U_r} \tag{9-18}$$

瞬时排放：

$$Ri = \frac{g\left(\frac{Q_t}{\rho_{rel}}\right)^{\frac{1}{3}}}{U_r^2} \times \left(\frac{\rho_{rel} - \rho_a}{\rho_a}\right) \tag{9-19}$$

式中，ρ_{rel}——排放物质进入大气的初始密度，kg/m^3；

　　　　ρ_a——环境空气密度，kg/m^3；

　　　　Q——连续排放烟羽的排放速度，kg/s；

　　　　Q_t——瞬时排放的物质质量，kg；

　　　　D_{rel}——初始的烟团宽度，即源直径，m；

　　　　U_r——10 m 高处风速，m/s。

判断连续排放还是瞬时排放，可以通过对比排放时间 T_d 和污染物到达最近的受体点（网格点或敏感点）的时间 T 确定。

$$T = \frac{2X}{U_r} \tag{9-20}$$

式中，X——事故发生地与计算点的距离，m；

　　　　U_r——10 m 高处风速，m/s。假设风速和风向在 T 时间段内保持不变。

当 $T_d > T$ 时，可被认为是连续排放的；当 $T_d \leqslant T$ 时，可被认为是瞬时排放。

判断标准为：对于连续排放，$Ri \geqslant 1/6$ 为重质气体，$Ri < 1/6$ 为轻质气体；对于瞬时排放，$Ri > 0.04$ 为重质气体，$Ri \leqslant 0.04$ 为轻质气体。当 Ri 处于临界值附近时，说明烟团/烟羽既不是典型的重质气体扩散，也不是典型的轻质气体扩散。可以进行敏感性分析，分别采用重质气体模型和轻质气体模型进行模拟，选取影响范围最大的结果。

大气风险预测模型包括 SLAB 模型和 AFTOX 模型。SLAB 模型适用于平坦地形下重质气体排放的扩散模拟；AFTOX 模型适用于平坦地形下中性气体和轻质气体排放以及液池蒸发气体的扩散模拟。

（二）预测结果

1. 预测参数

（1）事故源参数：根据大气风险预测模型的需要，调查泄漏设备类型、尺寸、操作参数（压力、温度等），泄漏物质理化特性（摩尔质量、沸点、临界温度、临界压力、比热容比、气体定压比热容、液体定压比热容、液体密度、汽化热等）。

（2）气象参数：①一级评价，需选取最不利气象条件及事故发生地的最常见气象条件分别进行后果预测。其中最不利气象条件取 F 类稳定度，1.5 m/s 风速，温度 25 ℃，相对湿度 50%；最常见气象条件由当地近 3 年内的至少连续 1 年气象观测资料统计分析得出，包括出现频率最高的稳定度、该稳定度下的平均风速（非静风）、日最高平均气温、年平均湿度。②二级评价，需选取最不利气象条件进行后果预测。最不利气象条件取 F 类稳定度，1.5 m/s 风速，温度 25 ℃，相对湿度 50%。

（3）其他参数：包括地表粗糙度，是否考虑地形以及地形数据精度等。

2. 预测结果表述

（1）给出下风向不同距离处有毒有害物质的最大浓度，以及预测浓度达到不同毒性终点浓度的最大影响范围。

（2）给出各关心点的有毒有害物质浓度随时间变化情况，以及关心点的预测浓度超过评价标准时对应的时刻和持续时间。

（3）对于存在极高大气环境风险的建设项目，应开展关心点概率分析，即有毒有害气体（物质）剂量负荷对个体的大气伤害概率、关心点处气象条件的频率、事故发生概率的乘积，以反映关心点处人员在无防护措施条件下受到伤害的可能性。有毒有害气体大气伤害概率估算参见《建设项目环境风险评价技术导则》（HJ 169—2018）附录 I。

四、有毒有害物质在水环境中的迁移转化

（一）有毒有害物质进入水环境的方式

有毒有害物质进入水环境包括事故直接导致和事故处理处置过程间接导致的情况，一般为瞬时排放源和有限时段内的排放源。

（二）预测模型

1. 地表水

根据风险识别结果，有毒有害物质进入水体的方式、水体类别及特征，以及有毒有害物质的溶解性，选择适用的预测模型。

（1）对于油品类泄漏事故，流场计算按 HJ 2.3 中的相关要求，选取适用的预测模型，溢油漂移扩散过程按 GB/T 19485 中的溢油粒子模型进行溢油轨迹预测。

（2）其他事故，地表水风险预测模型及参数参照 HJ 2.3。

2. 地下水

地下水风险预测模型及参数参照 HJ 610。

（三）终点浓度值选取

终点浓度即预测评价标准。终点浓度值根据水体分类及预测水体功能要求，按照 GB 3838、GB 5749、GB 3097 或 GB/T 14848 选取。对于未列入上述标准，但确需进行分析预测的物质，其终点浓度值选取可参照 HJ 2.3、HJ 610。

对于难以获取终点浓度值的物质，可按质点运移到达判定。

（四）预测结果表述

1. 地表水

根据风险事故情形对水环境的影响特点，预测结果可采用以下表述方式。

（1）给出有毒有害物质进入地表水体最远超标距离及时间。

（2）给出有毒有害物质经排放通道到达下游（按水流方向）环境敏感目标处的到达时间、超标时间、超标持续时间及最大浓度，对于在水体中漂移类物质，应给出漂移轨迹。

2. 地下水

给出有毒有害物质进入地下水体到达下游厂区边界和环境敏感目标处的到达时间、超标时间、超标持续时间及最大浓度。

第五节　环境风险计算与评价

一、环境风险事故危害

（一）急性中毒和慢性中毒

有毒物质泄漏对人体的危害，可分为急性中毒和慢性中毒。急性中毒发生在短时间毒物高浓度情况下，引起人体机体发生某种损伤。按影响程度，又可分为刺激、麻醉、窒息甚至死亡等。刺激是指毒物影响呼吸系统、皮肤、眼睛；麻醉指毒物影响人们的神经反射系统，使人反应迟钝；窒息指因毒物使人体缺氧，身体氧化作用受损的病理状态。慢性中毒指在较长时间接触低浓度毒物，引起人体发生某种损伤。

（二）物质毒性的常用表示方法

有毒物质泄漏引起的影响程度，取决于暴露时间和暴露浓度以及物质的毒性。已有的大部分资料都是通过动物实验获得的，实验时毒物的浓度和持续时间可以人为控制，但将这些实验结果用到人体上就有问题了，因为两者体重及生理机能皆不相同。另一方面，人群易损伤性也是不同的。因此，毒物影响表达式中的人群数只能表明某一特定人群所受的影响。由于以上诸多原因，要想总结物质的毒性并做比较是非常困难的。毒物的摄入有呼吸道吸入、皮肤吸收和消化道吸收三种形式。比较物质毒性的常用方法如下。

（1）绝对致死剂量或浓度（LD_{100} 或 LC_{100}）：染毒动物全部死亡的最小剂量或浓度。

（2）半数致死剂量或浓度（LD_{50} 或 LC_{50}）：染毒动物半数致死的最小剂量或浓度。

（3）最小致死剂量或浓度（MLD 或 MLC）：全部染毒动物中个别动物死亡的剂量或浓度。

（4）最大耐受剂量或浓度（LD_0 或 LC_0）：染毒动物全部存活的最大剂量或浓度，也称极限阈值浓度。

二、环境风险计算

（一）风险值

风险值是风险评价表征量，包括事故的发生概率和事故的危害程度。

风险值(后果／时间) ＝ 概率(事故数／单位时间)×危害程度(后果／每次事故)

即：

$$R = P \times C \tag{9-21}$$

式中，R——某一最大可信事故的环境风险值；

$\qquad P$——最大可信事故概率（事故数/单位时间）；

$\qquad C$——最大可信事故造成的危害（后果/事故）。

C 与下列因素相关

$$C \propto f[C_L(x,y,t), \Delta t, n(x,y,t), P_E] \tag{9-22}$$

式中，C——因吸入有毒有害气体物质造成的急性危害；

$C_L(x, y, t)$——在 x、y 范围和 t 时刻，$\geqslant LC_{50}$ 的浓度；

$\qquad \Delta t$——人员吸入有毒有害物质的时间；

$n(x, y, t)$——t 时刻相应于该浓度包络范围内的人数；

$\qquad P_E$——人员吸入毒性物质而导致急性死亡的频率。

对同一最大可信事故，n 种有毒有害物泄漏所致环境危害 C，为各种危害 C_i 总和

$$C = \sum_{i=1}^{n} C_i \tag{9-23}$$

（二）最大可信灾害事故风险值

风险评价需要从各功能单元的最大可信事故风险 R_j 中，选取危害最大的作为本项目的最大可信灾害事故，并以此作为风险可接受水平的分析基础，即：

$$R_{max} = \max(R_j) \tag{9-24}$$

式中，R_{max}——项目的最大可信事故风险值；

$\qquad R_j$——各单元的最大可信事故风险值。

三、环境风险评价

风险评价的目的就是将上面求出的项目的最大可信灾害事故风险值 R_{max} 与同行业可接受风险水平 R_L 比较。

当 $R_{max} \leqslant R_L$ 时，则认为本项目的建设，风险水平是可以接受的；

当 $R_{max} > R_L$ 时，则对该项目需要采取降低事故风险的措施，以达到可接受水平，否则项目的建设是不可接受的。

结合各要素风险预测，分析说明建设项目环境风险的危害范围与程度。大气环境风险的影响范围和程度由大气毒性终点浓度确定，明确影响范围内的人口分布情况；地表水、地下水对照功能区质量标准浓度（或参考浓度）进行分析，明确对下游环境敏感目标的影响情况。环境风险可采用后果分析、概率分析等方法开展定性或定量评价，以避免急性损害为重点，确定环境风险防范的基本要求。

第六节　环境风险管理

环境风险管理是指根据风险评价的结果，按照恰当的法规条例；选用有效的控制技术；进行削减风险的费用和效益分析；确定可接受风险度和可接受的损害水平；并进行政策分析及考虑社会经济和政治因素，决定适当的管理措施并付诸实施，以降低或消除该风险，保护人群健康与生态系统的安全。

环境风险管理是环境风险评价的重要组成部分，也是环境风险评价的最终目的。包括环境风险的防范措施和应急预案两方面的内容。

一、环境风险防范措施

对于大气环境风险防范，应结合风险源状况明确环境风险的防范、削减措施，提出环境风险监控要求，并结合环境风险预测分析结果，提出事故状态下人员的疏散方式、路线及安置等应急建议要求。

对于事故废水环境风险防范，应明确"单元—厂区—园区/区域"的环境风险防控体系要求，设置事故废水收集（尽可能以非动力自流方式）和应急储存设施，以满足事故状态下收集泄漏物料、污染消防水和污染雨水的需要。明确并图示防止事故废水进入外环境的控制、封堵系统。应急储存设施应根据发生事故的设备容量、事故时消防用水量及可能进入应急储存设施的雨水量等因素综合确定。应急储存设施内的污水，应及时进行有效处置，做到回用或达标排放。结合环境风险预测分析结果，提出实施监控和启动相应的园区/区域风险应急方案的建议要求。

地下水环境风险防范应重点采取源头控制和分区防渗措施，加强地下水环境的监控、预警，提出应急物资、人员等的管理要求。

针对主要风险源、提出设立风险监控及应急监测系统，实现事故预警和快速应急监测、跟踪，提出应急物资、人员等的管理要求。

对于改建、扩建和技术改造项目，应对依托企业现有环境风险防范措施的有效性进行评估，提出完善意见和建议。

环境风险防范措施纳入环境保护投资和建设项目竣工环境保护验收内容。

考虑风险事故触发具有不确定性，厂内环境风险防控系统应纳入园区/区域环境风险防控体系，明确风险防控设施、管理的衔接要求。极端事故风险防控及应急处置应结合所在园区/区域环境风险防控体系筹考虑。当发生重特大环境风险事件时，及时启动园区/区域风险防范措施，实现厂内与园区/区域风险防控设施及管理有效联动，有效防控环境风险。

主要的环境风险防范措施见表 9-8。

表 9-8　风险防范措施

序号	措施名称	内容
1	选址、总图布置和建筑安全防范措施	厂址及周围居民区、环境保护目标设置卫生防护距离，厂区周围工矿企业、车站、码头、交通干道等设置安全防护距离和防火间距。厂区总平面布置符合防范事故要求，有应急救援设施及救援通道、应急疏散及避难所
2	危险化学品贮运安全防范措施	对贮存危险化学品数量构成危险源的贮存地点、设施和贮存量提出要求，与环境保护目标和生态敏感目标的距离符合国家有关规定
3	工艺技术设计安全防范措施	自动监测、报警、紧急切断及紧急停车系统；防火、防爆、防中毒等事故处理系统；应急救援设施及救援通道；应急疏散通道及避难所
4	自动控制设计安全防范措施	有可燃气体、有毒气体检测报警系统和在线分析系统设计方案
5	电气、电讯安全防范措施	爆炸危险区域、腐蚀区域划分及防爆、防腐方案
6	消防及火灾报警系统	
7	紧急救援站或有毒气体防护站设计	

二、突发环境事件应急预案

按照国家、地方和相关部门要求，提出突发环境事件应急预案编制的原则要求，包括预案适用范围、环境事件分类与分级、组织机构与职责、预防和预警、应急响应、应急保障、善后处置、预案管理与演练等内容。

突发环境事件应急预案应明确企业、园区/区域、地方政府环境风险应急体系。企业突发环境事件应急预案应体现"分类管理，分级响应，区域联动"的原则，与地方政府突发环境事件应急预案相衔接，明确分级响应程序。

具体内容见表9-9。

表9-9　应急预案内容

序号	项目	内容及要求
1	应急计划区	危险目标：装置区、贮罐区、环境保护目标
2	应急组织机构、人员	工厂、地区应急组织机构、人员
3	预案分级响应条件	规定预案的级别及分级响应程序
4	应急救援保障	应急设施、设备与器材等
5	报警、通讯联络方式	规定应急状态下的报警通讯方式、通知方式和交通保障、管制
6	应急环境监测、抢险、救援及控制措施	由专业队伍负责对事故现场进行侦察监测，对事故性质、参数与后果进行评估，为指挥部门提供决策依据
7	应急检测、防护措施、清除泄漏措施和器材	事故现场、邻近区域、控制防火区域，控制和清除污染措施及相应设备
8	人员紧急撤离、疏散，应急剂量控制、撤离组织计划	事故现场、工厂邻近区、受事故影响的区域人员及公众对毒物应急剂量控制规定，撤离组织计划及救护，医疗救护与公众健康
9	事故应急救援关闭程序与恢复措施	规定应急状态终止程序；事故现场善后处理，恢复措施；邻近区域解除事故警戒及善后恢复措施
10	应急培训计划	应急计划制定后，平时安排人员培训与演练
11	公众教育和信息	对工厂邻近地区开展公众教育、培训和发布有关信息

三、风险评价结论与建议

1. 项目危险因素

简要说明主要危险物质、危险单元及其分布，明确项目危险因素，提出优化平面布局、调整危险物质存在量及危险性控制的建议。

2. 环境敏感性及事故环境影响

简要说明项目所在区域环境敏感目标及其特点，根据预测分析结果，明确突发性事故可能造成环境影响的区域和涉及的环境敏感目标，提出保护措施及要求。

3. 环境风险防范措施和应急预案

结合区域环境条件和园区/区域环境风险防控要求，明确建设项目环境风险防控体系，重点说明防止危险物质进入环境及进入环境后的控制、消减、监测等措施，提出优化调整风险防范措施建议及突发环境事件应急预案原则要求。

4. 环境风险评价结论与建议

综合环境风险评价专题的工作过程，明确给出建设项目环境风险是否可防控的结论。根据建设项目环境风险可能影响的范围与程度，提出缓解环境风险的建议措施。

对存在较大环境风险的建设项目，须提出环境影响后评价的要求。

习 题

1. 什么是环境风险？环境风险有何特点？
2. 什么是环境风险评价？
3. 环境风险评价和环境影响评价、安全评价有何不同？
4. 环境风险评价的程序是什么？
5. 环境风险评价的内容有哪些？怎样计算风险值？
6. 环境风险管理的内容是什么？

参考文献

［1］李淑芹，孟宪林. 环境影响评价［M］. 北京：化学工业出版社，2018.

［2］胡辉，杨旗，肖可可，等. 环境影响评价（第二版）［M］. 武汉：华中科技大学出版社，2017.

［3］黄健平，宋新山. 环境影响评价［M］. 北京：化学工业出版社，2013.

［4］环境保护部环境工程评估中心. 建设项目环境影响评价（第二版）［M］. 北京：中国环境出版社，2012.

［5］王喆，吴犇. 环境影响评价［M］. 天津：南开大学出版社，2014.

［6］何德文. 环境评价［M］. 北京：中国建材工业出版社，2014.

［7］王罗春. 环境影响评价［M］. 北京：冶金工业出版社，2013.

第十章 环境影响报告书的编写与实例

第一节 环境影响报告书的编写

一、环境影响报告书的编制原则

（一）环境影响报告书的编制原则

环境影响报告书是环境影响评价程序和内容的书面表现形式之一，是环境影响评价项目的重要技术文件。在编写时应遵循下列原则。

1. 环境影响报告书应该全面、客观、公正，概括地反映环境影响评价的全部工作。

2. 文字应简洁、准确，图表要清晰，论点要明确，大型项目或比较复杂的项目应有主报告和分报告（或附件），主报告应简明扼要，分报告把专题报告、计算依据列入。环境影响报告书应根据环境和工程特点及评价工作等级进行编制。

（二）环境影响评价的工作程序

环境影响评价工作大体分为三个阶段。

第一阶段为准备阶段，主要工作为研究有关文件，进行初步的工程分析和环境调查，筛选重点评价项目，确定各单项环境影响评价的工作等级；

第二阶段为正式工作阶段，主要工作为进一步做工程分析和环境现状调查，并进行环境影响预测和评价环境影响；

第三阶段为报告书的编制阶段，其主要工作为汇总、分析第二阶段工作所得的各种资料、数据，给出结论，完成环境影响报告书的编制。

如通过环境影响评价对原选厂址给出否定结论时，对新选厂址的评价应重新进行，如需进行多个厂址的优选，则应对各个厂址分别进行预测和评价。

（三）环境影响评价工作等级的确定

环境影响评价工作的等级是环境影响评价报告书工作深度的划分。目前，应首先按国家颁发的《建设项目环境影响评价分类管理名录》和地方环境保护主管部门颁布的政策，环境影响较小的项目不需编制环境影响报告书，填写《建设项目环境影响报告表》或《建设项目环境影响备案表》。然后，各单项环境影响评价划分为三个工作等级。一级评价最详细，二级次之，三级较简略。各单项影响评价工作等级划分的详细规定，可参照下文及相关导则。每个单项影响评价的工作等级不一定相同。

根据各环境要素的环境影响评价导则的规定划分工作等级，主要考虑以下因素：

1. 建设项目的工程特点：工程性质、工程规模、能源及资源的使用量及类型、源项等。

2. 污染物排放特点：主要包括污染物的排放量、排放方式、排放去向，主要污染物种类、性质、排放浓度等。

3. 项目所在地区的环境特征：自然环境特点、环境敏感程度、环境质量现状及社会经济状况等。

4. 国家或地方政府所颁布的有关法规：包括环境质量标准和污染物排放标准等。

对于某一具体建设项目，在划分各评价项目的工作等级时，根据建设项目对环境的影响、所在地区的环境特征或当地对环境的特殊要求等情况可做适当调整。

二、环境影响报告书编制的基本要求

环境影响报告书的编写要满足以下基本要求。

（一）环境影响报告书总体编排结构应符合《建设项目环境保护管理条例》和导则的要求，内容全面，重点突出，实用性强。

（二）基础数据可靠。

基础数据是评价的基础，基础数据如果有错误，特别是污染源排放量有错误，即使选用正确的计算模式和精确的计算，其计算结果都是错误的。因此，基础数据必须可靠。不同来源的同一数据出现差异时应进行核实。

（三）预测模式及参数选择合理。

环境影响评价预测模式都有一定的适用条件，参数也因污染物和环境条件的不同而不同。因此，预测模式和参数选择应"因地制宜"，优先选择各环境要素环评导则推荐的模型，此外可选择模式的推导（总结）条件和评价环境条件相近或相同的模型。参数的选择尽量采用当地实测数据，或选择类比环境条件和评价环境条件相近或相同的参数。

（四）结论观点明确，客观可信。

结论中必须对建设项目的可行性、选址的合理性做出明确回答，不能模棱两可。结论必须以报告书中客观的论证为依据，不能带感情色彩。

（五）语句通顺、条理清楚、文字简练、篇幅不宜过长。凡带有综合性、结论性的图表应放到报告书的正文中，对有参考价值的图表应放到报告书的附件中，以减少篇幅。

（六）使用"环境影响信用平台"生成的模版署名，报告书编制人员按项目负责人、各章节编制人员、技术审核人依次署名。

三、环境影响报告书的编制要点

按照现状调查及各环境要素的影响评价编制环境影响报告书的要点。

建设项目的类型不同，对环境的影响差别很大，环境影响报告书的编制内容和格式也有所不同。以环境现状（背景）调查、污染源调查、各环境要素的影响预测及评价分章编排的居多。

（一）总论

1. 环境影响评价项目的由来

说明建设项目立项始末，批准单位及文件，评价项目的委托，完成评价工作概况。

2. 编制环境影响报告书的目的

结合评价项目的特点，阐述《环境影响报告书》的编制目的和重点评价内容。

3. 编制依据

（1）国家和地方相关的法律法规；

（2）各要素环境影响评价导则、环境保护标准、污染物排放标准、与项目相关的其他部门规章；

（3）与项目相关的地方产业政策、规划等；

（4）建设项目的可行性研究报告或设计文件；建设项目可行性研究报告的批准文件；

（5）环境影响评价委托合同或委托书。

在编写报告书时用到的其他资料，如国土资源调查，气象、水文资料等不应列入编制依据中，可列入报告书后面的参考文献中。

4. 评价标准

在环境影响报告中应列出当地环境保护管理部门根据当地的环境情况确定的环保标准。当标准中分类或分级别时，应指出执行标准的哪一类或哪一级。评价标准一般应包括大气环境、水环境、土壤、环境噪声等环境质量标准，以及对应污染物排放标准。

5. 评价范围

评价范围可按空气环境、地表水环境、地下水环境、环境噪声、土壤及生态环境分别列出，一般与根据导则确定的工作等级对应。也可以附上评价范围图。

6. 环境保护目标

指出在评价区内需要重点保护的目标，例如特殊居住区、自然保护区、疗养院、文物古迹、风景游览区等。指出在评价区内保护的目标，例如人群、森林、草场、农作物等。

（二）工程分析

应介绍建设项目规模、生产工艺水平、产品方案、原料、燃料及用水量、污染物排放量、环境保护措施，并对工程进行环境影响分析。

1. 建设内容和规模

应说明建设项目的名称、建设性质（新建、技改等）、厂址的地理位置（附地理位置图）、产品、产量、主要原材料和燃料的消耗量等、总投资、环保投资、占地面积、土地利用情况、建设项目平面布置（附图）、职工人数。若是扩建、改建项目，应说明原有规模。

2. 生产工艺简介

建设项目的类型不同（如工厂、矿山、铁路、港口、水电工程、水利灌溉工程等），其生产工艺各不相同。

生产工艺介绍，应该按产品生产方案分别介绍。要介绍每一个产品生产方案的投入产出的全过程。从原料的投入、经过多少次加工、加工的性质、排出什么污染物及数量如何、最终得到什么产品。在生产工艺介绍中，凡有重要的化学反应方程式，均应列出，应给出生产工艺流程图和产污节点图。

应对生产工艺的先进性进行说明。

对于扩建、改建项目，还应对原有的生产工艺、设备及污染防治措施进行分析。

3. 原料、燃料及用水量

应给出原料、燃料（煤、油）的组成成分及百分含量，以表列出原料、燃料（煤、油）、用水量（新鲜水补给量、循环水量）的年、月、日、时的消耗量。并给出物料平衡图和水量平衡图。

4. 污染物的排放量情况

应列出建设项目建成投产后，各污染源排放的废气、废水、废渣等的数量，及其排放方式和排放去向。当有放射性物质排放时，应给出种类、剂量、来源、去向。对设备噪声源应给出设备噪声功率级、持续时间，对振动源应给出振动级、持续时间，并说明噪声源在厂区内的位置以及距离厂界的距离。

对于扩建、技改项目，应列出技改前后或扩建前后的污染物排放量的变化情况，包括污染物的种类和数量。

5. 建设项目拟采取的环保措施

对建设项目拟采取的废气、废水、噪声等治理方案、工艺流程、主要设备、处理效果、处理后排放的污染物是否达到排放标准，投资及运转费用等要详细介绍。

6. 工程影响环境因素分析

根据污染源、污染物的排放情况及环境背景状况，分析污染物可能影响环境的各个方面，将其主要影响作为环境影响预测的重要内容。

（三）环境概况

1. 自然环境状况调查

自然环境状况调查应该包括以下内容：

（1）评价区的地形、地貌、地质概况。

（2）评价区内的水文及水文地质情况。列出评价区内的江、河、湖、水库、海的名称，数量、发源地、评价区段水文情况。对于江、河应给出年平均径流量、平均流量、河宽、比降、弯曲系数、平水期和枯水期以及丰水期的流量和流速。给出评价区地下水的类型、埋藏深度、水质类型等。

（3）气象与气候。应给出气候类型及特征，列出平均气温、最热月平均气温、年平均气温、气温年较差、绝对最高气温、绝对最低气温、年均风速、最大风速、主导风向、次主导风向、各风向频率、年蒸发量、降水量的分布、年日照时数、灾害性天气等。

（4）土壤及农作物。给出评价区内土壤类型、种类、分布、肥力特征。粮食、蔬菜、经济作物的种类及分布。

（5）森林、草原、水产、野生动物、野生植物、矿藏资源等情况。

2. 社会环境状况调查

（1）评价区内的行政区划，人口分布，人口密度，人口职业构成与文化构成。

（2）现有工矿企业的分布概况（产品、产量、产值、利税、职工人数）及评价区内交通运输情况。

（3）文化教育概况。

（4）人群健康及地方病情况。

（5）自然保护区、风景游览区、名胜古迹、温泉、疗养区以及重要政治文化设施。

　　3. 评价区内环境质量现状调查

　　根据当地环境监测部门对评价区附近的环境质量的例行监测数据或利用本次评价时的环境质量现状监测数据，对环境空气、地表水、地下水、噪声和土壤的环境质量现状进行描述，对照当地环保局确定的有关标准说明厂区周围的环境质量状况。

　　(1) 大气环境质量现状（背景）监测。

　　按照导则确定的评价级别，给出大气监测点的位置（附监测点布置图及列表）及布点理由，监测项目及选择理由，监测天数、每天监测次数、时段，采样仪器、方法及分析方法等。

　　通常以列表方式给出大气监测结果。在表中列出各监测点大气污染物的一次浓度值和日平均浓度值的范围、超标率、最大超标倍数，并计算出评价区内大气污染物背景值。

　　大气环境现状评价方法很多，在环境影响评价中最为常用的以超标率和最大超标倍数表示大气污染程度。结合评价区附近的大气污染源调查情况，分析造成大气污染的原因。

　　(2) 地表水环境质量现状调查。

　　按照导则确定的评价级别，给出监测断面的地理位置，每个监测断面的采样点数目及位置，监测项目，并说明选择的理由。应给出监测时期、监测天数、每天采样次数。在采样同时测量河水水文参数（水温、流速、流量、河宽、河深等）。

　　将地表水水质监测结果以列表形式给出，评价地表水质状况。通常将监测值与评价标准对比，以超标率和超标倍数来表示各项指标是否符合评价标准的要求。如果水中各项指标均能满足标准的要求，说明该水质达到相应标准的要求；如有一项超标，说明该水质不能满足标准的要求。

　　如果地表水受到污染，结合评价区附近的地表水污染源调查情况，分析造成该地表水污染的原因。

　　(3) 地下水质现状（背景）调查。

　　地下水环境影响评价应充分利用已有资料和数据，当已有资料和数据不能满足评价要求时，应开展相应评价等级要求的补充调查，必要时进行勘察试验。涉及的调查内容包括：环境水文地质条件，主要包括含（隔）水层结构及分布特征、地下水补径排条件、地下水流场、地下水动态变化特征、各含水层之间以及地表水与地下水之间的水力联系等；地下水环境质量现状和地下水动态监测信息。

　　将地下水监测结果列表给出，把监测值与评价标准直接进行对比，给出超标率和超标倍数，评价地下水质量。

（4）土壤及农作物现状调查。

按照导则确定的评价级别，给出评价区内的土壤类型、分布状况及土地利用情况。给出土壤监测点的位置、采样方法、监测项目、分析方法。

列表给出土壤监测值，把监测值与评价标准进行对比，评价土壤环境质量。

（5）声环境（背景）调查。

按照导则确定的评价级别，应给出声环境监测点的位置、监测时间、监测仪器、监测方法、气象条件、监测点处的主要噪声源。监测点一般设在厂界外1 m及附近的敏感点（居民区或村庄等）。

根据噪声监测数据进行数据处理、统计分析，计算出各监测点的昼间、夜间的等效声级及标准差，并给出L_{10}、L_{50}、L_{90}值。将等效声级与评价标准值进行对比，评价环境噪声状况。

在评价区内，如果交通运输很忙，还应进行交通噪声监测及评价。

（6）评价区内人体健康及地方病调查。

给出人体健康调查的区域、调查人数、性别、年龄、职业构成、体检项目、检查方法、调查结果的数理统计、污染区与对照区的比较分析。还可进行死亡回顾调查、儿童生长发育调查、地方病专项调查等。

（7）其他社会、经济活动污染、破坏环境现状调查。

（四）污染源调查与评价

污染源向环境中排放污染物是造成环境污染的根本原因。污染源排放污染物的种类、数量、方式、途径及污染源的类型和位置，直接关系到它危害的对象、范围和程度。因此，污染源调查与评价是环境影响评价的基础工作。

说明评价区内污染源调查方法、数据来源、评价方法。分别列表给出评价区内大气污染源、水污染源、固体废物等污染物排放量、排放浓度、排放方式、排放途径和去向，从而找出评价区内的主要污染源和主要污染物。绘制评价区内污染源分布图。

（五）环境影响预测与评价

1. 大气环境影响预测与评价

（1）污染气象资料的收集及观测。

对于中小型建设项目，污染气象资料的获得以收集资料为主；对大型建设项目或复杂地形地区的建设项目，除收集资料外，应进行必要的污染气象现场监测。

首先说明污染气象资料来源及对评价区的适用程度。分别给出年（季）的风向、风速玫瑰图，风向、风速、大气稳定度的联合频率，月平均风速随月的变化情况，低空风场的垂直分布，气温的垂直分布，逆温的生消规律、逆温特征、混合层高度等。

在上述资料的基础上，找出四季的典型气象条件、熏烟、静风、有上部逆温等特殊气象条件的气象参数，作为计算大气污染物扩散的气象参数。

如果进行污染气象的现场观测，还应给出污染气象现场观测采用的仪器、观测方法、观测时间、数据处理方法等。

（2）预测模式及参数的选用。

对大气扩散模式、烟气抬升高度公式、风速廓线模式应逐一列出，并简要说明选取的理由。说明选用大气扩散参数的理由。

（3）污染源参数。

列表给出建设项目正常生产和非正常生产情况下大气污染源的源强、排气筒高度，出口内径、烟气量、出口速度、烟气温度等参数。

（4）预测结果分析及评价。

说明计算大气污染物浓度的类型，例如，年日均浓度、四季的日均浓度、各种不利气象条件下一次浓度，各种稳定度下的地面轴线浓度等。给出相应的各种浓度等值线图及浓度距离图。

说明在正常生产情况下，在各种气象条件下的相对最大日均浓度和最大一次浓度，最大超标倍数，超标面积，与评价标准比较做出评价。

说明在非正常生产情况下，在各种气象条件下的最大一次浓度，最大超标倍数，与标准比较做出评价。

2. 地表水环境影响预测与评价

（1）根据工程分析确定排放废水中的主要污染物及地表水中主要污染物，选定水环境影响预测因子。

（2）给出水环境影响预测的水体参数。如河流，要给出河道特征，断面形状、河床宽度、水深、比降等。给出水文变化规律，如年径流量的变化，河水流量的月变化，丰、枯、平三个水期的流量、流速，水温的变化。特别指出影响预测选定的河流参数。

（3）给出各污染源的污染物排放量及浓度。

（4）预测模式及主要参数的选用，并应说明理由。

（5）说明预测的类型，列表给出水质预测结果，把预测值与评价标准进行对比，评价对地表水环境的影响。

3. 地下水环境影响预测与评价

地下水环境影响预测与评价比较复杂。需要多年的地下水污染监测资料和水文地质资料，运用模型或数学解析的方法进行预测。

4. 声环境影响预测及评价

（1）噪声源声功率级的确定、持续时长及噪声传播的空间环境特征。

（2）根据噪声源类型及空间环境特征选择噪声预测模式。

（3）选择空间环境特征参数，进行模式预测。

（4）列表给出预测结果，评价对声环境影响，给出噪声等值线图。

5. 生态环境影响评价

对农作物的影响评价多以类比调查定性说明。在评价时间允许的条件下，可进行盆栽实验、大田实验或模拟实验。

对自然生态的影响评价分为陆生生态、水生生态、海洋生态。要素有植物、动物、微生物等。

对于大型水库建设项目、农田水利工程、大型水电站等均应考虑对周围地区的地质、水文、气象可能产生的影响。

6. 环境风险评价分析

对项目涉及的风险物质进行阐述，评价其污染途径、方式和影响范围、对象、程度，阐述风险防范设施的可行性和可靠性。

7. 对人群健康影响分析

根据污染物在环境中浓度的预测结果，利用污染物剂量与人群健康之间的效应关系，分析对人群健康的影响。

8. 振动及电磁波的环境影响分析

首先确定振动及电磁波的发生源的源强，根据传递空间或介质的特性选择适当的预测模式预测，列表给出计算结果，分析对环境的影响，或用类比分析其影响。

（六）环境保护措施的评述及技术经济论证

1. 大气污染防治措施的可行性分析及建议

（1）给出建设项目废气净化系统和除尘系统工艺，设备种类、型号、效率、能耗、排放指标。

（2）评价排放指标是否达到排放标准。

（3）评价处理工艺及设备的可行性、可靠性。

（4）评价排气筒是否满足有关规定。

（5）建议。

2. 废水治理措施的可行性分析与建议

（1）评价建设项目废水治理措施的工艺原理、流程、处理效率、排放指标。

（2）评价排放指标是否达到排放标准。

（3）评价废水治理措施的可行性、可靠性，如依托其他公共处理设施，也应阐述其可行性和可靠性。

3. 评价固体废物处理及处置的可行性和可靠性

4. 对噪声、振动等其他污染控制措施的可行性分析

5. 对生态保护措施的评价及建议

6. 评价环境风险减缓设施的可行性和可靠性

（七）环境影响经济损益（简要）分析

环境影响经济损益分析是从社会效益、经济效益、环境效益统一的角度论述建设项目的可行性。

（八）环境管理和环境监测

说明项目建成以后的环境管理和环境监测的要求。

（1）环境管理机构的设置、职责和管理内容。

（2）环境监测机构的设置、职责和环境监测计划。

（3）环境监测制度的建议。对项目相关的环境要素制定详细的环境监测计划，包括污染指标、监测点位、方法、频次、责任单位等。

（4）排污口规范化设置。

（5）排污许可衔接。

（6）"三同时"竣工验收指标和内容。

（九）结论

要简要、明确、客观地阐述评价工作的主要结论。

（十）附件、附图及参考文献

附件：主要有建设项目的建议书或可行性研究报告及其批复。

附图：应包括项目的地理位置图；大气、地表水、地下水、噪声监测布点图；项目的总平面布置图；主要的工艺流程图等。

参考文献：应给出作者、文献名称、出版单位、版次、出版日期等。

第二节　环境评价图的绘制

环境质量评价图是环境质量评价报告书中不可缺少的部分。环境质量评价制图的基本任务是：使用各种制图方法，形象地反映一切与环境质量有关的自然和社会条件、污染源和污染物、污染与环境质量以及各种环境指标的时空分布等。通过制图，有助于查明环境质量在空间内分布的差异，找出规律，对研究环境质量的形成和发展，进行环境区划，环境规划和制定环境保护措施具有实际意义。环境质量评价图具有直观、清晰、对比性强等特点，能起文字起不到的作用。因此，它在环境质量评价中越来越受到重视。

一、环境评价图的分类

环境质量评价图是环境质量评价的基本表达方式和手段。环境质量评价图有各种类型，具体分类如下：

（一）按环境要素分类

大气环境质量评价图、水环境（地表水、地下水、湖泊、水库）质量评价图、土壤环境质量图等。

表达生态环境状况的有土地利用现状图、植被图、土壤侵蚀图、生物生境质量现状图。

（二）按区域类型分类

城市环境质量评价图、流域水系分布与质量评价图、海域环境质量评价图、区域动植物资源分布图、自然灾害分布图、风景游览区环境质量评价图、区域环境质量评价图。

二、环境评价地图

凡是以地理地图为底图的环境评价图统称为环境评价地图。专为表示环境评价各参数的时空分布而设计的，环境评价地图包括以下几个方面的图型。

（一）环境条件地图

包括自然条件和社会条件两个方面。

（二）环境污染现状地图

包括污染源分布图、污染物分布（或浓度分布）图、主要污染源和污染物评价图等。

（三）环境质量评价图

包括污染物污染指数图、单项环境质量评价图、环境质量综合评价图、生物生境质量评价图、植被图等。

（四）环境质量影响地图

包括对人和生物的影响，如土地利用现状图、土壤侵蚀图、自然灾害分布图。

（五）环境规划地图

包括功能区划图、资源分布图、产业布局图等。

三、环境评价图制图方法

（一）符号法

用一定形状或颜色的符号表示环境现象的不同性质、特征等。各种专业符号，如果不用符号的大小表示某种特征的数量关系，应保持符号大小一致；有数量值大小区别时，其符号大小或等级差别应做到既明显又不过分悬殊，使整幅图美观、大方、匀称。中、小比例尺图的符号定位，做到相对准确。

（二）定位图表法

定位图表法是在确定的地点或各地区中心用图表表示该地点或该地区某些环境特征。适用于编制采样点上各种污染物浓度值或污染指数值图、风向频率图、各区工业构成图、各工业类型的"三废"数量分配图等。

（三）类型图法

根据某些指标，对具有同指标的区域，用同一种晕线或颜色表示。对具有不同指标的各个环境区域，用不同晕线或颜色表示。适用于编制土地利用现状图、河流水质图、交通噪声图、环境区划图等。

（四）等值线法

利用一定的观测资料或调查资料内插出等值线，用来表示某种属性在空间内的连续分布和渐变的环境形象，是环境评价制图中常用的方法。它适于编制温度等值线图、各种污染物的等浓度线或等指数线图等。

（五）网格法

网格法又称微分面积叠加法。网格图具有分区明显、计数方便、制图方便、能提高制图精度并可自动化制图等特点，在城市环境评价中被广泛采用。

四、环境评价普通图的绘制

环境评价普通图是各学科、各种技术中通用的图。它主要是在分析各种资料数据时，为了便于说明这些数据之间的内在联系、相对关系而采用的各种图表。

（一）分配图表

用于表示分量和总量的比例，有圆形的、方形的等，即百分数的图形表示数。例如，环境噪声中各类噪声的比例、污灌面积占耕地面积的比例等。

（二）时间变化图

常用曲线图表示各种污染物浓度、环境要素在时间上的变化。如日变化、季变化、年变化等。

（三）相对频率图

如风向频率玫瑰图、风速频率玫瑰图等。

（四）累积图

污染物在不同环境介质中累积量，可制成毒物累积图。

（五）过程线图

过程线图表示某污染物在运动的进程中，浓度随距离变化的关系，或浓度随时间的变化关系。

（六）相关图

相关图是相关分析中必绘的图，也是环境质量评价中常绘的图。

以上是环境评价普通图的一部分，还有许多种。但是图表的绘制是为说明环境质量服务的。它的取舍应以既说明问题又精练为原则，不应以追求图的多样性为目的。

第三节　环境影响评价报告书编写实例
（一、污染类项目环境影响评价）

本节以某生活垃圾综合处理厂建设项目的环境影响评价报告书为例，说明如何编制污染类项目的环境影响评价报告书。

1. 概述

1.1 项目由来

介绍项目建设的原由，并简述项目的基本建设内容、地理位置、占地征地情况、环境影响报告书的专题设置情况。

1.2 项目建设意义

介绍项目建设后的环境、社会和经济意义。

1.3 环境影响评价工作过程

环评报告的技术路线图，说明评价基本过程。

1.4 关注的主要环境问题

根据项目建设特点及项目周边环境特征，确定项目关注的重点内容：

（1）项目选址的环境合理性及与产业政策、相关规划等的符合性分析。

（2）施工期环境影响评价：重点分析施工期临时占地对生态环境影响等。

（3）运营期环境影响评价：分析运营期生活垃圾焚烧烟气和生活垃圾、餐厨处理、粪便处置及污水处理设施产生的恶臭对大气环境的影响及环保措施合理性；飞灰稳定化后卫生填埋对地下水环境的影响；渗滤液废水处理环保措施合理性及对周边地表水体的环境影响；固废处理处置措施合理性及对环境的影响；各类噪声对周边声环境影响；土壤及生态环境影响。

（4）提出污染防治、生态保护以及环境风险防范等措施，并进行技术经济可行性分析。

（5）关注公众意见。

1.5 分析判定相关政策情况

结合产业政策符合性、选址合理性、规划符合性、"三线一单"、环境准入条件等分析结果，判断本项目审批可行性。

2. 总则

2.1 编制依据

分别列出与项目相关的国家法律法规、部门规章及规定；地方法规、部门规章及规定；各环境要素的技术导则与规范；与项目相关文件及技术资料等。

2.2 评价目的和内容

2.2.1 评价目的

2.2.2 评价重点

根据项目特点，结合周边环境概况、环境敏感目标分布，确定重点评价项目建设布局合理性及选址合理性。以项目工程分析为基础，分析污染防治措施可行性，评价项目运营期间焚烧烟气、生活垃圾及餐厨、粪便和污水处理厂产生的恶臭对环境空气的影响，渗滤液对地表水、地下水环境的影响，运营期噪声对周围声环境的影响，并进一步完善环境保护措施，确定合理的环境防护距离。关注公众对项目建设的意见和建议。

2.3 环境影响识别与评价因子确定

根据工程特性及其项目所在区域环境特点，主要环境影响因素识别结果见表 10-1。

表 10-1　本项目环境影响识别因素一览表

影响因素	建设施工期	营运期				
		废气排放	废水排放	噪声	固废	垃圾收运
地表水环境	◇		●			◇
地下水环境	●		◇			
环境空气	●	★				●
土壤环境	●				◇	
声环境	●			●		●
植被	★	●			◇	
水土流失	●					
公众健康	◇	●	◇		●	◇
景观	●			◇	●	◇

注：★为重大影响；●为一般影响；◇为轻微影响。

2.4 评价等级与环境保护目标

根据各环境要素的环境质量标准和地方环境保护部门指定的相应功能区划，确定项目各环境要素的环境功能区类别。确认各环境要素的环境质量标准和对应污染物的排放标准。根据各要素评价的等级以及评价范围，确定评价范围内是否有文物古迹、自然保护区、风景名胜区、水源地保护区等特殊生态敏感区和重要生态敏感区。

3. 建设项目概况

3.1 项目概况

介绍项目名称、项目实施机构、建设单位、建设地点、建设性质、服务范围、项目的四至范围并给出中心坐标。

3.2 主要建设内容

分期介绍项目的主要建设内容，包括主体工程、辅助工程、公用工程、环保工程等。

表 10-2　某生活垃圾综合处理厂项目建设内容一览表

项目组成	类别	主要内容	
		一期	二期
主体工程	生活垃圾焚烧		
	餐厨垃圾处理		
	粪便处理		
	卫生填埋		
	生态保护		

3.3 主要原辅材料及能源消耗

项目各期主要原辅材料及能源消耗。

表 10-3　主要原辅料及能源消耗表

序号	项目名称	单位	数量		
			一期	二期新增	合计
	生活垃圾	t/d			
一、	动力				
2	再生水厂中水（夏季最大工况）	t/a			
3	自来水（夏季最大工况）	t/a			

3.4 主要技术经济指标

说明项目的主要经济指标参数，包括主要处理、配套工程、环保配套等设施的规模和投资，以及占地面积、绿化面积、人员定额等。介绍项目总投资及其类别以及环保投资。

4. 工程分析

4.1 污染物源强

4.1.1 生活垃圾处理现状及产量预测

介绍现阶段所在地区垃圾处理情况；根据现有人口数量、人口增速、城乡一体化进程以及人均垃圾量，预测近期和远期内垃圾的产量；根据现状调查资料，汇总生活垃圾的主要成分（可回收物、有害垃圾、餐厨垃圾及其他物质）、容重、含水率、低位热值等参数。

4.1.2 工艺流程及产污分析

按照工艺分类用文字和数据对产污环节进行详细阐述，绘制总体工艺流程及排污节点图。

4.1.3 相关平衡

主要陈述物料平衡和水平衡。

4.1.4 主要设备及经济技术指标

分系统列出垃圾焚烧处理主要设备表。

4.1.5 废气源强

焚烧废气、生活垃圾焚烧烟气中的污染物包括烟尘、氮氧化物、一氧化碳、酸性气体（SO_2、HCl、HF）、重金属和二噁英等；粉尘污染源；氨排放恶臭气体。

以上大气污染物，选用理论计算（如产污系数法）、资料分析法（设计资料）、类比分析等方法得出污染气体的源强，并结合项目配套的环保设施计算该污染气体的排放浓度和排放强度，最后将以上内容汇总后列表呈现。

4.1.6 废水

根据设计资料，垃圾焚烧发电厂建成后废水主要是：地衡及栈桥冲洗废水、卸料平台冲洗废水、垃圾焚烧系统产生的渗滤液、循环水系统排污水、化学水处理系统排污、锅炉排污水。列表陈述废水来源、污染物、产生量、治理措施、排放量、排放时间、排放去向。

4.1.7 焚烧发电厂营运期产生的固体废物

主要包括炉渣、飞灰、废活性炭和废机油等。列表陈述固废的名称、来源、属性、产生量、治理措施、排放量、排放去向等。

4.2 非正常工况下污染物排放

考虑非正常工况下污染物的排放情况，主要涉及以下事故条件：烟气处理设施故障、焚烧炉启动和停炉、焚烧炉检修等工况恶臭气体排放、非正常工况下大气污染物排放汇总。

5. 选址合理性及规划符合性分析

6. 环境质量现状调查与评价

6.1 自然环境现状调查与评价

简述地理位置、气候气象、地形地貌、水文、植被等自然条件，详细陈述和评价区域水文地质条件。

6.2 环境保护目标

主要调查范围内涉及的主要保护目标，包括村庄、居民区、学校、医院、自然保护区、风景名胜区、环境功能区等。

6.3 区域污染源调查

按照各环境要素的环评导则的规定对区域环境现状进行评价，重点陈述区域环境空气、地下水环境、土壤环境的现状调查与评价结果。

7. 环境影响预测与评价

7.1 施工期环境影响分析

重点评价施工期的扬尘、噪声和对生态环境的影响。

7.2 大气环境影响预测与评价

7.2.1 污染气象条件分析

本项目地面气象数据选择了距离最近的三个气象站 2017 年的逐时观测数据，数据中风向、风速、温度等原始地面气象观测数据来源于国家气象局，云量数据来源于国家环境影响评价数值模拟重点实验室卫星观测总云量。陈述地面气候温度特征、地面风速、风向特征、各气象站年均风频的季变化、年均风频以及各月、各季度、全年风向玫瑰图等。

7.2.2 预测周期

预测时段取连续 1 年。

7.2.3 预测因子

选择 SO_2、NO_2、PM_{10}、$PM_{2.5}$、CO、HCl、HF、NH_3、H_2S、二噁英、Hg、Pb 作为预测评价因子。

7.2.4 预测模型

本项目位于 A 市，评价区域为平坦地形，结合拟建项目的大气污染源、污染物特征及区域气象和地形条件，采用 HJ 2.2—2018 推荐模式清单中的 CALPUFF 模式进行预测计算。

7.2.5 预测范围和网格设置

本项目预测范围与评价范围相同，即厂界线区域外延，27.5 km× 27.5 km 的方形（东西×南北）。

气象网格间距 1 km，网格大小 30 km×40 km。计算网格采用近密远疏的设置方法，0～5 km 网格距为 0.1 km，5～14 km 网格距 0.25 km。垂直方向上，共设置不等距 10 层。

7.2.6 设置地形和土地利用数据

采用 UTM 地图投影，WGS-84 大地基准面，本项目位于 UTM50 分区。

7.2.7 设置地形和土地利用数据

地形数据采用 USGS90 数据，地形精度 $3''$，分辨率约为 90 m。

7.2.8 预测与评价内容

（1）项目正常排放条件下，预测环境空气保护目标和网格点主要污染物的短期浓度和长期浓度贡献值，评价其最大浓度占标率。

（2）项目正常排放条件下，预测评价主要污染物的贡献浓度，叠加（减去）区域削减源以及其他在建、拟建项目污染源环境影响，并叠加基准年的环境质量现状日均浓度后，环境空气保护目标和网格点主要污染物保证率日平均质量浓度和年平均质量浓度的达标情况；对于项目排放的主要污染物仅有短期浓度限值的，评价其短期浓度叠加后的达标情况。对于现状浓度超标的污染物，还需计算其预测范围内年平均浓度变化率 k 值，评价区域环境质量改善情况。

（3）项目非正常排放条件下，预测环境空气保护目标和网格点主要污染物的 1 h 最大浓度贡献值，评价其最大浓度占标率。

7.2.9 评价方法

（1）不达标区环境影响叠加。

①主要污染物环境影响预测

当无法获得不达标区规划达标年的区域污染源清单或预测浓度场时，评价主要污染物的环境影响，应在各预测点上应用其贡献浓度，叠加（减去）区域削减源以及其他在建、拟建项目污染源环境影响，并叠加基准年的环境质量现状日均浓度后，分析环境空气保护目标和网格点污染物保证率日平均质量浓度和年平均质量浓度的达标情况；对于项目排放的主要污染物仅有短期浓度限值的，评价其短期浓度叠加后的达标情况。

②现状浓度超标的污染物

当无法获得不达标区规划达标年的区域污染源清单或预测浓度场时，对于现状浓度超标的污染物，还需计算其预测范围内年平均浓度变化率 k 值，评价区域环境质量的整体变化情况。计算实施区域削减方案后预测范围的年平均质量浓度变化率 k。当 $k \leqslant -20\%$ 时，可判定项目建设后区域环境质量得到整体改善。

（2）保证率日平均质量浓度。

对于保证率日平均质量浓度，首先计算叠加后预测点上的日平均质量浓度，然后对该预测点所有日平均质量浓度从小到大进行排序，根据各污染物日平均质量浓度的保证率（p），计算排在 p 百分位数的第 m 个序数，序数 m 对应的日平均质量浓度即为保证率日平均浓度。

（3）浓度超标范围。

以评价基准年为计算周期，统计各网格点的短期浓度或长期浓度的最大值，所有最大浓度超过环境质量标准的网格，即为该污染物浓度超标范围。超标网格的面积之和即为该污染物的浓度超标面积。

7.2.10 污染源强及敏感点

根据工程分析，项目分两期建设，污染源分有组织点源和无组织面源两种。污染物分常规污染物 SO_2、NO_x、PM_{10}、$PM_{2.5}$ 及 CO，特征污染物 HCl、H_2S、NH_3、Hg、Pb 和二噁英。

7.2.11 预测结果与评价

（1）质量浓度预测结果与评价。

按污染指标分项列表呈现项目区域 SO_2、NO_2、CO、HCl、HF、二噁英的最大小时、日平均、年平均浓度贡献值和敏感点处贡献值浓度，评价浓度贡献值出现时间、坐标、贡献值浓度、占标率、达标情况等。

（2）叠加后质量浓度预测结果与评价。

项目排放的主要污染物包括基本因子 SO_2、NO_2、PM_{10}、$PM_{2.5}$、CO，其他因子 HCl、NH_3、H_2S、HF、二噁英、Hg、Pb。基本因子应在各预测点上应用其贡献浓度，叠加（减去）区域削减源以及其他在建、拟建项目污染源环境影响，并叠加基准年的环境质量现状日均浓度后，分析环境空气保护目标和网格点污染物保证率日平均质量浓度和年平均质量浓度的达标情况，评价受背景浓度影响。

叠加后 NO_2、PM_{10}、$PM_{2.5}$ 环境空气保护目标和网格点污染物保证率日平均质量浓度和年平均质量浓度是否超标，超标面积范围等。

（3）非正常工况预测结果与评价。

对焚烧车间一套烟气处理设施发生故障、焚烧炉检修或垃圾仓负压受影响两种非正常工况下污染物非正常排放进行预测。预测事故时间段（4 h）内 SO_2、NO_2、HCl、HF、H_2S、NH_3、二噁英在评价范围内的环境空气保护目标和区域网格点处 1 h 最大落地浓度是否满足环境质量标准要求。

7.2.12 大气环境防护距离

根据《生活垃圾焚烧发电建设项目环境准入条件（试行）》（环办环评〔2018〕20 号）、《关于进一步加强生物质发电项目环境影响评价管理工作的通知》（环发〔2008〕82 号）、《住房城乡建设部等部门关于进一步加强城市生活垃圾焚烧处理工作的意见》（建城〔2016〕227 号）等相关要求，建议厂界外设置不小于 300 m 的环境防护距离。

7.2.13 小结

总体概括大气环境影响预测与评价的结果，填写大气环境影响评价自查表。

7.3 地表水环境影响分析

项目废水处理设 4 个处理系统，分别为生活污水处理站、渗滤液处理站、飞灰浸出液处理系统及循环冷却水处理系统。初期雨水经收集至初期雨水池后，送至渗滤液处理站处理。后期雨水经厂内雨水管网收集后，泵送至周边河流。

按类别评价各水处理系统的运行、达标以及可行性。填写地表水环境影响评价自查表。

7.4 地下水环境影响预测与评价

7.4.1 地下水影响预测条件

（1）预测时间段。

地下水环境影响评价预测时段至少包括污染发生后 100 d、1 000 d、服务年限或能反映特征因子迁移规律的其他重要的时间节点，应包括项目建设、生产运行和服务期满后三个阶段。本次拟建项目设计使用年限按 30 年考虑，故按发生渗漏后的第 100 d、1 000 d 和 30 年的地下水污染情况进行预测。

（2）预测范围。

本次预测选取上述各分区具有代表性的污水或渗滤液水量较为集中、污染物浓度较高的部位，即生活垃圾焚烧区渗滤液收集池、卫生填埋区调节池、餐厨垃圾处理区沼液储罐及渗滤液处理站初沉池发生渗漏的情况。

（3）预测因子。

按照重金属、持久性有机污染物其他类别进行分类，并对每一类别中的各项因子采用标准指数法进行排序，分别取标准指数最大的因子作为预测因子；现有工程已经产生的整改、扩建后将继续产生的特征因子，改、扩建后新增加的特征因子；污染场地已查明的主要污染物；国家或地方要求控制的污染物。

（4）预测方法。

项目地下水环境影响评价级别为一级，预测方法需采用数值法进行。

（5）预测情景设置及参数选取。

在正常状况下，存在污染物的部位经防渗处理后，污染物从源头和末端均得到控制，污染物渗入污染地下水不会发生。故不再进行正常状况情景下的预测分析，仅对非正常情景进行预测分析。

非正常状况为工艺设备或地下水环境保护措施因系统老化或腐蚀，使防渗结构的防渗性能下降的情景。

（6）污染物运移模型及参数。

厂区渗透系数 $K = 0.12$ m/d；平均水力坡度取 0.8 ‰；有效孔隙度按 $n_e = 0.35$；水流速度 $u = 0.000\ 274$ m/d；渗漏位置 $D_L = 0.009\ 6$ m^2/d；水层平均厚度 M 约为 14.2 m。

7.4.2 污染物在地下水中运移

（1）数值法预测。

以项目调查评价范围内的水文地质资料为依据，建立研究区域水文地质概念模型及地下水流场数学模型，利用地下水模拟软件 GMS 中的 MODFLOW 模块对所建的数学模型进行数值求解，通过模拟地下水流场和实测流场的拟合比较，对数值模拟模型进行识别和验证，确定含水层的主要水文地质参数，基于已建立的地下水水流模型，利用 GMS 的 MT3DMS 模块建立区域地下水溶质运移模型。

（2）解析法预测。

瞬时泄漏时下游平面上的污染模型建立，考虑污染隐患点发生瞬时渗漏，不考虑包气带防污性能带来的吸附作用和时间滞后问题，事故状态下可概化为示踪剂瞬时注入的一维稳定流动二维水动力弥散问题。

连续渗漏污染模型的建立，考虑工艺设备或地下水保护措施因系统老化或腐蚀，发生长期渗漏不易被发现，不考虑包气带防污性能带来的吸附作用和时间滞后问题，非正常状况下可概化为示踪剂长期注入的一维稳定流动二维水动力弥散问题。

项目各组成系统地下水污染物运移预测结果可以用图、表进行阐述。

7.5 声环境影响预测与评价

采用 CADNA 噪声软件，采用"工业噪声预测模式"，预测拟建工程噪声源对厂界的噪声贡献值。将厂界噪声预测值与《工业企业厂界环境噪声排放标准》（GB 12348）中的 2 类直接比较，评价拟建工程投运后可能造成的噪声影响程度。

7.5.1 固定噪声源种类及源强

项目运行过程中噪声源主要有机械设备噪声、空气动力性噪声和运输设备噪声。主要噪声设备有：送风机、引风机、励磁机、发电机、冷却塔、泵类及运输车辆等，锅炉对空排汽噪声也较大。工程设计中根据各噪声源特点及其所处场地条件等情况，分别对各噪声源采取消声、隔声等处理措施，减轻项目噪声对外环境的影响。

7.5.2 固定噪声源声环境影响预测模式

声环境影响预测采用等距离衰减模式，并参照最为不利时气象条件等修正值进行计算。以图、表相结合的方式阐述声环境质量预测评价结果。

7.6 固废环境影响分析

7.6.1 固体废物产生情况

项目运营期产生的固体废弃物主要为：①工作人员产生的生活垃圾；②一般工业废物：生活垃圾焚烧厂产生的焚烧炉炉渣、飞灰、废活性炭、废布袋、废脱硝催化剂，餐厨垃圾处理厂产生的沼渣、沼气脱硫产物，粪便处理厂产生的粪渣，污水处理站产生的污泥，机械设备维护产生的废机油；③危险废物主要有飞灰、废布袋、废脱硝催化剂、废机油、废机油桶、废树脂、化验室废液、废药品、废包装物及容器等。

7.6.2 固体废物处置情况

按照固体废弃物产生类别分别说明固体废弃物产生的量、最终的处理和处置的方法。危险废物需明确产生源、产生数量、最终处置方式，按照《国家危险废物名录》阐明类别和代码，并对危废最终处置单位的资质和类别进行核实。

7.7 生态环境影响评价

项目厂址 1 km 范围内的土地类型以农田和鱼塘为主，项目生态影响主要是土壤、农作物和渔业的影响。此外，由于项目周边存在某湿地自然保护区，是项目周边重要的生态环境保护目标，纳入本项目生态环境影响评价范围内，因此，还将针对湿地自然保护区的生态环境影响做简要的分析评价。

7.7.1 对土壤及农作物影响

（1）垃圾焚烧烟气中存在少量的重金属污染物（Cd、Hg、Pb）和二噁英类污染物，这些污染物吸附在颗粒物上沉降到周边土壤，影响土壤的质量和农作物生长。评价这些污染物对农作物生产的影响。

（2）简要评价项目实施对野生动植物种类、野生动植物的生存环境的影响。

（3）项目厂址附近存在人工养殖的鱼塘，简要评价项目对周边渔业影响。

7.7.2 对某湿地自然保护区的影响

项目占地不触碰湿地自然保护区红线，因此只对项目对保护区生态系统功能的影响、鸟类和其他野生动物的影响做简单分析评价。

8. 环境风险评价

8.1 风险调查

8.1.1 风险源调查

建设项目主要风险物质为：①焚烧炉烟气中的二噁英类、HCl 和 CO 等；②垃圾产生的恶臭类污染物（NH_3、H_2S、甲硫醇）；③20％氨水挥发产生的 NH_3；④燃料柴油等；⑤沼气中的 CH_4；⑤盐酸、氢氧化钠等酸碱溶液等。列表显示主要风险物质的危险特性。

8.1.2 环境敏感目标调查

依据《建设项目环境风险评价技术导则》（HJ 169），考虑周边环境敏感目标。

8.2 风险识别

主要包括物质危险性识别、生产系统危险性识别和危险物质向环境转移的途径识别。

8.2.1 物质危险性识别

项目生产工艺中涉及的危险物质主要为二噁英、HCl、CO、NH$_3$、H$_2$S、甲硫醇、次氯酸钠、柴油、毛油、CH$_4$ 和氢氧化钠等。

8.2.2 生产系统危险性识别

根据项目生产组成系统的特点，识别产生环境风险的工序、风险源、环境风险类型、环境影响途经和可能受影响的环境保护目标。

表 10-4　项目环境风险识别表

序号	危险单元	风险源	主要危险物质	环境风险类型	环境影响途径	可能受影响的环境敏感目标
1	柴油罐区	柴油储罐	柴油	火灾爆炸		
2	氨水储存间	20%氨水储罐	NH$_3$	泄漏		
3	垃圾焚烧区	焚烧炉 烟气净化设施	二噁英	泄漏	大气	厂址周边5 km范围内居民
4	垃圾焚烧区	垃圾仓	恶臭气体	泄漏		
5	餐厨垃圾处理区	沼气柜及其输送系统	CH$_4$	泄漏/火灾爆炸		
6	餐厨垃圾处理区	毛油储罐	毛油	火灾		
7	垃圾焚烧区	渗滤液收集池	渗滤液	泄漏		
8	卫生填埋场	渗滤液调节池	飞灰浸出液	泄漏	地下水	拟建场地及地下水径流下游方向的潜水含水层
9	餐厨垃圾处理区	厌氧消化罐	沼液	泄漏		
10	污水处理区	污水处理设施	渗滤液、飞灰浸出液	泄漏		
11	污水处理区	污水处理设施	渗滤液、废水	泄漏	地表水	洪泥河、马厂减河、独流减河
12	卫生填埋场	渗滤液调节池	飞灰浸出液	泄漏		
13	卫生填埋场	堤坝	飞灰浸出液	溃坝		

8.3 风险事故情形分析

8.3.1 风险事故情形设定

在风险识别的基础上，选择对环境影响较大并具有代表性的事故类型，设定项目风险事故情形。风险事故情形设定内容包括环境风险类型、风险源、危险单元、危险物质和影响途径。

风险事故情形设定的不确定性与筛选。由于事故触发因素具有不确定性，因此事故情形的设定并不能包含全部可能的环境风险，但通过具有代表性的事故情形分析可为风险管理提供科学依据。

8.3.2 源项分析

根据风险识别结果及最大可信事故设定，对项目主要环境要素的泄漏风险类型进行事故源强的设定。事故源强参数包括有毒有害物质名称、排放方式、排放速率、排放时间、排放量、排放源几何参数等。

8.4 风险预测与评价

8.4.1 风险预测

(1) 有毒有害物质在大气中的扩散。

项目的环境风险影响预测采用评价软件 Breeze 进行预测。二噁英泄漏情景下风险预测采用多烟团模式中瞬时烟团模式计算；氨水储罐泄漏和 CH_4 泄漏预测采用 AFTOX 模型；其余事故预测采用 SLAB 模型。计算点分特殊计算点和一般计算点。特殊计算点指大气环境敏感目标等。最不利气象条件取 F 类稳定度，1.5 m/s 风速，温度 25 ℃，相对湿度 50%；风向设定为 SW。

(2) 有毒有害物质在地下水环境中的运移扩散。

地下水风险事故情形预测参数：渗透系数值为 0.23 m/d，地下水水流方向为由东向西，平均水力坡度为 0.8‰，有效孔隙度为 0.35，纵向弥散度为 10 m，横向弥散度为 1 m，潜水含水层平均厚度为 14.2 m。优先选择适用的数值方法预测地下水环境风险，给出风险事故情形下可能造成的影响范围与程度。

8.4.2 环境风险评价

根据上文预测的结果，对风险事故情形进行分析评价，确定在事故情形下各环境要素的风险影响是否可控。

8.5 环境风险管理

根据风险识别及可能的后果分析，提出针对风险管理的对策措施。重点在于建立、明确包括"单元—厂区—园区/区域"的环境风险防控体系，提出事故发生时有毒有害物质进入环境的防范措施和应急处置要求。填写环境风险评价自查表。

9. 环境保护措施及其可行性论证

9.1 施工期环保措施

针对项目施工特点，对施工期产生的扬尘、噪声、废水、固体废物对应的环境保护措施和可行性进行评价。

9.2 运营期环保措施及其可行性论证

按《建设项目环境影响评价技术导则　总纲》要求，对各环境要素的环境保护设施进行可行性评价，从理论、设计参数、案例、行业技术规范及政策等方面论证技术可行性。

10. 环境影响经济损益分析

环境保护投资估算、环境保护措施效益分析，分析项目的环境、社会、经济效益。

11. 环境管理与监测计划

11.1 环境管理

（1）环境管理机构和内容。

（2）竣工环境保护验收。

建设项目竣工后，建设单位应当按照国家有关法律法规、建设项目竣工环境保护验收技术规范、环境影响报告书和审批决定等要求，如实查验、监测、记载建设项目环境保护设施的建设和调试情况，同时还应如实记载其他环境保护对策措施"三同时"落实情况，编制竣工环境保护验收报告。

（3）排污口规范化管理。

明确排污口规范化管理原则，对排污口的规范化设置提出详细的要求。

11.2 排污许可相关要求

新建项目必须在发生实际排污行为之前申领排污许可证。列出排污许可制衔接工作。

11.3 环境信息公开

参照生态环境部最新颁布的公众参与和环境信息公开的要求做好环境信息公开工作。

12. 结论

对前述各章节结论进行总结汇总。

第四节　环境影响评价报告书编写实例
（二、生态类项目环境影响评价）

本节以"利用某亚洲开发银行贷款农业综合开发项目"建设项目的环境影响评价为例，说明如何编制生态类项目的环境影响评价报告书。

1. 概述

1.1 项目背景

1.2 项目概况

项目重点实施三大工程：现代农业工程、面源污染防治工程以及机构能力建设工程。

1.3 评价工作过程

列出环评报告的技术路线图，说明评价基本过程。

1.4 项目主要环境问题及环境影响

项目的负面影响较小。正面影响主要表现在水保林、经果林、坡改梯的建设减少水土流失；人工湿地、四格厌氧净化池对农村生活污水和农田径流进行处理，改善了区域水环境；河堤生态护岸护坡工程改善了景观生态环境、地表水环境；有机肥加工厂、安装太阳能杀虫灯、秸秆还田、测土配方施肥等减少农药化肥施用造成的农业面源污染影响，增加土壤有机质含量，改善土壤结构。

负面影响表现在施工期，施工扬尘、噪声、固体废物以及施工过程水土流失的影响。

2. 总则

2.1 编制依据

环境保护法律；环境保护法规、规章；地方法律、法规等其他文件；环境影响评价技术导则、规范；项目技术和工作文件。

2.2 评价因子和评价标准

（1）环境影响识别和评价因子。

本项目建设内容包括现代农业工程、面源污染防治工程以及机构能力建设工程等三大方面。

表 10-5　环境影响因素识别矩阵

工程内容	环境影响因素 / 影响程度	环境质量 地表水	环境空气	声环境	景观生态	生态环境 植被	动物	土壤	水土流失
施工期 坡改梯		−1D	−1D	−1D	−1D			−2D	−2D
生态林		−1D	−1D	−1D	−1D	−1D		−2D	−2D
截排水沟，渠系建筑物，拦沙堰，山塘等		−1D	−1D	−1D	−1D			−1D	
沟渠疏浚，河堤生态护岸护坡工程		−1D	−2D	−1D	−1D	−1D		−2D	−2D
生态经果林		−1D	−1D	−1D	−1D	−1D		−1D	−2D
有机肥加工厂		−1D	−1D					−1D	
生态养殖示范点			−1D						
柑橘集散场		−1D	−1D			−1D	−1D	−2D	−2D
生态种植示范点		−1D	−1D					−1D	

续表

工程内容	影响程度	地表水	环境空气	声环境	景观生态	植被	动物	土壤	水土流失
	环境影响因素	环境质量				生态环境			
运行期 坡改梯									+3C
生态林					+3C	+3C	+3C	+3C	+3C
山塘，蓄水池，机电排灌站等水源工程									
人工湿地、四格厌氧净化池		+3C			+3C				
河堤生态护岸护坡工程					+3C	+3C	+3C		+3C
节水灌溉									
生态经果林						+3C	+3C	+3C	+3C
生态养殖示范点		+3C							
秸秆还田、测土配方施肥，有机肥加工厂等		+3C					+3C	+3C	

注：1. "＋"表示正效益，"－"表示负效益；2. 数字表示影响的相对程度，"1"表示影响较小，"2"表示影响中等，"3"表示影响较大；3. "D"表示短期影响，"C"表示长期影响。

（2）评价因子筛选。

根据环境影响因素分析结果，结合本工程沿线环境质量现状和污染物排放特征，确定拟建工程评价因子见表 10-6。

表 10-6　主要评价因子一览表

项目			评价因子
大气环境	现状评价		SO_2、NO_2、PM_{10}、TSP
	影响分析	施工期	扬尘
		运行期	恶臭、粉尘
地表水环境	现状评价		pH、高锰酸盐指数、化学需氧量、生化需氧量、氨氮
	影响分析	运行期	水资源平衡，化肥流失
声环境	影响分析	施工期	L_{eq}
生态环境	现状评价		动植物资源、水土流失
	影响评价		水土流失、动物、生态景观、土壤
固体废物	影响分析	施工期	弃土
		运行期	化肥农药废弃包装、剪枝和疏果

（3）评价标准。

项目区涉及 6 个省，因此需涵盖所有项目区执行的标准，各环境要素优先执行地方标准或行业标准，其次执行国家标准。

表 10-7　项目评价范围一览表

序号	环境要素	评价等级	评价范围
1	生态环境	二级	项目区周边 200 m 范围
2	地表水环境	影响分析	项目周边水系
3	大气环境	三级	项目区周边 200 m
4	声环境	二级	项目区周边 200 m

2.3 评价工作等级和评价范围

根据要素导则确定环境要素的评价等级和范围。

2.4 环境保护目标

项目附近风景名胜区 1 处。

2.5 相关规划

分析与项目执行相关的规划并详细总结对项目的产业、生态、环境要求。

3. 建设项目工程分析

3.1 建设项目概况

（1）项目区域分布。

项目位于长江流域，共涉及湖北、湖南、重庆、四川、贵州、云南 6 省（市）的 47 个县（市、区），用图、表说明项目区范围。

（2）项目建设目标。

通过项目实施，改善项目区农业生产基础条件，提高土地综合生产能力、生态承载能力和农业与农村经济可持续发展能力；提高项目区水源涵养和水土保持能力，有效控制和减轻水土流失与农业面源污染；提高各级组织机构能力（含农村农民组织），促进农业生产转型和农业增效与农民增收，助推精准扶贫。最终实现区域生态更加完善、河流水质更加健康、经济发展更加绿色、流域景观更加优美、人民生活更加幸福。

（3）项目建设内容。

项目不新开荒地，不新增灌区，不涉及旱田改水田。重点实施三大工程：现代农业工程、面源污染防治工程以及机构能力建设工程。

3.2 各省项目概况

以文字和图、表的方式分别阐述项目区所涉及 6 省市的项目内容、投资、项目点等基本内容。

3.3 项目区存在的问题

（1）生态和环境问题。

（2）生产方面问题。

3.4 项目分析

项目包括现代农业工程、面源污染防治工程、机构能力建设三部分内容，机构能力建设主要为技术培训、信息系统管理等，不会对环境造成影响。重点对现代农业工程和面源污染防治工程的环境影响进行分析。

3.4.1 现代农业工程

灌排渠道：在现有土沟上进行开挖、除杂草、衬砌等，开挖的土方全部就地回用，对周边环境影响较小。

渠系建筑物：环境影响主要为施工噪声、扬尘等，建筑物规模较小，对周边环境影响较小。

拦沙堰建设：主要包括基础开挖、模板安装、混凝土浇筑。主要环境影响为施工扬尘和噪声，对周边环境影响较小。

机电排灌站：施工期影响主要是施工扬尘、施工噪声等，运行期影响主要是泵站取水工程中设备噪声。泵站周边 200 m 范围内无村民住宅等敏感点，泵站噪声对周边环境影响较小。

农村道路工程：主要内容为路面土方开挖、回填、铺沙石或混凝土硬化。主要影响为施工噪声和扬尘。

截水沟、沉砂池、蓄水池建设：主要包括土石方开挖、碎石垫层、模板安装、混凝土浇筑等，主要环境影响为施工噪声、施工扬尘。

节水工程：主要环境影响包括铺设管道开挖占用农田、挖沟产生土方以及施工噪声等。项目施工期比较短，周边无居民，施工噪声对周边环境影响较小；挖方全部用于回填，施工结束后项目对临时占地进行恢复。

平整土地：在现有农田基础上对局部低洼不平地块进行整平，不进行大面积土地开发，对周边环境影响较小。

柑橘集散场：支持柑橘集散场地和厂房的建设，不包括冷库等制冷设施，对周边环境影响较小。

生态养殖示范点：拟建设 3 处生态养殖示范点，原为水稻田，拟改造成稻虾轮作养殖。生态效益明显，为保证龙虾品质，要避免使用化肥和有机磷农药，有利于减少农业面源污染。

3.4.2 面源污染防治工程

项目本身为环境保护工程，环境影响仅限于施工期。

小型人工湿地：项目建设小型人工湿地。

四格厌氧净化池：拟建设分布式四格厌氧净化池 1 万余处，处理农户生活污水。

科学施用农药化肥：实施测土配方施肥、生物农药推广、有机肥推广，有利于减少农业面源污染的影响。

有机肥加工厂：项目拟建设 4 座有机肥加工厂，主要用于收集利用蔬菜尾菜制造有机肥，有机肥厂均建设在蔬菜地附近，不占用农田，为活动板房。

地膜回收：B 省拟实施地膜回收，在项目的补贴试点区建立废旧农膜回收点。

项目拟营造水保林 10 000 hm^2。

河堤生态护岸、护坡工程：项目拟进行河堤生态护岸护坡工程。

坡改梯：项目预计实施坡改梯工程不少于 2 000 hm^2。

生态经济林：项目拟在六省（市）建设生态经济林不少于 20 000 hm^2。

3.5 典型工程类比性评价

3.5.1 水土保持工程

以 A 省 2014 年农发水土保持项目为例，简要回顾水土保持工程项目监测效益。

项目进行可类比分析后，说明 A 省小流域农发水土保持项目的水土流失治理措施监测结果，可知工程实施后，增加了粮食、木材、果品等，产生了相应的经济效益。

阐述项目实施后的社会效益，主要是：缓和了人地矛盾，增加了当地农民收入，促进区域和谐发展；增加了土壤水源涵养能力；改善土壤的物理化学性质，土壤肥力增加；改善区间小气候，改善了农业生产条件。

3.5.2 面源污染防治工程

以 B 省利用亚洲开发银行贷款农业综合开发项目一期工程为例，简要回顾农业基础设施建设工程及面源污染防治工程监测效益。

进行项目可类比分析后，阐述通过 B 省利用亚洲开发银行贷款农业综合开发项目区 12 处排水沟水质进行监测表明：排水沟水质中 pH、氨氮满足《地表水环境质量标准》（GB 3838—2002）I 类水体要求的达 33％、II 类水体要求的达 59％、III 类水体要求的达 8％。

3.6 污染源分析

3.6.1 施工期

主要是扬尘、噪声、建筑垃圾和少量生活废水。

3.6.2 运营期

项目运营期产生的主要污染为施用农药化肥造成的农业面源污染，以及农田及经果林管护过程中产生化肥农药废弃包装、废枝条、废果；有机肥厂运行过程中产生的恶臭和粉尘。

4. 环境现状调查与评价

4.1 自然环境现状调查与评价

叙述项目涉及区域的地理位置、地形地貌、气候、河流水系、水资源、土地利用现状、动植物资源、水土流失现状、水资源保护区等。

4.2 环境保护目标调查

项目区内有国家级风景名胜区，调查说明项目涉及区域的类别和保护要求。

4.3 环境质量现状调查与评价

根据项目县（市、区）环境质量公报以及收集到的监测数据对项目区域地表水和大气环境质量进行评价。

5. 环境影响预测与评价

5.1 水资源影响分析

5.1.1 水资源平衡分析

通过类比出项目区现状用水主要是地表蓄水和提水，蓄水包括水库、山坪塘等，提水主要指从流经项目区的河道中提水。项目区现有农田实施节水措施。

5.1.2 水循环影响分析

通过类比出目前部分项目区无灌溉设施，靠自然降雨、大气降水和蒸发是雨养农田水循环的输入、输出源。

项目拟对该区域配套建设水源工程，实施后该区域采取管道或渠道灌溉方式。项目的实施改变了项目水循环模式，但项目区水资源丰富，水源工程建设后的供水量对当地水资源影响较小，因此对水循环影响较小。

5.1.3 典型工程对水资源影响分析

简述人工湿地、机电排灌站、截水沟、拦沙坝等水源工程的影响。

5.2 农业面源污染环境影响分析

项目拟实施科学施用农药化肥措施，采用人工湿地对农田径流进行净化等系列措施有利于减少农业面源污染。

5.2.1 化肥用量

通过类比得出项目实施后单位面积化肥用量（折纯）为 502 kg/hm^2，较实施前减少 20％；实施后化肥施用总量（折纯）为 34 958 t，较实施前减少 16％。简述和分析化肥用量减少对环境的影响。

5.2.2 农药使用量

通过类比得出项目实施后单位面积农药用量为 4.55 kg/hm^2，较实施前减少 22％；农药施用总量为 317.4 t/a，较实施前减少 17％。简述和分析农药使用量减少对环境的影响。

5.2.3 农田肥料流失核算

本次评价选取国务院第一次全国污染源普查领导小组办公室发布的《肥料流失系数手册》中地表径流化肥流失系数。项目实施后单位面积化肥流失量为 3.65 kg/hm^2，较实施前减少 25.6％；化肥流失总量为 254.4 t，较实施前减少 21.5％。

5.2.4 水质影响分析

类比一期项目工程实施后的监测报告，项目区农田 12 处排水沟氨氮浓度为

0.033～0.544 mg/L，氨氮满足《地表水环境质量标准》（GB 3838—2002）Ⅰ类水体要求的达 33％、Ⅱ类水体要求的达 59％、Ⅲ类水体要求的达 8％。

5.3 固体废物环境影响分析

项目运行期间产生的固体废物主要为化肥农药的废弃包装、废枝条和残果。

5.3.1 化肥农药废弃包装

项目实施后，农药废弃包装减少 17.3％；化肥废弃包装减少 16.6％。

5.3.2 剪枝和疏果

项目拟在六省（市）建设生态经济林，实施前后剪枝疏果量大于 40 000 t/a。

5.4 水土流失环境影响分析

5.4.1 施工期

项目建设内容主要包括开挖疏浚渠道、渠道防渗、改造田间道路、铺设管线、平整土地、深翻土地、建设农田防护林及生态经济林等。

5.4.2 运行期

项目区多位于山地丘陵区，山高坡陡、坡耕地面积占比大、水土流失严重。项目拟实施坡改梯、建设水保林、经济林、河堤生态护岸护坡、河堤绿化等工程，以上工程可有效控制和减轻水土流失。将项目采取的水土保持措施根据治理措施体系划分为工程措施、农业措施、林草措施。

本次评价根据水土保持措施的减沙效益对项目实施后减沙量进行核算，项目实施后总减沙量为 731 407.5 t/a，其中林草措施（生态经济林、水土保持林、绿化带）减沙量比例较大，约 87.3％。

5.5 生态环境影响分析

5.5.1 各类工程生态影响分析

项目建设内容包括现代农业工程、面源污染防治工程以及机构能力建设工程。

表 10-8　各类工程对生态环境的影响分析

序号	工程名称	生态环境影响
1	灌排沟渠、农村道路、低压管道	项目施工过程中会对土壤造成扰动，土方开挖和回填过程可能会造成水土流失。项目规模较小，开挖土方及时回填，对生态环境影响较小
2	机电排灌站、拦沙堰、小型蓄水工程	项目的实施可能对当地水资源造成影响，但项目区水资源丰富，项目通过建设机电排灌站、蓄水工程等提供的农田供水能力增加量较小，不会对水资源造成明显影响

序号	工程名称	生态环境影响
3	生态种植示范基地	项目施工过程中会临时占压土壤，对生态环境影响较小
4	生态养殖示范基地	项目生态养殖示范基地为稻虾轮作养殖，稻虾轮作可实现全年不施用农药和化肥，无养殖尾水排放，可减少农业面源污染，恢复生态系统平衡
5	小型人工湿地、四格厌氧净化池、测土配方、生物农药推广、有机肥推广、建有机肥加工厂、农膜回收等	以上工程可减少农业面源污染，土地得到改良，有机质含量的增加、土壤结构的改善和剧毒农药量的减少，将会使土壤微生物、微型动物、昆虫等生物种类的生物多样性增加，使土壤群落结构更为复杂多样；改善区域水环境，改善水生生物的生存环境，恢复生态系统平衡
6	营造水保林、河堤绿化带、坡改梯、营造生态经济林	项目建设不改变原有土地类型，通过实施生态保护工程，可增加项目区植被覆盖率，有效控制项目区水土流失
7	河堤生态护岸护坡工程	项目不对河道进行取直，不改变河道走向，在自然河道的基础上对局部洪水冲刷严重的河段进行护岸护坡，可有效减少水土流失

5.5.2 对风景名胜区的影响分析

某项目点附近有国家级风景名胜区 1 处，分析对其影响。

5.5.3 生态景观影响分析

项目的建设使项目区在植被类型、种类多样化方面有明显增加，改善了农业生产条件和局部地域的生态环境。

5.5.4 植被影响分析

项目施工过程会使区域生物量有所下降，工程施工的结束，对植被进行恢复，对植被影响较小。项目建设使项目区植被覆盖率提高。

5.5.5 动物影响分析

项目所处区域均为成熟的农业区，人类活动比较频繁，评价范围内未发现国家及地方重点保护的野生动物，施工期施工活动影响是暂时的、可逆的，随施工结束，此类影响消失或得到缓解。项目实施会增加鸟类的数量和种类，会使土壤微生物、微型动物、昆虫等生物种类的生物多样性增加，使土壤群落结构更为复杂多样。

5.5.6 土壤生态安全影响分析

项目拟进行坡改梯工程，在现有低产的坡耕地基础上改造梯田；项目经果林的建设不开垦荒地，不改变土地利用类型；项目拟新造水保林，建成后将荒地改为林地。这一系列措施可以减少水土流失，并且随着农业基础设施的全面配套和完善，耕地的质量将得到全面改善，农田的生产能力将得到提高。

工程扰动对土壤产生一定的负面影响，从施工扰动结束、废弃物及地表建筑物清理后进行土地平整，将施工清表时临时堆放的表层 20 cm 腐殖土进行回填，不会对土壤层产生明显影响。

5.5.7 生态完整性影响分析

生态完整性的判定包括生产能力和稳定状况两方面。

根据植被类型变化情况，采用净第一生产力（NPP）进行生产力变化估算。经核算，项目实施后所有项目区净第一生产力为 240.1 g/(m^2·a)，较实施前增加 17.1 g/(m^2·a)。

生态系统的稳定性包括两个特征，即恢复稳定性和阻抗稳定性。部分项目区净第一生产力没有变化，项目的建设不改变自然系统的恢复稳定性；部分项目区净第一生产力增加，提高了自然系统的恢复稳定性。生态系统阻抗稳定性可通过植被的异质性衡量。项目区仅对现有农田进行基础设施建设，实施测土配方施肥等，项目建设提高了区域异质化程度，增加了植被的异质性，提高了物种多样性，因此项目实施后提高了区域的生态系统阻抗稳定性。

5.5.8 阻断影响分析

项目区已建成农田道路、排灌沟渠等基础设施，只是设计不合理、利用率低。项目均在原有基础上进行改建，对区域生态流的屏蔽、过滤和阻断等生态影响较小。

5.5.9 生态养殖基地影响分析

项目拟建设 3 个生态养殖基地，为稻虾轮作养殖，稻虾轮作可实现全年不施用农药和化肥，无养殖尾水排放，可减少农业面源污染，恢复生态系统平衡。

5.5.10 河堤生态护岸护坡工程影响分析

项目拟对河堤生态护岸护坡采用生态混凝土护岸方式。目前河渠两侧的农田由于长期被洪水淹没，已经荒废，仅在现有河道基础上进行边坡的整理。选择在枯水期施工，采取围堰施工方式，对水体扰动较小，不会对水生生物造成明显影响。项目实施后，可减少水土流失，有利于恢复农田生产。

5.5.11 典型工程对水生态环境影响分析

项目区存在工程性缺水问题，为了解决旱季缺水，项目拟建设蓄水池、拦沙堰、机电排灌站等水源工程，水源工程增加的供水量占区域水资源总量比例较小，对汇水范围内的河流水资源影响较小，进而不会对水生态环境造成明显影响。

人工湿地可减少农业面源污染，改善下游水质，改善水生态环境。

5.6 大气环境影响分析

项目拟建设有机肥加工厂，主要用于收集利用蔬菜尾菜制造有机肥，有机肥厂均建设在蔬菜地附近。主要流程为粉碎、堆肥、造粒、烘干等，产生的有机肥再回用于农田。造粒过程中无组织排放的少量粉尘，堆肥过程中无组织排放的 NH_3、H_2S 等。根据类比蔬菜垃圾处理企业相关资料，简述以上指标均可以达标排放。

5.7 血吸虫病传播影响分析

钉螺是两栖淡水螺类，孳生地的特点是：土质肥沃、杂草丛生、水流缓慢。肋壳钉螺孳生在湖沼型及水网型疫区的水涨水落、水流缓慢、杂草丛生的洲滩、湖汊、河畔、水田、沟渠边等。光壳钉螺孳生在山丘型疫区的小溪、山涧、水田、河道及草滩等处。

项目不新开沟渠，对现有土渠衬砌，对沟渠进行疏浚，项目的建设没有改变区域的水力联系，不会造成钉螺的扩散。

疫区项目涉及沟渠疏浚工程，弃土用于修筑堤岸，不会把有螺弃土转移到其他地区。

钉螺的存活需要适当的水分，常年淹水或干旱的地带钉螺不能生存；草地、潮湿和阴暗环境是钉螺生存的必要条件之一。消灭钉螺孳生环境是消灭钉螺最有效途径。项目拟对灌排渠道、山塘、河道等采用硬化护坡，硬化可以使渠道无草生长，并受太阳直射，钉螺失去适宜生存的环境，可有效地消灭钉螺孳生环境。

血吸虫病对施工人员存在潜在威胁，可能会导致部分施工人员感染。项目护坡护岸、沟渠疏浚工程安排在枯水期施工，避开了血吸虫病的易感期。另外，若施工人员来自血吸虫病流行区且为血吸虫病患者，其粪便中的虫卵可成为施工区血吸虫病传播流行环节中的传染源，也可能对施工人员造成不利影响。

项目对沟渠、山塘、河道等采取硬化护坡，可以消灭钉螺孳生环境，符合《血吸虫病防治条例》《关于印发"十三五"全国血吸虫病防治规划的通知》（2017 年）以及各省血防相关文件的要求。

5.8 项目合理性分析

报告书从环境影响角度对项目开发建设方案进行比选并提出调整意见，现可研方案根据报告书调整建议最终确定。

6. 环境保护措施及其可行性论证

6.1 水资源和水环境保护措施

根据水平衡分析结果，部分项目区实施节水措施，项目实施后农田用水量较实施前减少；部分项目区目前灌溉设施不完善，不进行灌溉，项目实施后将耕地改造为经果林，并配套建设水源工程，项目实施后用水量较实施前增加。各项目区应根据建设内容以及用水情况，加强对水资源和水环境的保护。

6.2 农业面源污染减缓措施

6.2.1 肥料污染减缓措施

①增施有机肥，实施秸秆还田，提倡有机无机配合。②优化施肥结构，选择适宜施肥时期，实施测土配方施肥。③肥料科学管理措施；④完善技术体系。

6.2.2 农药污染减缓措施

病虫害发生以后尽量使用物理方法（如人工捕捉、灯光诱虫等）和生物方法。加强田间管理，创造适宜作物生长而不利于病虫害发生的环境条件，可有效地减轻病虫害的发生。调整农药结构，使杀虫、杀菌、除草剂之间的比例更趋合理。严格控制农药的施用浓度、施用量、剂型、次数和施药方法。按农药使用规程施用农药，对农民进行培训。推广农药科学管理措施，要依据病虫测报科学用药。

6.3 固体废物污染防治措施

重点分析化肥农药废弃包装、果树修剪的枝条、残果、农用薄膜的处理和处置方式。

6.4 水土流失防治措施

重点分析对挖填方、表层土、临时占地的管理措施，防止水土流失产生。

6.5 生态环境保护与恢复措施

重点分析水土流失防治、减少植被破坏方式，野生动物、生态敏感区的保护方式。

6.6 血吸虫病传播控制措施

重点分析项目工程队血吸虫病的传播方式的阻断、灭杀和防护措施。

6.7 施工期环境保护设施

6.8 工程保障措施

6.9 项目环保管理要求

6.10 项目环保投资

7. 环境影响经济效益分析

项目建设目标是：①提高项目区水源涵养和水土保持能力，有效控制和减轻水土流失与农业面源污染；②改善农业生产基础条件，提高土地综合生产能力、生态承载能力和农业与农村经济可持续发展能力；③提高各级组织机构能力，促进农业生产转型和农业增效与农民增收，助推精准扶贫。最终实现区域生态更加完善、河流水质更加健康、经济发展更加绿色、流域景观更加优美、人民生活更加幸福。在此基础上，分别讨论项目的社会、经济、环境效益。

8. 环境管理与监测计划

为贯彻执行国家和地方环境保护的有关规定，对项目环境管理与环境监测制度提出建议。除常规的环境要素的管理和监测外，考虑水土保持、土壤、人群健康的管理和监测。

人群健康监测计划：①血吸虫病检测。为了对疫区施工人员健康情况进行监控，施工期拟计划对施工人员做定期健康观察，每年检查一次，主要检测血吸虫病。②螺情调查，调查点布设，依当地专业血防部门意见开展施工区域钉螺分布及血吸虫病流行卫生调查与监测。调查内容、频率及时间与方法：根据当地血防部门相关技术要求确定。

9. 结论

对前述各章节结论进行汇总总结。

第五节　环境影响评价报告书编写实例
（三、规划类环境影响评价）

本节以某西南城市经济技术开发区规划修编环境影响报告书为例，说明规划类环评的主要内容、步骤、重要节点和结论。

1. 总则

1.1 规划背景及任务由来

B 市经济技术开发区发展至今，经历多次调整。1992 年批准成立为省级开发区，核准面积 12 km^2，主导产业为纺织、纸制品和机械。2013 年 1 月，国务院办公厅同意开发区升级为国家级经济技术开发区，核准面积不变，调整了四至范围。2018 年 10 月开发区管委会委托编制完成了《B 市经济技术开发区规划修编》（2018—2030），面积约 96 km^2，主导产业为智能终端、轨道交通、新能源汽车、新材料及现代港航物流。该规划应在编制过程中依法开展环境影响评价。

1.2 编制依据

国家有关法规、政策；地方有关法规、政策；行业标准、技术规范；其他相关规划及文件资料。

1.3 评价范围、时段和重点

1.3.1 评价范围

本规划面积 96 km^2，位于某镇所辖区域。各主要环境要素的评价范围依据导则和规划区域环境敏感特点确定，以图表的形式展现评价范围。

1.3.2 评价时段

规划年限：2018—2030 年，规划近期：2018—2020 年，规划远期：2020—2030 年；评价基准年：2017 年；评价时段：2018—2030 年。

1.3.3 评价重点

规划协调性分析：重点分析本规划与国家和地方政策、西部大开发"十三五"规划、长江经济带发展规划纲要、长江经济带环境保护规划、本省"十三五"环境保护规划、B市总体规划、土地利用总体规划、行业规划、"十三五"环境保护规划等相关规划的协调性。

水环境承载力分析：综合考虑水环境质量现状、受纳水体敏感性及环境容量等，明确水污染物总量控制清单，确定主要水污染物总量控制指标，确定水污染物排放总量上限，分析水环境承载力。

规划水环境和生态环境影响评价：评价不同规划情景下，规划实施对水环境和生态环境的影响，重点评价对长江上游珍稀特有鱼类国家级自然保护区和集中式饮用水水源地二级保护区的影响。

"三线一单"管控：以"生态保护红线、环境质量底线、资源利用上线和生态环境准入清单"为管控手段，强化空间、总量、准入环境管理，画框子、定规则、查落实、强基础，优化规划规模、结构和布局，拟定生态环境准入清单，制定强制约束要求，指导项目环境准入。

1.4 环境功能区划与评价标准

阐述规划区域各要素的环境功能区划，并列表说明各环境要素主要环境因子的环境质量标准和污染物排放标准。

1.5 环境保护目标

按照环境要素列表阐述环境保护对象的名称、方位、距离、保护环境功能。

1.6 评价技术路线

根据《规划环境影响评价技术导则　总纲》（HJ/T 130）及相关技术规范要求，确定评价技术路线见图 10-1，环境影响评价中所用的方法见表 10-9。

表 10-9　本次规划环境影响评价所用的方法

评价环节	采用的主要方式和方法
规划分析	核查表、叠图分析、专家咨询、类比分析
环境现状调查与评价	现状调查：资料收集、现场踏勘、生态调查、问卷调查 分析与评价：专家咨询、指数法、叠图分析法
环境影响识别与评价指标确定	核查表、网络分析、叠图分析、情景分析、专家咨询、类比分析
污染排放强度估算	专家咨询、负荷分析、类比分析、对比分析
环境要素影响预测与评价	类比分析、负荷分析、趋势分析、数值模拟、生态学分析、叠图分析
环境风险评价	风险概率统计、类比分析
资源与环境承载力评估	类比分析、供需平衡分析

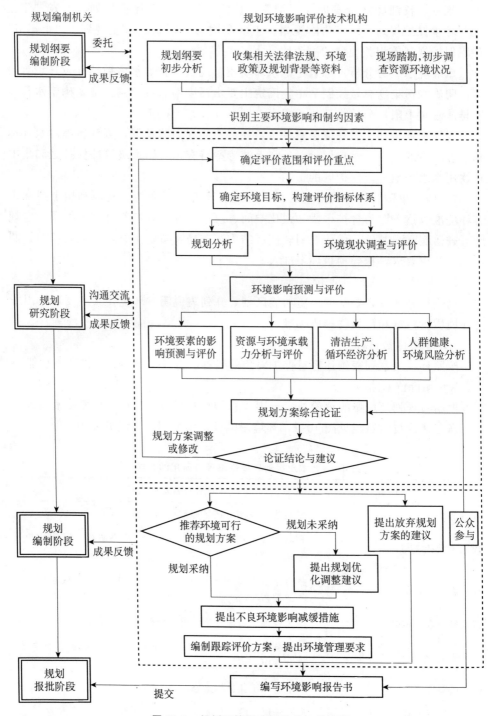

图 10-1　规划环境影响评价的工作流程

2. 规划概述与规划分析

2.1 规划概述

阐述项目的规划范围、规划内容、规划定位、规划时限、规划目标、规划规模、产业规划、空间结构规划、土地利用计划、交通规划、绿地及水系规划、市政工程设施规划、"五线"控制规划等内容。

2.2 规划协调性分析

①与国家相关政策、法规及规划协调性分析，与省级相关政策法规及规划协调性分析；②与B市相关政策、法规及规划协调性分析；③与污染防治和生态环境保护规划、文件的协调性分析。

2.3 规划的不确定性分析

①规划方案的不确定性；②规划实施过程的不确定性；③环境政策的不确定性；④规划不确定性的应对分析。

2.4 规划开发强度分析

2.4.1 资源环境利用强度分析

选择深圳特区（1980 年）、浦东新区（1992 年）、滨海新区（1994 年）、贵安新区、天府新区、兰州新区以及和林格尔新区进行开发强度类比。就人口、经济增速、建设用地等资源利用强度进行分析。

2.4.2 污染排放强度分析

针对开发区的产业特点，对环境要素的排放污染源强进行分析。

3. 环境现状调查与评价

3.1 自然地理状况调查

分类阐述区域的地理位置、地形地貌、气候气象、地表水系等自然环境条件。

3.2 社会经济概况调查

简述项目区内的社会经济条件。

3.3 生态环境现状调查与评价

对土地利用现状、植物资源现状、野生动物资源现状、水土流失现状、长江上游珍稀、特有鱼类国家级自然保护区等进行调查和评价。

B市经济技术开发区涉及的生态敏感区为"长江上游珍稀、特有鱼类国家级自然保护区"，开发区水域位于该保护区的核心区和缓冲区，主要保护白鲟、达氏鲟和胭脂鱼的产卵场。评价范围内无珍稀保护植物分布，无国家和省级陆生珍稀保护动物的栖息地及集中分布区。

3.4 文物古迹

调查项目区域内的文物古迹等环境保护目标。

3.5 环境质量现状调查与评价

用图、表展示过去 4 年的大气环境、地表水环境、地下水环境、声环境、土壤环境数据，评价过去 4 年 B 市的各要素环境质量达标情况和变化趋势。

4. 开发区回顾评价

4.1 规划回顾评价

4.1.1 开发区开发现状

包括土地开发现状、规划市政基础设施配套情况等。

4.1.2 本轮规划与上轮规划的差异分析

说明本轮规划与上轮规划之间存在一定差异，分析 2011 版规划、开发现状和本版规划主要指标的差异和原因。

4.1.3 开发区企业现状

介绍现阶段开发区内企业的基本情况。

4.2 规划环评回顾评价

2011 年，B 市经济开发区管委开展了区域环境影响评价。主要说明以下情况：

（1）规划环评审查意见和调整建议落实情况；

（2）搬迁计划落实情况；

（3）环保措施落实情况；

（4）环境管理落实情况。

4.3 现有污染源排放及治理情况

4.3.1 工业污染源

对规划区域内重点污染企业、工业废气源、工业废水源、固体废物、危险废物等进行调查和评价。

4.3.2 生活污染源

对规划区域内人口、生活废气、生活污水、生活垃圾的产生和排放进行调查和评价。

4.3.3 交通污染源

对开发区内交通尾气污染进行调查和评价。对区域内港口的废气、污水、垃圾进行调查和评价。

4.3.4 污染场地及修复治理情况

对开发区涉及的 5 个地下水、土壤污染地块的修复情况进行调查和评价。

4.4 现状环境问题分析

（1）饮用水水源保护区、自然保护区、开发区交错，保障饮用水安全及长江水生态安全压力较大；

（2）开发区生态环境较脆弱，水土流失尚未得到有效控制；

（3）环保基础设施建设相对滞后，尤其是农村污染治理能力薄弱；

（4）港区污水处理站未按照相关要求引入污水处理厂处置，尾水达到 GB 18918

一级 B 标准后直接排入长江，对长江水质有一定影响；

（5）PM$_{10}$和 PM$_{2.5}$年均浓度分别超出环境空气质量二级标准，开发区近期施工建设活动较多，需要加强施工扬尘控制；

（6）存在污染地块，受到重金属和挥发性、半挥发性有机污染物污染，需尽快完善遗留污染地块的治理。

5. 环境影响识别与评价指标体系构建

5.1 环境影响识别

表 10-10　B 市经济技术开发区规划评价环境影响识别表

规划要素	开发行为	影响要素	主要环境影响	影响属性		
				影响性质	影响程度	影响时段
发展规模		土地资源	各类建设用地增加占用土地，减少生态用地	负面	●	长期
		水资源	增加水资源消耗量，增加水资源压力	负面	●●	长期
		能源	增加能源消耗量，增加资源压力	负面	●	长期
		水环境	会加重区域水污染负荷	负面	●●	长期
		大气环境	会加大空气质量改善的压力	负面	●●	长期
空间布局		生态红线	识别重点生态功能区、生态环境敏感区和脆弱区，并划入生态红线内	正面	●	长期
		空间管控	划定生产、生活和生态空间，分别制定空间管控战略	正面	●	长期
		环境风险	开发区内企业发生火灾、爆炸、泄漏等事故，会造成环境风险影响	负面	●	短期
产业结构		环境空气、地表水、地下水、土壤等环境	生产企业的集聚和生产运行会对环境产生一定影响	负面	●●	长期

5.2 环境目标与评价指标体系

5.2.1 环境目标

重点生态功能区、生态环境敏感区和脆弱区 100％划入生态管控区内进行严格管控；废气、废水全部稳定达标排放，固体废物全部得到综合利用或安全处置；污染物排放量不突破总量控制线；资源及能源利用效率和主要污染物排放强度达到同期国内先进水平；生态环境质量逐步实现区域规划的质量目标。

5.2.2 评价指标体系

表 10-11　B 市经济技术开发区规划环境保护指标体系表

类别	要素	指标名称	规划目标		指标属性
			近期（2020 年）	远期（2030 年）	
社会经济	经济				预期值
	人口				预期值
	大气环境				约束性
	水环境				约束性
环境质量	土壤环境				约束性
	声环境				约束性
	生态环境				预期性
	大气污染排放				约束性
污染控制	水污染排放				约束性
	水环境				约束性
	固体废物				约束性
	水资源				约束性
资源利用	土地资源				约束性
	能源				预期性
生态保护					约束性
					预期性

6. 环境影响预测与评价

6.1 地表水环境影响预测与评价

6.1.1 污染源

调查汇总规划区域内的污染源，说明污染源的名称、位置（经纬度坐标）、排污水体、控制污染物指标。

6.1.2 预测内容

（1）模型选择。

排入长江干流和支流，多年平均流量≥150 m^3/s，水面宽度≥90 m，水深≥5 m，属于大型河流。预测模型采用导则中推荐的连续稳定排放，不考虑岸边反射影响的宽浅型平直恒定均匀河流，岸边点源稳定排放，河流二维模型。

排入其他小型河流，完全混合过程段预测模型采用导则中推荐的河流均匀混合模型，沉降作用段预测模型采用导则中推荐的连续稳定排放，河流纵向一维水质模型方程。

（2）参数选择。

长江干流段枯水期 COD 综合衰减系数为 0.09 d，氨氮综合衰减系数为 0.03 d，总磷综合衰减系数 0.02 d。长江支流枯水期 COD 综合衰减系数为 0.07 d，氨氮综合衰减系数为 0.02 d，总磷综合衰减系数 0.01 d。小河流-1 枯水期 COD 综合衰减系数为 0.04 d，氨氮综合衰减系数为 0.01 d，总磷综合衰减系数 0.01 d。小河流-2 枯水期 COD 综合衰减系数为 0.03 d，氨氮综合衰减系数为 0.01 d，总磷综合衰减系数 0.01 d。

河流的横向扩散系数：M_y（E_y）＝0.39。

污染背景浓度选用上一年当地环境监测部门提供的监测数据。

（3）排水方案。

调查汇总现有排水方案。

（4）预测情景。

设计三种排放情景：现有规划方案；规划方案水质提标条件下；规划方案事故条件下。

（5）预测结果。

将以上参数带入预测模型，计算相应距离的预测结果，并对照受纳水体的环境功能区划进行评价。

6.2 大气环境影响预测与评价

6.2.1 地面气象资料分析

说明选用的气象信息来源，以近 20 年（1998—2017 年）的主要气候统计资料为依据，分析项目所在区域的气象特征。根据地面气象观测资料，各常规气象要素列表陈述。

6.2.2 污染源分析

规划主要产业为智能制造、新材料、轨道交通、新能源汽车等，能源利用以天然气为主，主要大气污染物为 SO_2、NO_x、PM_{10}、$PM_{2.5}$、VOCs（同时作为 NMHC 源强）。

B 市采取环境保护措施包括减少工业污染物排放、加强城市环境管理、实施"车油路"综合整治、扩大清洁能源使用、严控露天焚烧污染等。

6.2.3 预测模型及参数设置

（1）本次规划近期和远期 $SO_2＋NO_x$ 排放量均小于 500 t/a，$VOCs＋NO_x$ 排放量均小于 2 000 t/a，因此选用导则推荐模型 AERMOD 模型预测规划实施产生的大气污染物对环境空气影响范围与程度。

（2）预测周期与预测因子。

选取 2017 年作为预测周期，预测时段取连续 1 年。选择 SO_2、NO_2、PM_{10}、NMHC、VOCs 作为预测评价因子。

（3）预测范围及计算点设置。

考虑削减源强的分布情况，预测范围大于评价范围，包括整个削减方案源强分布，东西长 49.5 km，南北长 20.5 km。主要有预测范围内网格点、环境空气保护目标和国控监测站点三类。计算网格采用近密远疏的离散网格设置方法，0～5 km 网格距为 0.1 km，5～13.5 km 网格距 0.25 km。环境空气保护目标选主要居民区。

（4）地形数据及地表类型。

地形数据采用 STRM DEM（V4.1）数据，分辨率为 90 m。

6.2.4 预测评价内容与方法

初步判断 B 市为不达标区，开发区的规划建设未纳入 2017 年编制的《B 市大气环境质量限期达标规划》，预测与评价内容详见表 10-12。

表 10-12　预测与评价内容

评价对象	污染源	预测内容	评价内容
不达标区	规划近期源强情境	短期浓度 长期浓度	短期浓度贡献值最大浓度达标情况，年均浓度贡献值最大浓度占标率情况
	规划远期源强情境	短期浓度 长期浓度	
	预测范围内削减方案	长期浓度	叠加基准年的环境质量现状日均浓度后的保证率，日平均质量浓度和年平均质量浓度的占标率，或短期浓度的达标情况；评价区域环境质量改善情况

6.2.5 预测评价方法

不达标区环境影响叠加，评价主要污染物的环境影响，叠加方法见式（10-1）。

$$C_{叠加(x,y,t)} = C_{规划(x,y,t)} - C_{区域削减(x,y,t)} + C_{拟在建(x,y,t)} + C_{现状(x,y,t)} \quad (10\text{-}1)$$

式中，$C_{叠加(x,y,t)}$——在 t 时刻，预测点 (x,y) 叠加各污染源及现状浓度后的环境质量浓度，$\mu g/m^3$。

$C_{规划(x,y,t)}$——在 t 时刻，规划源强对预测点 (x,y) 的贡献浓度，$\mu g/m^3$。

$C_{区域削减(x,y,t)}$——在 t 时刻，区域削减污染源对预测点 (x,y) 的贡献浓度，$\mu g/m^3$。

$C_{拟在建(x,y,t)}$——在 t 时刻，其他在建、拟建项目污染源对预测点 (x, y) 的贡献浓度，$\mu g/m^3$。

$C_{现状(x,y,t)}$——在 t 时刻，预测点 (x, y) 的环境质量现状浓度，$\mu g/m^3$。

对于现状浓度超标的污染物，按式（10-2）计算实施区域削减方案后预测范围的年平均质量浓度变化率 k。当 $k \leqslant -20\%$ 时，可判定项目建设后区域环境质量得到整体改善。

$$k = \frac{\left[\overline{C}_{本项目(a)} - \overline{C}_{区域削减(a)}\right]}{\overline{C}_{区域削减(a)}} \times 100\% \qquad (10\text{-}2)$$

式中，k——预测范围年平均质量浓度变化率，%；

$\overline{C}_{本项目(a)}$——本项目对所有网格点的年平均质量浓度贡献值的算术平均值，$\mu g/m^3$；

$\overline{C}_{区域削减(a)}$——区域削减污染源对所有网格点的年平均质量浓度贡献值的算术平均值，$\mu g/m^3$。

对于保证率日平均质量浓度，首先按上式的方法计算叠加后预测点上的日平均质量浓度，然后对该预测点所有日平均质量浓度从小到大进行排序，根据各污染物日平均质量浓度的保证率（p），计算排在 p 百分位数的第 m 个序数，序数 m 对应的日平均质量浓度即为保证率日平均浓度 C_m。其中序数 m 计算方法见式（10-3）。

$$m = 1 + (n-1) \times p \qquad (10\text{-}3)$$

式中，p——该污染物日平均质量浓度的保证率，按 HJ 663 规定的对应污染物年评价中 24 h 平均百分位数取值，%；

n——1 个日历年内单个预测点上的日平均质量浓度的所有数据个数，个；

m——百分位数 p 对应的序数（第 m 个），向上取整数。

6.2.6 预测结果及分析

（1）规划近期预测结果及分析。

规划区在建、拟建项目的近期、远期源强贡献浓度预测结果。

（2）年平均质量浓度变化率。

现状超标的污染物包括 PM_{10} 和 $PM_{2.5}$，该区域达标规划未进行浓度场预测，需通过计算其预测范围内年平均浓度变化率 k 值，评价区域环境质量的整体变化情况。近期和远期 PM_{10}、$PM_{2.5}$ 的年平均浓度质量变化率 k 均达到了 $\leqslant -20\%$ 的要求。

6.2.7 对 B 市大气环境保护目标的影响分析

针对 B 市大气环境保护目标，说明 B 市近期（2020 年）大气环境质量改善措施和大气污染物减排重点工程，评价规划对 B 市大气环境保护目标的影响。

6.3 地下水环境影响预测与评价

6.3.1 水文地质概况

根据水文地质概况，评价区水文地质特征，并对地下水动态分析。

6.3.2 地下水污染源及影响分析

（1）污染源。

①在区域开发的施工过程中，诸如：基础设施建设、区域填方等造成的石油类、有机型污染物随开挖的沟渠渗入地下水体进而污染地下水；

②区域内生产性企业及仓储企业的化工原料跑、冒、滴、漏，固体废物的淋滤等，污染物随雨水渗入地下水体进而污染地下水体；

③开发区内地下敷设管线（特别是污水管线）破裂而导致地下水体受到污染。

（2）地下水污染途径分析。

工业废水、生活废水、港区废水、固体废物以间歇入渗型和连续入渗型的污染途径为主，间歇入渗型特点是污染物通过大气降水等水源的淋滤，使固体废物（降雨时）从污染源通过包气带土层渗入含水层。渗入一般是呈非饱水状态的淋雨状渗流形式，或者呈短时间的饱水状态连续渗流形式。

6.3.3 地下水影响预测分析

（1）预测情景。

①非正常状况下园区污水处理厂废水渗漏；

②某环保科技园仓库——油基岩屑储存池因地质灾害及生产事故等原因，储存池防渗结构破损导致发生渗漏；

③某汽车有限公司污水处理站等储水构筑物因地质灾害及生产事故等原因，构筑物防渗结构破损导致发生渗漏。

（2）预测源强。

对事故条件下污染预测因子及源强进行识别和确认。

（3）预测模型。

①根据工程分析确定各状况下的污染源强及预测参数，建立以 Visual MOD-FLOW 数值计算的水流和水质预测模型，针对规划期可能对地下水环境产生的影响进行预测；

②运用解析法计算地下水溶质运移影响距离，根据情况概化为一维稳定流动二维水动力弥散问题，瞬时注入示踪剂——平面瞬时点源模型。

（4）水文地质概念模型。

将评价区东西方向作为 X 轴，长度 28 000 m，以南北方向为 Y 轴，宽 21 000 m，垂直于 XY 平面为模型 Z 轴方向，地形垂向最大高程 516.6 m，最小

270.3 m，相对高差 1 040 m。在水平方向上用正交网格进行剖分，网格数目为 80×60，单个网格大小为 350 m×350 m。

6.3.4 预测分析与评价

（1）数值法预测结果。

根据污染风险分析的情景设计，在选定优先控制污染物的基础上，分别对地下水污染物在不同时段的运移距离、超标范围进行模拟预测，并预测下游污染物的影响程度。采用《地下水质量标准》（GB/T 14848）III 类水标准为基准评价耗氧量、NH_3-N、石油类在 30 d、100 d、1 000 d、3 650 d、7 300 d 内的扩散范围。

（2）解析法预测结果。

根据污染风险分析的情景设计，在选定优先控制污染物的基础上，分别对地下水污染物在不同时段的运移距离、超标范围进行模拟预测，并预测下游污染物的影响程度。

6.4 声环境影响评价

6.4.1 工业噪声影响评价

6.4.2 交通噪声影响评价

6.5 固废环境影响评价

6.6 生态环境影响评价

规划实施后，对区域生态系统结构与功能，野生动物种类和数量、基本农田等进行评价。对"长江上游珍稀、特有鱼类自然保护区"的影响进行评价。

7. 资源环境承载力评价

7.1 水资源承载力评价

区域水资源概况采用《B 市水资源开发利用总体规划报告（2014—2030 年）》及《B 市水资源公报（2017 年）》中分析结果。评价区域水资源总量、水资源开发利用现状、水资源供需平衡分析、供水能力分析、用水量与区域水资源"三条红线"符合性分析。

7.2 土地资源承载力分析

评价规划实施后规划区内土地利用变化趋势，并对土地资源供需平衡与承载力进行分析。

7.3 水环境承载力分析

7.3.1 水环境容量

（1）根据优化后的排水方案，选定水环境容量的计算核准河段，确定河段起止点、功能类别、功能长度。

（2）根据国家污染物总量控制因子，确定本次评价的水环境容量计算因子为 COD、氨氮和总磷。地表水环境容量计算采用《地表水环境质量标准》（GB 3838）

Ⅲ类水域标准。

（3）分析时段确定为枯水期。

（4）水环境容量计算方法，岷江、长江水环境容量采用二维混合区长度控制法进行计算。保守考虑，黄沙河、宜南河水环境容量计算仅考虑纵向衰减，本次评价选用常用的单排口一维模型测算水环境容量。水文参数根据当地水文监测数据选定。

（5）经过计算获得各河段理想水环境容量。

（6）根据规划排水方案的变更，计算剩余水环境容量。

7.3.2 水环境承载力评价

评价采纳推荐排水方案后，区域水环境容量是否可承载本轮规划修编的规模。

7.4 大气环境承载力评价

7.4.1 大气环境容量计算

（1）以 SO_2、NO_2、PM_{10}、$PM_{2.5}$、VOCs 作为大气环境容量的计算指标。

（2）环境空气质量目标，按优于《环境空气质量标准》（GB 3095）的"日平均标准的二级标准"。

（3）大气污染物允许排放总量计算公式采用《制定地方大气污染物排放标准的技术方法》（GB/T 3840）推荐的 A 值法。

（4）总量控制区内低架源大气污染物年排放总量限值取大气污染物允许排放总量的 15%。

（5）根据现状 PM_{10}、$PM_{2.5}$ 年均值超标，本次评价仅核算 SO_2、NO_2、VOCs 环境容量。

7.4.2 大气环境承载力分析

根据区域产业特点可知主要大气污染物为 SO_2、NO_x、PM_{10}、$PM_{2.5}$、VOCs 等。

（1）根据计算结果可知 SO_2、NO_2、VOCs 环境可承载。

（2）根据现状调查和评价，开发区 PM_{10}、$PM_{2.5}$ 年均值均已超标，区域内现状已无容量，且无有效削减源。

（3）对开发区大气环境保护提出对策和措施要求，本轮规划修编实施后可以推进区域大气环境质量改善。

7.5 生态承载力分析

通过对区域内基本农田保护措施、水源地保护措施等分析，评价区域生态是否可承载本轮规划修编的实施。

7.6 总量控制要求

总量控制指标包括 SO_2、NO_x、烟粉尘、VOCs、COD、氨氮。通过对比当地各环境要素"三线一单"的允许排放量，确定总量控制建议指标。

8. 环境风险评价

8.1 区域环境风险识别

开发区内现状多为电子产品及零部件制造企业。规划以新能源汽车、智能终端、轨道交通、新材料及现代港航物流产业为主导产业，列表显示主要危险物特性、年用量和储量。

8.2 危险因素识别

根据项目区规划，对以下风险因素进行识别：①贮存风险；②生产过程；③运输风险；④园区及企业环保设施风险识别；⑤可能引发事故风险的因素，如：自然灾害、人为破坏和防范意识淡薄等。

8.3 环境风险事故影响分析

8.3.1 大气环境风险事故分析

对可能的事故条件下大气污染源强、污染途径、防护设施进行分析。

8.3.2 水环境风险事故分析

对可能的事故条件下污水污染源强、污染途径、防护设施进行分析。

8.4 环境风险防控措施

8.4.1 环境风险管理

重点阐述：①产业园区功能布局、厂址布置；②物料泄漏的防范措施；③运输过程中的事故防范；④消防及火灾报警系统措施。

8.4.2 环境风险防范体系建设

建立以信息技术为基础的区域环境风险防范体系，综合运用地理信息系统（GIS）、遥感（RS）、网络、多媒体等现代高新科技手段。重点阐述：①对潜在风险源的管理；②实时监测和预警系统；③快速应急响应。

8.4.3 环境风险事故防范措施

阐述各环境要素的风险防范措施。

8.4.4 环境应急预案及应急管理

重点阐述以下内容：①应急预案；②应急管理组织机构；③应急环境监测。

9. 规划方案综合论证和优化调整建议

9.1 规划方案的综合论证

9.1.1 规划方案的环境合理性论证

重点论证以下内容：①规划目标与发展定位的环境合理性；②规划规模的环境合理性分析；③规划布局的环境合理性分析；④规划产业结构与能源结构的环境合理性分析；⑤规划环境目标的可达性分析。

9.1.2 规划方案的可持续发展分析

9.2 规划方案的调整建议

针对识别出的现状及规划方案主要问题，提出相应的措施和调整建议。

表 10-13　规划优化调整建议一览表

规划方案优化调整建议					
优化调整类型	序号	存在问题/规划内容	调整建议	调整依据	预期环境效益
经济规模	1				
	2				

10. 循环经济与清洁生产评价

10.1 循环经济

立足循环经济构建现状，阐述规划产业链构建，对产业结构与循环经济优化提出建议。

10.2 清洁生产分析

对区域内的机械加工制造业、印刷和记录媒介复制业以及其他产业的清洁生产进行分析，并对开发区内的清洁生产提出要求。

11. 环境影响减缓对策和措施

11.1 环境保护宏观策略

11.2 环境保护具体措施

阐述各环境要素的具体环保措施，评价可达性分析和经济效益。

12. 环境管理、环境监测与跟踪评价

12.1 环境管理

阐述环境管理措施，包括：①环境管理制度体系；②成立专职的环境管理机构；③实施排污许可制度，严格开展监管执法；④加强规划环评与项目环评联动；⑤重点说明建设项目环评要求及建议；⑥环境信息公开，引导公众参与，加强环境教育；⑦建立 ISO 14000 体系；⑧引进清洁生产审计制度；⑨树立生态循环经济理念；⑩引进环保管家。

12.2 环境监测

明确阐述各环境要素的监测指标、监测点位、监测频次、监测计划，以及排污口设置的规范化要求。

12.3 跟踪评价

阐述规划环境影响跟踪评价方案、跟踪评价具体内容和要求、跟踪评价的组织形式。

13. 公众参与

13.1 公示信息内容

第一次网络公示内容为：规划名称及概要；委托单位名称和联系方式；承担评价工作的环境影响评价机构的名称和联系方式；环境影响评价的工作程序和工作内容；征求公众意见的主要事项；公众提出意见的主要方式。

第二次网络公示内容为：规划情况；规划对环境可能造成影响；预防或者减轻不良环境影响的对策和措施；环境影响评价结论；公众查阅环境影响报告书的方式和期限；征求公众意见的范围和主要事项；征求公众意见的具体形式；公众提出意见的起止时间。第二次公示向公众公开项目环境影响报告书全本。

第二次张贴公示内容为：规划情况；规划对环境可能造成影响；预防或者减轻不良环境影响的对策和措施；环境影响评价结论；公众查阅环境影响报告书的方式和期限；征求公众意见的范围和主要事项；征求公众意见的具体形式；公众提出意见的起止时间。

问卷调查内容：规划基本情况简述；规划实施对环境可能造成影响的概述；征求公众的意见。

13.2 公示载体情况

说明两次网络公示情况；座谈会情况

13.3 公众参与意见调查

合理设计调查问卷，对规划周边区域涉及的单位发放问卷调查表，对评价范围内的村庄发放个人问卷调查表。回收问卷后分析调查对象基本情况，并对调查结果进行分析。

13.4 公众意见采纳情况

阐述规划对公众意见和建议的采纳情况。

13.5 公众参与的"四性"分析

阐述此次公众参与活动的合法性、有效性、代表性和真实性。

14. 结论

总结前述各章节的结论。